现代
工程制图

马伏波 韩宁 ◆ 主编

吴天凤 李虹 解甜 施坤 谢晓燕 ◆ 副主编

人民邮电出版社

北京

图书在版编目（CIP）数据

现代工程制图 / 马伏波，韩宁主编. -- 北京 : 人民邮电出版社，2022.9（2023.12重印）
ISBN 978-7-115-59505-8

Ⅰ. ①现… Ⅱ. ①马… ②韩… Ⅲ. ①工程制图－高等学校－教材 Ⅳ. ①TB23

中国版本图书馆CIP数据核字(2022)第105060号

内容提要

本书编者基于多年的教学实践经验，系统梳理了“现代工程制图”课程的知识体系，内容涉及画法几何、制图基础、国家标准和专业图制作等，并详细阐述制图的基本概念、基本理论和分析方法，为读者进一步学习后续课程奠定必要的知识基础。本书共9章（除绪论外），具体包括制图的基础知识与技能，点、直线和平面的投影，立体，组合体，轴测图，图样画法，图样的特殊表达方法，零件图，装配图。

本书可作为普通高等院校机械工程、电气工程、自动化等相关专业的教材，也可供相关领域的工程技术人员参考使用。

◆ 主　　编　马伏波　韩　宁
副 主 编　吴天凤　李　虹　解　甜　施　坤　谢晓燕
责任编辑　王　宣
责任印制　王　郁　陈　犇
◆ 人民邮电出版社出版发行　　北京市丰台区成寿寺路11号
邮编　100164　　电子邮件　315@ptpress.com.cn
网址　https://www.ptpress.com.cn
北京捷迅佳彩印刷有限公司印刷
◆ 开本：787×1092　1/16
印张：15.75　　2022年9月第1版
字数：392千字　　2023年12月北京第4次印刷

定价：59.80元

读者服务热线：(010)81055256　印装质量热线：(010)81055316
反盗版热线：(010)81055315
广告经营许可证：京东市监广登字20170147号

前 言

本书是编者根据教育部高等学校工程图学课程教学指导委员会制定的《普通高等院校工程图学课程教学基本要求》，通过吸取近年来教育改革领域的成功经验及专家和广大使用者的意见编写而成的。

在编写本书的过程中，编者继承传统内容的精华，总结近年来的教学经验，并广泛吸收兄弟院校教材的优点，以期做到书中概念清楚、语言简练、插图恰当。编者以培养学生独立解决问题及创新设计的能力为目标，优化课程内容和结构，使本书更加科学化和系统化。本书遵循新近颁布的“技术制图”“机械制图”等相关领域的国家标准，增加第三角画法内容，以适应国际、国内技术交流的需要。

本书（除绪论外）共9章，内容包括制图的基础知识与技能，点、直线和平面的投影，立体，组合体，轴测图，图样画法，图样的特殊表达方法，零件图和装配图等。与本书配套的习题集中的习题难度由浅入深、形式多样、数量充足，可以满足不同院校相关专业的教学需求。

参与本书编写的有安徽理工大学马伏波（负责前言、绪论、第6章和附录的编写及全书统稿）、吴天凤（负责第1章和第5章的编写）、李虹（负责第2章的编写）、解甜（负责第3章的编写）、施坤（负责第4章的编写）、韩宁（负责第7章和第8章的编写）、谢晓燕（负责第9章的编写），其中，马伏波、韩宁担任主编，吴天凤、李虹、解甜、施坤、谢晓燕担任副主编。

特别感谢安徽理工大学机械工程学院制图教研室全体老师在本书编写过程中所提出的宝贵建议，以及王志愿老师和王顺、谢晨曦、梁毅竞和林兴等同学所付出的辛勤劳动。感谢安徽理工大学机械工程学院的领导给予的帮助和支持。此外，编者在编写本书的过程中还得到同济大学杨裕根老师的大力支持和帮助，并参考了国内其他作者所编的同类教材，在此一并表示衷心感谢。

由于编者水平有限，书中难免存在不妥之处，竭诚欢迎读者批评指正。

编　者

2022年8月

目录

绪 论

0.1 工程图样的历史和现状

图学是人类文明的里程碑，也是我们衡量和评价一个民族开化和发展程度的重要标志之一。有史以来，人类就试图用图形来表达和交流他们的思想。从远古洞穴岩石上的石刻可以看出，在没有语言和文字以前，图形就是一种有效的交流工具。

图样是图学的具体表达方式。考古发现，早在距今4600年前就出现了可以称为工程图样的图，那是刻在泥板上的一张神庙的地图。直到文艺复兴时期，欧洲才出现将平面图和其他多面图画在同一画面上的设计图。300年之后，法国数学家蒙日将各种表达方法总结归纳后写出《画法几何》一书。画法几何在工业革命中起到了重大作用，它使工程设计有了统一的表达方法，这样就便于技术交流和批量生产。

早在春秋时代我国的技术著作《周礼·考工记》中就记载了规矩、绳墨、悬垂等绘图测量工具的运用情况，2000年前就有了正投影法表达的图样。1977年在河北省平山县出土的公元前323—公元前309年的战国中山王墓中，发现在青铜板上用金银线条和文字制成的建筑平面图，该平面图也是世界上罕见的历史较早工程图样之一。

300年来，画法几何一直作为工程制图基础，而绘图工具也有了不少改进。但直到近30年，随着计算机的软硬件技术和外部设备的研制成功与不断发展，制图技术才有了重大变化，并对画法几何的前景产生重大影响。计算机绘图（Computer Graphics）和计算机辅助设计（Computer Aided Design，CAD）技术极大地改变了设计的方式。早期的CAD技术是用计算机绘图代替手工绘制二维（平面）图形，用绘图机输出图纸。十多年来，三维技术迅猛发展，并逐渐实现从设计开始就从三维入手，直接产生三维实体，然后赋予其各种属性（如材料、力学特性等）及加工信息，最后将其送到数控车间加工，这样可以极大减少用画法几何绘制二维图形的工作量。目前常用的CAD软件有Pro/ENGINEER、UG、SolidWorks、AutoCAD等，它们都具有丰富的真三维功能。

0.2 本课程的性质、研究对象和内容

根据投影原理、标准及有关规定，将表示工程对象并且具有必要的技术说明的图，称为图样。工程图样是高度浓缩工程信息的载体，它准确而详细地表达了工程对象的形状、大小

和技术要求，是工程界的交流语言。在现代工业生产中，设计和制造机器及所有工程建设都离不开工程图样。因此，工程图样是工业生产中重要的技术文件，是人们表达和交流技术思想与信息不可或缺的工具。

工程制图包括画法几何、制图基础、专业图等几大部分。画法几何部分研究投影法图示空间物体和图解空间几何问题的基本理论与方法；制图基础部分介绍制图的基础知识和基本规定，培养制图的操作技能、用投影图表达物体的内外形状和大小的绘图能力及根据投影图想象空间物体内外形状的读图能力；专业图部分侧重培养绘图者的绘制和阅读机械图样的基本能力及查阅有关国家标准的能力。

本课程作为工程类专业的一门必修的技术基础课，是研究绘制和阅读工程图样的一门学科，既有系统的理论性，又有较强的实践性和技术性。

0.3 本课程的主要任务

（1）学习投影法（主要是正投影法）的基本理论及其应用。
（2）建立空间三维立体及相关位置的逻辑思维和形象思维。
（3）培养空间想象和思维能力及几何构型设计的基本能力。
（4）培养零部件的表达能力和读工程图样的基本能力。
（5）培养能贯彻国家标准和查阅有关设计资料与标准的能力。
（6）培养认真负责的工作态度和严谨细致的工作作风。

0.4 本课程的学习方法

本课程既有系统的理论性又有较强的实践性，学习本课程应特别注意学习相关的方法。
（1）认真听课，掌握课程的基本理论和基本方法。
（2）理论联系实践，只有通过大量的画图和看图才能掌握本课程的内容。
（3）注意画图和看图相结合，通过反复练习三维物体与二维图样的相互转化，培养空间想象能力和空间分析能力。
（4）正确使用制图工具和仪器（包括计算机），按照正确的方法和步骤画图、看图，使所绘制的图样内容正确、图面整洁。
（5）严格遵守、认真贯彻国家标准。绘制图样时必须遵守国家标准，在“画”中贯彻国家标准，培养严肃、认真的工作态度及工程问题的描述和表达能力，这样才能达到用“工程界语言”进行交流的目的。

第1章 制图的基础知识与技能

工程图样是设计、制造、安装、施工和验收的技术文件，是交流技术思想的语言，业界对其规范性要求很高。为此，对图纸、图线、字体、比例及尺寸标注等均由国家标准做出严格规定，每位工程技术人员都必须严格遵守。本章除对相关国家标准进行摘要性介绍外，为培养绘图者扎实的基本功，还会对绘图工具的使用、绘图方法与技能进行基本介绍。

1.1 制图国家标准的基本规定

人类自从进入文明社会以来，标准化的重要性就是不言而喻的。制图标准是全体工程技术人员画图和看图的统一准则，其目的就是使图样标准化、规范化，做到全体工程技术人员对图样有完全一致的理解。1959 年，国家科学技术委员会颁布了第一个国家标准《机械制图》，在全国范围内统一工程图样的表达方法，标志着我国工程图学进入了一个新的阶段，并在今后的几年中对其进行了重新修订与颁布。自 1988 年起，我国便开始制定和发布技术制图方面的国家标准（见图 1-1），同时陆续发布一系列机械制图、建筑制图、电气制图等专业制图国家标准，并使我国的制图标准体系逐渐达到国际先进水平。可以说，这些标准对工程制图及工业生产起到了极大的促进作用。

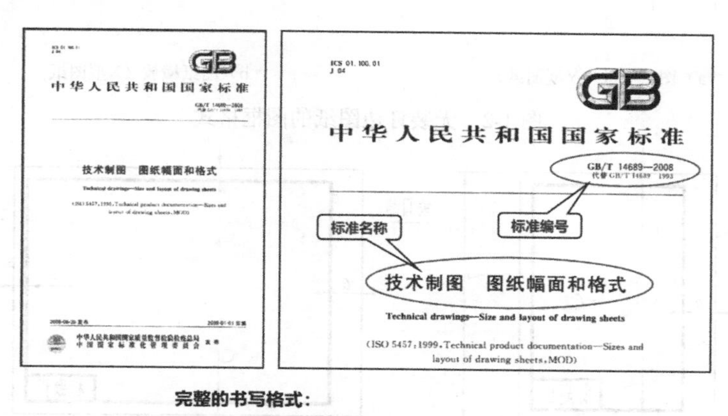

完整的书写格式：

GB/T 14689—2008　技术制图　图纸幅面和格式

图 1-1　技术制图国家标准示例

图 1-1 所示的标准编号“GB/T 14689—2008”中，“GB/T”表示“推荐性国家标准”（G 代

表“国家”一词汉语拼音的第一个字母，B 代表“标准”一词汉语拼音的第一个字母，T 代表“推”字汉语拼音的第一个字母），“14689”表示标准发布顺序号，“2008”表示标准发布年号（4 位数）。“GB”后无字母时，表示“强制性国家标准”。

1.1.1 图纸幅面与格式（GB/T 14689—2008）

1. 图纸幅面

绘制技术图样时应优先采用表 1-1 中所规定的基本幅面 $B\times L$（图纸宽度×长度）。必要时，也允许采用由基本幅面的短边成整数倍增加后的加长幅面。

表 1-1　　图纸幅面尺寸　　（单位：mm）

幅面代号	A0	A1	A2	A3	A4
B*×*L	841×1189	594×841	420×594	297×420	210×297
a	25				
c	10			5	
e	20		10		

绘图时，根据需要，图纸可以竖放（短边水平）或横放（长边水平），如图 1-2 和图 1-3 所示。

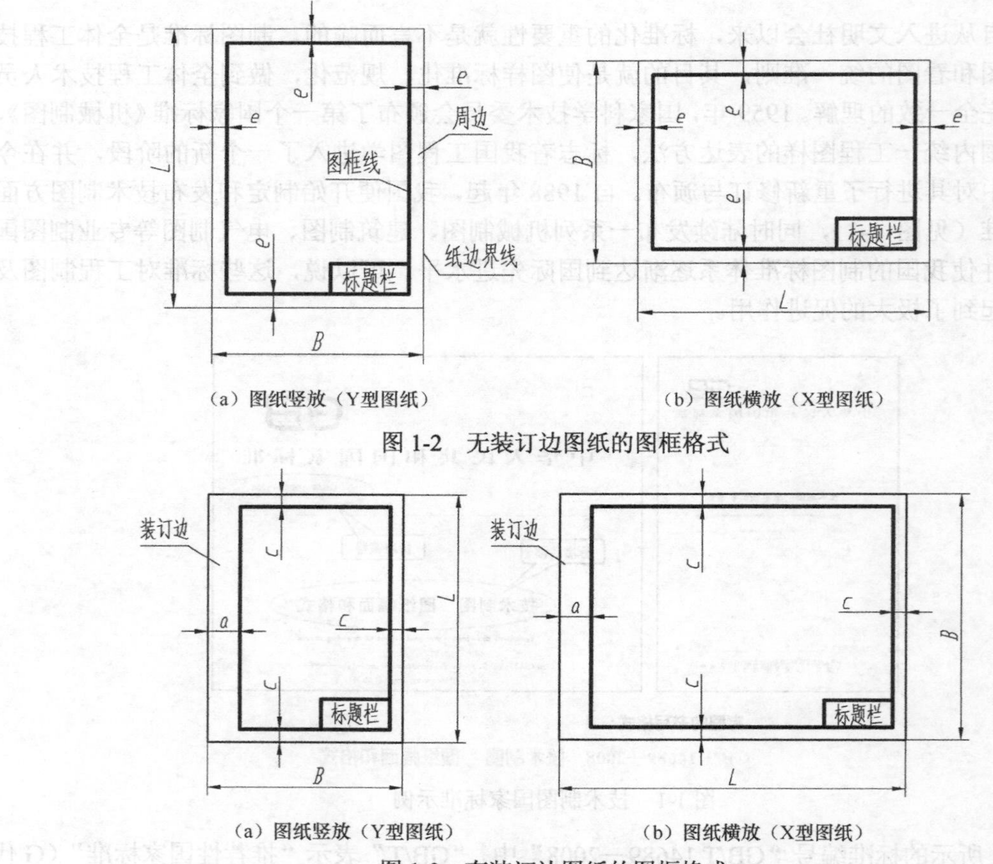

(a) 图纸竖放（Y型图纸）　(b) 图纸横放（X型图纸）

图 1-2　无装订边图纸的图框格式

(a) 图纸竖放（Y型图纸）　(b) 图纸横放（X型图纸）

图 1-3　有装订边图纸的图框格式

2．图框格式

图纸内限定绘图区域的线框称为图框。图纸上必须用粗实线画出图框，其格式分为不留装订边和留有装订边两种，但同一种产品的图样只能采用同一种格式，具体格式如图 1-2 和图 1-3 所示。

3．标题栏

每张图纸上都必须画出标题栏，它通常位于图纸的右下角，且标题栏的右边和下边与下图框线重合。标题栏提供了图样所要表达的产品及图样管理的若干基本信息，这些信息是图样不可或缺的内容。

标题栏的基本要求、内容、尺寸和格式在国家标准 GB/T 10609.1—2008 中有详细规定，这里不进行详细介绍。各设计单位根据自身需求所选用的格式有所不同；读者在学习本课程时以及在作业中建议采用图 1-4 所示的标题栏简化格式。

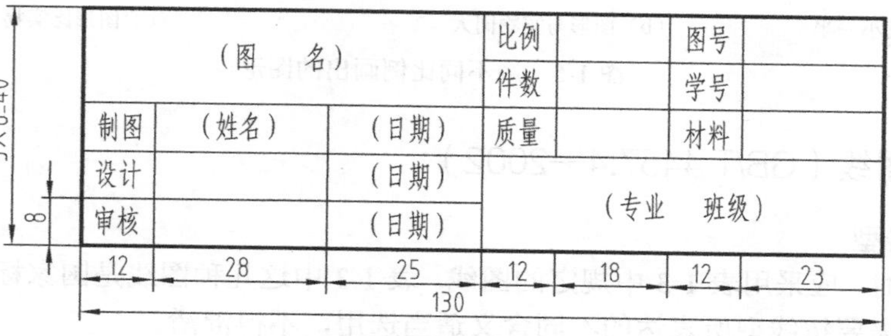

（图　名）			比例		图号	
			件数		学号	
制图	（姓名）	（日期）	质量		材料	
设计		（日期）	（专业　班级）			
审核		（日期）				
12	28	25	12	18	12	23

5×8=40　8　130

图 1-4　标题栏简化格式

1.1.2　比例（GB/T 14690—1993）

1．比例的概念和分类

比例是指图中图形与实物相应要素的线性尺寸之比。绘图比例分类如表 1-2 所示。图形画得与相应实物一样大小时，比值为 1，称为原值比例；图形画得比相应实物大时，比值大于 1，称为放大比例；图形画得比相应实物小时，比值小于 1，称为缩小比例。

表 1-2　绘图比例分类

种　类	比　例
原值比例	1∶1
放大比例	2∶1 (2.5∶1) (4∶1) 5∶1 1×10^n∶1 2×10^n∶1 (2.5×10^n∶1) (4×10^n∶1) 5×10^n∶1
缩小比例	(1∶1.5) 1∶2 (1∶2.5) (1∶3) (1∶4) 1∶5 (1∶6) 1∶1×10^n (1∶1.5×10^n) 1∶2×10^n (1∶2.5×10^n) (1∶3×10^n) (1∶4×10^n) 1∶5×10^n (1∶6×10^n)

注：n 为正整数。

2．比例的选取和标注

绘制图样时，一般应优先从表 1-2 规定的系列中选取不带括号的比例；必要时也允许选用带括号的比例。绘图者应尽可能选择原值比例（1∶1 比例），按物体真实大小绘制图样，以利于读图和构建空间思维。

比例一般应标注在标题栏中的比例栏内。当某个视图必须采用不同比例绘制时，可以将其标注在该视图的上方或右侧。不论采用何种比例，图上所注的尺寸数值均应为物体的实际尺寸，如图 1-5 所示。

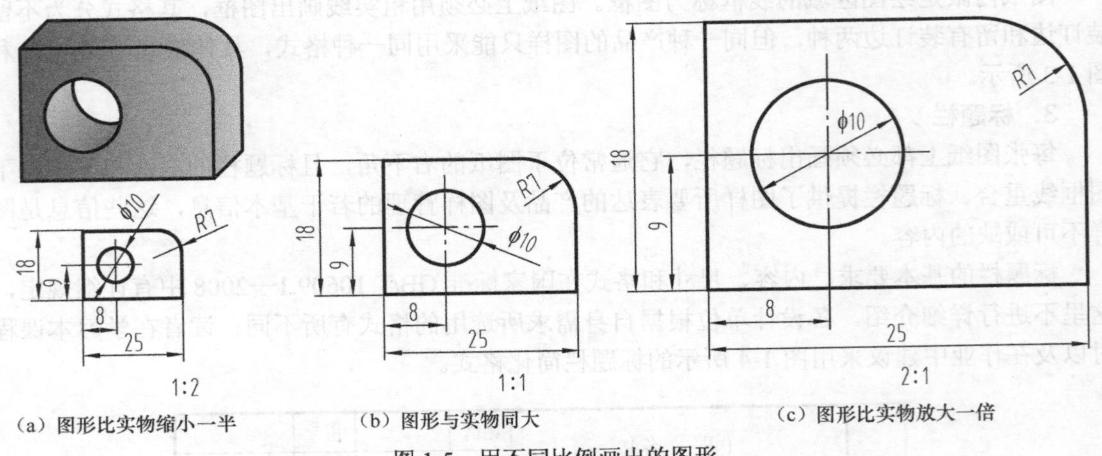

（a）图形比实物缩小一半　（b）图形与实物同大　（c）图形比实物放大一倍

图 1-5　用不同比例画出的图形

1.1.3　图线（GB/T 4457.4—2002）

1．基本线型

绘制图样时，应采用表 1-3 中规定的图线。表 1-3 中这几种图线是国家标准中常见的基本线型，绘图者需要按线型所表达的不同含义适当选用，不得混淆。

表 1-3　图线的名称、型式、宽度及应用举例

图线名称	图线型式与图线宽度	一般应用	图　例
粗实线	d 图形宽度 d：优先选用 0.5mm、0.7mm	可见棱边线 可见轮廓线	可见棱边线 可见轮廓线
细虚线	约 12d　约 3d 图形宽度：0.5d	不可见棱边线 不可见轮廓线 不可见过渡线	不可见棱边线 不可见轮廓线 不可见过渡线
细实线	图形宽度：0.5d	尺寸线、尺寸界线、剖面线、重合断面的轮廓线、辅助线、引出线、螺纹牙底线、齿轮齿根线、可见过渡线、短中心线、尺寸起止线、投射线和网格线	尺寸线 20 尺寸界线 剖面线 过渡线 重合断面的轮廓线
细点画线	约 6d　约 24d 图形宽度：0.5d	回转体轴线、对称中心线、分度圆（线）、孔系分布的中心线、剖切线	回转体轴线 对称中心线

续表

图线名称	图线型式与图线宽度	一般应用	图　　例
细双点画线	约 10d　约 24d 图形宽度：0.5d	运动机件在极限位置的轮廓线、相邻辅助零件的轮廓线、假想投影轮廓线、轨迹线等	运动机件在极限位置的轮廓线 相邻辅助零件的轮廓线
波浪线	图形宽度：0.5d	机件断裂处的边界线、视图与局部视图的分界线	视图与局部视图的分界线 机件断裂处的边界线
双折线	约7.5d　14d　30° 图形宽度：0.5d	断裂处的边界线	断裂处的边界线
粗双点画线		限定范围表示线	镀铬

2．图线的尺寸

图线宽度 d 应按图样的类型和尺寸大小在下列数字中选择：0.13、0.18、0.25、0.35、0.5、0.7、1.0、1.4、2.0（单位为 mm）。机械工程图样上采用两类线宽，即粗线和细线，其宽度比例为 2∶1；图线宽度 d 优先选用 0.5、0.7mm。

3．画线时注意事项（见图 1-6）

（1）同一张图样中，同类图线的宽度应基本一致。

虚线、点画线及细双点画线的线段长度和间隔应各自大致相等。

（2）两条平行线之间的最小间隙不得小于 0.7mm。

（3）点画线、细双点画线的首末两端应为“画”，而不应为“点”。绘制圆的对称中心线时，圆心应为“画”的交点，且首末两端超出图形外 2～5mm。当细点画线、细双点画线较短时（例如小于 8mm）画起来有困难，允许用细实线代替细点画线和细双点画线。

（4）虚线、点画线、细双点画线与实线或其自身相交时，应以“画”相交，而不应为“点”或“间隔”相交。

（5）当细虚线处于粗实线的延长线上时，粗实线应画到分界点，而细虚线应留有间隔。当细虚线圆弧与粗实线相切时，细虚线圆弧应留出间隙。

（6）图线不得与文字、数字或符号重叠混淆；不可避免重叠时，应首先保证文字、数字或符号清晰。

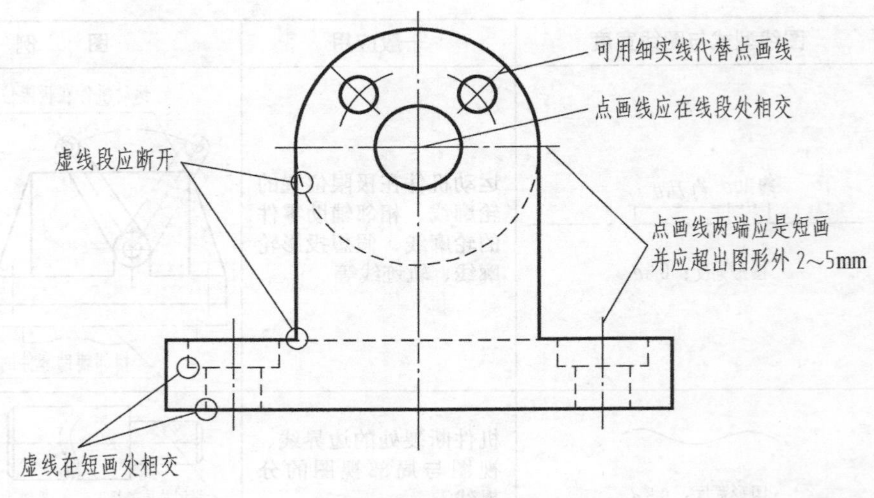

图 1-6　画线时注意事项

1.1.4　字体（GB/T 14691—1993）

字体是指图样中的文字、字母、数字的书写形式。字体基本要求为：字体工整，笔画清楚，间隔均匀，排列整齐。字体的号数即字体的高度 h，其公称尺寸系列值为 1.8、2.5、3.5、5、7、10、14、20 等，单位为 mm。

1．汉字

图样上的汉字应写成长仿宋体字，并应采用国家正式公布的简化字。长仿宋体字的特点是：字形长方、笔画挺直、粗细一致、起落分明、撇挑锋利、结构均匀。汉字高度 h 不应小于 3.5mm，其字宽度 b 一般为 $\sqrt{2}h/2$（约为 0.7h），如图 1-7 所示。

10号字

字体工整 笔画清楚 间隔均匀 排列整齐

7号字

横平竖直 注意起落 结构均匀 填满方格

5号字

技术制图 机械 电子汽车 航舶 土木建筑 矿山井坑 港口 纺织服装

3.5号字

螺纹齿轮 端子接线 飞行指导 驾驶舱位 挖填 施工引水 通风 闸阀坝 棉麻化纤

图 1-7　长仿宋体字的字体示例

2．数字和字母

数字和字母可写成斜体或直体。斜体字字头向右倾斜，与水平线约呈 75° 夹角，如图 1-8 所示。当与汉字混合书写时，可采用直体。

3．字体应用示例

用作指数、分数、注脚、尺寸偏差的字母和数字，一般采用比基本尺寸数字小一号的字体，如图 1-9 所示。

0123456789
ABCDEFGHIJKLMNO
PQRSTUVWXYZ
abcdefghijklmnopq
rstuvwxyz

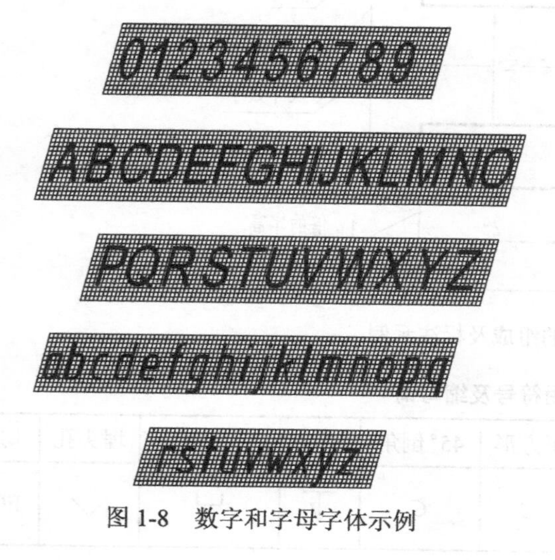

图 1-8　数字和字母字体示例

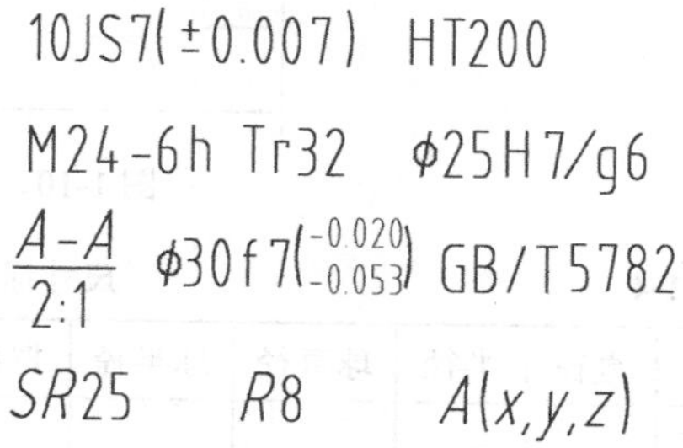
10JS7(±0.007) HT200
M24-6h Tr32 φ25H7/g6
A-A
2:1
φ30f7(-0.020 -0.053) GB/T5782
SR25 R8 A(x,y,z)

图 1-9　字体应用示例

1.1.5　尺寸标注（GB/T 4458.4—2003）

图形主要表达机件的结构形状，而工程形体的大小则是由图样上所标注的尺寸确定的。尺寸标注是一项非常重要的工作，绘图者必须认真对待。如果尺寸有遗漏或错误，将会给生产造成困难。

1．基本规则

（1）机件的真实大小应以图样上所注的尺寸数值为依据，与图形的大小及绘图的准确度无关。

（2）图样中（包括技术要求和其他说明）的尺寸以 mm 为单位时，不需要标注单位符号（或名称）；如果采用其他单位，则应注明相应的单位符号。

（3）图样中所标注的尺寸为机件的最后完工尺寸，否则应另加说明。

（4）机件的每一尺寸一般只标注一次，并应标注在反映该结构最清晰的图形上。

2．尺寸的组成

如图 1-10 所示，每个完整的尺寸一般由尺寸数字、尺寸线和尺寸界线组成，它们通常被称为尺寸的三要素。

（1）尺寸数字

线性尺寸数字一般应注写在尺寸线的上方或中断处。线性尺寸数字应尽可能避免在左上至右下 30° 范围内注写尺寸。在同一图样中，尺寸数字应尽可能用同一形式注写，且不能被任何图线通过；无法避免时应将图线断开。国家标准还规定了一些特定的尺寸符号，例如，标注直径时应在尺寸数字前加注符号“*ϕ*”，标注半径时应加注“*R*”（通常对小于或等于半圆的圆弧标半径，对大于半圆的圆弧标直径），标注球面的直径或半径时应在符号“*ϕ*”或“*R*”前再加注符号“*S*”。此外，还有若干规定符号如表 1-4 所示。

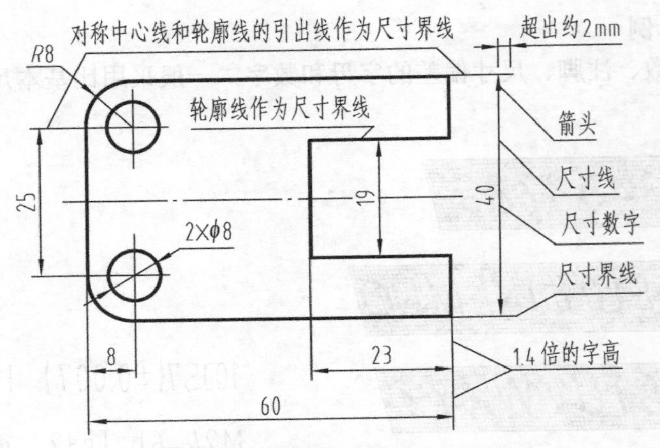

图 1-10　尺寸的组成及标注示例

表 1-4　　尺寸标注常用符号及缩写词

名词	直径	半径	球直径	球半径	厚度	正方形	45°倒角	深度	沉孔或锪平	埋头孔	均布
符号或缩写词	*ϕ*	*R*	*Sϕ*	*SR*	*t*	□	*C*	↧	⌴	⌵	EQS

（2）尺寸线

尺寸线需要用细实线绘制，不能用其他图线代替或画在其他图线的延长线上。线性尺寸的尺寸线必须与所标注的线段平行；当有几条平行尺寸线时，大尺寸在外，小尺寸在内，且应避免尺寸线与尺寸界线相交，否则会影响图形的清晰度。尺寸线与轮廓线或两平行尺寸线的间隔为比数字高度大一个字号。标注直径或半径时，尺寸线或其延长线一般应通过圆心（见图 1-10）。尺寸线终端可以有下列两种形式：（1）箭头形式，适用于各种类型的图样，机械图样中一般采用这种形式，如图 1-11（a）所示，该图中 d 为粗实线的宽度；（2）斜线形式，采用该形式时，尺寸线与尺寸界线应相互垂直，斜线用细实线绘制，且与水平方向呈 45°，图 1-11（b）中 h 为字体高度。

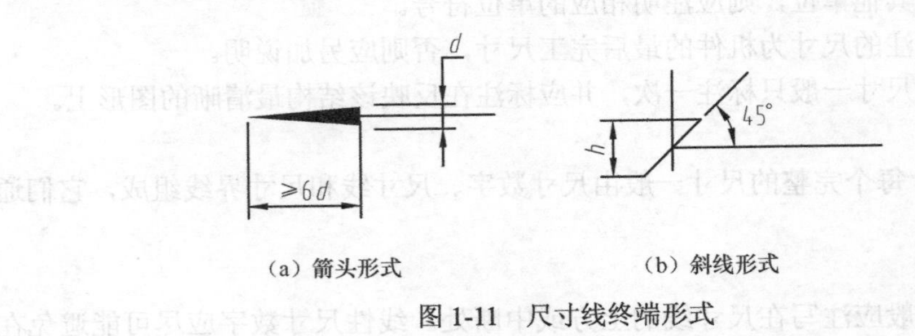

（a）箭头形式　　（b）斜线形式

图 1-11　尺寸线终端形式

注意：当尺寸线与尺寸界线相互垂直时，同一张图样中只能采用一种尺寸线终端的形式。

（3）尺寸界线

尺寸界线需要用细实线绘制，并在图线的轮廓线、轴线或对称中心线处引用。此外，也可直接利用以上各线作为尺寸界线。尺寸界线一般应与尺寸线垂直，并超出尺寸线的终端 2mm 左右，如图 1-10 所示。如果尺寸界线垂直于尺寸线会造成图线不清晰，则尺寸界线允许倾斜（见表 1-5 中光滑过渡处的尺寸）。

3．尺寸标注示例

表 1-5 列出了国家标准规定的一些常见尺寸标注示例及说明。

表 1-5　常见尺寸标注示例及说明

标注内容	示　例	说　明
线性尺寸数字的方向	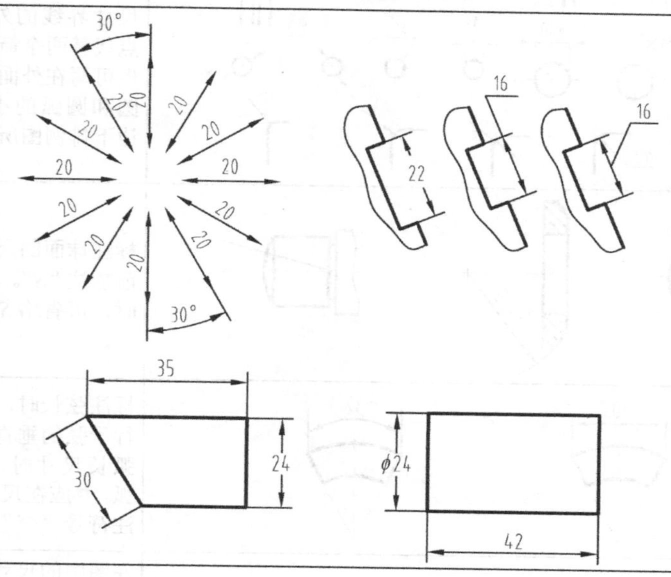 30°　20　20　20　20　20　20　20　20　20　20　20　30°　16　22　16　35　24　30　ϕ24　42	第一种方法：尺寸数字应按左上图所示的方向注写，并尽可能避免在图示 30° 范围内标注尺寸；当无法避免时，可按右上图的形式标注。 第二种方法：在不致引起误解时，对于非水平方向的尺寸，其数字可水平注写在尺寸线的中断处，如左边下方两图所示。 在同一张图样中，应尽可能采用一种方法注写，一般采用第一种方法注写
角度	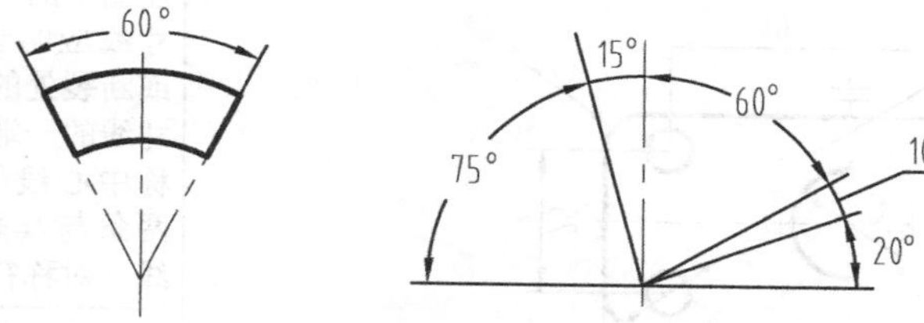 60°　15°　60°　75°　10°　20°	尺寸界线应沿径向引出，尺寸线画成圆弧，圆心是角的顶点。尺寸数字一律水平书写，且一般应写在尺寸线的中断处，必要时也可按右图的指引线形式标注
圆	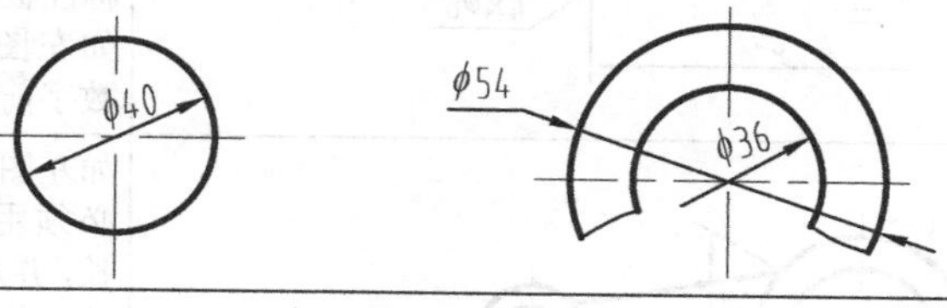 ϕ40　ϕ54　ϕ36	圆的直径尺寸一般应按左边这两个例图标注
圆弧	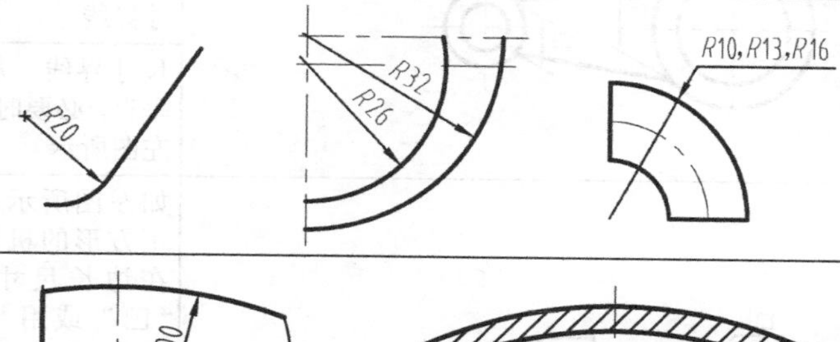 R20　R32　R26　R10, R13, R16	圆弧的半径尺寸一般应按例图标注。同心圆在成圆的视图中可共用一个尺寸线，不同心的圆角也可共用一个尺寸线
大圆弧	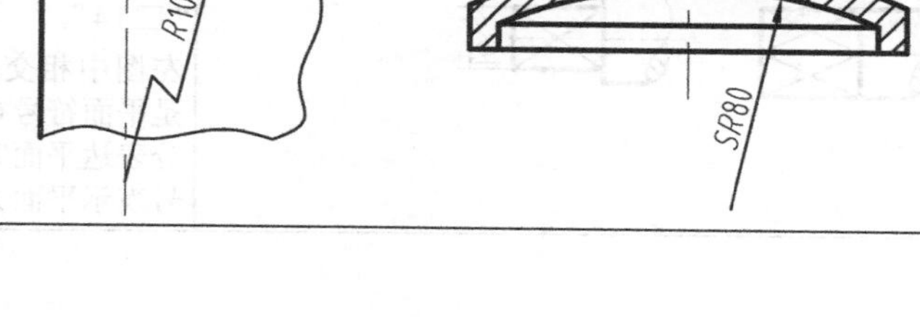 R100　SR80	在图纸范围内无法标出圆心位置时，可按左图标注；不需要标出圆心位置时，可按右图标注

续表

标注内容	示例	说明
小尺寸	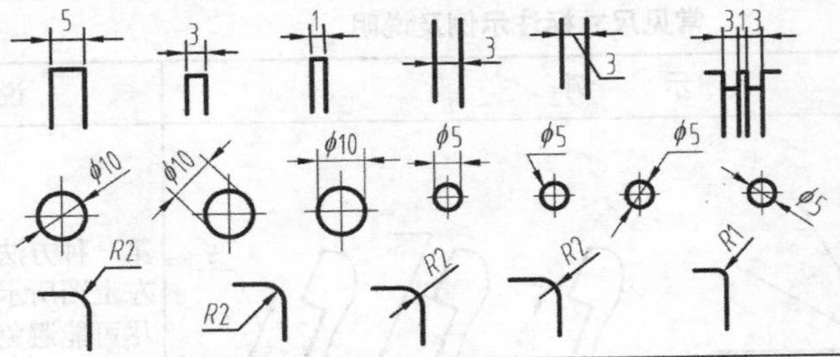	如左边上排例图所示，没有足够的地方时，箭头可画在尺寸界线的外面或用小圆点代替两个箭头；尺寸数字也可写在外面或引出标注。圆和圆弧的小尺寸可按左边下排例图所示标注
球面	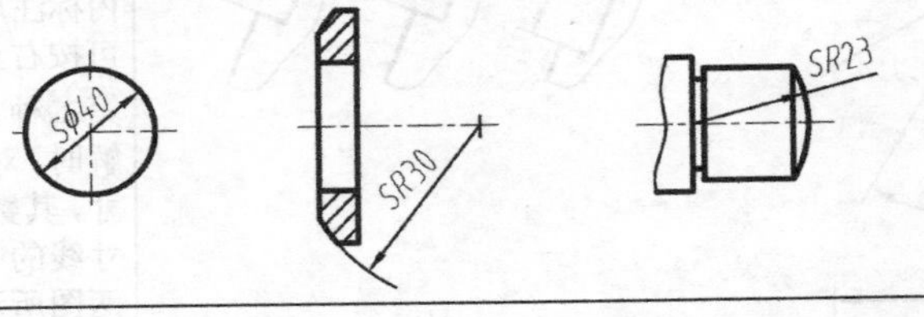	标注球面的尺寸应在ϕ或R前加注"S"。不致引起误解时，可省略S
弦长和弧长	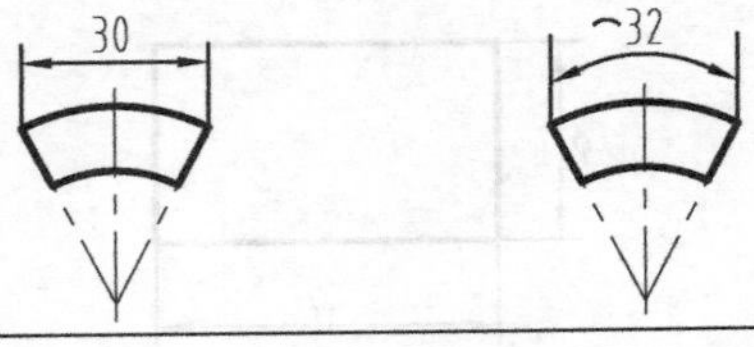	标注弦长时，尺寸界线应平行于弦的垂直平分线；标注弧长尺寸时，尺寸线用圆弧，并应在尺寸数字前方加注符号"⌒"
只画出一半或大于一半时的对称机件	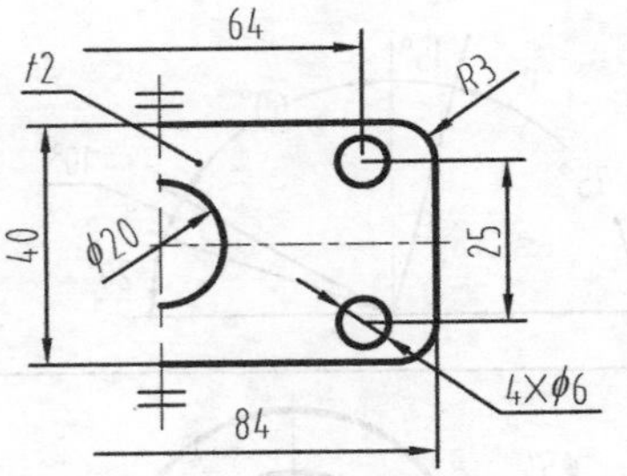	左图中的尺寸84和64的尺寸线应略超过对称中心线或断裂处的边界线，仅在尺寸线的一端画出箭头。在对称中心线的两端分别画出两条与其垂直的平行细实线（对称符号）
板状零件		标注板状零件的尺寸时，可如左图所示在厚度的尺寸数字前加注符号"t"
光滑过渡处的尺寸	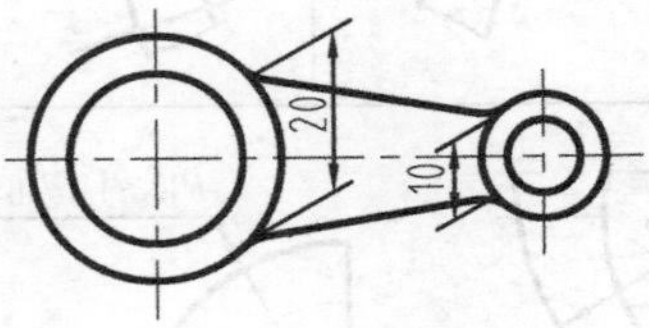	如左图所示，在光滑过渡处必须用细实线将轮廓线延长，并从它们的交点引出尺寸界线
允许尺寸界线倾斜		尺寸界线一般应与尺寸线垂直，必要时允许倾斜，如左图所示
正方形结构	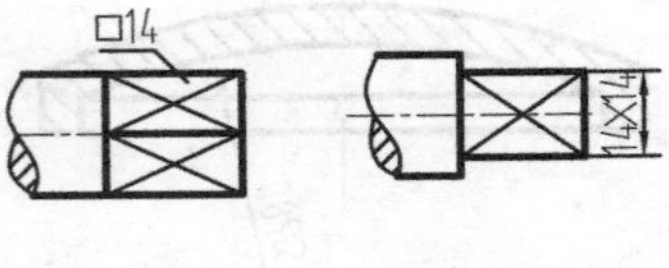	如左图所示，标注断面为正方形的机件尺寸时，可在边长尺寸数字前加注"□"或用 14×14 代替"□14"。 左图中相交的两条细实线是平面符号（当图形不能充分表达平面时，可用这个符号表示平面）

续表

标注内容	示　例	说　明
斜度和锥度	1:5　1:5 (14°)　1:5　30° h　1.4h 2.5h	斜度、锥度可用左侧两个例图中所示的方法标注，符号的方向应与斜度、锥度的方向一致。锥度也可标注在轴线上，一般不需要在标注锥度的同时注出其角度值（α为圆锥角）；如有必要，可如左图中所示，在括号中注出角度值。 斜度和锥度的画法如左图所示，符号的线宽为 $h/10$，h 为字高
图线通过尺寸数字时的处理	$\phi30$　$\phi24$ 8 $\phi16$ 24	尺寸数字不可被任何图线通过。当尺寸数字无法避免被图线通过时，图线必须断开，如左图所示

1.2 制图工具及其应用

“工欲善其事，必先利其器。”绘图工具的正确使用，既能保证绘图质量、提高绘图的准确度，又能加快绘图速度。因此，绘图者必须正确使用绘图工具及仪器。下面介绍手工绘图时常用工具的使用要点。

1.2.1 铅笔

铅笔笔芯的硬度由字母 H 和 B 来标识，HB 为中等硬度。通常，绘图者用 2H 铅笔画底稿，用 H 或 HB 铅笔写字、画细实线或箭头，用 HB 或 B 铅笔加深粗实线。

画粗实线的铅笔铅芯磨削成宽度为 d（粗实线宽）的扁四棱柱形[见图 1-12（a）]，其余铅芯磨削成圆锥形[见图 1-12（b）]；铅笔的削法如图 1-12（c）所示。

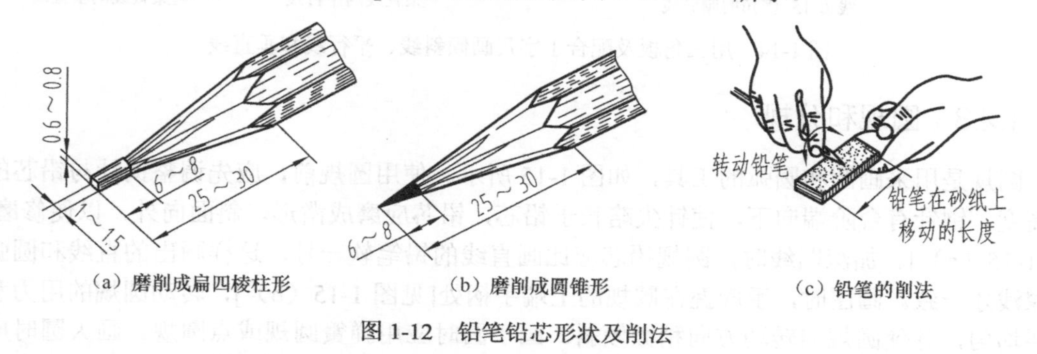

（a）磨削成扁四棱柱形　（b）磨削成圆锥形　（c）铅笔的削法

图 1-12　铅笔铅芯形状及削法

1.2.2 图板、丁字尺和三角板

（1）图板是画图时用的垫板，表面必须平坦；它的左边用作导边，必须平直。

（2）丁字尺是用来画水平线的。画图时，应使尺头紧靠图板左导边，自左向右画水平线[见图 1-13（a）]，与三角板配合可画垂直线[见图 1-13（b）]。

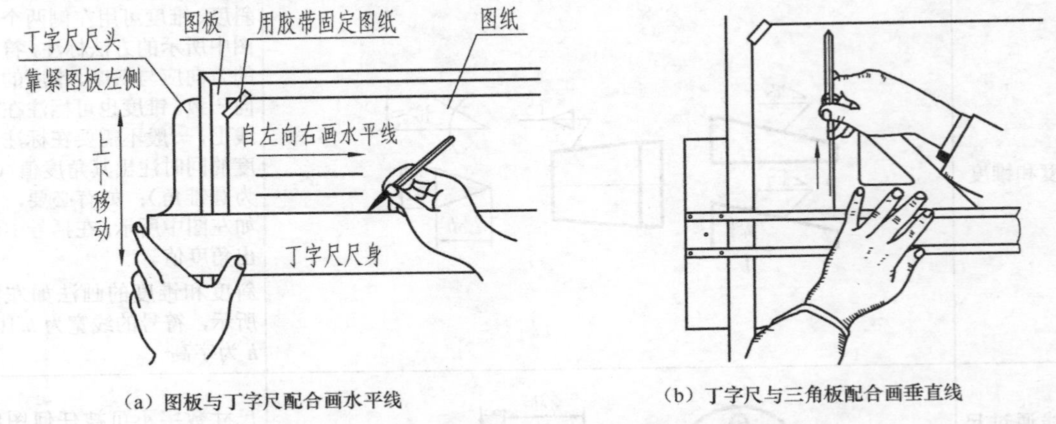

（a）图板与丁字尺配合画水平线

（b）丁字尺与三角板配合画垂直线

图 1-13　用丁字尺画水平线及与三角板配合画垂直线

（3）三角板分为 45° 和 30° 两种。将它们与丁字尺配合使用，可画与水平方向呈 15° 倍角的各种倾斜线[见图 1-14（a）]；此外，也可用两种三角板相配合画任意角度直线的平行线[见图 1-14（b）]和垂直线[见图 1-14（c）]。

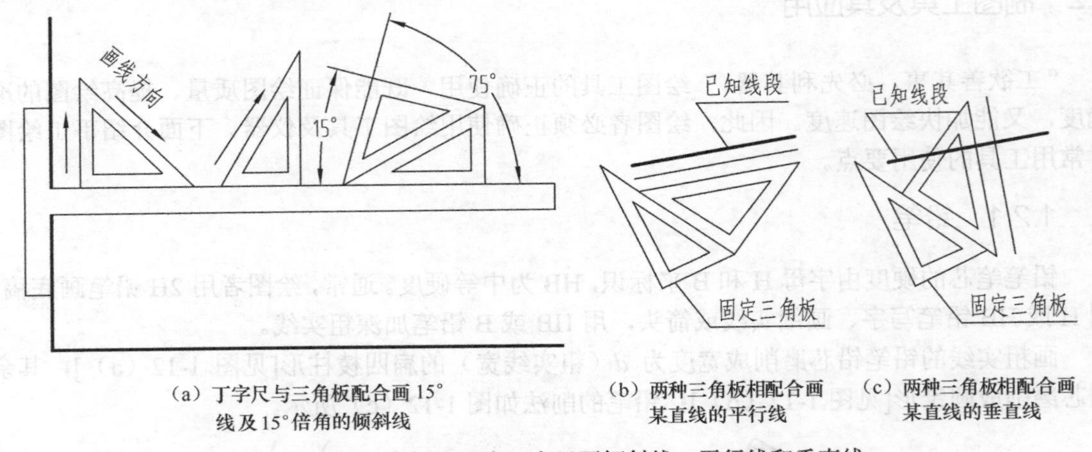

（a）丁字尺与三角板配合画 15° 线及 15° 倍角的倾斜线

（b）两种三角板相配合画某直线的平行线

（c）两种三角板相配合画某直线的垂直线

图 1-14　用三角板及配合丁字尺画倾斜线、平行线和垂直线

1.2.3　圆规和分规

圆规是用来画圆和圆弧的工具，如图 1-15 所示。使用圆规前，应先调整钢针与铅芯的相对高度。钢针有台阶端向下，使针尖略长于铅芯，铅芯应磨成凿形，斜面向外，以便修磨[见图 1-15（a）]。加深图线时，圆规铅芯应比画直线的铅笔软一号，这样画出的直线和圆弧色调深浅才一致。画图时，手应握在圆规的上端手柄处[见图 1-15（b）]，转动圆规的用力和速度要均匀，并使圆规向转动方向稍微倾斜。画小圆时应用弹簧圆规或点圆规。画大圆时应接上加长杆，双手配合画圆[见图 1-15（c）]。

分规是等分和量取尺寸的工具。分规两针尖并拢时必须能对齐，如图 1-16（a）所示。其使用方法如图 1-16（b）和图 1-16（c）所示。

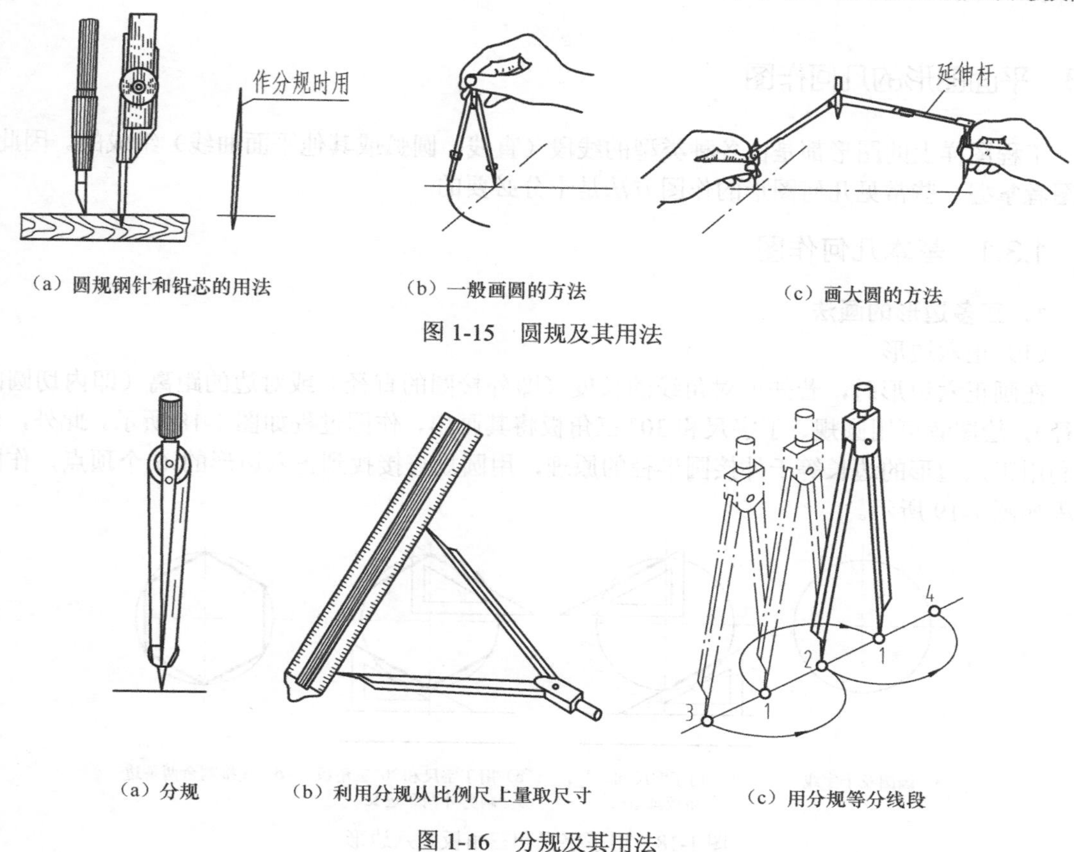

（a）圆规钢针和铅芯的用法　（b）一般画圆的方法　（c）画大圆的方法

图 1-15　圆规及其用法

（a）分规　（b）利用分规从比例尺上量取尺寸　（c）用分规等分线段

图 1-16　分规及其用法

1.2.4　其他绘图工具

绘图模板是一种快速绘图工具，其上面有多种镂空的常用图形、符号或字体等，利用它们能够方便地绘制针对不同专业的图案，如图 1-17（a）所示。使用时笔尖应紧靠模板，这样才能使画出的图形整齐、光滑。量角器用来测量角度，如图 1-17（b）所示。简易的擦图片是用来防止擦去多余线条时把有用的线条也擦去的一种工具，如图 1-17（c）所示。

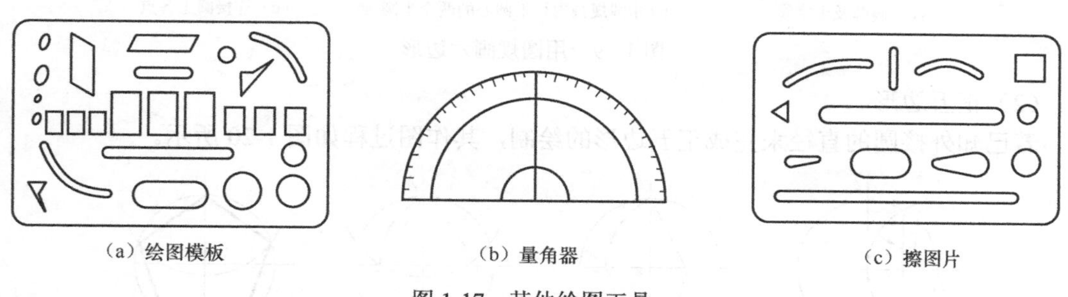

（a）绘图模板　（b）量角器　（c）擦图片

图 1-17　其他绘图工具

除上面已介绍的绘图工具外，绘图时还需要准备一把专用的削铅笔刀、修磨铅笔用的砂纸、固定图纸用的透明胶带及绘图橡皮擦等。如有需要，还可准备比例尺等。随着计算机绘图的普及，繁杂的手工绘图工作已逐步被计算机绘图所取代，绘图工具也得以简化。

1.3 平面图形的几何作图

工程图样上的图形都是由各种类型的线段（直线、圆弧或其他平面曲线）组成的。因此，绘图者掌握一些常见几何图形的作图方法是十分必要的。

1.3.1 基本几何作图

1．正多边形的画法

（1）正六边形

在画正六边形时，若知道对角线的长度（即外接圆的直径）或对边的距离（即内切圆的直径），绘图者可用圆规、丁字尺和 30° 三角板将其画出，作图过程如图 1-18 所示。此外，也可利用正六边形的边长等于外接圆半径的原理，用圆规直接找到正六边形的 6 个顶点，作图过程如图 1-19 所示。

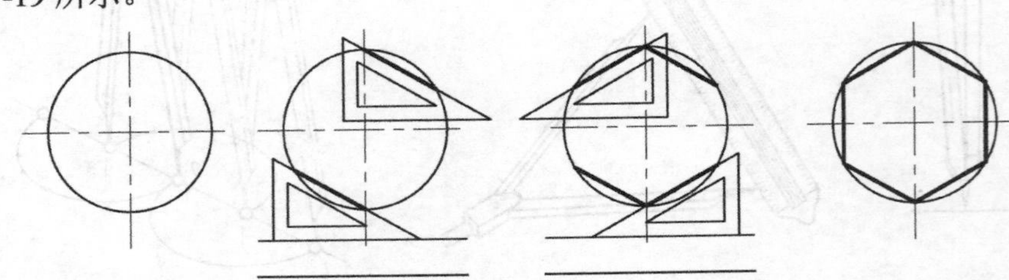

（a）画圆及十字线　（b）用丁字尺和30°三角板画边长　（c）用丁字尺和30°三角板画另外两条边长　（d）连接剩余两条边

图 1-18　用丁字尺和三角板画六边形

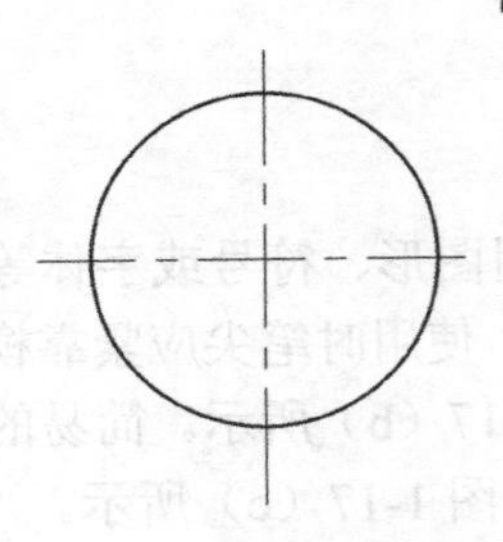

（a）画圆及十字线

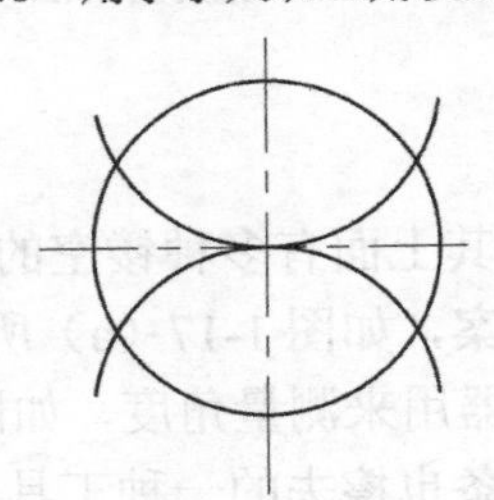

（b）用圆规画内切于圆心的两个半圆

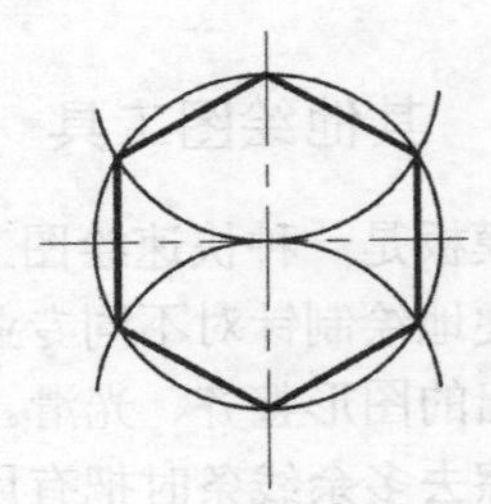

（c）连接圆上各点

图 1-19　用圆规画六边形

（2）正五边形

若已知外接圆的直径来完成正五边形的绘制，其作图过程如图 1-20 所示。

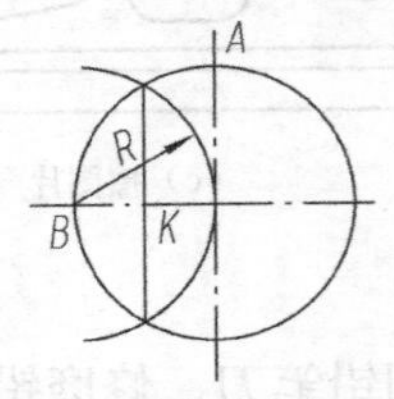

（a）取半径的中点 K

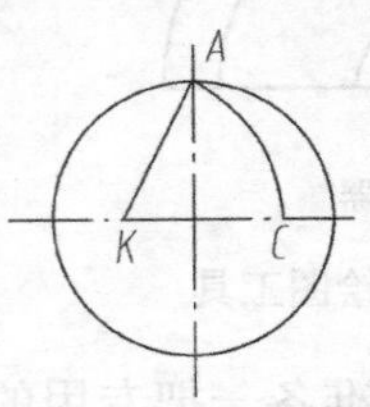

（b）以点 K 为圆心、KA 为半径画圆弧，得交点 C

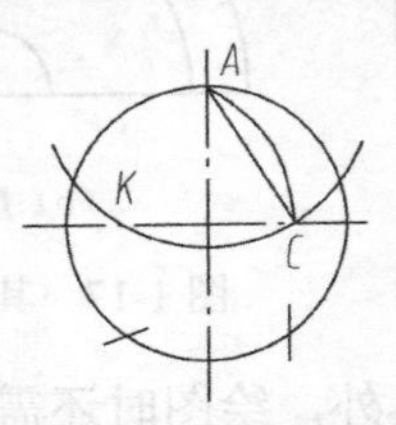

（c）AC 为五边形的边长，等分圆周

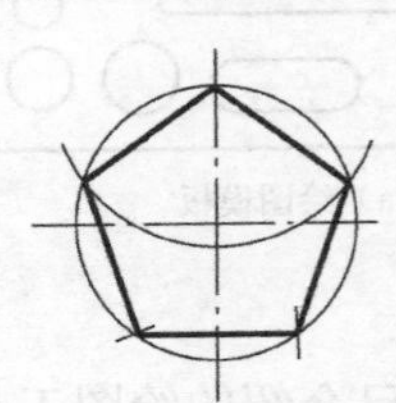

（d）将 5 个顶点连接起来，完成五边形的绘制

图 1-20　正五边形的画法

2. 斜度和锥度

（1）斜度

斜度是指直线或平面对另一直线或平面的倾斜程度。它一般以直角三角形两直角边的比值来表示[见图 1-21（a）]，并把比值化成 1∶*n* 的形式。即：

$$斜度 = \tan\alpha = H:L = 1:n$$

斜度标注时用斜度的图形符号，如图 1-21（b）所示。符号斜边的斜向应与斜度方向保持一致，角度为 30°，高度等于字高 *h*。

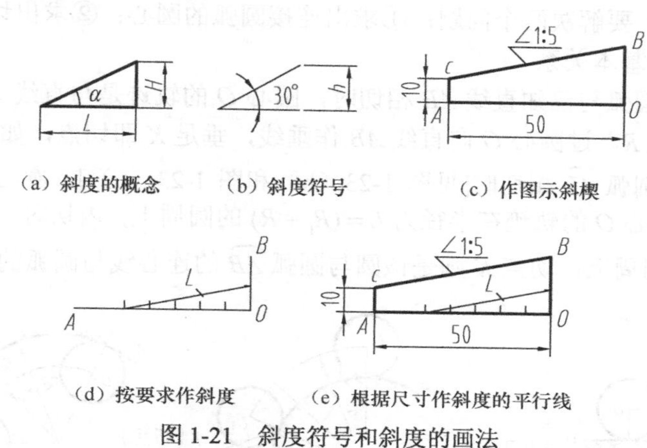

（a）斜度的概念　（b）斜度符号　（c）作图示斜楔

（d）按要求作斜度　（e）根据尺寸作斜度的平行线

图 1-21　斜度符号和斜度的画法

以图 1-21（c）为例，阐述作斜度线的步骤如下。

① 如图 1-21（d）所示，在 *OA* 直线上截取 5 个单位长度，在 *OB* 直线上截取 1 个单位长度，连接斜线 *L*。

② 如图 1-21（e）所示，过 *C* 点作直线 *L* 的平行线 *CB*，交 *OB* 直线于 *B* 点，完成作图。

③ 擦去作图辅助线，加深图线，标注尺寸和斜度。

（2）锥度

锥度是指圆锥的底圆直径与高度之比。若是锥台，则为大端直径与小端直径之差与圆台高度之比[见图 1-22（a）]，通常也把锥度比值写成 1∶*n* 的形式。即：

$$锥度 = \frac{D}{H} = \frac{D-d}{h} = 2\tan\frac{\alpha}{2} = 1:n$$

锥度标注时用锥度的图形符号，如图 1-22（b）所示。图形符号应与圆锥方向一致，基准线应与圆锥的轴线平行，高度等于 1.4 倍字号，锥角为 30°。

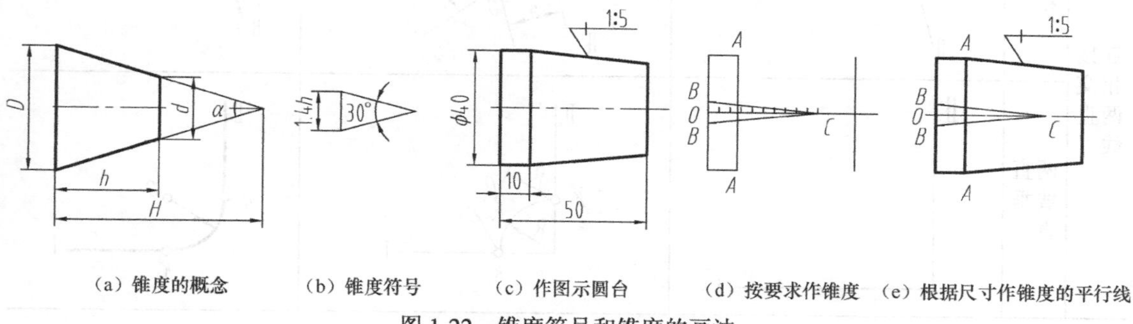

（a）锥度的概念　（b）锥度符号　（c）作图示圆台　（d）按要求作锥度　（e）根据尺寸作锥度的平行线

图 1-22　锥度符号和锥度的画法

以图 1-22（c）为例，阐述作锥度线的步骤如下。

① 如图 1-22（d）所示，在 *OC* 直线上截取 10 个单位长度，在 *OB* 直线上向上和向下分别截取 1 个单位长度，连接斜线。

② 如图 1-22（e）所示，过 *A* 点作直线 *BC* 的平行线，完成作图。

③ 擦去作图辅助线，加深图线，标注尺寸和锥度。

3. 圆弧连接

圆弧连接就是用已知半径的圆弧（称为连接圆弧）来光滑连接（即相切）两已知线段（直线或圆弧）。作图时，要解决两个问题：①求出连接圆弧的圆心；②求出切点的位置。

（1）圆弧连接的基本关系

① 当一个圆或圆弧与已知直线 *AB* 相切时，圆心 *O* 的轨迹是与直线 *AB* 相平行的直线，其距离等于圆的半径 *R*。过圆心 *O* 向直线 *AB* 作垂线，垂足 *K* 即切点，如图 1-23（a）所示。

② 当一个圆与圆弧 $\overset{\frown}{AB}$ 相切时[见图 1-23（b）和图 1-23（c）]，圆心 *O* 的轨迹是 $\overset{\frown}{AB}$ 的同心弧。外切时，圆心 *O* 的轨迹在半径为 $L=(R_1+R)$ 的圆周上；内切时，圆心 *O* 的轨迹在半径为 $L=(R_1-R)$ 的圆周上；切点 *K* 则是该圆与圆弧 $\overset{\frown}{AB}$ 的连心线与圆弧的交点。

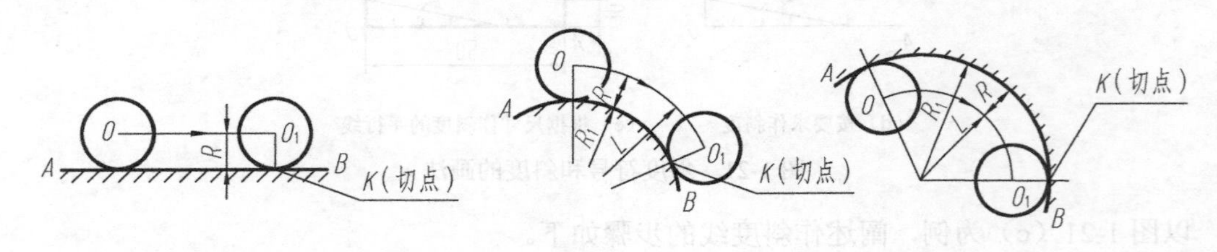

（a）圆与直线相切　（b）圆与圆外切　（c）圆与圆内切

图 1-23　圆弧连接的基本关系

圆弧连接的作图方法就是根据上述思路进行的。

（2）圆弧连接作图举例

表 1-6 列举了用已知半径为 *R* 的圆弧连接两已知线段的几种情况。

表 1-6　圆弧连接作图举例

连接要求			求连接弧的圆心 *O* 和切点 K_1、K_2	画连接弧
连接相交两直线	两直线倾斜	Ⅰ Ⅱ	K_1 K_2 R O Ⅰ Ⅱ	K_1 K_2 R O Ⅰ Ⅱ
	两直线垂直	Ⅰ Ⅱ	K_1 K_2 R O Ⅰ Ⅱ	K_1 K_2 R O Ⅰ Ⅱ

续表

连接要求			求连接弧的圆心 O 和切点 K_1、K_2	画连接弧
连接一直线和一圆弧		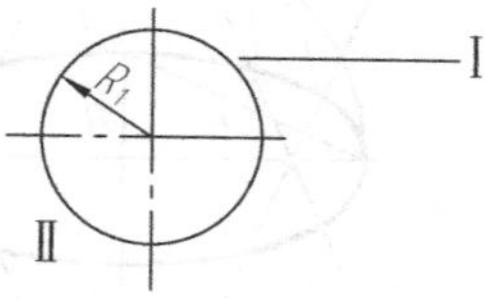 R_1　Ⅰ　Ⅱ	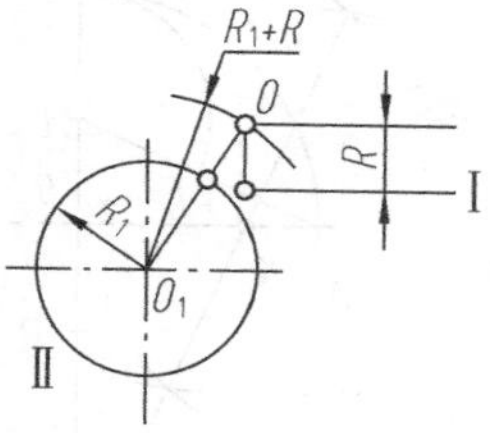 R_1+R　O　R　Ⅰ　R_1　O_1　Ⅱ	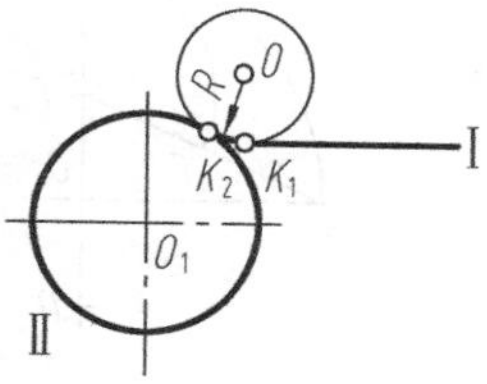 R　O　K_2　K_1　Ⅰ　O_1　Ⅱ
连接两圆弧	外切	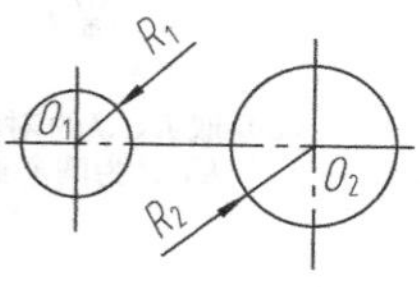 R_1　O_1　R_2　O_2	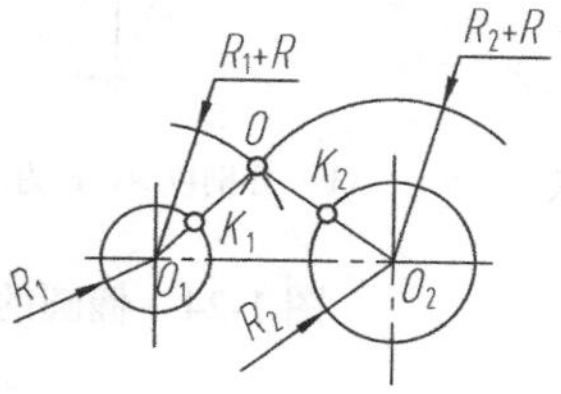 R_1+R　R_2+R　O　K_2　K_1　R_1　O_1　O_2　R_2	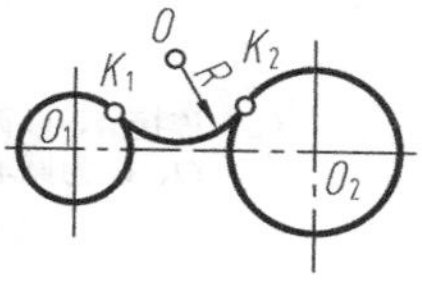 O　R　K_1　K_2　O_1　O_2
	内切	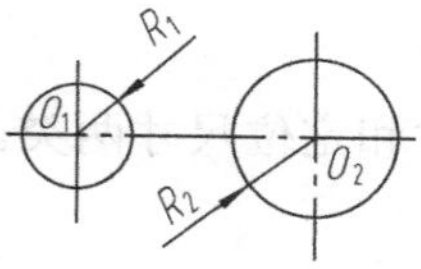 R_1　O_1　R_2　O_2	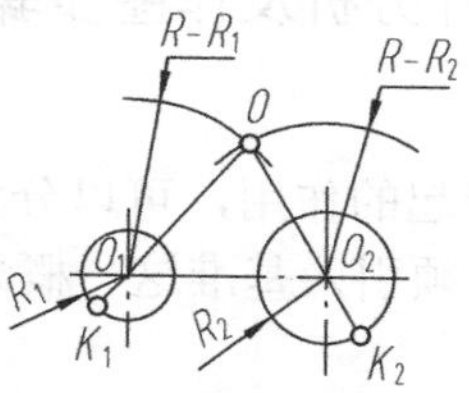 $R-R_1$　$R-R_2$　O　O_1　O_2　R_1　R_2　K_1　K_2	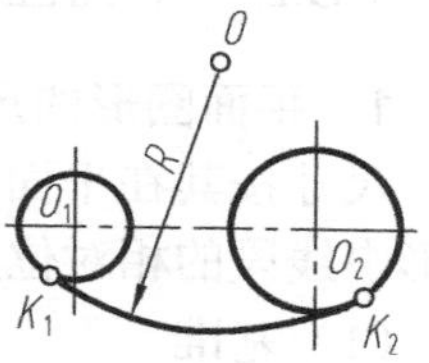 O　R　O_1　O_2　K_1　K_2
	内外切	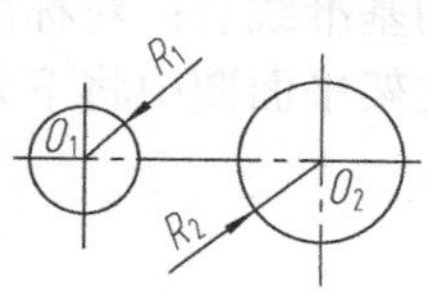 R_1　O_1　R_2　O_2	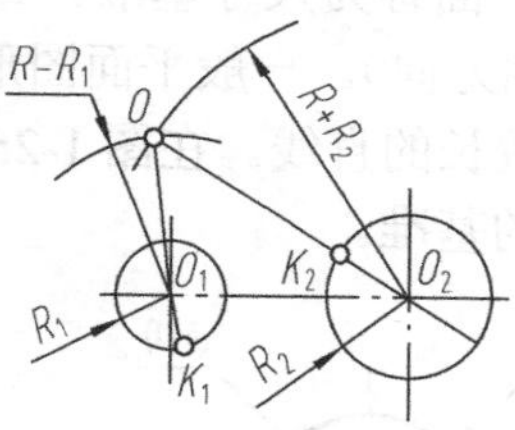 $R-R_1$　$R+R_2$　O　O_1　K_2　O_2　R_1　R_2　K_1	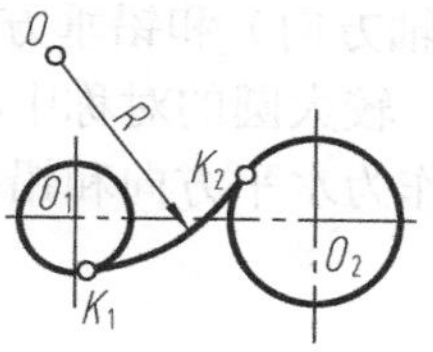 O　R　K_2　O_1　O_2　K_1

4．椭圆的画法

精确的绘制椭圆应用椭圆规或计算机来完成，这里只介绍一种常用的尺规近似画法，即将几段圆弧连接起来代替椭圆曲线。如图 1-24 所示，已知椭圆长轴为 *AB*、短轴为 *CD*，具体画图步骤如下。

① 如图 1-24（a）所示，连接 *A*、*C* 两点，以 *O* 点为圆心，以 *OA* 为半径画圆弧交 *OC* 的延长线于 *E* 点。以 *C* 点为圆心，以 *CE* 为半径画圆弧交 *AC* 线段于 *F* 点。

② 如图 1-24（b）所示，分别以 *A*、*F* 点为圆心，以大于（1/2）*AF* 为半径画圆弧，得两交点。连接两交点，得 *AF* 线段的垂直平分线，分别交于长轴 *K* 点和短轴 *J* 点。

③ 如图 1-24（c）所示，过 *O* 点作 *K* 点的对称点 *L* 和 *J* 点的对称点 *M*。

④ 分别以 *K*、*L* 两点为圆心，以 *AK* 为半径画圆弧，再分别以 *J*、*M* 两点为圆心，以 *JC* 为半径画圆弧，4 个圆弧分别相切于 *T* 点，进而完成椭圆的绘制。

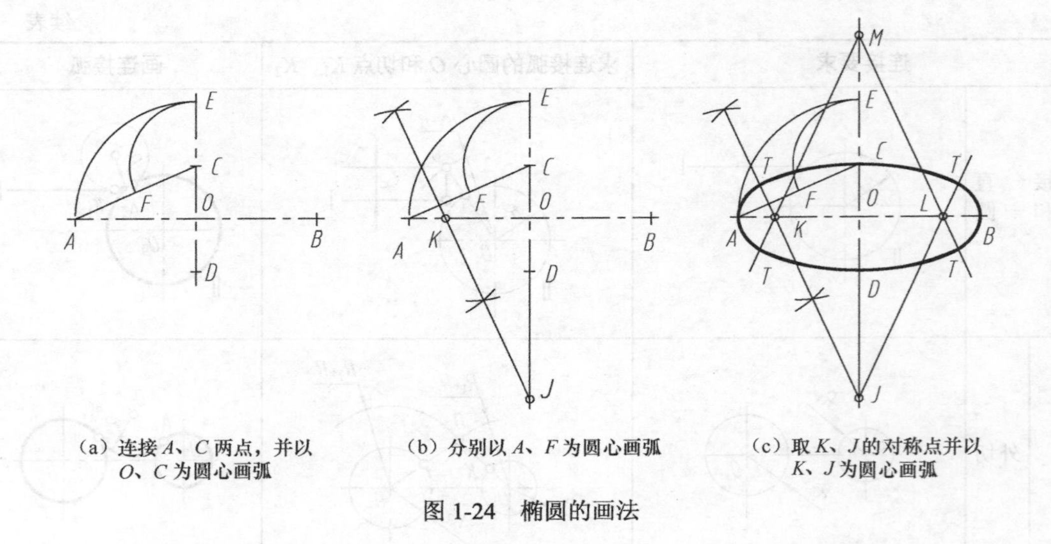

（a）连接 A、C 两点，并以 O、C 为圆心画弧　（b）分别以 A、F 为圆心画弧　（c）取 K、J 的对称点并以 K、J 为圆心画弧

图 1-24　椭圆的画法

1.3.2　平面图形的尺寸分析及作图步骤

1．平面图形的尺寸分析

尺寸按其在平面图形中所起的作用，可以分为定形尺寸和定位尺寸两类。要想确定平面图形中线段的相对位置，则必须引入基准这一概念。

（1）基准

确定尺寸位置的点、线、面称为尺寸基准。二维图形需要两个方向的基准，即水平方向（x 轴方向）和铅垂方向（y 轴方向）。一般平面图形中选用的基准线有：对称图形的对称中心线、较大圆的对称中心线、较长的直线。在图 1-25 所示的支架平面图中将下方两较长直线分别作为水平方向和铅垂方向的基准。

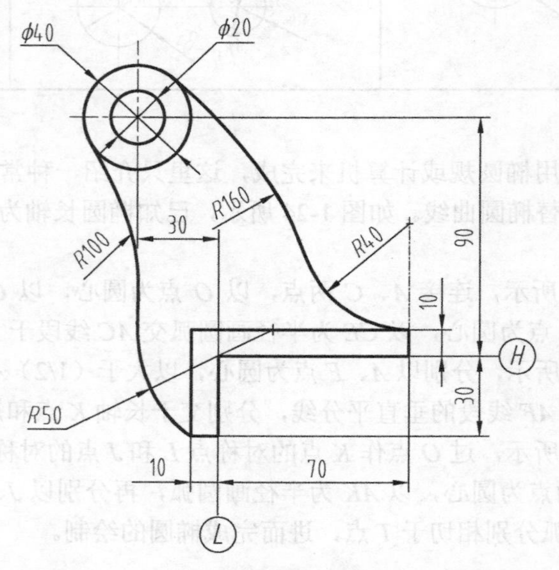

图 1-25　支架平面图

（2）定形尺寸

定形尺寸是确定平面图形中各线段形状大小的尺寸，如直线长度及圆弧的半径或直径、角度等。图 1-25 所示的尺寸ϕ40、ϕ20、R100、R50、10、70 等均为定形尺寸。

（3）定位尺寸

定位尺寸是确定平面图形的线段或线框相对位置的尺寸。图 1-25 所示的尺寸 90、30 均为定位尺寸。

2．平面图形的线段分析

（1）已知线段

已知线段注有完整的定形尺寸和定位尺寸（x 方向和 y 方向）。对于圆弧来说，已知线段就是半径 R 和圆心的两个坐标尺寸都齐全的圆弧，如图 1-25 中的ϕ40、ϕ20 和 70、30、10。已知线段可以根据尺寸直接画出，而不依靠与其他图线的连接关系。

（2）中间线段

中间线段尺寸标注不完整，须待与其一端相邻的线段作出后，依靠与该线段的连接关系才能画出。对于圆弧来说，较常见的是给出半径和圆心的一个定位尺寸，如图 1-25 中的 R40 和 R50 这两个圆弧。

（3）连接线段

连接线段尺寸标注不完全或不标尺寸，须待与其两端相邻的两线段作出后，依靠两个连接关系才能画出。对于圆弧来说，以给出一个半径为多见，如图 1-25 中的 R100 和 R160 两个圆弧。

3．平面图形的作图步骤

通过对平面图形的尺寸及线段进行分析，可归纳出平面图形的作图步骤如下。

① 画基准线（x 轴、y 轴方向）。

② 画已知线段。

③ 画中间线段。

④ 画连接线段。

⑤ 检查、整理无误后，按规定加深线型（详见 1.4.5 小节）。

⑥ 标注尺寸。

具体画图步骤如图 1-26 所示。

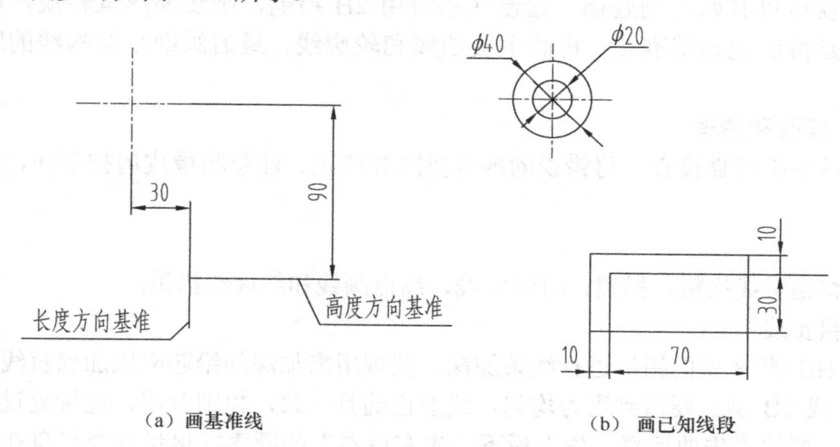

（a）画基准线　　（b）画已知线段

图 1-26　支架平面图的作图步骤

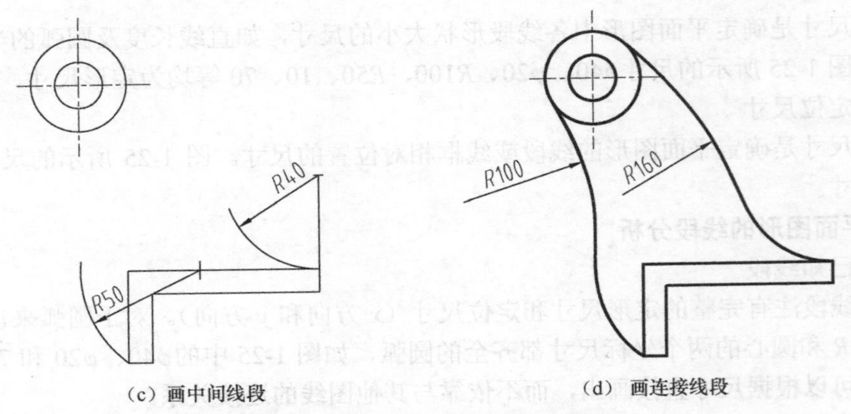

（c）画中间线段　　（d）画连接线段

图 1-26　支架平面图的作图步骤（续）

1.4　绘图的方法和步骤

绘制图样时，除了必须熟悉制图标准、掌握几何作图的方法和正确使用绘图工具外，还须掌握好以下绘图的方法和步骤。

1．做绘图前的准备工作

（1）准备好必需的绘图工具。

（2）根据图形的大小及多少，选择合适的比例及图纸幅面大小。

2．固定图纸

（1）图纸放在图板左边，与图板下边保留 1～2 个丁字尺尺身宽度的距离，同时丁字尺尺头紧靠图板左导边，图纸按尺身找正后，将其用胶带纸固定在图板上。

（2）用细实线按 GB/T 14689—2008 规定绘制图框线和标题栏。

3．布图及绘制底稿

布图就是先画出各个图形的基准线，如对称中心线、轴线和物体主要平面的线，使图形在图纸上均匀分布，而不可偏挤一边，且图形之间应留有适当空隙，以便标注尺寸。

布好图后就可以开始绘制底稿。绘制底稿时用 2H 铅笔，画线要尽量轻淡，以便擦除和修改。一般是按照先画基准线，再画主棱边线和轮廓线，最后画细小结构线的顺序来绘制底稿。

4．检查、修改和清理

底稿画好后务必认真检查，将错误的地方擦除并改正。注意将橡皮屑扫干净，以保证图面整洁。

5．加深

加深是指将粗实线描粗、描黑，将细实线、细点画线和细虚线描黑。

（1）加深粗实线

一般选用 HB 或 B 型的铅笔进行线条加深。圆规用来加深的铅芯应比加深直线用的铅芯软一号，即 B 或 2B 型。要做到用力均匀，线型正确且一致，粗细分明，连接处过渡光滑。加深粗实线时，要按“先曲后直，先上后下，先左后右”的顺序，尽量减少尺身在图样上的磨擦次数，以保证图面质量。

（2）加深细线型

用H型的铅笔按粗实线的加深顺序依次加深所有细实线、细点画线和细虚线。

6. 注写尺寸和填写标题栏

注写尺寸和填写标题栏，要字体工整，笔画清晰。除个人签名外，其他字体最好写成长仿宋字。

至此，就完成了图样的绘制。

第2章　点、直线和平面的投影

2.1　投影法的基础知识

在阳光或灯光照射下，物体会在地面上留下影子，其能够反映物体的轮廓信息。出于生产活动的需要，人们对这种日常的投影现象进行科学的抽象，逐步形成以影表形的投影法。运用该法可在图纸上以二维平面图形准确、全面地表达空间三维形体。

如图 2-1 所示，设空间有一平面 *ABC* 及平面外的一点 *S*，将点 *S* 与平面 *ABC* 上各点连成直线，作 *SA*、*SB*、*SC* 与平面 *P* 的交点 *a*、*b*、*c*。点 *a*、*b*、*c* 分别称为空间点 *A*、*B*、*C* 在平面 *P* 的投影；平面 *P* 称为投影面；点 *S* 称为投射中心；直线 *SA*、*SB*、*SC* 称为投射线。投射线通过物体向选定的面投射，在该面上得到图形的方法称为投影法。

工程上常用的投影法有中心投影法和平行投影法两种。

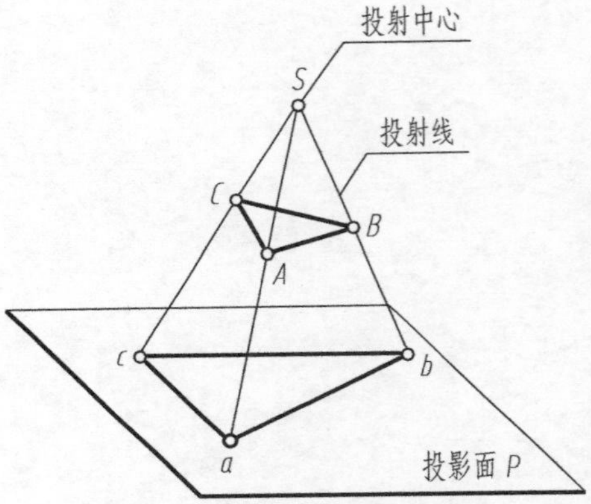

图 2-1　投影的形成

2.1.1　中心投影法

投射线汇交于一点的投影法称为中心投影法，如图 2-1 所示。用中心投影法所得的投影具有很强的立体感，因此，该投影法常用来绘制建筑物及工业产品的外观图（也称透视图）。

2.1.2　平行投影法

投射线相互平行的投影法称为平行投影法（投射中心位于无限远处）。平行投影法又分为两类：投射线与投影面相垂直的平行投影法称为正投影法，如图 2-2（a）所示；投射线与投影面相倾斜的平行投影法称为斜投影法，如图 2-2（b）所示。

当采用平行投影法时，若空间图形[见图 2-2（a）和图 2-2（b）中的三角形]与投影面平行，则投影反映真实的形状和大小。工程图样主要采用正投影法绘制。

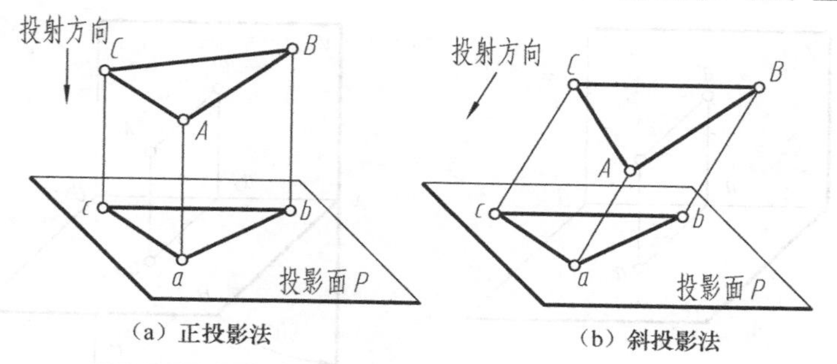

图 2-2 平行投影法

2.2 点的投影

如图 2-3 所示，用正投影法将空间点 A_0 向投影面投射，在投影面 *P* 可得唯一的投影 *a*；反之，若已知投影 *a*，却不能唯一确定该投影所对应的空间点，因为空间点 A_0、A_1、A_2、A_3 等都属于该投射线上的点，它们在投影面 *P* 的投影均位于 *a*。因此，空间形体常被置于相互垂直的多个投影面之间进行投影。

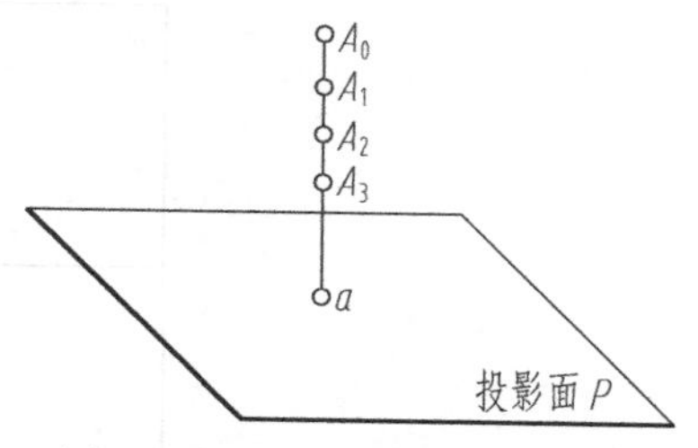

图 2-3 点在单个投影面的投影

2.2.1 点在两投影面体系第一分角中的投影

1. 两投影面体系的建立

如图 2-4 所示，用水平和铅垂的两投影面将空间分成 4 个区域，构成两投影面体系；按顺序编号，分别称为第一分角、第二分角、第三分角和第四分角。其中，处于正面直立位置的平面称为正立投影面，用大写字母 *V* 表示，简称正面或 *V* 面；处于水平位置的平面称为水平投影面，用大写字母 *H* 表示，简称水平面或 *H* 面；*V* 面和 *H* 面的交线称为投影轴，记为 *OX*。本书讨论点在第一分角的投影。

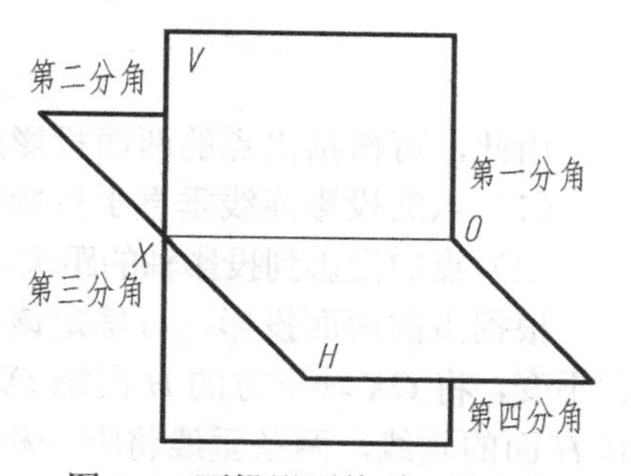

图 2-4 两投影面体系及其分角

2. 点的两面投影

如图 2-5（a）所示，过在第一分角中的 *A* 点作垂直于 *V* 面、*H* 面的投射线，与 *H* 面的交点为 *A* 点的水平投影，用 *a* 表示；与 *V* 面的交点为 *A* 点的正面投影，用 *a'* 表示。由两条投射线所组成的平面 *Aaa'* 垂直于 *V* 面和 *H* 面，且与 *OX* 轴垂直，其与 *OX* 轴的交点用 a_x 表示。

显然，平面 Aaa_xa' 为矩形，故 $a'a_x = Aa$，即 *A* 点的正面投影到 *OX* 轴的距离等于空间 *A* 点到 *H* 面的距离；$aa_x = Aa'$，即 *A* 点的水平投影到 *OX* 轴的距离等于 *A* 点到 *V* 面的距离。

保持正立投影面 *V* 不动，使水平投影面 *H* 绕 *OX* 轴向下旋转 90° 展开，与 *V* 面处于同一平面，如图 2-5（b）所示。由于在同一平面上，过 *OX* 轴上的点 a_x 只能作一条直线垂直于 *OX* 轴，故 *a'*、a_x、*a* 三点共线且 $a'a \perp OX$。直线 *a'a* 称为投影连线（用细实线绘制），如图 2-6（a）所示。投影面可认为是任意大小，故通常在画投影图时不画投影面的边框线。图 2-6（b）为 *A* 点的两面投影图。

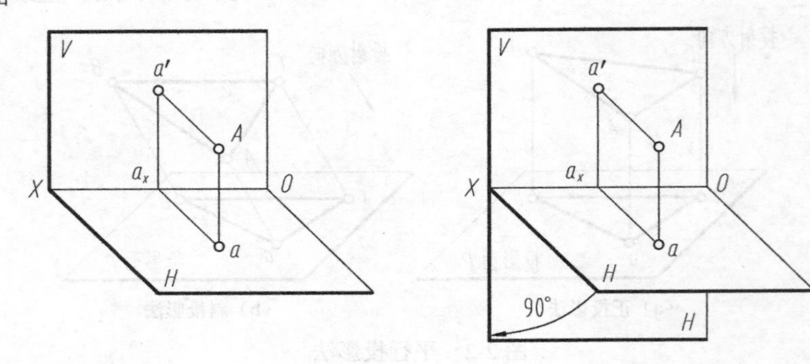

（a）点在第一分角的投影　　（b）两投影面体系的展开

图 2-5　点在第一分角中的投影

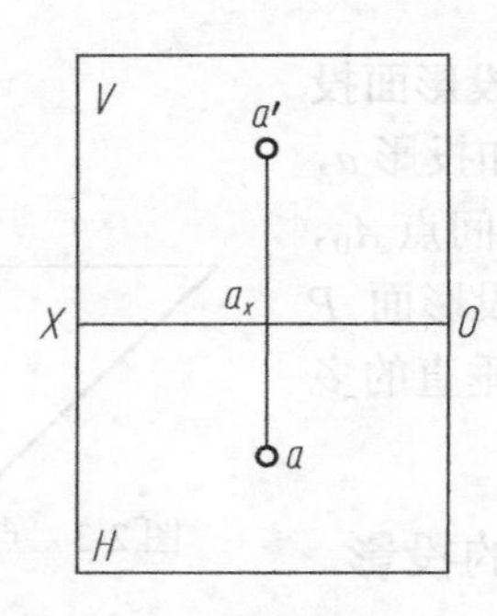

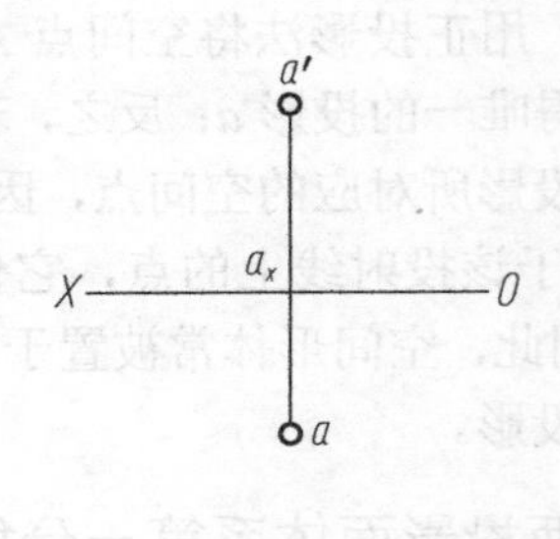

（a）点在两投影面体系中的展开图　　（b）点的两面正投影图

图 2-6　点的投影图

由此，可概括出点的两面投影规律如下。

（1）点的投影连线垂直于投影轴，即 $a'a \perp OX$。

（2）点的投影到投影轴的距离，等于该点到相邻投影面的距离，即 $a'a_x = Aa$；$aa_x = Aa'$。

根据点的两面投影，可确定该点的空间位置。可以想象：保持图 2-6（b）中 V 面直立位置不变，将 OX 轴下方的 H 面绕 OX 轴向前旋转 90° 恢复到水平位置，再分别由 a'、a 作 V 面和 H 面的垂线，两条垂线将唯一相交于一点，即 A 点。

2.2.2　点在三投影面体系第一分角中的投影与点的直角坐标

1．三投影面体系的建立

如图 2-7（a）所示，在两投影面体系的基础上再添加一个与 V、H 面都垂直的投影面。该投影面称为侧立投影面，简称侧面或 W 面。这 3 个互相垂直的平面组成一个三投影面体系。同理，W 面和 H 面、W 面和 V 面的交线都称为投影轴，分别记为 OY 和 OZ；三投影面的交点记为原点 O。

2．点的三面投影与点的直角坐标

从三投影面体系第一分角中的 A 点分别向 H 面、V 面和 W 面投影，得到 3 个投影点，分别记作 a、a'、a''。其中 a'' 为 A 点的侧面投影，习惯上用其对应的小写字母加两撇表示。规定保持 V 面的正立位置不变，使 H 面绕 OX 轴向下旋转 90°、W 面绕 OZ 轴向右旋转 90°，可使 3 个投影面处在同一平面内。图 2-7（b）为展开（摊平）后点的三面投影图。

注意：在旋转过程中 OY 轴被一分为二，随 H 面旋转后的位置为 OY_H，随 W 面旋转后的位置为 OY_W，$Oa_{yh}=Oa_{yw}$。

我们可将三投影面体系的 V、H、W 投影面视为直角坐标系的坐标面、将投影轴视为坐标轴，点 O 即坐标原点，从而构成直角坐标系，故空间点到投影面的距离就等于点的直角坐标，如图 2-7（a）所示。因此，已知点的 3 个坐标即可得点的三面投影图，反之亦然。规定 OX 轴从 O 点向左为正，OY 轴从 O 点向前为正，OZ 轴从 O 点向上为正。

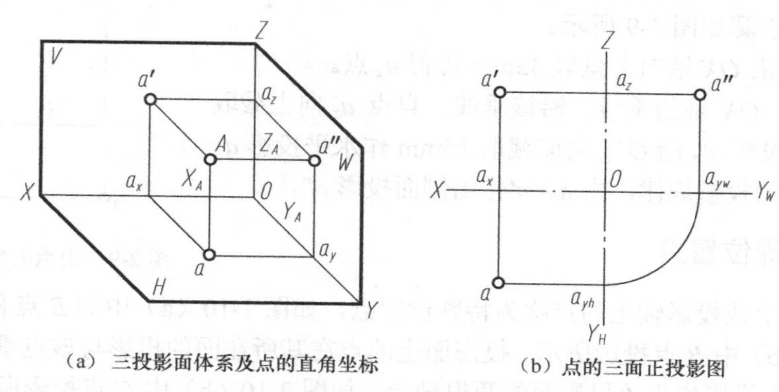

（a）三投影面体系及点的直角坐标　　（b）点的三面正投影图

图 2-7　点在三投影面体系中的投影

由图 2-7 可得点的三面投影规律如下。

（1）点的投影连线垂直于相应的投影轴，即 $a'a\perp OX$、$a'a''\perp OZ$ 和 $aa_{yh}\perp OY_H$、$a''a_{yw}\perp OY_W$。

（2）点的投影到投影轴的距离等于该点到对应的相邻投影面的距离，其为该点的一个坐标，具体介绍如下。

点 A 到 W 面的距离（x 坐标）：$x_A=Oa_x=a'a_z=aa_{yh}=Aa''$。

点 A 到 V 面的距离（y 坐标）：$y_A=Oa_y=aa_x=a''a_z=Aa'$。

点 A 到 H 面的距离（z 坐标）：$z_A=Oa_z=a'a_x=a''a_{yw}=Aa$。

【例 2-1】 如图 2-8（a）所示，已知 A 点的正面投影 a'和侧面投影 a''，试求其水平投影 a。

解：

[分析] 根据点的三面投影规律作图。由 $a'a\perp OX$ 可知，a 在过 a' 且垂直于 OX 轴的直线上；又由于 a 到 OX 轴的距离等于 a''到 OZ 轴的距离（$aa_x=a''a_z$），一般利用 45° 线定出水平投影 a 的位置，如图 2-8（b）所示，也可利用 1/4 圆弧确定 a 的位置，如图 2-8（c）所示。在投影图上，a_x、a_y、a_z 可不标出。

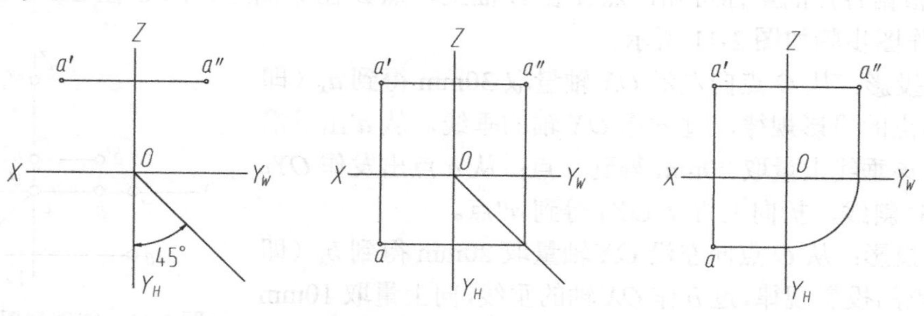

（a）已知条件　　（b）作图步骤及结果（45°线）　　（c）作图步骤及结果（1/4圆弧）

图 2-8　求点的第三面投影

[作图] 作图步骤如图 2-8（b）所示。

（1）过 a' 作 $a'a \perp OX$。

（2）过 a'' 作垂线垂直于 OY_W，交 45° 线，再从交点处向左作 OY_H 的垂直线；交 $a'a$ 于 a。

【例 2-2】已知 A 点的坐标(35,15,25)，试求其三面投影。

解：

[分析] 根据点的三面投影规律作图。

[作图] 作图步骤如图 2-9 所示。

（1）从 O 点沿 OX 轴向左量取 35mm 可得 a_x 点。

（2）过 a_x 作 OX 轴的垂线。沿该垂线，自点 a_x 向上截取 25mm 可得正面投影 a'，沿 OY_H 向前截取 15mm 作水平投影 a。

（3）根据点的投影规律，由 a、a' 作出侧面投影 a''。

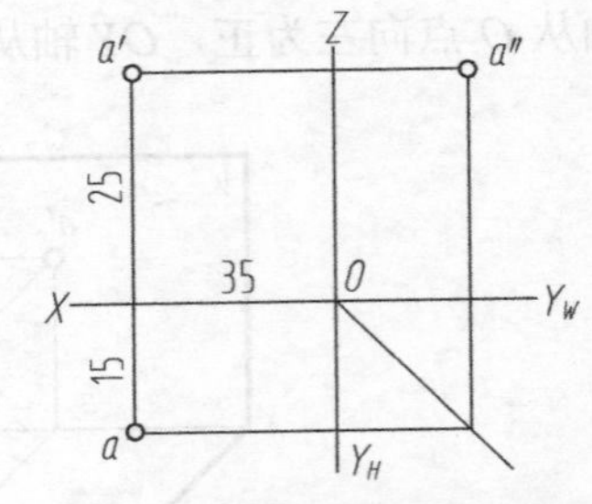

图 2-9 由点的坐标作三面投影

2.2.3 特殊位置点

位于投影面上或投影轴上的点称为特殊位置点，如图 2-10（a）中的 B 点和 C 点。

如图 2-10（b）中 B 点投影所示：投影面上的点在其所在面的投影与该点重合，有一个坐标值为 0，另两个投影位于该投影面的两根轴上。如图 2-10（b）中 C 点投影所示：投影轴上的点在相交于该轴的两个面上的投影与该点重合，有两个坐标值为 0，另一个投影与原点重合。

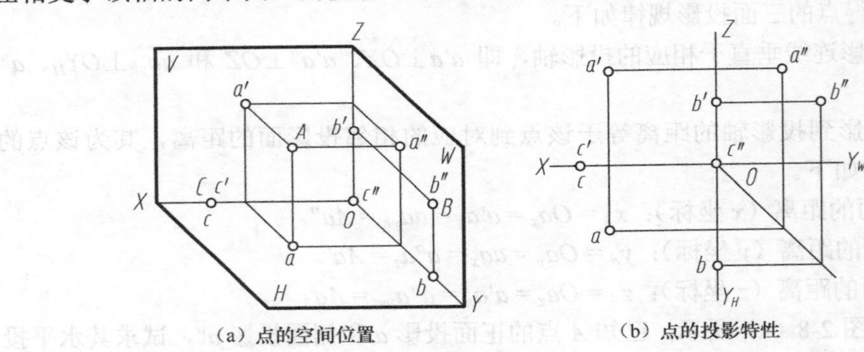

（a）点的空间位置　　（b）点的投影特性

图 2-10 特殊位置点

【例 2-3】已知 A 点的坐标为(30,20,0)、B 点的坐标为(20,0,10)、C 点的坐标为(0,0,35)，试求各点的三面投影。

解：

[分析] 根据各点的坐标可知，点 A 在 H 面上，点 B 在 V 面上，点 C 在 OZ 轴上。

[作图] 作图步骤如图 2-11 所示。

点 A 的投影：从 O 点向左沿 OX 轴量取 30mm 得到 a_x（即 a' 点），根据点的投影规律，过 a' 作 OX 轴的垂线，从 a' 出发沿 Y_H 的方向在该垂线上量取 20mm 得到 a 点；从 a 点出发作 OY_H 的垂线交 45° 斜线，折向上方交 OY_W 得到 a'' 点。

点 B 的投影：从 O 点向左沿 OX 轴量取 20mm 得到 b_x（即 b 点），根据点的投影规律，过 b 作 OX 轴的垂线，向上量取 10mm 得到 b' 点；从 b' 点出发作 OZ 轴的垂线交 OZ 轴得到 b'' 点。

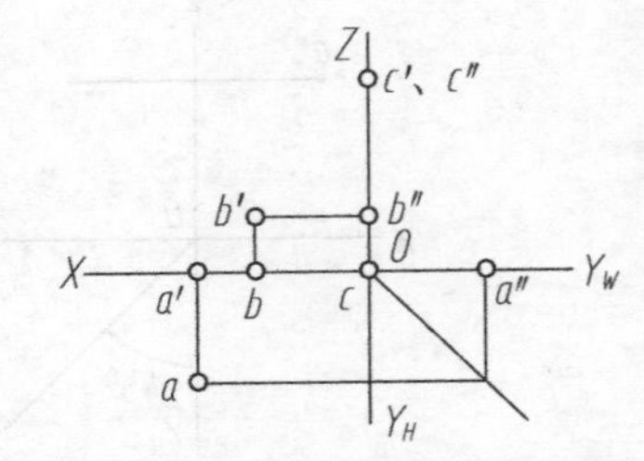

图 2-11 特殊位置点的投影

点 C 的投影：从 O 点向上沿 OZ 轴量取 35mm 得到 c_x（即 c' 点、c'' 点），O 点即 c 点。

2.2.4　两点的相对位置

两点的相对位置是指该两点沿上下、左右、前后的方位关系；通过两点的坐标差（即两点相对于 *H*、*W*、*V* 投影面的距离差），可判断它们的相对位置。

如图 2-12 所示，*A* 点的 *X* 坐标小于 *B* 点的 *X* 坐标，说明 *A* 点在 *B* 点的右侧；*A* 点的 *Y* 坐标大于 *B* 点的 *Y* 坐标，说明 *A* 点在 *B* 点的前方；*A* 点的 *Z* 坐标大于 *B* 点的 *Z* 坐标，说明 *A* 点在 *B* 点的上方，即 *A* 点位于 *B* 点的右、前、上方。总之，点的 *X*、*Y*、*Z* 坐标值大的在左、前、上方，坐标值小的在右、后、下方。

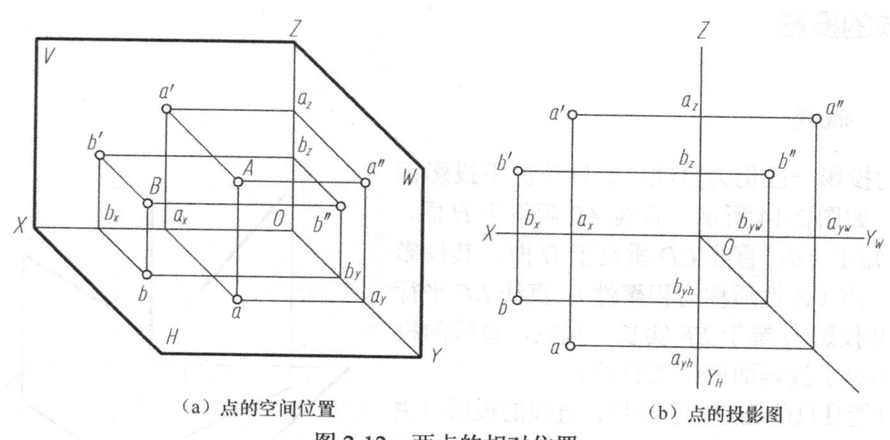

（a）点的空间位置　　（b）点的投影图

图 2-12　两点的相对位置

必须特别注意的是，空间的 *OY* 轴随着投影面的展开（摊平）而一分为二：OY_H 和 OY_W。因此，在 *H* 面上沿 OY_H 轴向下代表向前，在 *V* 面上沿 OY_W 轴向右也代表向前。

2.2.5　重影点

当空间两个点处于垂直于某投影面的同一投射线上时，它们在该投影面上的投影一定重合，此两点称为对该投影面的重影点。显然，重影点有两个坐标相同。如图 2-13（a）所示，*A*、*B* 两点处于同一条铅垂投射线上，故它们的水平投影重合。此时该两点的 *X* 坐标和 *Y* 坐标相等，而 *A* 点的 *Z* 坐标大于 *B* 点的 *Z* 坐标，说明 *A* 点在 *B* 点的正上方。

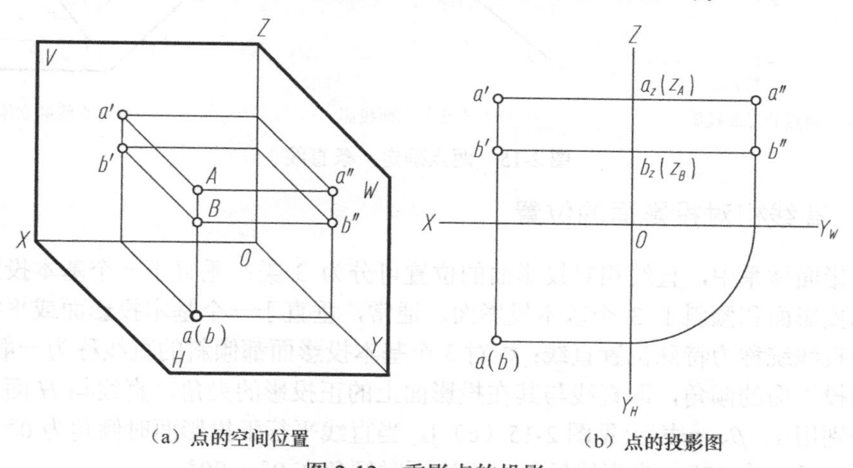

（a）点的空间位置　　（b）点的投影图

图 2-13　重影点的投影

当两点的投影重影时，必然是一点的投影可见，另一点的投影因被遮挡而不可见。上述 *A*、*B* 两点的水平投影重影，因为 $z_B < z_A$，所以从上向下观察时，*B* 点被遮挡，故在水平投影中 *b* 不可见。在投影图上常给不可见的投影加上括号，可见的则不加括号，如图 2-13（b）所示。

同理，若一点在另一点的正右方或正左方，则它们是对 *W* 面的重影点；若一点在另一点的正前方或正后方，则它们是对 *V* 面的重影点。

因正投影法将空间形体置于观察者与投影面之间，故 *H* 面、*V* 面、*W* 面上重影点的可见性分别为上遮下、前遮后、左遮右。

2.3 直线的投影

2.3.1 概述

直线的投影一般仍为直线，特殊情况下投影积聚为一点。如图 2-14 所示，直线 *AB* 倾斜于 *H* 面，其投影 *ab* 短于 *AB*；直线 *CD* 垂直于 *H* 面，其投影 *cd* 积聚为一点（该性质称为积聚性）；直线 *EF* 平行于 *H* 面，其投影 *ef* 等于 *EF* 实长。显然，直线的投影与直线相对于投影面的位置有关。

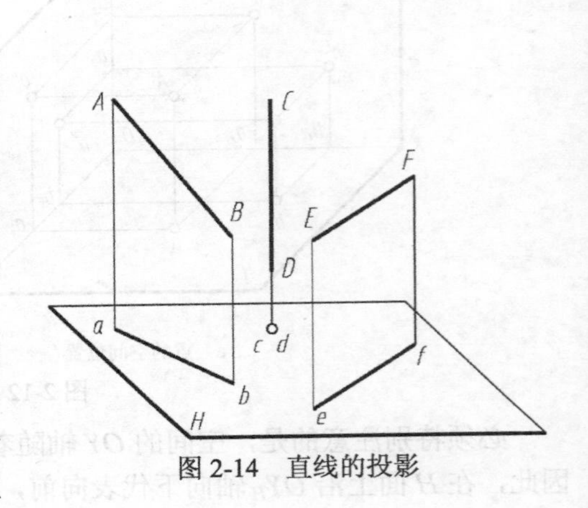

图 2-14 直线的投影

过两点能且只能确定一条直线，直线的投影可由直线上任意两点的同面投影确定。如图 2-15 所示，已知 *A*、*B* 两点的三面投影，用直线（粗实线）分别连接两点的同面投影 *a′b′*、*ab*、*a″b″*，即可得直线 *AB* 的三面投影。

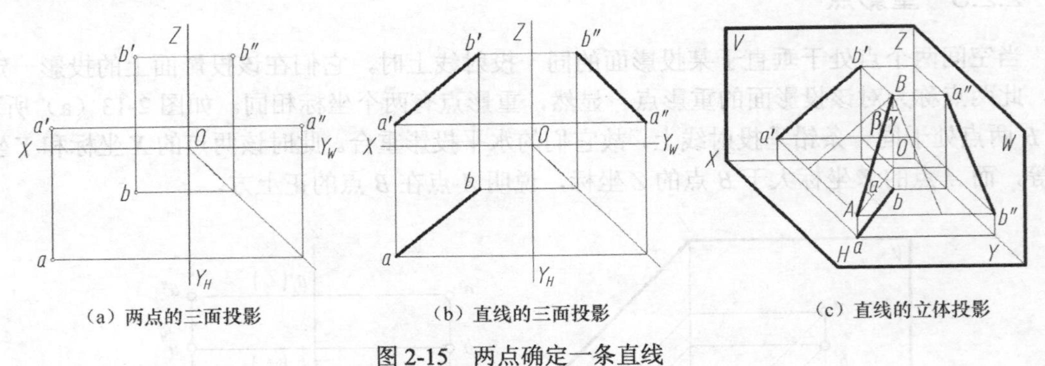

（a）两点的三面投影　（b）直线的三面投影　（c）直线的立体投影

图 2-15 两点确定一条直线

2.3.2 直线相对投影面的位置

在三投影面体系中，直线相对投影面的位置可分为 3 类：垂直于一个基本投影面、平行于一个基本投影面和倾斜于 3 个基本投影面。通常，垂直于一个基本投影面或平行于一个基本投影面的直线统称为特殊位置直线；相对 3 个基本投影面都倾斜的直线称为一般位置直线。

直线与投影面的倾角，即直线与其在投影面上的正投影的夹角。直线与 *H* 面、*V* 面和 *W* 面的倾角分别用 α、β、γ 表示[见图 2-15（c）]。当直线平行于投影面时倾角为 0°，当直线垂直于投影面时倾角为 90°，当直线倾斜于投影面时倾角在 0°～90°。

1．投影面垂直线

垂直于一个基本投影面的直线，称为投影面垂直线。其中，垂直于 H 面的直线称为铅垂线；垂直于 V 面的直线为正垂线；垂直于 W 面的直线为侧垂线。垂直于一个基本投影面的直线一定平行于另外两个基本投影面。表 2-1 列出了 3 种位置投影面垂直线的直观图、投影图及其投影特性。

表 2-1　投影面垂直线

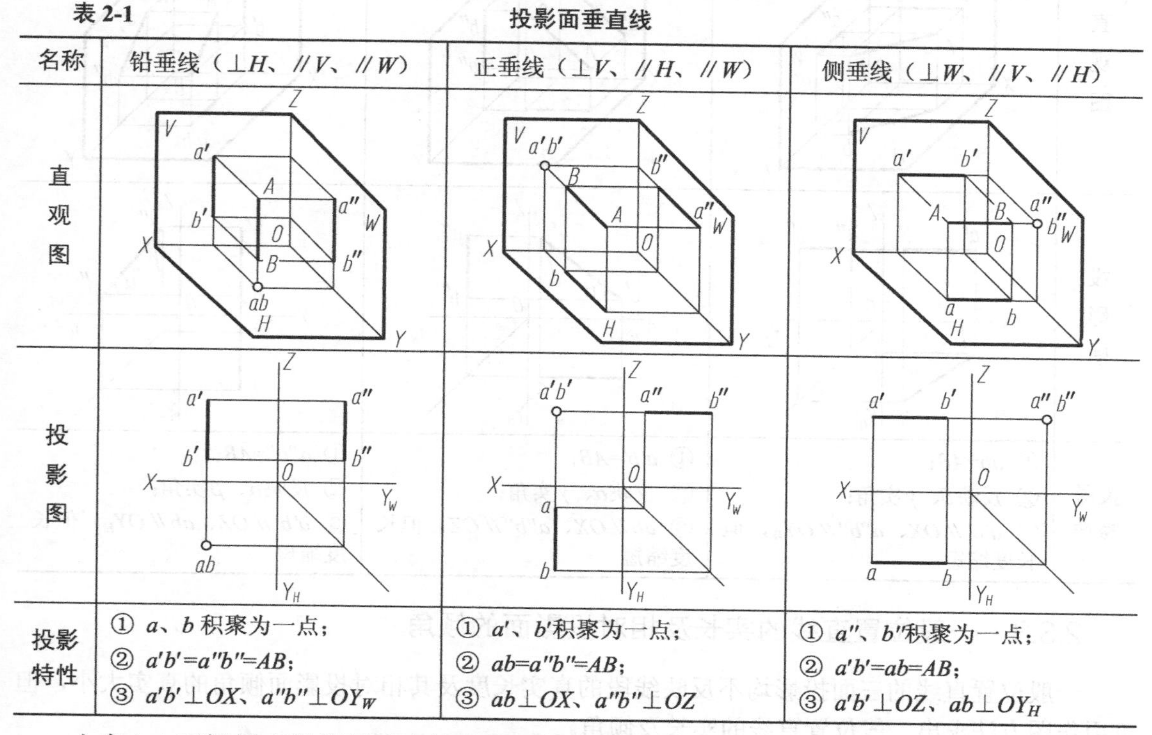

名称	铅垂线（$\perp H$、$/\!/V$、$/\!/W$）	正垂线（$\perp V$、$/\!/H$、$/\!/W$）	侧垂线（$\perp W$、$/\!/V$、$/\!/H$）
直观图			
投影图			
投影特性	① a、b 积聚为一点； ② $a'b'=a''b''=AB$； ③ $a'b'\perp OX$、$a''b''\perp OY_W$	① a'、b' 积聚为一点； ② $ab=a''b''=AB$； ③ $ab\perp OX$、$a''b''\perp OZ$	① a''、b'' 积聚为一点； ② $a'b'=ab=AB$； ③ $a'b'\perp OZ$、$ab\perp OY_H$

由表 2-1 可概括出投影面垂直线的投影特性如下。

（1）在所垂直的基本投影面上的投影积聚为一点。

（2）在另外两个基本投影面上的投影垂直于相应的投影轴，且反映直线的实长。

2．投影面平行线

平行于一个基本投影面，与另外两个基本投影面呈倾斜角度的直线，称为投影面平行线。其中，平行于 H 面，与 V 面、W 面倾斜的直线称为水平线；平行于 V 面，与 H 面、W 面倾斜的直线称为正平线；平行于 W 面，与 H 面、V 面倾斜的直线为侧平线。表 2-2 列出了 3 种位置投影面平行线的直观图、投影图及其投影特性。

由表 2-2 可概括出投影面平行线的投影特性如下。

（1）在所平行的基本投影面上的投影反映实长。

（2）在所平行的基本投影面上的投影与投影轴的夹角等于直线与另两个基本投影面的倾角。

（3）在另外两个基本投影面上的投影平行于相应的投影轴，但长度缩短。

3．一般位置直线

图 2-15（c）所示为一般位置直线 AB 的三面投影。由于直线 AB 倾斜于 V、H、W 这 3 个基本投影面，故其三面投影均与 OX、OY、OZ 这 3 个投影轴倾斜，均不反映 α、β、γ 的真实大小，且都短于直线 AB 的实长，即 $ab=AB\cos\alpha$、$a'b'=AB\cos\beta$、$a''b''=AB\cos\gamma$。

表 2-2　　　　投影面平行线

名称	水平线（//*H*、∠*V*、∠*W*）	正平线（//*V*、∠*H*、∠*W*）	侧平线（//*W*、∠*V*、∠*H*）
直观图			
投影图			
投影特性	① *ab*=*AB*； ② 反映β、γ实角； ③ *a′b′* // *OX*、*a″b″* // OY_W，但长度缩短	① *a′b′*=*AB*； ② 反映α、γ实角； ③ *ab* // *OX*、*a″b″* // *OZ*，但长度缩短	① *a″b″*=*AB*； ② 反映α、β实角； ③ *a′b′* // *OZ*、*ab* // OY_H，但长度缩短

2.3.3　一般位置直线的实长及相对投影面的倾角

一般位置直线的三面投影均不反映线段的真实长度及其相对投影面倾角的真实大小，但可用作图方法求出一般位置直线的实长及倾角。

如图 2-16（a）所示，若过点 *B* 作 *BC*// *ab*，则△*ABC* 为直角三角形。*BC* 是一条直角边，且 *BC*=*ab*，即等于 *AB* 的水平投影长；另一条直角边 *AC*=*Aa*−*Bb*，即 *A*、*B* 两点相对于 *H* 面的距离差（*Z* 坐标差Δ*Z*）等于 *A*、*B* 两点的正面投影到 *OX* 轴的坐标差；斜边即直线 *AB* 的真实长度；斜边 *AB* 与直角边 *BC* 的夹角就是直线 *AB* 相对于 *H* 面的倾角α。显然，根据一般位置直线的投影求作该直角三角形，可确定一般位置直线的实长及其相对于投影面的倾角，该图解法称为直角三角形法。

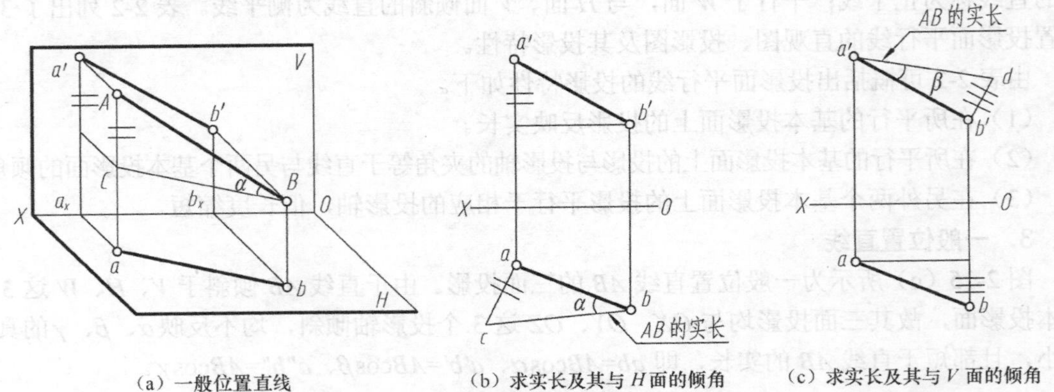

（a）一般位置直线　　（b）求实长及其与 *H* 面的倾角　　（c）求实长及其与 *V* 面的倾角

图 2-16　求线段的实长及倾角

如图 2-16（b）所示，作图过程如下。

（1）以水平投影 ab 为一直角边，过 a 点作 ab 的垂线。

（2）由 b' 点作 OX 轴的平行线，求出 A、B 两点相对于 H 面的距离差，即 Z 坐标差ΔZ。

（3）量取$\triangle Z$，在过 a 所作的 ab 垂线上通过截取得到 c，即 $ac=\Delta Z$。

（4）连接 b 点与 c 点即得线段 AB 的实长，$\angle abc$ 即直线 AB 相对于 H 面的倾角α。

同理，如图 2-16（c）所示，也可以线段 AB 的正面投影 $a'b'$为一直角边，A、B 两端点相对于 V 面的距离差（Y 坐标差$\triangle Y$）为另一直角边，构造直角三角形，求出 AB 线段的实长及其相对于 V 面的倾角β。若求相对于 W 面的倾角γ，则必须利用侧面投影及 X 坐标差。包含β和γ的直角三角形的空间图见图 2-15（c）。

在直角三角形的实长、倾角、投影、坐标差 4 个条件中，只要已知其中两个就能画出该直角三角形，从而求出另两个未知条件。

【例 2-4】 如图 2-17（a）所示，已知直线 AB 的正面投影 $a'b'$及端点 A 的水平投影 a，且已知 AB 相对于 V 面的倾角β=30°，B 点在 A 点的后方，求作 AB 的水平投影。

解：

[分析] 已知直线的正面投影 $a'b'$，又知直线相对于 V 面的倾角为 30°，即已知直角三角形法 4 个条件中的两个条件，显然能够作出这个直角三角形；它的另一直角边长应为 A、B 两点的 Y坐标差$\triangle Y$，即水平投影 a、b 两点到 OX 轴的距离差$\triangle Y$[见图 2-17（b）]。

[作图]

（1）如图 2-17（b）所示，在适当位置任作一直角 C，量取一直角边 $CD=a'b'$得端点 D。

（2）过 D 点作一条与 CD 夹角为 30° 的直线，交另一直角边于点 E，则 $CE=\triangle Y$。

（3）如图 2-17（c）所示，在水平投影图中过 a 点向上截取 CE 长，得 b_0 点。

（4）过 b_0 作直线平行于 OX 轴，交过 b'的垂直投影连线于 b 点，连接 a 点与 b 点即得 AB 直线的水平投影。

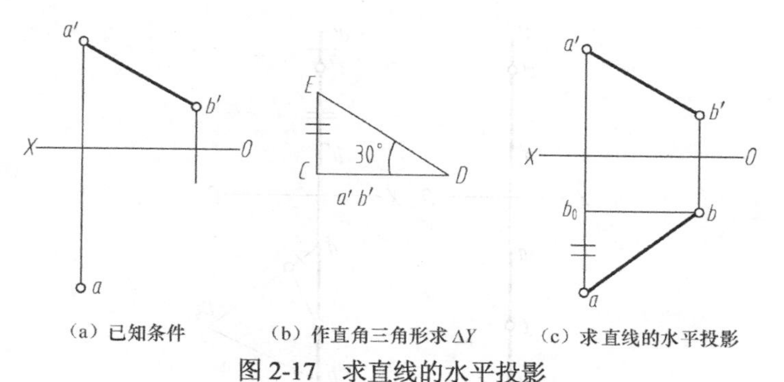

图 2-17 求直线的水平投影

2.3.4 直线上的点

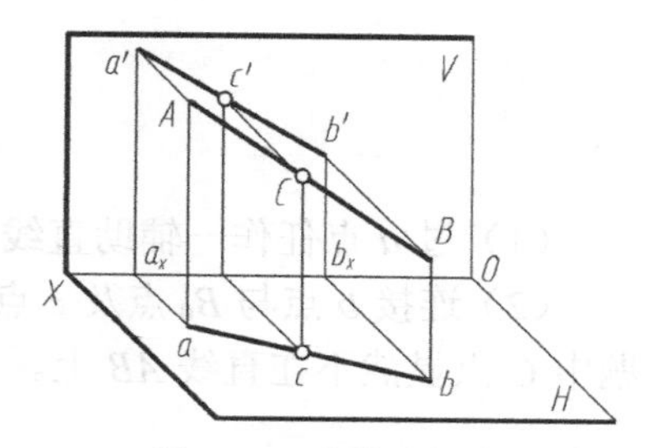

图 2-18 直线上的点

如果点在直线上，则点的投影必定在该直线的同面投影上；反之，若点的各面投影均在直线的同面投影上，则空间点必定在该直线上，如图 2-18 所示。

直线上的点分割直线段的长度比等于其投影分割直线段同面投影的长度比。如图 2-18 所示，已知 C 点在 AB 直线上，则 $AC:CB=ac:cb=a'c':c'b$。

【例 2-5】如图 2-19（a）所示，已知直线 AB 的投影，在其上作一点 C，使 $AC:CB=3:2$。

解:

[分析] 运用上述点分直线段成定比的原理作图。

[作图] 作图步骤如图 2-19（b）所示。

（1）过 a 点任作一辅助直线，在其上依次截取 5 等份，第五分点为 B_0、第三分点为 C_0。

（2）连接 bB_0，过 C_0 作平行于 bB_0 的直线，交 ab 于 c 点。

（3）由 c 点作垂直 OX 轴的投影连线交 $a'b'$ 于 c' 点。

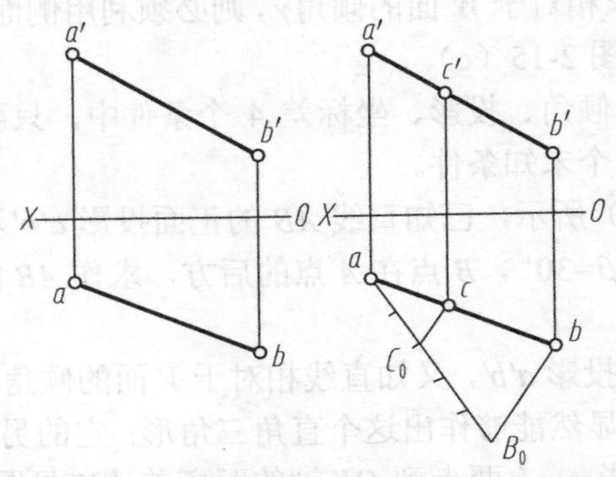

（a）直线 AB 的投影　（b）求 C 点的作图步骤

图 2-19　求直线上的 C 点

【例 2-6】如图 2-20（a）所示，已知直线 AB 及 C 点的投影，判断 C 点是否在直线 AB 上。

解:

[分析] 若 C 点在直线 AB 上，必有 $a'c':c'b'=ac:cb$，故可采用比较两面投影比例的方法。

[作图] 作图步骤如图 2-20（b）所示。

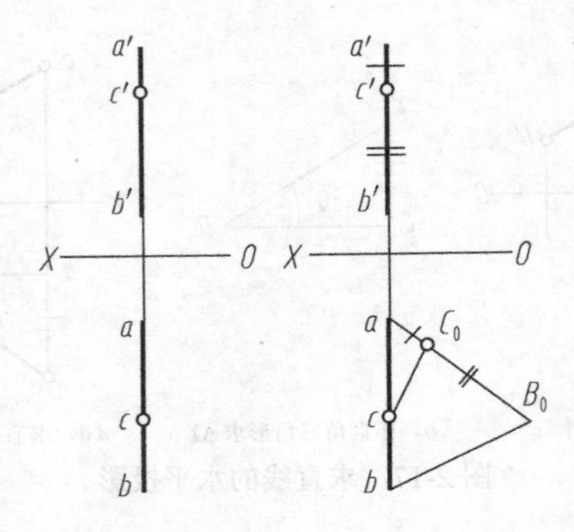

（a）已知条件　（b）作图步骤

图 2-20　判断 C 点是否在直线上

（1）过 a 点任作一辅助直线，在其上依次截取 $aC_0=a'c'$、$C_0B_0=b'c'$。

（2）连接 b 点与 B_0 点及 c 点与 C_0 点，若 $bB_0 // cC_0$，则 C 点在直线 AB 上，否则不在。该题中 C 点显然不在直线 AB 上。

2.3.5　两直线的相对位置

空间两直线的相对位置有 3 种情况，即平行、相交和交叉，如图 2-21 所示。

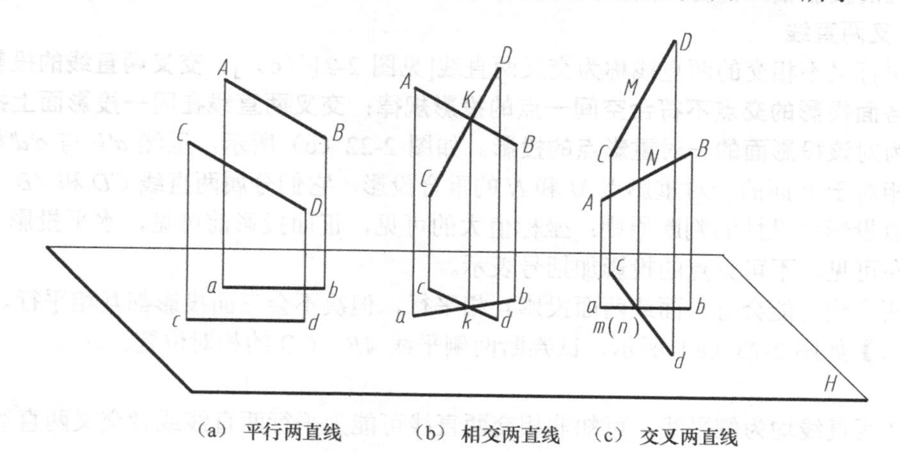

（a）平行两直线　　（b）相交两直线　　（c）交叉两直线

图 2-21　两直线的相对位置

平行两直线及相交两直线均处于同一平面，称为同面直线；交叉两直线分属不同的平面，又称异面直线。

1．平行两直线

如果两直线相互平行，则它们的同面投影必定相互平行。如果两直线的同面投影均相互平行，则空间两直线也相互平行。

如图 2-21（a）所示，若 *AB*∥*CD*，又 *Aa*∥*Cc*，故平面 *AabB*∥平面 *CcdD*，则 *ab*∥*cd*。反之，如图 2-22（a）所示，若两直线的同面投影均相互平行，则可判断该两直线在空间一定相互平行。

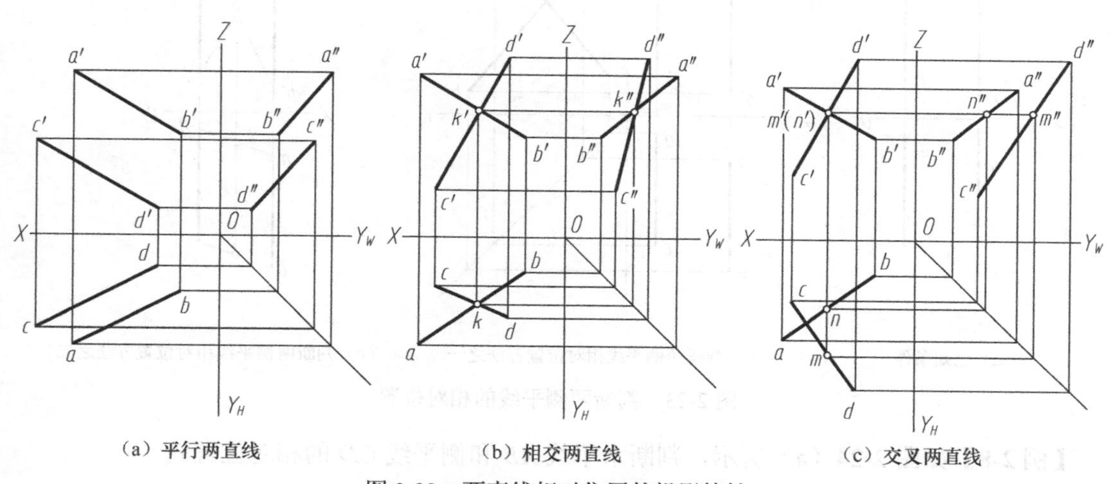

（a）平行两直线　　（b）相交两直线　　（c）交叉两直线

图 2-22　两直线相对位置的投影特性

2．相交两直线

如果两直线相交，则它们的同面投影必定相交。如果两直线的同面投影相交，且投影的交点符合空间一点的投影规律，则空间两直线也必定相交。

如图 2-21（b）所示，直线 *AB* 与 *CD* 相交于点 *K*，点 *K* 为两直线的公共点，故投影 *k* 同时属于 *ab*、*cd*，投影 *ab*、*cd* 相交于 *k*。反之，如图 2-22（b）所示，点 *K* 三面投影的连线均垂直于相应的投影轴，符合空间一点的投影特性，可知空间直线 *AB* 与 *CD* 必相交于点 *K*。

3．交叉两直线

既不平行又不相交的两直线称为交叉两直线[见图 2-21（c）]。**交叉两直线的投影可能相交，但是各面投影的交点不符合空间一点的投影规律；交叉两直线在同一投影面上投影的交点，实际为对该投影面的一对重影点的投影。**如图 2-22（c）所示，虽然 *a'b'* 与 *c'd'* 相交，但是交点是相对于 *V* 面的一对重影点 *M* 和 *N* 的重合投影，它们分属两直线 *CD* 和 *AB*。

重影点投影可见性的判断原则：坐标值大的可见，正面投影前可见，水平投影上可见，侧面投影左可见。不可见点的投影加括号表示。

交叉两直线可能会有一面或两面投影互相平行，但决不会三面投影都互相平行。

【例 2-7】如图 2-23（a）所示，试判断两侧平线 *AB*、*CD* 的相对位置。

解：

[分析] 两直线均为侧平线，可知非相交两直线可能为平行两直线或者交叉两直线。

[作图]

方法一：如图 2-23（b）所示，作出直线 *AB*、*CD* 的侧面投影。因 *a"b"* 不平行于 *c"d"*，*AB* 与 *CD* 不是平行两直线，故判断 *AB* 与 *CD* 为交叉两直线。

方法二：如图 2-23（c）所示，分别连接 *A* 点与 *D* 点、*B* 点与 *C* 点成直线，检查两面投影的相交情况，发现 *V* 面投影的“交点”为 *BC* 上的 *I* 点与 *AD* 上的 *II* 点相对于 *V* 面的重影点，这并不符合空间一点的投影特性，说明该 4 点不在同一平面上（即 *AB* 与 *CD* 为非平行两直线），故 *AB* 与 *CD* 为交叉两直线。

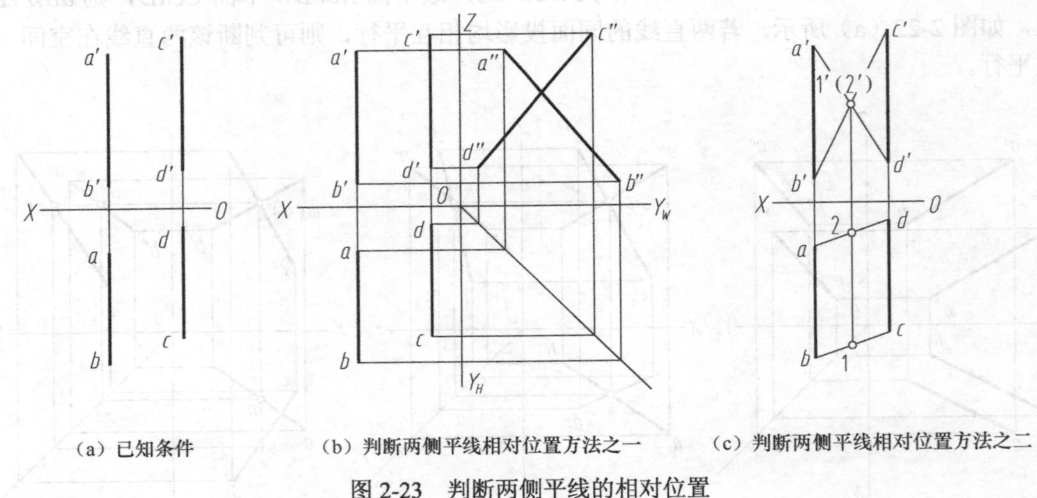

（a）已知条件　（b）判断两侧平线相对位置方法之一　（c）判断两侧平线相对位置方法之二

图 2-23　判断两侧平线的相对位置

【例 2-8】如图 2-24（a）所示，判断水平线 *AB* 和侧平线 *CD* 的相对位置。

解：

[分析] 由题意，*AB* 与 *CD* 为非平行两直线，故它们可能为相交两直线或者交叉两直线。本题可不补出 *W* 面投影，运用定比性加以判断。

若 *AB* 与 *CD* 为相交两直线，则 *a'b'*、*c'd'* 的交点和 *ab*、*cd* 的交点应为空间两直线交点的分面投影；若 AB 与 CD 为交叉两直线，这两个交点应为分别属于 AB、CD 相对于 V 面和 H 面重影点的投影。这里先假设该两直线为相交两直线。

[作图] 作图步骤如图 2-24（b）所示。

（1）在 V 面上取两直线投影的交点 k'。

（2）在 H 面上，过 c 任作一辅助直线，并在其上量取 $cD_0=c'd'$、$cK_0=c'k'$。

（3）连接 d 和 D_0，过 K_0 作平行于 D_0d 的直线，交 cd 于 k；因 k 不在 ab 与 cd 的交点处，故 AB 与 CD 为交叉两直线。

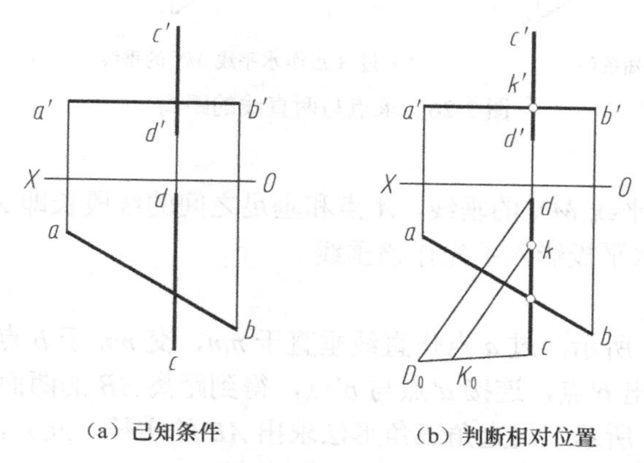

（a）已知条件　　（b）判断相对位置

图 2-24　判断水平线和侧平线的相对位置

2.3.6　一边平行于投影面的直角投影

空间两条互相垂直的直线若其中一直线为投影面平行线，则两直线在该投影面上的投影互相垂直。如果两直线在同一投影面上的投影互相垂直，且其中一直线为该平面的投影面平行线，则空间两直线互相垂直。

如图 2-25（a）所示，已知 $AB\perp AC$，又因 AB 为水平线，可知 $ab /\!/ AB$，则可得 $ab\perp AC$；又因 $ab\perp Aa$，故 $ab\perp$ 平面 $ACca$，故得 $ab\perp ac$。图 2-25（b）为该两相互垂直直线的两面投影。

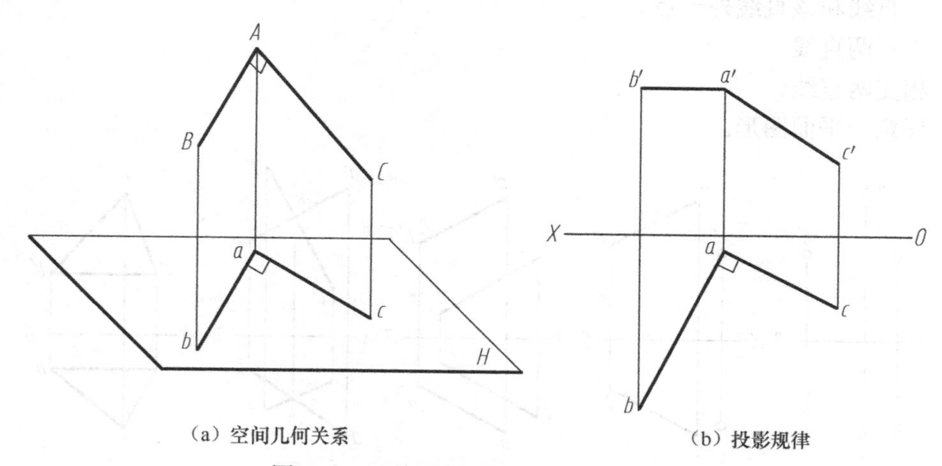

（a）空间几何关系　　（b）投影规律

图 2-25　一边平行于投影面的直角投影

【例 2-9】 如图 2-26（a）所示，试求 A 点与水平线 MN 的距离。

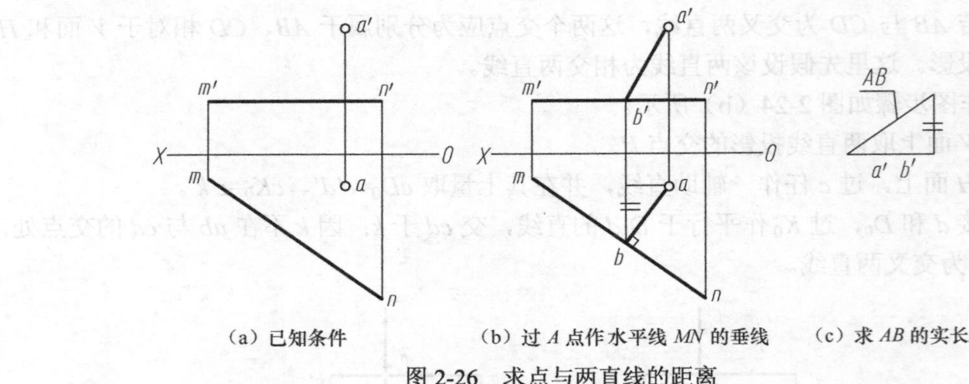

（a）已知条件　（b）过 A 点作水平线 MN 的垂线　（c）求 AB 的实长

图 2-26　求点与两直线的距离

解：

[分析] 过 A 点作水平线 MN 的垂线，A 点和垂足之间的线段长即 A 点与水平线的距离。MN 为水平线，故可从水平投影入手先作该垂线。

[作图]

（1）如图 2-26（b）所示，过 a 点作直线垂直于 mn，交 mn 于 b 点，即 $ab \perp mn$。

（2）按投影关系作出 b'点，连接 a'点与 b'点，得到距离 AB 的两面投影。

（3）如图 2-26（c）所示，用直角三角形法求出 AB 的实长。此外，也可将该直角三角形于投影图中画出。

2.4　平面的投影

2.4.1　平面的表示法

由不属于同一直线上的 3 点可确定一个平面，故在投影图上可用下列任一组几何元素的投影表示平面（见图 2-27）。

（1）不在同一直线上的 3 点。

（2）一直线和该直线外一点。

（3）平行两直线。

（4）相交两直线。

（5）任意一平面图形。

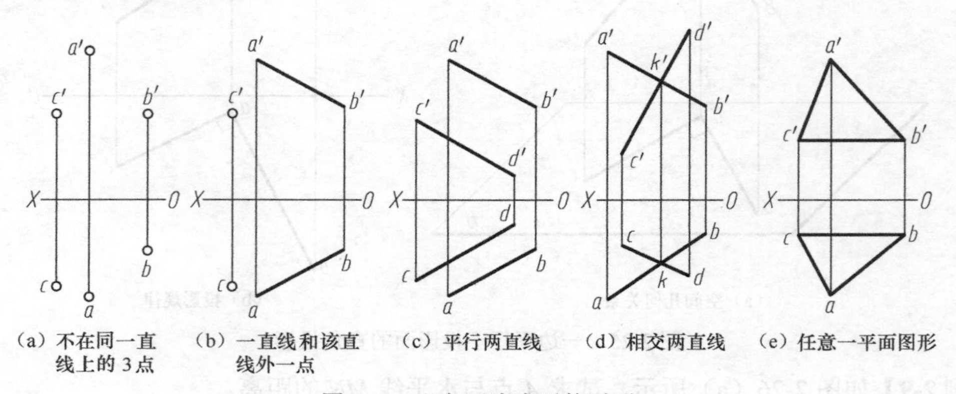

（a）不在同一直线上的 3 点　（b）一直线和该直线外一点　（c）平行两直线　（d）相交两直线　（e）任意一平面图形

图 2-27　几何元素表示的平面

2.4.2　平面相对投影面的位置

在三投影面体系中，平面相对投影面的位置可分为投影面垂直面、投影面平行面和一般位置平面 3 类。投影面垂直面和投影面平行面又统称为特殊位置平面。

平面相对于投影面 H、V 和 W 的倾角仍然分别以 α、β 和 γ 表示。下面讨论各位置平面的投影特性。

1．投影面垂直面

垂直于一个基本投影面的，与另外两个基本投影面呈倾斜角度的平面称为投影面垂直面。垂直于 V 面的平面称为正垂面，垂直于 H 面的平面称为铅垂面，垂直于 W 面的平面为侧垂面。表 2-3 列出了 3 种位置投影面垂直面的直观图、投影图及其投影特性。

表 2-3　　**投影面垂直面**

名称	铅垂面（⊥H、∠V、∠W）	正垂面（⊥V、∠H、∠W）	侧垂面（⊥W、∠V、∠H）
直观图	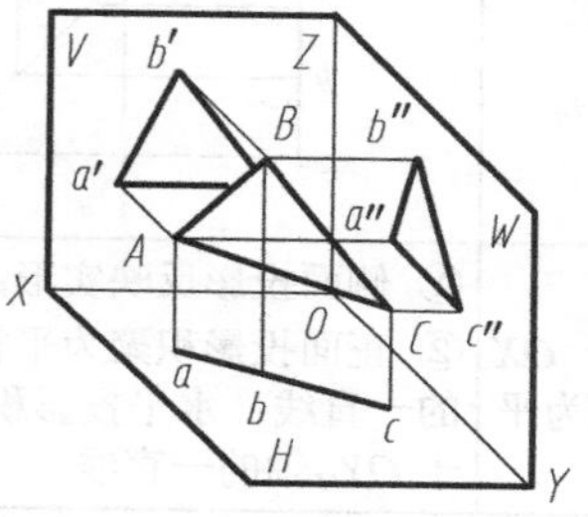	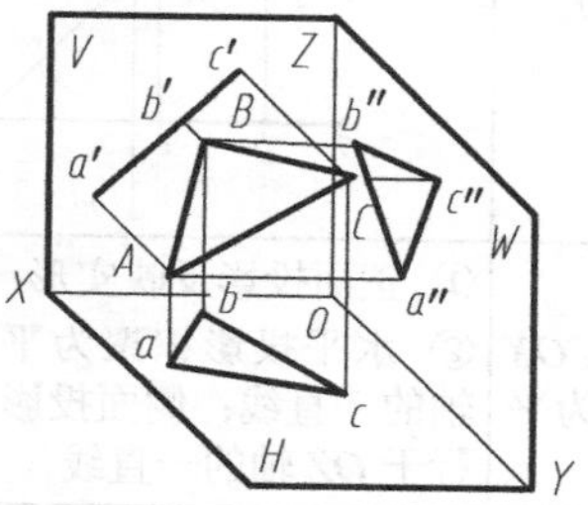	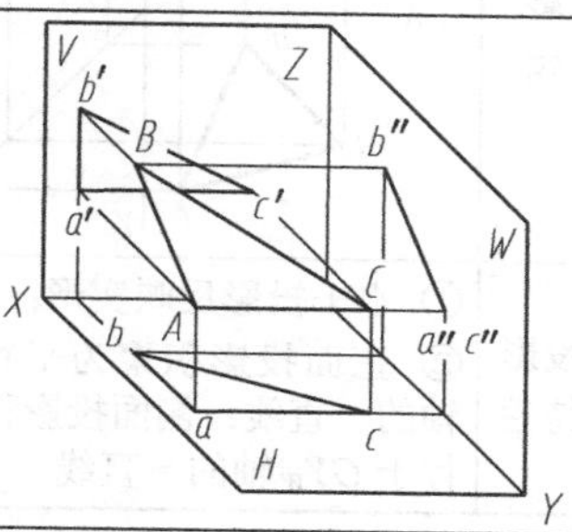
投影图	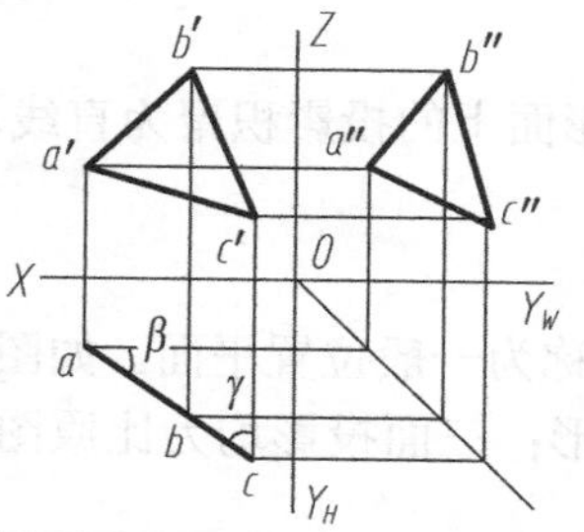	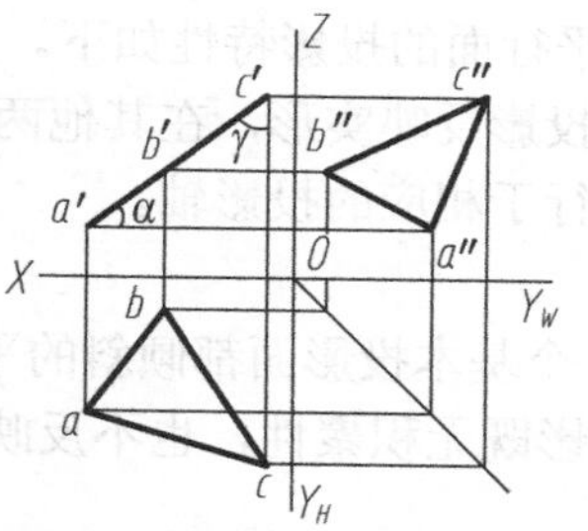	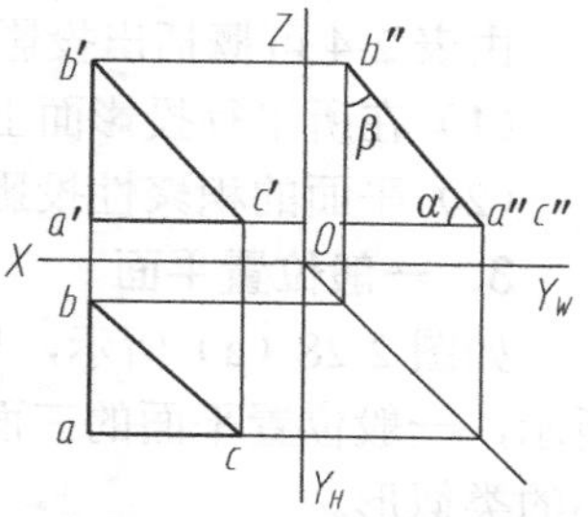
投影特性	① 水平投影积聚为一直线，且反映 β 和 γ 角； ② 正面和侧面投影均为缩小的类似形	① 正面投影积聚为一直线，且反映 α 和 γ 角； ② 水平和侧面投影均为缩小的类似形	① 侧面投影积聚为一直线，且反映 β 和 α 角； ② 正面和水平投影均为缩小的类似形

由表 2-3 可概括出投影面垂直面的投影特性如下。

（1）在所垂直投影面上的投影积聚为直线，在另外两投影面上的投影为缩小的类似形。

（2）平面的积聚性投影与投影轴的夹角反映平面与另外两投影面的倾角。

2．投影面平行面

平行于一个基本投影面的平面称为投影面平行面。平行于 V 面称为正平面，平行于 H 面称为水平面，平行于 W 面为侧平面。平面平行于一个投影面则必定垂直于另外两投影面。表 2-4 列出了 3 种位置投影面平行面的直观图、投影图及其投影特性。

表 2-4　　投影面平行面

名称	水平面（$//H$、$\perp V$、$\perp W$）	正平面（$//V$、$\perp H$、$\perp W$）	侧平面（$//W$、$\perp H$、$\perp V$）
直观图	V Z a′ c′ b′ B b″ a″ A W X O C c″ b a c H Y	V Z b′ c′ a′ B b″ c″ W O C A a″ X a H b c Y	V b′ Z a′ A a″ B c′ W O X b″ c″ a C H b c Y
投影图	Z a′ b′ c′ b″ a″ c″ X O Y_W b a c Y_H	Z b′ b″ a′ a″ c′ c″ X O Y_W a b c Y_H	Z b′ b″ a″ a′ c′ c″ X O Y_W a b c Y_H
投影特性	① 水平投影反映实形； ② 正面投影积聚为平行于 OX 轴的一直线；侧面投影积聚为平行于 OY_W 轴的一直线	① 正面投影反映实形； ② 水平投影积聚为平行于 OX 轴的一直线；侧面投影积聚为平行于 OZ 轴的一直线	① 侧面投影反映实形； ② 正面投影积聚为平行于 OZ 轴的一直线；水平投影积聚为平行于 OY_H 轴的一直线

由表 2-4 可概括出投影面平行面的投影特性如下。

（1）在所平行投影面上的投影反映实形，在其他两投影面上的投影积聚为直线。

（2）平面的积聚性投影平行于相应的投影轴。

3. 一般位置平面

如图 2-28（a）所示，与 3 个基本投影面都倾斜的平面称为一般位置平面。如图 2-28（b）所示，一般位置平面的三面投影既无积聚性，也不反映实形；三面投影均为比原图形面积缩小的类似形。

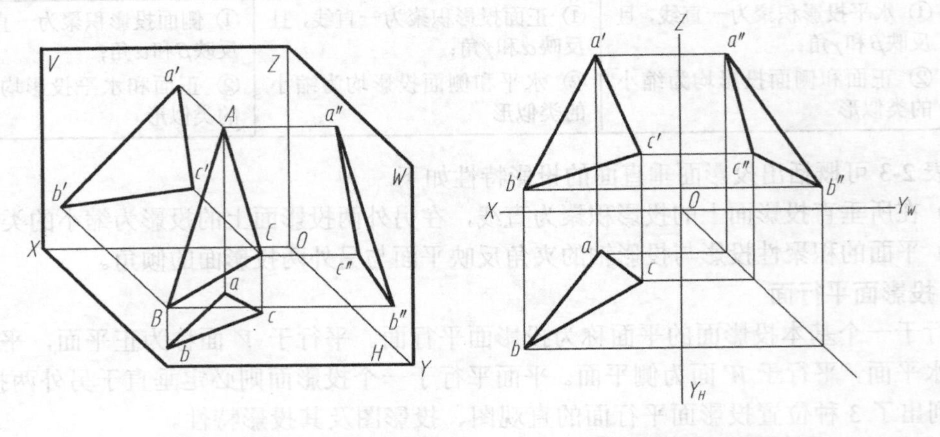

（a）一般位置平面的直观图　　（b）一般位置平面的三面投影图

图 2-28　一般位置平面的投影

2.4.3 平面上的点和直线

平面上的点和直线满足下列几何条件。

（1）若点在平面内的任一直线上，则点在此平面上。

（2）如果一直线通过平面内的两点或通过平面内的一点且平行于平面内的另一直线，则该直线在此平面上。

如图 2-29 所示，相交两直线 AB 与 AC 确定一平面 P，点 K_0 与 K_1 分别在直线 AB 与 AC 上，故连线 K_0K_1 属于平面 P；又因 K_0 属于直线 AB，且为已知点，过 K_0 作 $K_0K_2 /\!/ AC$，则可知直线 K_0K_2 也属于平面 P。

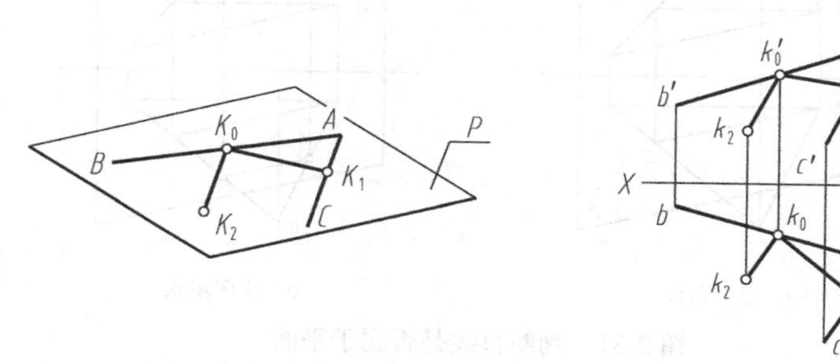

（a）平面上的点和直线　　（b）平面上点和直线的投影图

图 2-29　平面上的点和直线

【例 2-10】如图 2-30（a）所示，已知点 K 在 $\triangle ABC$ 平面上及其正面投影 k'，试作出其水平投影，并判断点 N 是否在 $\triangle ABC$ 平面上。

解：

[分析] 在平面上取点和判断点是否在平面上，可运用若点在平面上则点必定属于该平面内的一直线这一特性。

[作图] 作图步骤如图 2-30（b）所示。

求作 k 点的作图步骤如下。

（1）连接 b'点与 k'点并延长，交 $a'c'$于 1′，向下作出 1′的水平投影 1。

（2）连接 b 点与 1 点，再过 k'作投影连线，交 $b1$ 于 k 点。

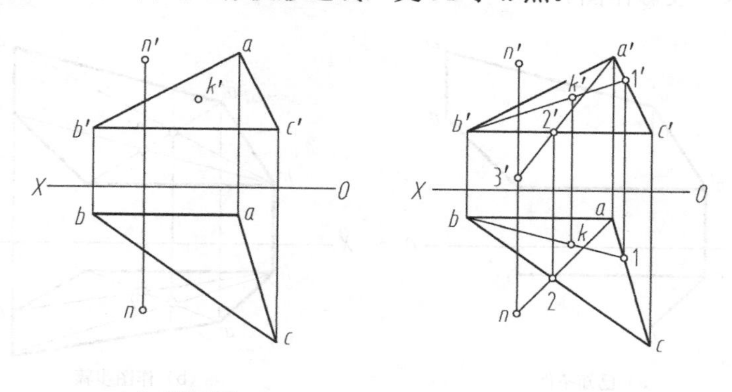

（a）已知条件　　（b）作图步骤

图 2-30　平面上取点和判断点是否属于平面

判断点 N 是否属于△ABC 平面的作图步骤如下。

（1）连接 a 点与 n 点，交 bc 于 2 点；向上作 2 点的投影连线，交 $b'c'$ 于 $2'$ 点。

（2）连接 a' 点与 $2'$ 点并延长，交 N 的投影连线于 $3'$ 点。$3'$ 点与 n' 点不重合，可知点 N 不属于△ABC 平面。

【例 2-11】 如图 2-31 所示，已知 BD 为△ABC 平面上的水平线，MN 为另一水平线，BD∥MN，试判断 MN 是否属于△ABC 平面。

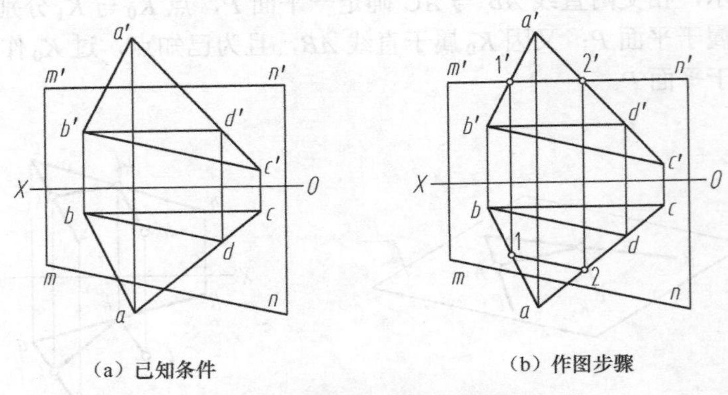

（a）已知条件　　（b）作图步骤

图 2-31　判断直线是否属于平面

解：

[分析] 根据平面上点和直线的几何条件，若一直线通过平面内的一已知点且平行于平面内的另一直线，则该直线在此平面上。水平线 MN 仅仅平行于平面内一已知水平线 BD，尚缺少通过平面内一已知点这一条件，故仅仅根据已知条件，无法直接进行判断。

先假设 MN∈△ABC，根据投影作图，再加以分析判断。

[作图] 作图步骤如图 2-31（b）所示。

（1）$m'n'$ 分别交 $a'b'$ 与 $a'c'$ 于 $1'$ 点和 $2'$ 点。

（2）过 $1'$ 点和 $2'$ 点分别作投影连线，交 ab 与 bc 于 1 点和 2 点。

（3）连接 1 点和 2 点，可见其不与 mn 重合，故直线 MN 不属于△ABC。

【例 2-12】 如图 2-32（a）所示，已知平面 $ABCDE$ 的正面投影及 AB、BC 的水平投影，试完成该平面的水平投影作图。

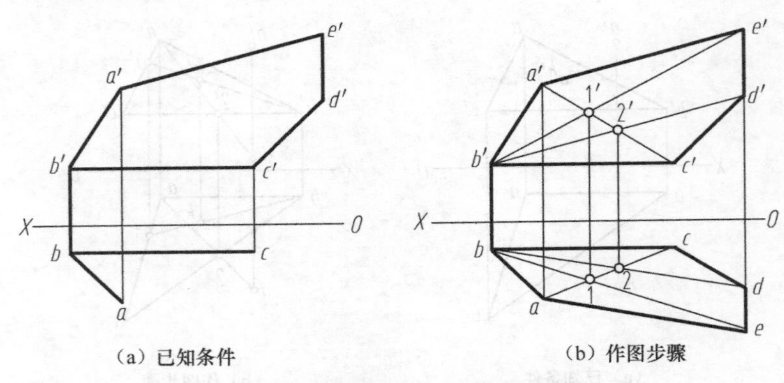

（a）已知条件　　（b）作图步骤

图 2-32　完成平面的水平投影作图

解:

[分析] 已知*A*、*B*、*C*这3点的两面投影，则平面*ABCDE*位置可确定。*D*、*E*两点在该平面上，且知其正面投影，用例2-10所采用的平面上取点法可分别作出它们的水平投影，顺次连接即可得平面的水平投影。

[作图] 作图步骤如图2-32（b）所示。

（1）连接a'点与c'点和a点与c点。

（2）连接b'点与e'点和b'点与d'点分别交$a'c'$于$1'$点与$2'$点。

（3）过$1'$点和$2'$点分别向下作投影连线，求出水平投影$1'$点与$2'$点。

（4）连接b点与1点和b点与2点并延长，分别交$e'd'$的投影连线于e点和d点。

（5）连接c点与d点、d点与e点、e点与a点各线（用粗实线绘制），完成作图。

第3章 立体

3.1 立体分类及其三视图的形成

在设计和绘制工程图样时，所要表达的立体形状是千变万化的。我们在表达立体之前，首先要对立体进行分类。对于不同类型的立体特征，选择不同的表达方法。

3.1.1 立体的分类

立体可分为平面立体和曲面立体两类。平面立体是指围成立体的所有表面都是平面，如棱柱、棱锥等；曲面立体是指围成立体的表面是曲面或曲面与平面。曲面立体可分为回转体和非回转体两类。回转体常见的有圆柱、圆锥、圆球、圆环等；非回转体常见的有椭球、斜圆柱、斜圆锥、双曲抛物面等。同时，曲面立体根据立体的母线不同可以分为直纹曲面（圆柱、圆锥等）和曲纹曲面（圆球、圆环等）。

3.1.2 三视图的形成

我们在工程中所见的立体也称为物体。它有很多物理量，如形状、大小、质量、颜色、分子结构等。工程图样只是平面图形，它不能表达物体的所有物理量，只能表达几何物理量，即形状和大小两个物理量。我们把只有形状和大小两个物理量的立体称为形体。在本书中，此后谈到的立体就是指形体。

我们把形体上表面与表面的交线称为棱边线，把曲面的可见与不可见部分的分界线称为轮廓线。画形体的投影是画形体棱边线和轮廓线的投影。为了表达形体的形状，我们将形体放在三投影面体系中；为了便于画图和看图，尽量使较多的棱边线和轮廓线与投影面垂直或平行，尽量使较多的表面与投影面垂直或平行。

下面以正三棱柱为例来介绍立体三视图的形成过程。

如图 3-1（a）所示，将一正三棱柱放置在三投影面体系中，并且为了方便画图，使其上、下底面呈水平面，侧面中两个为铅垂面、一个为正平面、3 条棱线都是铅垂线。这个正三棱柱的投影特点如下。

（1）**水平投影图**：反映上、下两底面的实形，两底面的投影重合，3 个侧面的投影积聚成直线，且与底面的对应边重合。

（2）**正面投影图**：后侧面 AA_1C_1C 为正平面，其投影反映实形；上、下底面的投影积聚为直线，与后侧面的 AC、A_1C_1 边完全重合；两前侧面的正面投影为类似形，即两并排的矩形；除两公共边 BB_1 外，其余边都与后侧面对应边的投影重合。

（3）**侧面投影图**：两个前侧面的侧面投影为类似形，且完全重合；上、下底面和后侧面都具有积聚性，与两个前侧面的侧面投影所形成的矩形对应边完全重合。

根据国家标准规定，用正投影法绘制物体的图样时，其投影图又称为视图。三面投影称为三视图，正面投影为主视图，水平投影为俯视图，侧面投影为左视图，三视图的配置如图 3-1（b）所示。显然，它们分别为立体的正面投影、水平投影和侧面投影。画立体三视图一般不画出投影轴，因为立体与各投影面距离的远近不影响立体的投影。

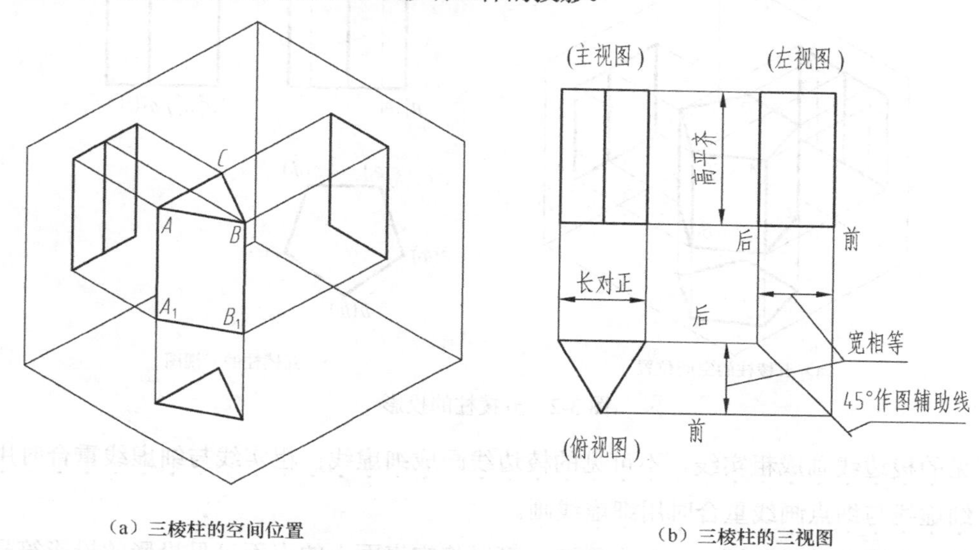

（a）三棱柱的空间位置　　（b）三棱柱的三视图

图 3-1　三视图的形成

将投影轴 OX、OY、OZ 方向作为形体的长、宽、高 3 个方向，则主视图反映形体的长和高，俯视图反映形体的长和宽，左视图反映形体的宽和高。由此可得三视图的投影规律：主俯视图**长对正**，主左视图**高平齐**，俯左视图**宽相等**。

这里必须注意俯左视图之间宽相等和前后的对应关系。作图时可用分规直接量取宽相等，也可用 45° 辅助线作图。

3.2　平面立体的投影

平面立体的特点是所有表面均为平面，所有的棱边线（表面的交线）都是直线。在画图时，尽量使较多的表面和棱边线处于特殊位置。绘制平面立体的投影，就是画出围成平面立体所有平面的投影或画出组成平面立体棱边线的投影。

3.2.1　棱柱的投影

1．棱柱的形状特征

棱柱有两个平行的多边形底面。通常用底面多边形的边数来区别不同的棱柱，如底面为四边形的称为四棱柱。此外，侧棱垂直于底面的棱柱称为直棱柱；侧面倾斜于底面的棱柱称为斜棱柱。若棱柱是底面为正多边形的直棱柱，则称为正棱柱。正棱柱的所有侧面都垂直于底面。

2．棱柱的投影特点

如图 3-2（a）所示，将一正五棱柱放置在三投影面体系中，使其上、下底面成水平面，侧面中 4 个为铅垂面、1 个为正平面、5 条棱线都是铅垂线。画图时，根据平面和线的投影特性，先画出俯视图正五边形，再画出其余两面的投影图，如图 3-2（b）所示。

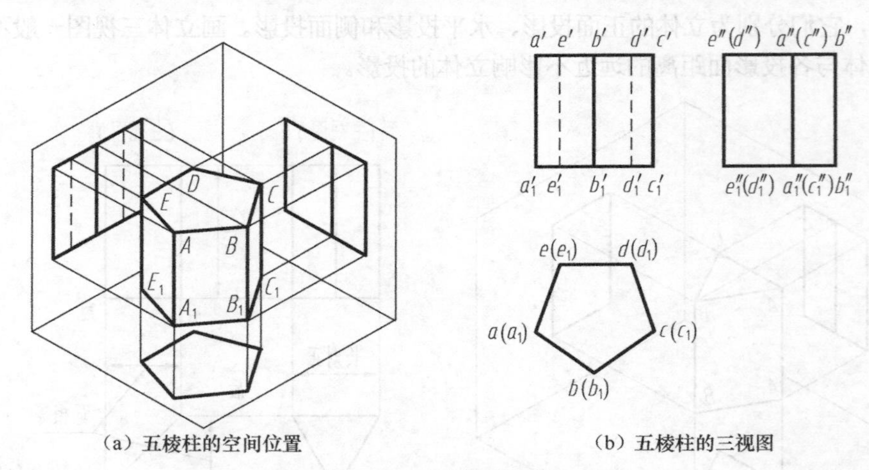

（a）五棱柱的空间位置　（b）五棱柱的三视图

图 3-2　五棱柱的投影

可见的棱边线画成粗实线，不可见的棱边线画成细虚线；粗实线与细虚线重合时用粗实线画，细虚线与细点画线重合时用细虚线画。

另外，在形体的投影图中，如有需要，可以将它表面上的点不可见投影的投影符号用括号括起来，以便与可见投影进行区别。如果点属于垂直于投影面的表面，在该表面有积聚性的那个投影图上一般不判别该点的可见性。

3．棱柱表面上的点和线

在平面立体表面上取点作图的关键是要先找到该点所在平面在三视图中的投影位置。立体表面的投影或积聚成直线，或成为与之对应的类似图形。如图 3-2（b）所示，由于其 5 个侧面的水平投影都积聚成直线，因此侧面上点的水平投影就落在相应五边形的边上。此时，根据投影关系就可以很方便地求出侧面上点的三面投影。

可见性判断原则：面可见，面上的点也可见；面不可见，面上的点也不可见。

【例 3-1】如图 3-3（a）所示，已知正五棱柱表面上两点 M、N 的一面投影 m'和 n，求在另外两个视图上的投影。

解：

由图 3-3（a）可知，M 点的正面投影 m'可见，故 M 点在棱柱的左前侧面上，该侧面的水平投影有积聚性，投影为五边形的一边，因此 m 在此边上。再按投影关系即俯左视图宽相等求得 m''。N 点的水平投影 n 在五边形内且可见，说明 N 点在棱柱的上底平面上，根据投影关系，可作出正面和侧面投影。作图过程如图 3-3（b）所示。

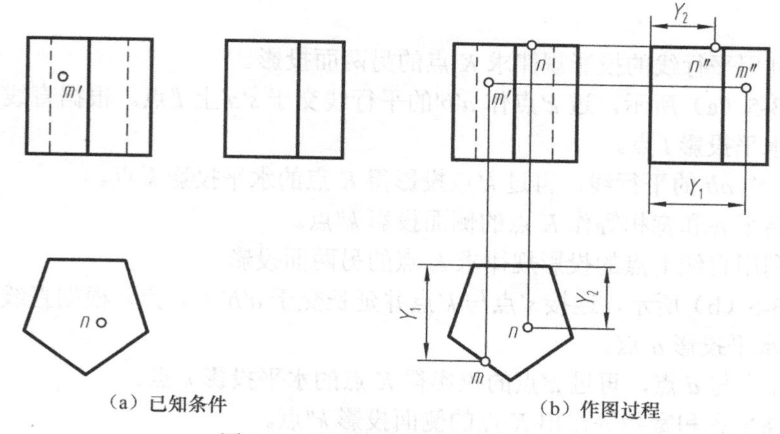

（a）已知条件　　（b）作图过程

图 3-3　正五棱柱表面上点的投影

3.2.2 棱锥的投影

1. 棱锥的形状特征

棱锥有一个多边形的底面，所有的侧棱都交于一点（顶点）。我们可以用底面多边形的边数来区别不同的棱锥，如底面为四边形的称为四棱锥。此外，若棱锥的底面为正多边形，且每条侧棱长度相等，则称为正棱锥。若用一个平行底面的平面切割棱锥，则棱锥位于切割平面与底面之间的那个部分称为棱台。

2. 棱锥的投影特点

如图 3-4（a）所示，一个三棱锥放置在三投影面体系中，使其底面 *ABC* 为水平面，侧面 *SAB*、*SBC* 为一般位置平面，侧面 *SAC* 是侧垂面。画图时，应先画出底面的三面投影，再画出顶点的三面投影，最后画出各棱线的三面投影，如图 3-4（b）所示。

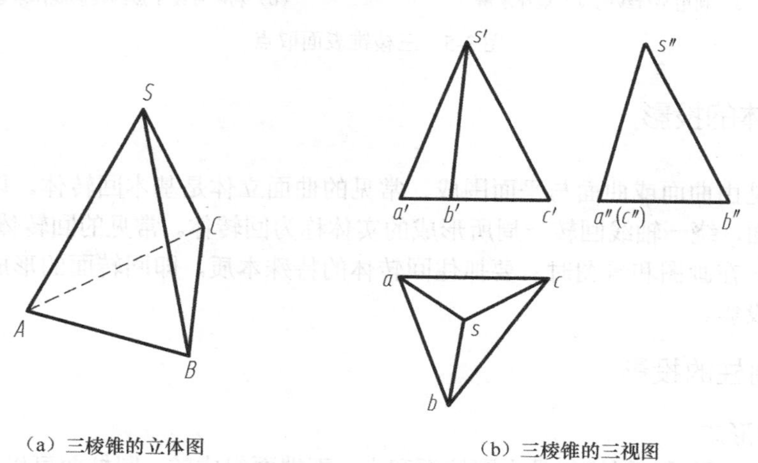

（a）三棱锥的立体图　　（b）三棱锥的三视图

图 3-4　三棱锥的投影

3. 棱锥表面上的点和线

棱锥侧面无积聚性，如在棱锥的一般位置侧面上找点，则需要在此表面上过点的已知投影先作一辅助直线，然后在直线的投影上定出点的投影，即用辅助线法取点。

【例 3-2】 如图 3-5 所示，已知三棱锥表面上点 *K* 的正面投影 *k*'，求其另外两面投影。

解：

方法一，利用平行线的投影规律求 K 点的另两面投影。

（1）如图 3-5（a）所示，过 k'点作 $a'b'$的平行线交于 $s'a'$上 l'点。根据直线上点的投影规律求出 L 点的水平投影 l 点。

（2）过 l 点作 ab 的平行线，再过 k'点投影得 K 点的水平投影 k 点。

（3）根据高平齐和宽相等作 K 点的侧面投影 k''点。

方法二，利用直线上点的投影规律求 K 点的另两面投影。

（1）如图 3-5（b）所示，连接 s'点与 k'点并延长交于 $a'b'$上 d 点。根据直线上点的投影规律求出 D 点的水平投影 d 点。

（2）连接 s 点与 d 点，再过 k'点的投影得 K 点的水平投影 k 点。

（3）根据高平齐和宽相等作出 K 点的侧面投影 k''点。

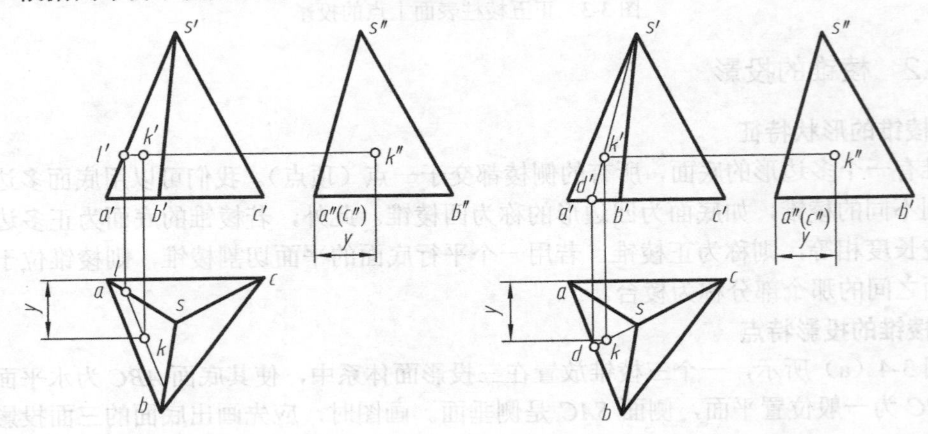

（a）利用平行线的投影规律求解　　（b）利用直线上点的投影规律求解

图 3-5　三棱锥表面取点

3.3　曲面立体的投影

曲面立体是由曲面或曲面与平面围成，常见的曲面立体是基本回转体。以直线或曲线为封闭边界的平面，绕一轴线回转一周所形成的实体称为回转体。常见的回转体有圆柱、圆锥、圆球和圆环等。在画图和看图时，要抓住回转体的特殊本质，即回转面的形成规律和回转面转向轮廓线的投影。

3.3.1　圆柱的投影

1．圆柱的形成

如图 3-6（a）所示，圆柱体是由圆柱面和上、下端面组成的。圆柱面可以看成由直线 AA_1 绕与它平行的轴线 OO_1 旋转而成。直线 AA_1 称为母线，母线在回转面任一位置处的线称为素线，母线上任一点绕轴线旋转一周的轨迹称为纬圆。

2．圆柱的投影特点

如图 3-6（b）所示，把圆柱的轴线放置成铅垂线，然后向 3 个投影面进行投影，水平投影为圆且有积聚性，圆柱面上所有点的水平投影都落在圆周上；另两面投影分别为矩形线框，线框上、下边也为圆柱上、下端面的投影。

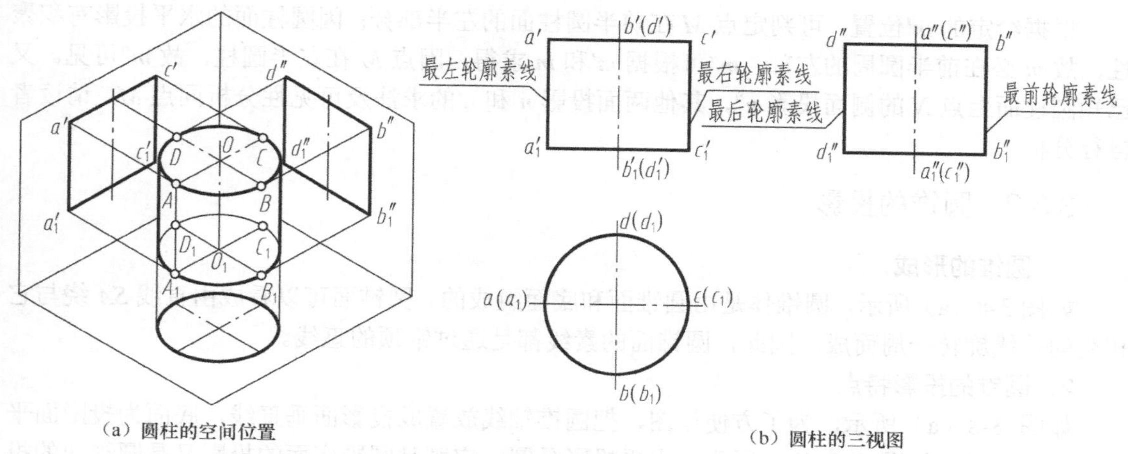

（a）圆柱的空间位置　　（b）圆柱的三视图

图 3-6　圆柱的投影

主视图上矩形左、右两边是圆柱面上最左、最右的两条素线 AA_1 和 BB_1，此为正面投影的转向轮廓线，它们把圆柱面分成前、后两个半圆柱面；主视图中前半圆柱面可见，后半圆柱面不可见且与前半圆柱面投影重合。这两条转向轮廓线的左视图与轴线重合，不必画出。

左视图中矩形左、右两边是圆柱面上最前、最后的两条素线 CC_1 和 DD_1，此为侧面投影的转向轮廓线，它们把圆柱面分成左、右两个半圆柱面，左视图上左半圆柱面可见，右半圆柱面不可见且与左半圆柱面投影重合。这两条转向轮廓线的主视图与轴线重合，也不必画出。

画图时，首先画圆柱的轴线和投影为圆的对称中心线，再画投影为圆的视图，然后画其他两视图。

3．圆柱表面取点

求圆柱表面上点的基本方法是利用圆柱面和上、下底面投影的积聚性来作图。如果给定圆柱表面上点的一个投影，可先在有积聚性的那个投影图上求出它的第二个投影，再根据长对正、高平齐、宽相等的投影原理求出其他投影，并判别可见性。

【例 3-3】如图 3-7 所示，已知圆柱面上点 M 的正面投影 m' 及 N 点的侧面投影 n''，求其另外两面投影。

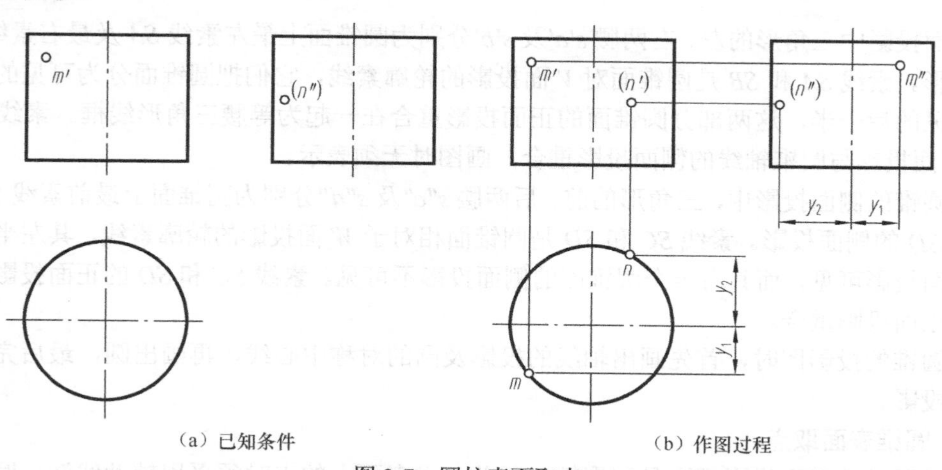

（a）已知条件　　（b）作图过程

图 3-7　圆柱表面取点

解：

根据给定的 m' 位置，可判定点 M 在前半圆柱面的左半部分；因圆柱面的水平投影有积聚性，故 m 必在前半圆周的左部，m'' 可根据 m' 和 m 求得，因点 M 在左半圆柱，故 m'' 可见。又已知圆柱面上点 N 的侧面投影 n''，其他两面投影 n 和 n' 的求法及可见性分析同点 M，请读者自行分析。

3.3.2 圆锥的投影

1．圆锥的形成

如图 3-8（a）所示，圆锥体是由圆锥面和底面组成的。圆锥面可以看成由直线 SA 绕与它相交的轴线旋转一周而成。因此，圆锥面的素线都是通过锥顶的直线。

2．圆锥的投影特点

如图 3-8（a）所示，为了方便作图，把圆锥轴线放置成投影面垂直线，底面为投影面平行面。投影后，如图 3-8（b）所示，水平投影是圆，它既是圆锥底面的投影又是圆锥面的投影。正面投影和侧面投影都是等腰三角形，其底边为圆锥底面的积聚性投影。

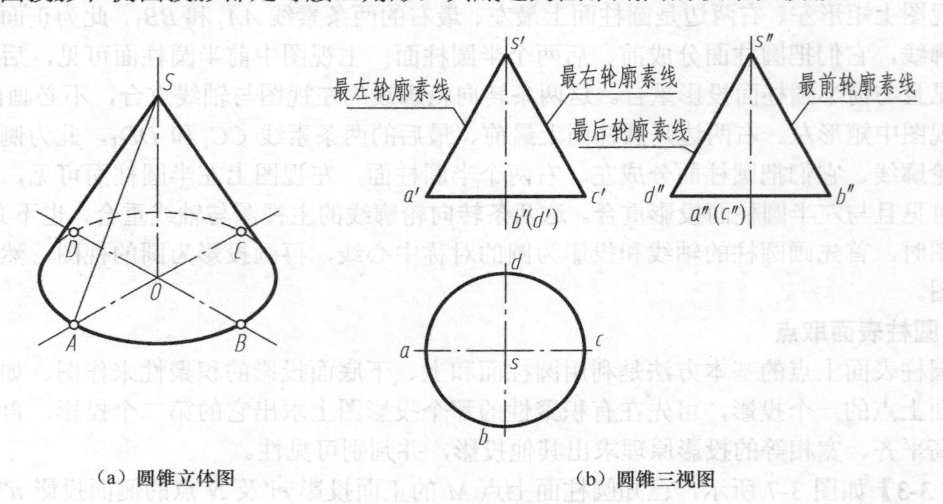

（a）圆锥立体图　　（b）圆锥三视图

图 3-8　圆锥的投影

正面投影中三角形的左、右两腰 $s'a'$ 及 $s'b'$ 分别为圆锥面上最左素线 SA 及最右素线 SB 的正面投影。素线 SA 和 SB 是圆锥面对 V 面投影的轮廓素线，它们把圆锥面分为可见的前一半和不可见的后一半，这两部分圆锥面的正面投影重合在一起为等腰三角形线框。素线 SA 和 SB 的侧面投影与圆锥轴线的侧面投影重合，画图时无须表示。

在圆锥的侧面投影中，三角形的前、后两腰 $s''c''$ 及 $s''d''$ 分别为圆锥面上最前素线 SC 及最后素线 SD 的侧面投影。素线 SC 和 SD 是圆锥面相对于 W 面投影的轮廓素线，其左半个圆锥面的侧面投影可见，而其右半个圆锥面的侧面投影不可见。素线 SC 和 SD 的正面投影与圆锥轴线的正面投影重合。

画圆锥的投影图时，首先画出轴线的投影及圆的对称中心线，再画出圆，最后完成圆锥的其他投影。

3．圆锥表面取点

由于圆锥的三面投影都不具积聚性，因此，求表面上的点时须采用辅助线法。圆锥面上简单易画的辅助线有过锥顶的直线（素线）及垂直于圆锥轴线的圆（纬圆），下面将分别介绍针对它们的两种辅助线法。

【例 3-4】 如图 3-9 所示，已知圆锥面上点 *K* 的正面投影 *k*′，求 *k* 和 *k*″。

解：

（1）辅助素线法

如图 3-9（a）所示，过锥顶 *S* 和点 *K* 作辅助素线 *SL*，即连接 *s*′点与 *k*′点并延长，与底面相交于点 *l*′，然后对照投影关系，找到 *SL* 的水平投影 *sl* 和侧面投影 *s*″*l*″，再由 *k*′点根据点的投影特性作出点 *k* 和 *k*″。由于点 *K* 位于前、左圆锥面上，因此点 *K* 的三面投影均可见。

（2）辅助纬圆法

如图 3-9（b）所示，过点 *K* 在圆锥面上作一纬圆（水平圆），即过 *k*′作一水平线（纬圆的正面投影），与转向轮廓线相交于 *m*′、*n*′两点，以 *m*′*n*′为直径作出纬圆的水平投影，则 *k* 一定在圆周上，再由 *k*′和 *k* 求出 *k*″。

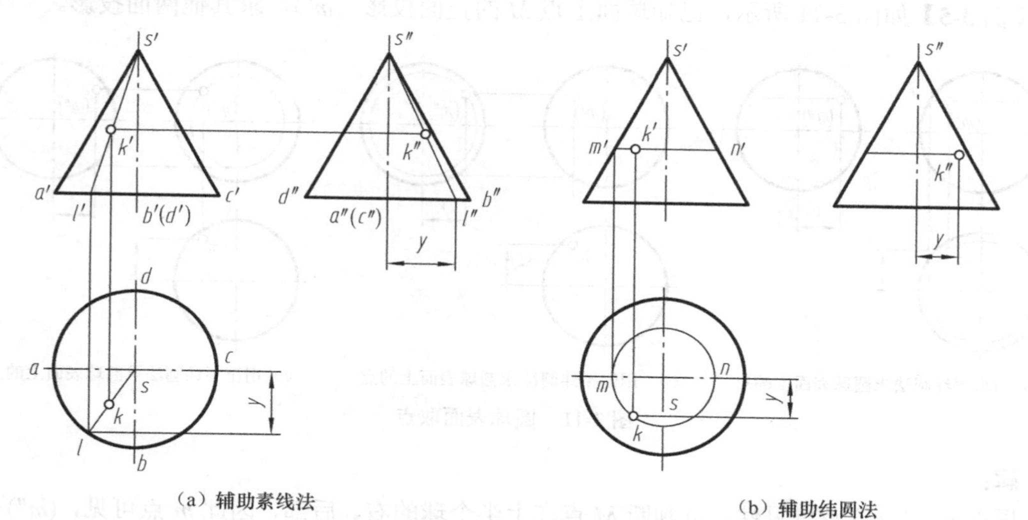

（a）辅助素线法　　（b）辅助纬圆法

图 3-9　圆锥表面取点

3.3.3　圆球的投影

1. 圆球的形成

圆球由球面组成，球面可看作由半圆作母线，绕其直径旋转一周而成。

2. 圆球的投影特点

圆球的三面投影圆形都是与球直径相等的圆，如图 3-10（a）所示。主视图 *a*′圆为球的正视转向轮廓线 *A* 的投影，俯视图 *b* 圆为球的俯视转向轮廓线 *B* 的投影，左视图 *c*″圆为侧视转向轮廓线 *C* 的投影，用细点画线画它们的对称中心线，各中心线的位置也是转向轮廓圆的投影位置，具体的投影关系如图 3-10（b）所示。

3. 圆球的表面取点

圆球面的三面投影都不具有积聚性。为了作图方便，球面上取点常选用在球面上作辅助纬圆的方法。

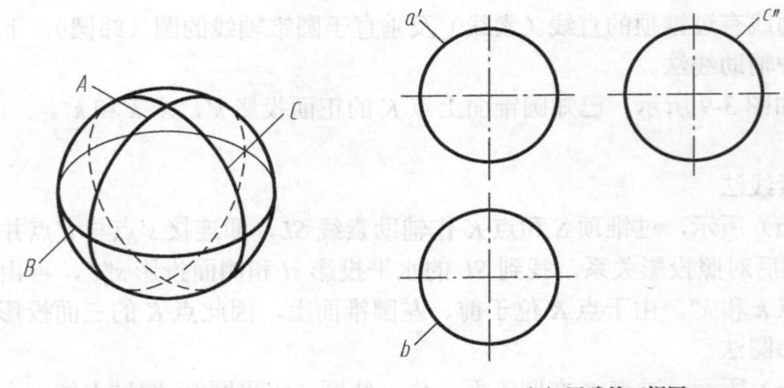

（a）圆球的立体图　　（b）圆球的三视图

图 3-10　圆球的投影

【例 3-5】如图 3-11 所示，已知球面上点 M 的正面投影（m'），求其他两面投影。

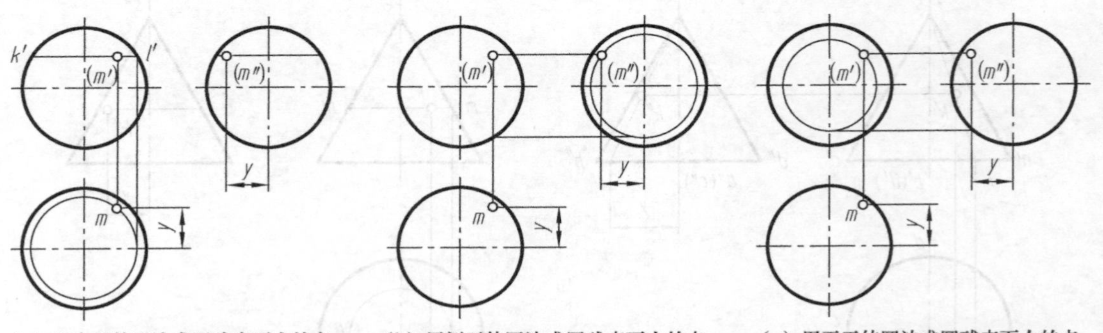

（a）用水平纬圆法求圆球表面上的点　（b）用侧平纬圆法求圆球表面上的点　（c）用正平纬圆法求圆球表面上的点

图 3-11　圆球表面取点

解：

根据 m'的位置及可见性，可判断 M 点在上半个球的右、后部，因此 m 点可见，(m'')不可见。如图 3-11（a）所示，采用辅助水平纬圆法，即过 m'作一直线，与转向轮廓线圆交于 k'、l'。以 $k'l'$为直径在水平投影上作出纬圆的水平投影，m 点应在圆周上，再根据(m')和 m 求出(m'')。此外，也可采用辅助侧平纬圆法[见图 3-11（b）]或辅助正平纬圆法[见图 3-11（c）]求解，原理完全相同，此处不再赘述。

3.4　平面与立体相交

当立体被平面截断成两部分时，其中任何一部分均称为**截断体**，如图 3-12 所示。与立体相交的平面称为**截平面**，截平面与立体的交线称为**截交线**，截交线围成的图形称为**截断面**。立体的截交线可以由单一平面切割单一回转体产生[见图 3-12（a）]，也可用多个平面切割单一回转体产生[见图 3-12（b）]，还可由单一平面切割多个回转体产生[见图 3-12（c）]，甚至可以用多个平面切割多个回转体产生[见图 3-12（d）]。为了表达清楚形体的形状，需要画出形体表面的截交线。

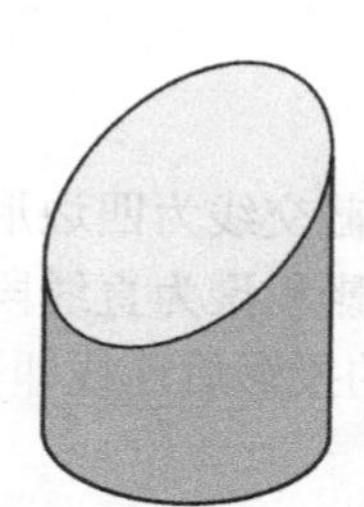
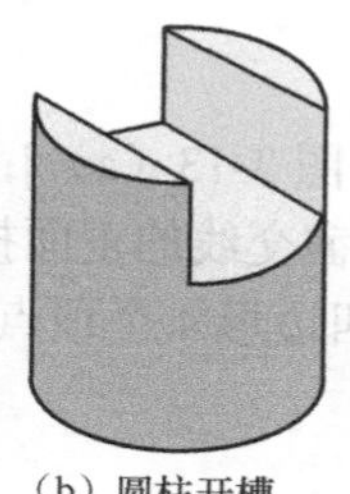
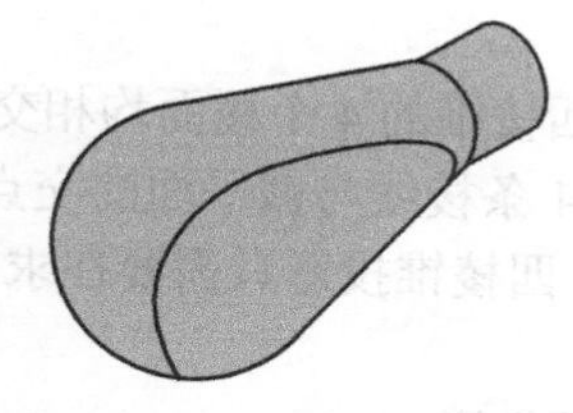
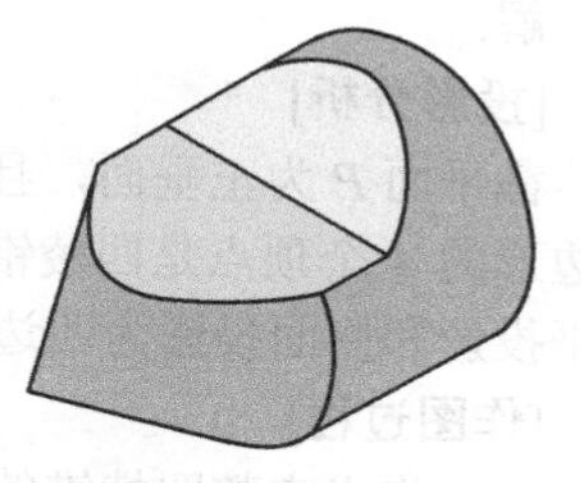

（a）圆柱截断体　（b）圆柱开槽　（c）圆球、圆台、圆柱组合的截断体　（d）圆锥、圆柱组合的截断体

图 3-12　平面与立体相交

为了正确画出截交线的投影，应掌握截交线的基本性质。

（1）截交线是截平面与立体表面交点的集合。截交线既在截平面上又在立体表面上，它是截平面和立体表面的共有线。

（2）立体是由其表面围成的，因此截交线必然是由平面曲线围成的封闭图形，其形状取决于回转体的几何特征及回转体与截平面的相对位置。

（3）求截交线的实质是求它们的共有点。

常用的截交线作图方法如下。

当截交线是圆或直线时，可借助绘图仪器直接作出截交线的投影。当截交线为非圆曲线时，则须描点作图。先作出截交线上的特殊点，再作出若干个一般点，然后将这些共有点连成光滑曲线。特殊点是指截交线上确定其大小和范围的最高/最低点、最左/最右点、最前/最后点，以及投影上截交线可见性的分界点、椭圆长轴/短轴的端点、抛物线/双曲线的顶点等。这些特殊点的投影绝大多数位于回转体视图的转向轮廓线上。

3.4.1 平面与平面立体相交

平面与平面立体相交所得的截交线是由直线组成的封闭多边形，多边形的各边是平面立体表面与截平面的交线，多边形的顶点一般是平面立体各条棱线与截平面的交点。作平面立体的截交线就是求出截交线的各个顶点，然后依次连接并判断截交线的可见性。

【例 3-6】完成截切后的四棱锥投影作图（见图 3-13）。

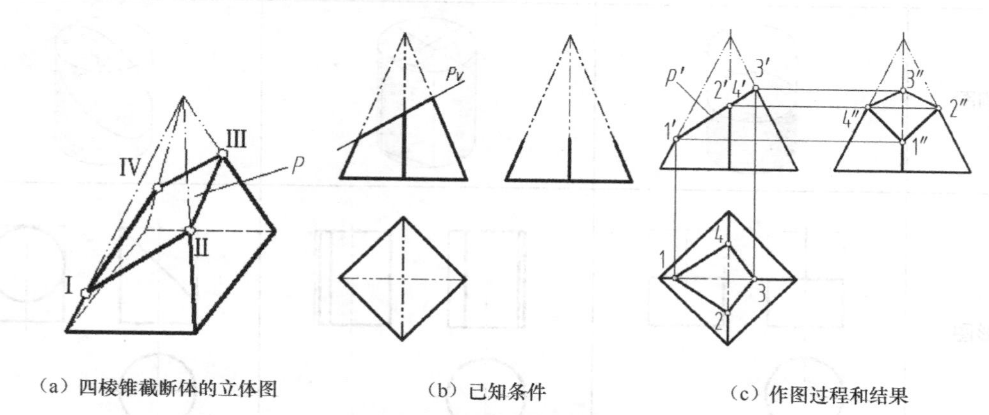

（a）四棱锥截断体的立体图　（b）已知条件　（c）作图过程和结果

图 3-13　平面截切四棱锥

解：

[投影分析]

截平面 P 为正垂面，且与四棱锥的 4 个棱面均相交[见图 3-13（a）]；截交线为四边形，四边形的 4 个顶点是四棱锥的 4 条棱线与截平面的交点。截交线的正面投影积聚为直线段、水平投影和侧面投影为四边形，四棱锥投影只需要在求出四边形 4 个顶点的投影后连线即可。

[作图过程]

（1）作出完整四棱锥的侧面投影。

（2）确定平面 P 与四棱锥各棱线交点的正面投影 1′、2′、3′、4′，以棱线上取点的方法求出 4 个点的水平投影 1、2、3、4 及侧面投影 1″、2″、3″、4″，并判断可见性，依次连接 4 个点的同面投影，得到截交线的水平投影和侧面投影。

（3）整理截切立体的各个投影。4 条棱线被截切，棱线交点以下的轮廓线加深为粗实线，以上部分被截去（用双点画线表示假想投影）。注意分析平面立体被截切后其棱线投影的变化，如 1″、3″两点之间的虚线。

3.4.2 平面与曲面立体相交

1．平面与圆柱相交

平面与圆柱相交时，主要利用积聚性求截交线。截平面与圆柱体轴线的相对位置有以下 3 种。

（1）垂直于圆柱体轴线的截平面与圆柱体的交线是圆。

（2）平行于圆柱体轴线的截平面与圆柱体的交线是矩形。

（3）倾斜于圆柱体轴线的截平面与圆柱体的交线是椭圆。

从表 3-1 中可以看出，截交线是圆柱体表面和截平面 P 的公有线，它既在截平面上又在圆柱表面上。

表 3-1 平面与圆柱相交的 3 种形式

截平面位置	垂直于轴线	平行于轴线	倾斜于轴线
截交线	圆	矩形	椭圆
轴测图			
投影图			

【例 3-7】如图 3-14 所示，圆柱面被正垂面 P 截切，已知它的主视图和俯视图，求作左视图。

解：倾斜于圆柱体轴线的截平面与圆柱体的截交线是椭圆。

[投影分析]

由于截平面 P 与圆柱轴线斜交，因此所得截交线是椭圆。由于 P 的正面投影有积聚性，因此椭圆的正面投影就在 p'上；由于圆柱的水平投影有积聚性，因此椭圆的水平投影就积聚在圆柱的水平投影上。椭圆的侧面投影则需要描点作图获得。

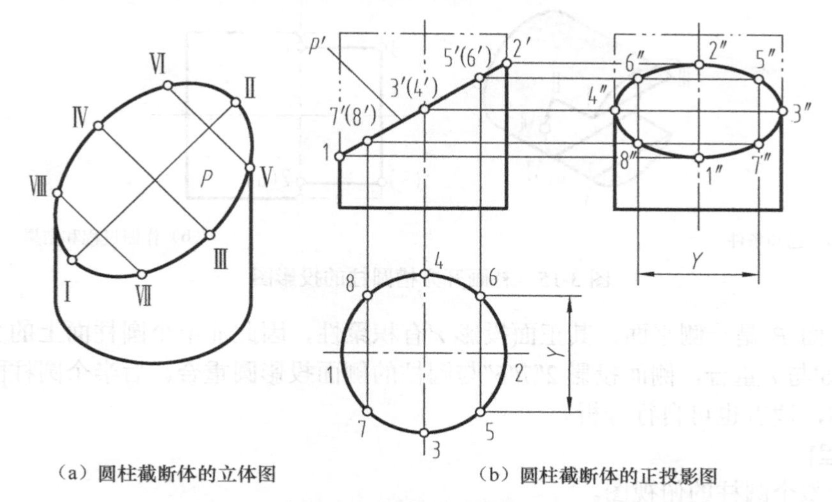

（a）圆柱截断体的立体图　（b）圆柱截断体的正投影图

图 3-14 圆柱截交线的画法

[作图过程]

（1）作出完整圆柱的左视图。

（2）作特殊点的投影。以主视图上的 1′、2′、3′、4′为特殊点，它们分别为椭圆长轴、短轴端点及上下、前后的极限位置点，同时也是圆柱轮廓线上的点。根据投影关系可直接作出其水平投影 1、2、3、4 及侧面投影 1″、2″、3″、4″。

（3）作必要的一般点。在截交线投影已知的主视图上定出一般点的位置，如点 5′(6′)和点 7′(8′)，其水平投影 5、6 和 7、8 应在圆柱面积聚性圆的投影上，再根据投影关系不难求出其侧面投影 5″、6″和 7″、8″，一般点取多少可根据作图准确程度要求而定。

（4）在左视图上依次光滑连接各点。

（5）整理轮廓线并加深。圆柱上被截掉轮廓线的投影不应画出，因此左视图上圆柱轮廓线只画 3″和 4″以下的部分。最后加深可见的轮廓线，完成作图。

【例 3-8】如图 3-15 所示，已知开槽圆柱的主视图和左视图，求作俯视图。

解：被两个或两个以上平面截切的回转体投影图的作图方法是逐个分析和绘制其截交线。

[投影分析]

如图 3-15（a）所示，方槽口是被两个水平面 P、Q 和一个侧平面 R 截切而成的。这 3 个平面均为特殊位置平面，在 3 个视图上分别有显形性和积聚性。前两者与圆柱面的交线均为直线，后者与圆柱面的交线是侧平圆弧。

由于截平面 P 的正面投影 p'有积聚性，因此交线Ⅰ Ⅱ和Ⅲ Ⅳ的正面投影 1′2′和(3′)(4′)与 p'重合；圆柱的侧面投影有积聚性，因此交线Ⅰ Ⅱ和Ⅲ Ⅳ的侧面投影 1″2″和 3″4″在圆周上积聚成两点。平面 Q 与 P 的情况相同，读者可用上述方法自行分析。

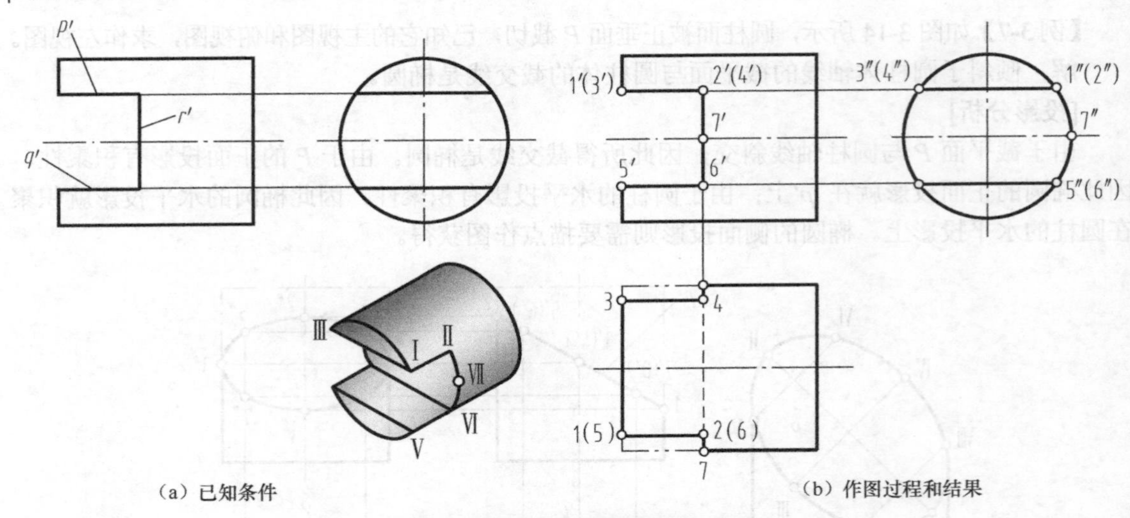

（a）已知条件　　（b）作图过程和结果

图 3-15　补画开方槽圆柱的投影图

因为截平面 R 是一侧平面，其正面投影 r'有积聚性，因此前半个圆柱面上的交线圆弧的正面投影 2′7′6′与 r'重合，侧面投影 2″7″6″与圆柱的侧面投影圆重合。后半个圆柱面上的交线与前半个对称，读者也可自行分析。

[作图过程]

（1）画出整个圆柱的俯视图。

（2）按投影关系，先求水平面 P 与圆柱面截交线的水平投影 12 和 34，再求平面 R 与圆柱截交线的水平投影 $\overset{\frown}{276}$，此段圆弧为侧平圆弧，故其水平投影积聚为线段。

（3）补画截平面之间的交线投影，其水平投影不可见，应画成细虚线。

（4）整理轮廓线并加深。作图时，应特别注意轮廓线的投影。由主视图可见，圆柱水平轮廓线在 7 点以左被切掉，即转向轮廓线不完整，因此俯视图上圆柱轮廓线切掉处不应再画出。最后，加深所有可见轮廓线，完成作图。

【例 3-9】如图 3-16（a）所示，已知圆柱被 3 个截平面截切后的主视图，求其俯视图与左视图。

解：逐个分析 3 个截平面与圆柱相交的截交线，并绘制截交线的三面投影。

[投影分析]

由图 3-16（a）可看出，圆柱体是被水平面 P、正垂面 Q 及侧平面 R 截切的。P 平面与圆柱表面的交线为直线，Q 平面与圆柱表面的交线为椭圆，R 平面与圆柱表面的交线为圆。

由于截平面 P、Q、R 的正面投影都有积聚性，因此各段交线的正面投影分别与 p'、q'、r'重合。因为截平面 P 是水平面，所以其侧面投影积聚为一条水平线。由于圆柱的左视图有积聚性，因此截平面 Q、R 与圆柱面交线的侧面投影也与圆柱的侧面投影圆重合。平面 Q 与 P、R 两平面的交线为两条正垂线，带切口圆柱体的水平投影须作图求得。

[作图过程]

（1）画出整个圆柱的俯、左视图。

（2）求平面 P 与圆柱的交线（直线）投影。主视图上为 1′2′，按投影关系找到 1″2″，再找到水平投影 12。

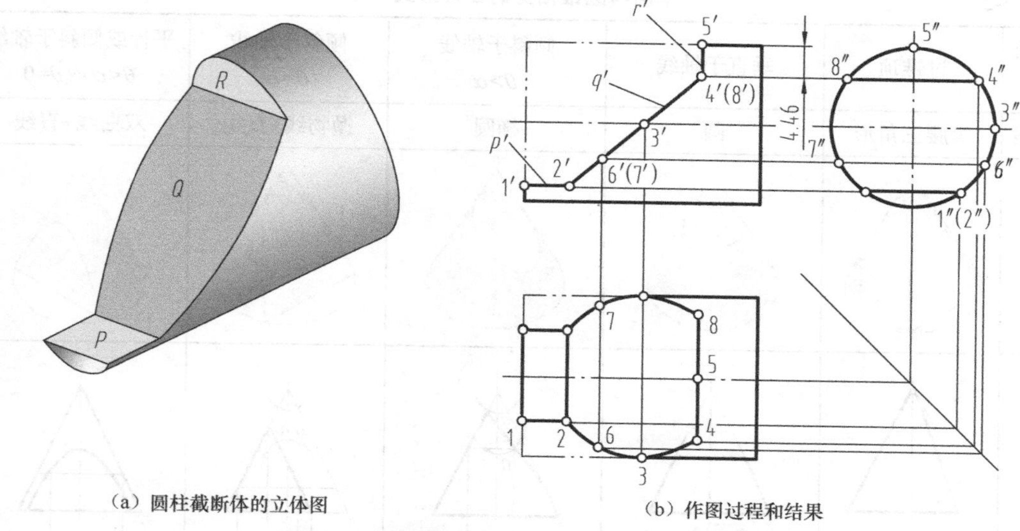

（a）圆柱截断体的立体图

（b）作图过程和结果

图 3-16 补画圆柱被三平面截切后的俯、左视图

（3）求平面 Q 与圆柱的交线（椭圆）投影。先从主视图上找椭圆上特殊位置点 2′、3′和 4′，按投影关系找到 2″、3″和 4″，再找到水平投影 3 和 4。如描点困难，可再找一般位置点 6′和 7′，用同样的办法找到其水平投影 6 和 7。顺次光滑连接各点，即可得到该段交线的水平投影。

（4）求平面 R 与圆柱的交线（圆弧）。该交线圆弧为侧平圆弧，因此侧面投影 $\overset{\frown}{4''5''8''}$ 积聚在圆周上，而水平投影 $\overset{\frown}{458}$ 则积聚成直线。

以上各截平面与后半个圆柱面的交线和前半个圆柱面的交线是对称的，读者可以自行分析并作图。

（5）补画截平面 Q 与 P、R 之间的交线投影。

（6）整理轮廓线并加深，如图 3-16（b）所示。

由主视图可见，圆柱的水平轮廓线自 3′点以上已被切掉，故其俯视图上圆柱轮廓线只画到 3 点处为止。最后，加深所有的可见轮廓线，完成作图。

2．平面与圆锥相交

平面与圆锥体表面相交，根据截平面与圆锥轴线的位置不同，可以得到 5 种截交线，如表 3-2 所示。

（1）当截平面通过圆锥顶点时，截交线为等腰三角形。

（2）当截平面垂直于圆锥面回转轴线时，截交线为圆。

（3）当截平面与圆锥轴线的夹角大于圆锥半角时，截交线为椭圆。

（4）当截平面与圆锥轴线的夹角等于圆锥半角时，截交线为抛物线+直线。

（5）当截平面与圆锥轴线的夹角小于圆锥半角时，截交线为双曲线+直线。

表 3-2　　平面与圆锥相交的 5 种形式

截平面位置	过锥顶	垂直于轴线	倾斜于轴线 $\theta>\alpha$	倾斜于轴线 $\theta=\alpha$	平行或倾斜于轴线 $\theta<\alpha$或$\theta=0$
截交线	等腰三角形	圆	椭圆	抛物线+直线	双曲线+直线
轴测图					
投影图					

【例 3-10】如图 3-17（a）和图 3-17（b）所示，圆锥被正平面 P 所截，求作交线的投影。

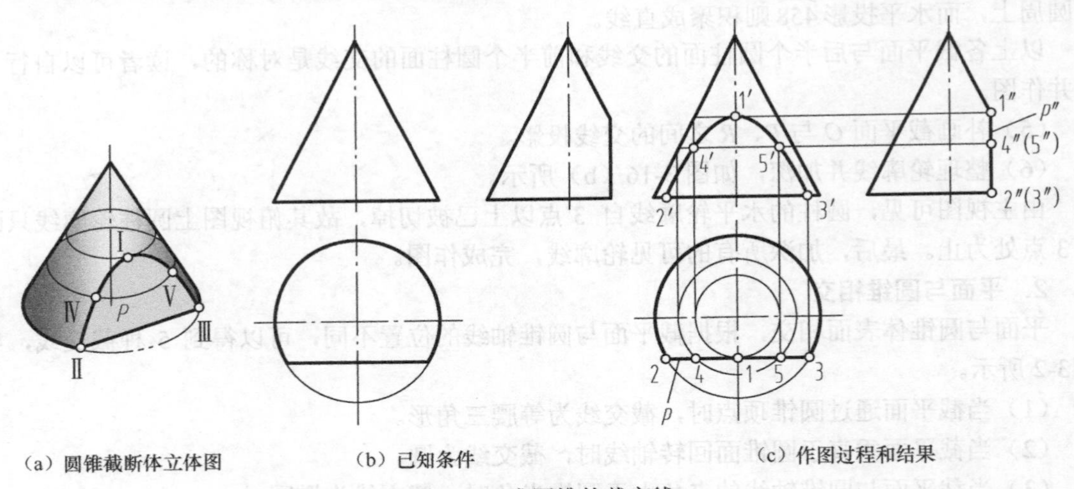

（a）圆锥截断体立体图　　（b）已知条件　　（c）作图过程和结果

图 3-17　求圆锥的截交线

解：因为截平面 P 为正平面，且与圆锥轴线平行，所以截交线为双曲线。其水平投影积聚在平面 P 的水平投影 p 上，侧面投影积聚在平面 P 的侧面投影 p'' 上，均为直线，故只需求出正面投影即可。截交线上最低点Ⅱ和Ⅲ的水平投影 2、3 位于 P 与圆锥底圆水平投影的交点处，由此可按投影关系定出 2′和 3′。在水平投影上过锥顶点 S 向 p 作垂线，其垂足 1 点即双曲线最高点Ⅰ的水平投影，也是 23 的中点。其正面投影 1′可用锥面上取点的辅助纬圆法作出。一般点Ⅳ和点Ⅴ的作图方法同Ⅰ点。

【例 3-11】如图 3-18（a）所示，已知圆锥被 3 个截平面截切后的主视图，求其俯视图与左视图。

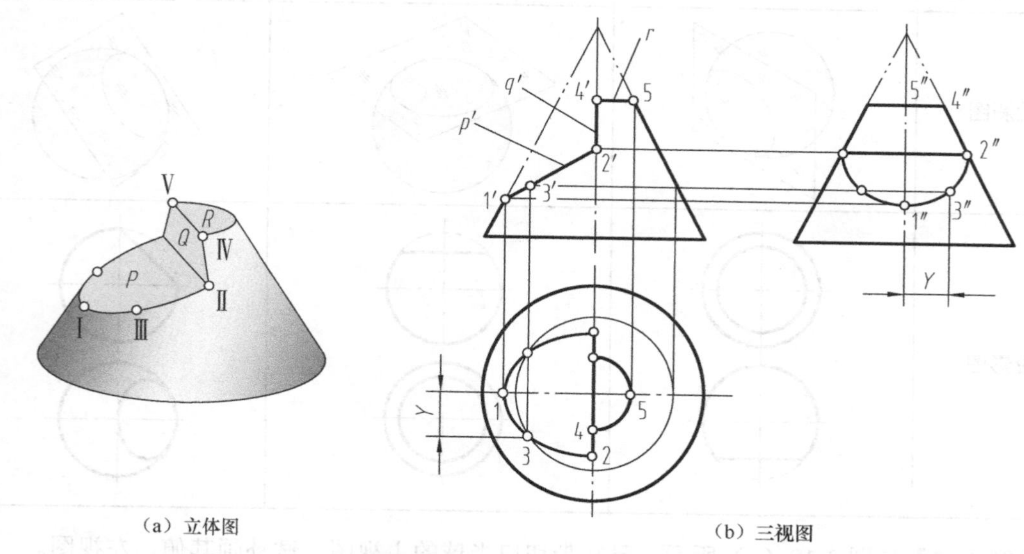

（a）立体图　（b）三视图

图 3-18　补画圆锥三平面截切后的俯、左视图

解：

[投影分析]

由图 3-18（a）中可看出，圆锥被正垂面 *P*、侧平面 *Q* 及水平面 *R* 所截切，三段交线分别为椭圆、直线和圆，且交线的正面投影也分别与 *p*′、*q*′和 *r*′重合。其水平投影及侧面投影需要通过作图获得。截平面 *Q* 与平面 *P*、*R* 相交，交线为正垂线。

[作图过程]

（1）画出圆锥完整的俯、左视图。

（2）求平面 *P* 与圆锥的交线（椭圆）投影。先从主视图上找椭圆上的特殊位置点 1′和 2′，它们是棱边线上的点，对照投影关系找出侧面投影 1″和 2″，再找到水平投影 1 和 2，然后取一般位置点 3′，根据圆锥面上取点的方法，找到其水平投影 3 及侧面投影 3″，最后光滑连接各点。

（3）求平面 *Q* 与圆锥的交线（直线）投影。从主视图上找出直线的正面投影 2′4′，可见其刚好位于圆锥的侧面轮廓线上，即可获得 2″、4″，再按投影关系获得其水平投影 2、4。

（4）求平面 *R* 与圆锥的交线（圆）投影。该交线为一水平圆，因此水平投影为以锥顶 *S* 为圆心、4′5′为半径的半圆，侧面投影积聚为直线。

（5）画出截平面 *Q* 与 *P*、*R* 的交线投影。

（6）整理轮廓线并加深，如图 3-18（b）所示。

3．平面与圆球相交

平面与圆球相交，其截交线总是一个圆。但由于相对投影面的位置不同，因此，截交线的投影也不同。当只有截平面处于投影面平行面时，截交线在该投影面上反映圆的实形。当截平面与投影面垂直时，截交线投影积聚为直线。当截平面不平行于投影面时，截交线是圆，其投影是椭圆。平面与圆球相交的 3 种形式如表 3-3 所示。

表 3-3　　平面与圆球相交的 3 种形式

截平面位置	与 V 面平行	与 H 面平行	与 V 面垂直
轴测图	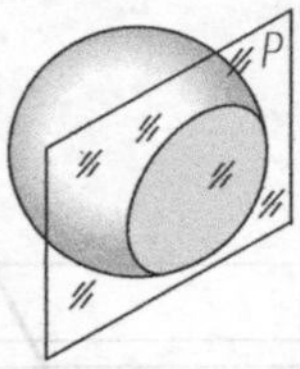	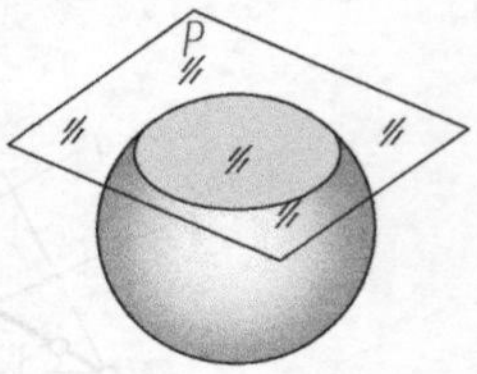	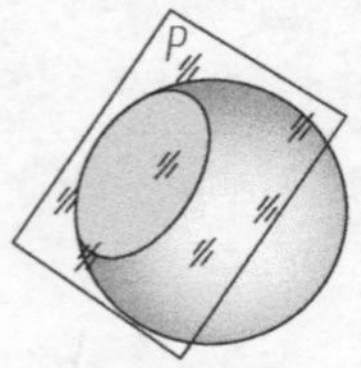
投影图	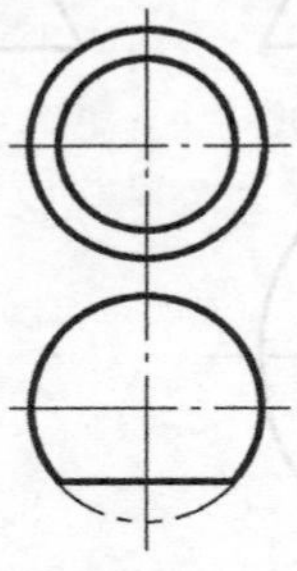	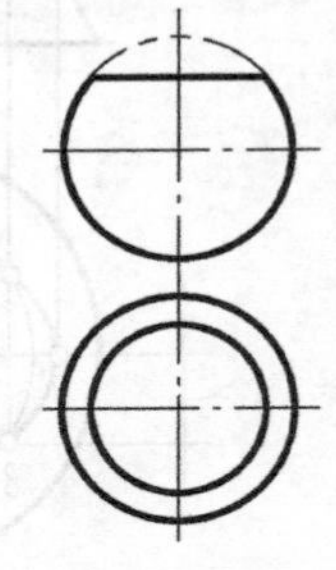	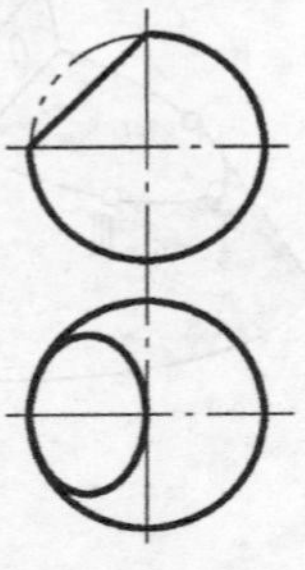

【例 3-12】如图 3-19（a）所示，已知带切口半球的主视图，试补画其俯、左视图。

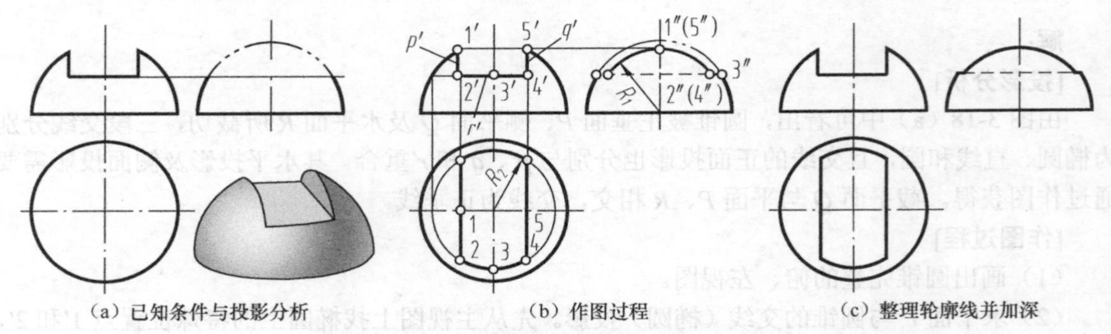

（a）已知条件与投影分析　　（b）作图过程　　（c）整理轮廓线并加深

图 3-19　补画带切口半球的俯、左视图

解：

[投影分析]

该半球切口分别被两个侧平面 P、Q 及水平面 R 截切而成，其交线的形状为两个侧平圆弧及一个水平圆弧，分别在侧面投影及水平投影上反映实形，而在两面投影上积聚为直线。

[作图过程]

（1）画出完整半球的俯、左视图。

（2）作侧平面 P 与球面的交线。侧面投影是以 R_1 为半径的圆弧，水平投影积聚为直线段，如图 3-19（b）所示。平面 Q 与平面 P 左右对称，故所产生的交线形状相同，侧面投影相重合。

（3）作水平面 R 与球面的交线。水平投影是以 R_2 为半径的圆弧，侧面投影积聚为直线。

（4）画出 3 个截平面之间交线的投影。注意左视图上交线不可见，故要将其画成细虚线。

（5）整理轮廓线并加深。如图 3-19（c）所示，从主视图上可看出，圆球的侧面轮廓线自 3 点以上已被切掉，故左视图上圆球轮廓线 3″以上的部分不应画出。加深所有可见轮廓线，完成作图。

3.5 两回转体表面相交

两形体相交称为相贯，相交表面形成的交线称为相贯线。这里仅讨论两相交形体均为回转体时，相贯线的性质和作图方法。

1．相贯线的性质

（1）相贯线上每一点都是相交两回转体表面的共有点。

（2）两回转体的相贯线一般是封闭的空间曲线[见图 3-20（a）]，特殊情况下可以是平面曲线[见图 3-20（b）]或直线[见图 3-20（c）]。

（a）相贯线为空间曲线

（b）相贯线为平面曲线

（c）相贯线为直线

图 3-20　两曲面立体的相贯线

2．求相贯线的基本方法

（1）利用表面取点法求相贯线。

（2）利用辅助平面法求相贯线。

3．求相贯线的作图步骤

（1）分析两回转体的形状、相对位置及相贯线的空间形状，然后分析相贯线的投影情况及有无积聚性可利用。

（2）作特殊点。特殊点一般是相贯线上的最高/最低点、最左/最右点、最前/最后点，这些点通常是回转体轮廓线上的点。求出相贯线上的特殊点，便于确定相贯线的范围和变化趋势。

（3）作一般点。为了作图比较准确，这里需要在特殊点之间作出若干一般点。

（4）判别可见性。相贯线只有同时位于两个回转体的可见表面上时，其投影才是可见的，否则不可见。

下面对求相贯线的方法进行介绍。

3.5.1 表面取点法求相贯线

使用条件：相贯的两回转体中，至少有一个有积聚性投影，则相贯线的投影也积聚，这样就相当于知道了相贯线上一系列点中的一个投影，再求其他两个投影。通常情况下，回转体为圆柱。

【例 3-13】如图 3-21 所示，求作轴线垂直相交两圆柱的相贯线。

解：

[空间分析]

如图 3-21（a）所示，大圆柱与小圆柱轴线正交，其相贯线为一条前后、左右均对称的封闭空间曲线。根据两圆柱轴线位置，大圆柱的侧面投影和小圆柱的水平投影有积聚性，因此相贯线的水平投影与小圆柱的水平投影重合成一个圆；相贯线的侧面投影和大圆柱的侧面投影重合成一段圆弧。大、小圆柱在它们轴线所公共平行的投影面上的投影（即正面投影）没有积聚性，因此需要求的是相贯线的正面投影。

[作图过程]

（1）求特殊点：如图 3-21（b）所示，由已知相贯线的水平投影和侧面投影可直接定出相贯线的特殊点 1、2、3、4 及 1″、2″、3″、4″。它们是圆柱轮廓线上的点，同时也是相贯线上的最左点、最前点、最右点和最后点。根据长对正和高平齐确定正面投影 1′、2′、3′和 4′。

（2）求一般点：如图 3-21（c）所示，在已知相贯线的水平投影上直接取 *a*、*b*、*c*、*d* 点，根据宽相等求出它们的侧面投影 *a*″(*b*″)、*d*″(*c*″)，再根据长对正和高平齐求出正面投影 *a*′(*d*′)、*b*′(*c*′)。

（3）判断可见性并光滑连接各点：如图 3-21（d）所示，相贯线前后对称，正面投影相重合，因此只画前半部相贯线，光滑连接 1′、2′、*b*′、3′，即所求。

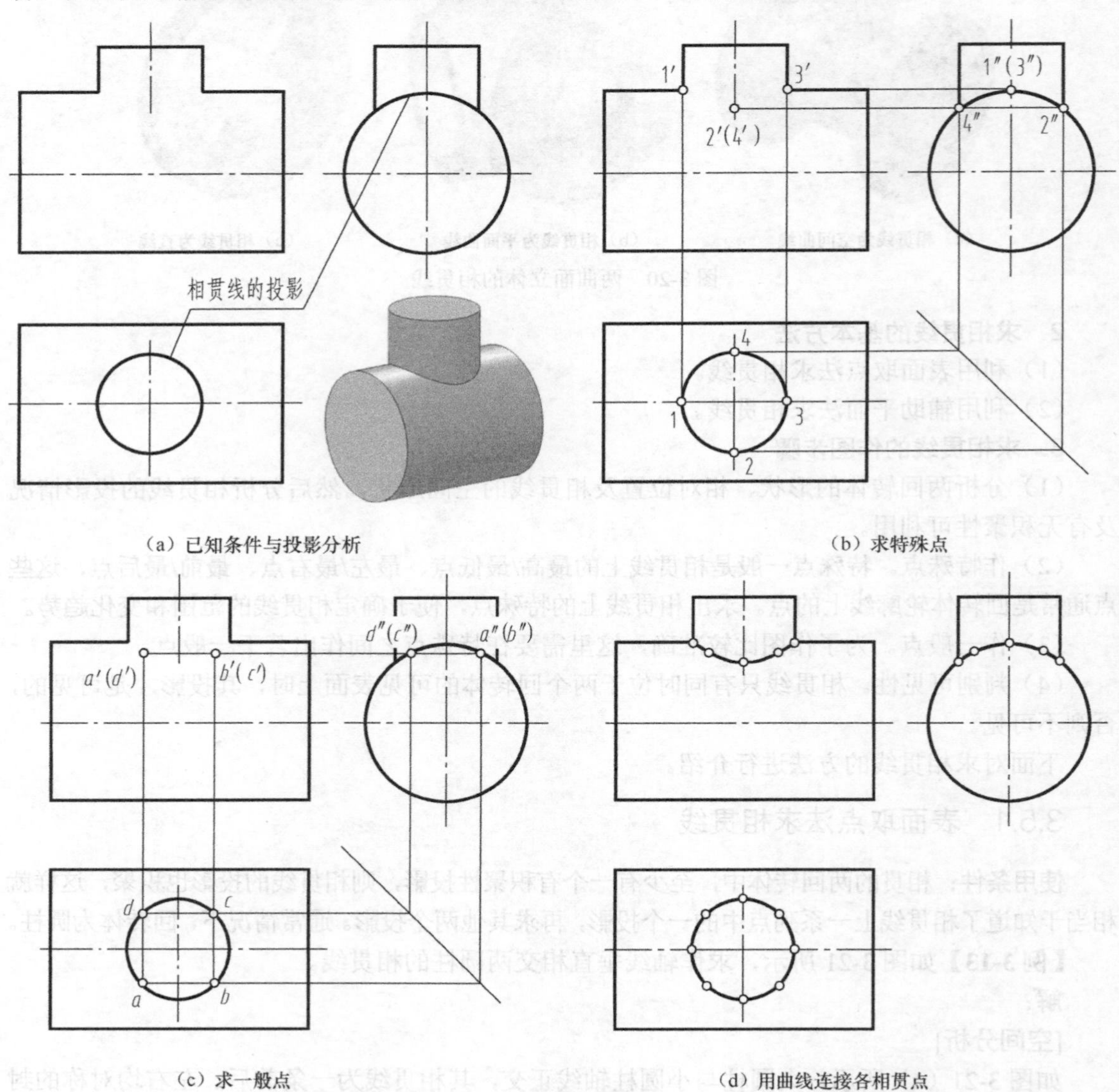

（a）已知条件与投影分析　　（b）求特殊点

（c）求一般点　　（d）用曲线连接各相贯点

图 3-21　求作轴线垂直相交两圆柱的相贯线

针对圆柱相贯的不同情况，我们可进行以下讨论。

① 两圆柱相贯的 3 种形式：由于圆柱面相贯时可以是两外表面相贯（实、实相贯）、内外表面相贯（实、虚相贯）、两内表面相贯（虚、虚相贯），因此，在两圆柱体相交中可以出现表 3-4 所示的 3 种形式。从表 3-4 中可以看出，相贯线的形状与相贯体是内表面还是外表面相贯无关，其形状和作图方法是相同的，不同的只是相贯线及轮廓线的可见性。

表 3-4 两圆柱相贯的 3 种形式

相贯形式	两外表面相贯	内外表面相贯	两内表面相贯
轴测图	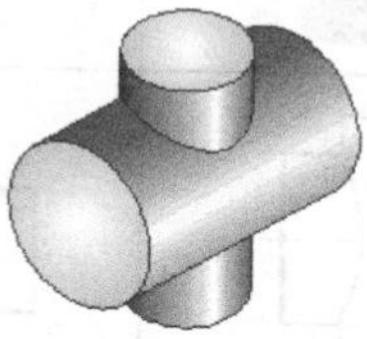	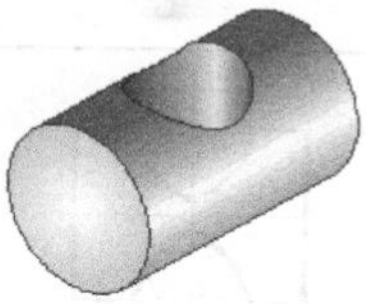	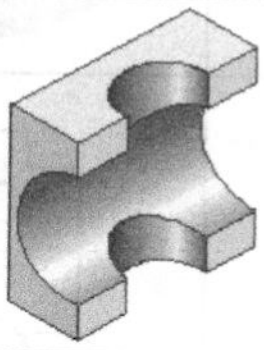
投影图	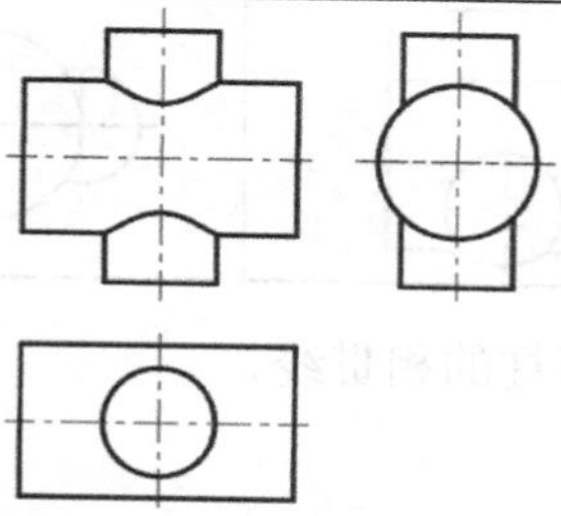	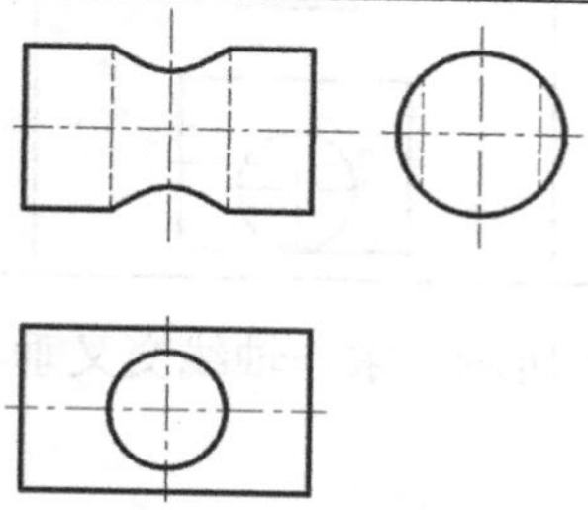	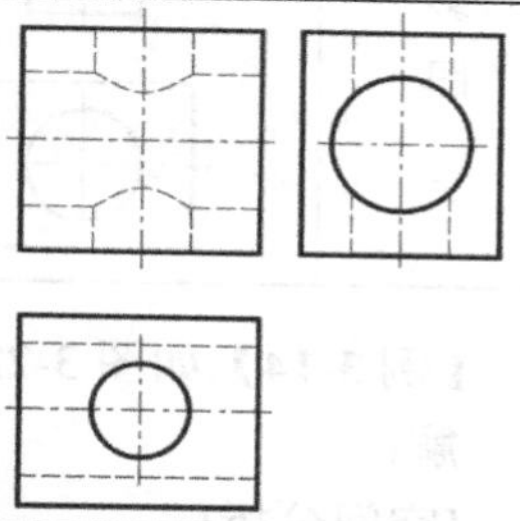

② 两圆柱相对大小的变化对相贯线的影响：当两圆柱轴线正交时，若相对位置不变，只改变两圆柱相对直径的大小，则相贯线也会随之改变，如表 3-5 所示。作图时，应注意相贯线的特点，每条相贯线的正面投影总是向大圆柱轴线方向弯曲。

表 3-5 两圆柱大小变化对相贯线的影响

两圆柱直径的关系	水平圆柱直径较大	两圆柱直径相等	水平圆柱直径较小
相贯线特点	上、下两条空间曲线	两个相互垂直的椭圆	左、右两条空间曲线
轴测图			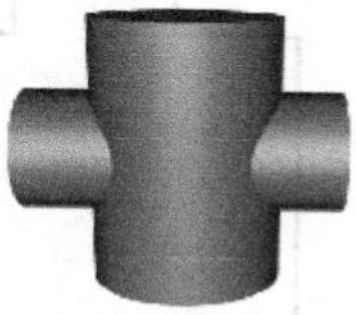
投影图	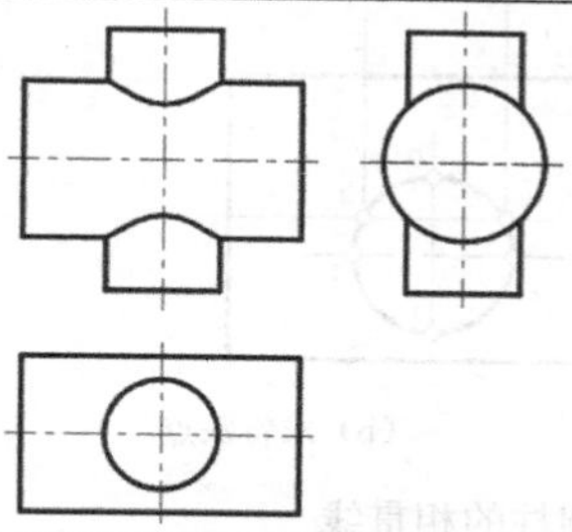	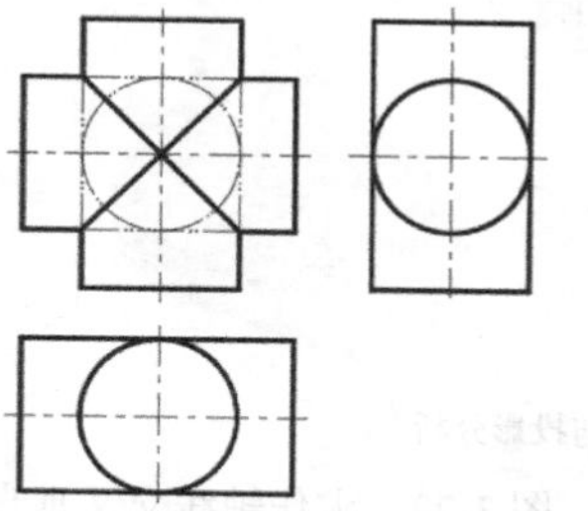	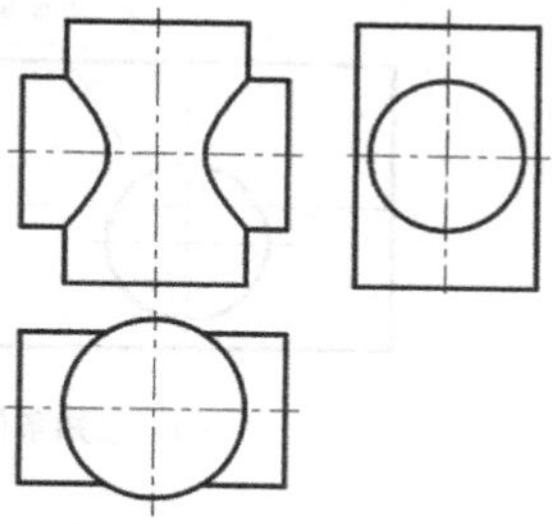

③ 两圆柱相对位置的变化对相贯线的影响：两相交圆柱直径不变，改变其轴线的相对位置，则相贯线也随之改变，如表 3-6 所示。

表 3-6　两圆柱相对位置的变化对相贯线的影响

两圆柱相对位置	两轴线垂直相交	两轴线垂直交叉		两轴线平行
		偏　贯	互　贯	
轴测图				
投影图				

【例 3-14】如图 3-22（a）所示，求作轴线交叉垂直两圆柱的相贯线。

解：

[空间分析]

两圆柱轴线交叉垂直，其相贯线为一封闭的空间曲线，但前、后并不对称，而左、右对称。小圆柱的水平投影和大圆柱的侧面投影有积聚性，因此，相贯线的水平投影和侧面投影分别就是小圆柱的水平投影圆和大圆柱的侧面投影圆弧，只需要求相贯线的正面投影。

[作图过程]

（1）求特殊点：如图 3-22（b）所示，正面投影最前点 1′和最后点(6′)、最左点 2′和最右点 3′、最高点(4′)和(5′)都可根据相应的水平投影和侧面投影将投影关系求出。这些点同时也是两圆柱轮廓线上的点。

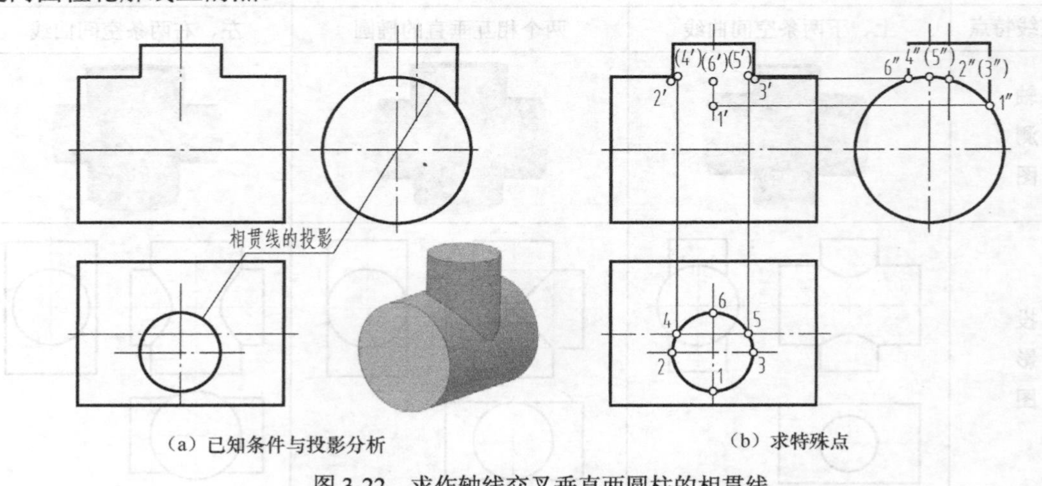

（a）已知条件与投影分析　　（b）求特殊点

图 3-22　求作轴线交叉垂直两圆柱的相贯线

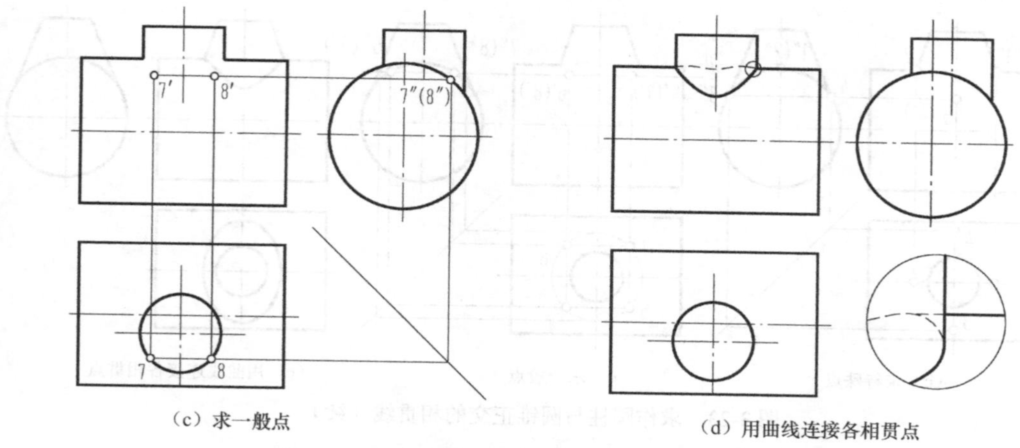

（c）求一般点　　（d）用曲线连接各相贯点

图 3-22　求作轴线交叉垂直两圆柱的相贯线（续）

（2）求一般点：如图 3-22（c）所示，在相贯线的水平投影和侧面投影上定出 7、8 和 7″(8″)，再按投影关系求出其正面投影 7′、8′（虚线）。

（3）判断可见性并光滑连接各点：如图 3-22（d）所示，根据可见性判断原则，2′、3′应是相贯线正面投影可见与不可见的分界点。将 2′、7′、1′、8′、3′连成粗实线，将 3′、(5′)、(6′)、(4′)、2′连成细虚线。

（4）整理圆柱轮廓线：如图 3-22（d）中的局部放大图所示，大圆柱的正面投影轮廓线（虚线）应画至(4′)、(5′)；小圆柱的正面投影轮廓线应画至 2′、3′。同时，小圆柱轮廓线可见，大圆柱轮廓线被挡住部分不可见。

3.5.2　辅助平面法求相贯线

辅助平面法就是用辅助平面同时截切相贯的两回转体，在两回转体表面得到两条截交线。这两条截交线的交点为相贯线上的点。该交点既在两形体表面上又在辅助面上，因此辅助平面法就是依据三面共点的原理，用若干辅助平面求出相贯线上的一系列共有点。

为了作图方便，所选的辅助平面与立体表面截交线的投影应最简单（如直线、圆），并且通常选择特殊位置平面作为辅助平面。

【例 3-15】如图 3-23（a）所示，求作圆柱与圆锥正交的相贯线。

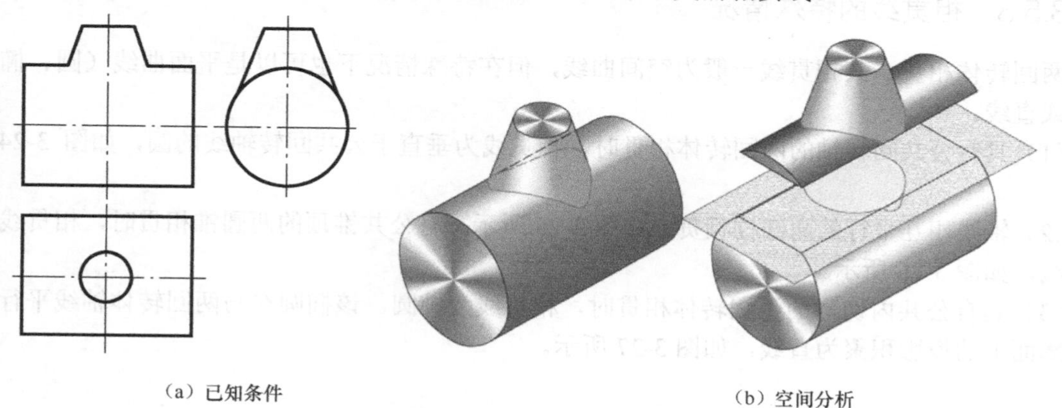

（a）已知条件　　（b）空间分析

图 3-23　求作圆柱与圆锥正交的相贯线

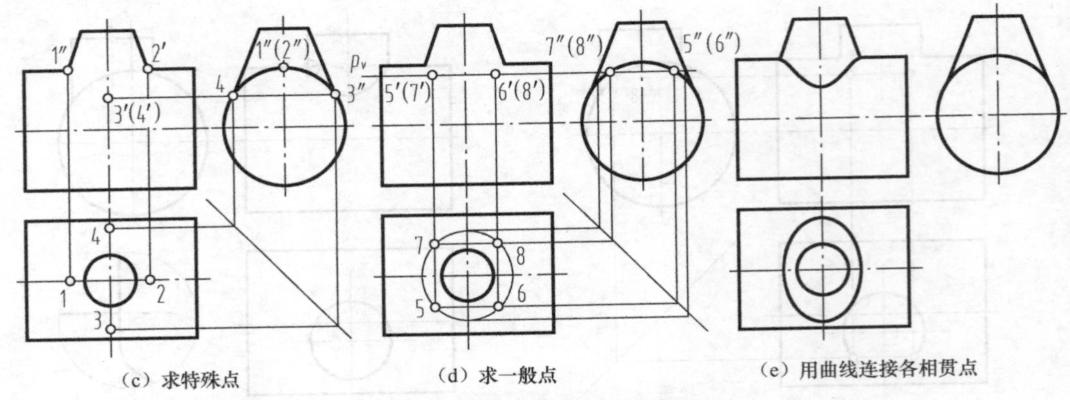

（c）求特殊点　（d）求一般点　（e）用曲线连接各相贯点

图 3-23　求作圆柱与圆锥正交的相贯线（续）

解：

[空间分析]

如图 3-23（b）所示，圆柱与圆锥轴线正交，其相贯线为一封闭的空间曲线，前后、左右对称。由于圆柱侧面投影有积聚性，因此相贯线的侧面投影与圆柱面的侧面投影重合为一段圆弧，故只需要求出相贯线的水平投影及正面投影。为使作图简便，求一般点时应选择水平面作为辅助平面，使圆柱被辅助平面截得的截交线为矩形、圆锥被辅助平面截得的截交线为圆，矩形与圆的交点为截交线上的点。

[作图过程]

（1）求特殊点：如图 3-23（c）所示，先在圆柱有积聚性的投影处定出相贯线的最前、最后点（也是最低点）3″、4″和最高点 1″、(2″)，求出正面投影 3′、(4′)、1′、2′，显然 1′、2′也是最左、最右点，然后求出其水平投影 1、2、3、4。

（2）求一般点：如图 3-23（d）所示，在适当位置选用水平面 P 作为辅助平面，圆锥面截交线的水平投影为圆，圆柱面截交线的水平投影为两条水平线，其交点 5、6、7、8 即相贯线上的点，再根据水平投影 5、6、7、8 求出正面投影 5′、6′、7′、8′。

（3）判断可见性并光滑连接各点：如图 3-23（e）所示，俯视图中相贯线同时位于两曲面的可见部位，故投影可见；主视图中相贯线前后对称，只画出可见的前半部分投影。最后整理相贯体的轮廓线，完成作图。

3.5.3　相贯线的特殊情况

两回转体相贯，其相贯线一般为空间曲线，但在特殊情况下也可以是平面曲线（圆、椭圆）或直线。

（1）具有公共回转轴的两回转体相贯时，相贯线为垂直于公共回转轴线的圆，如图 3-24 所示。

（2）轴线相互平行的两圆柱相贯，如图 3-25 所示。有公共锥顶的两圆锥相贯时，相贯线为直线，如图 3-26 所示。

（3）具有公共内切球的两回转体相贯时，相贯线为椭圆。该椭圆在与两回转体轴线平行的投影面上的投影积聚为直线，如图 3-27 所示。

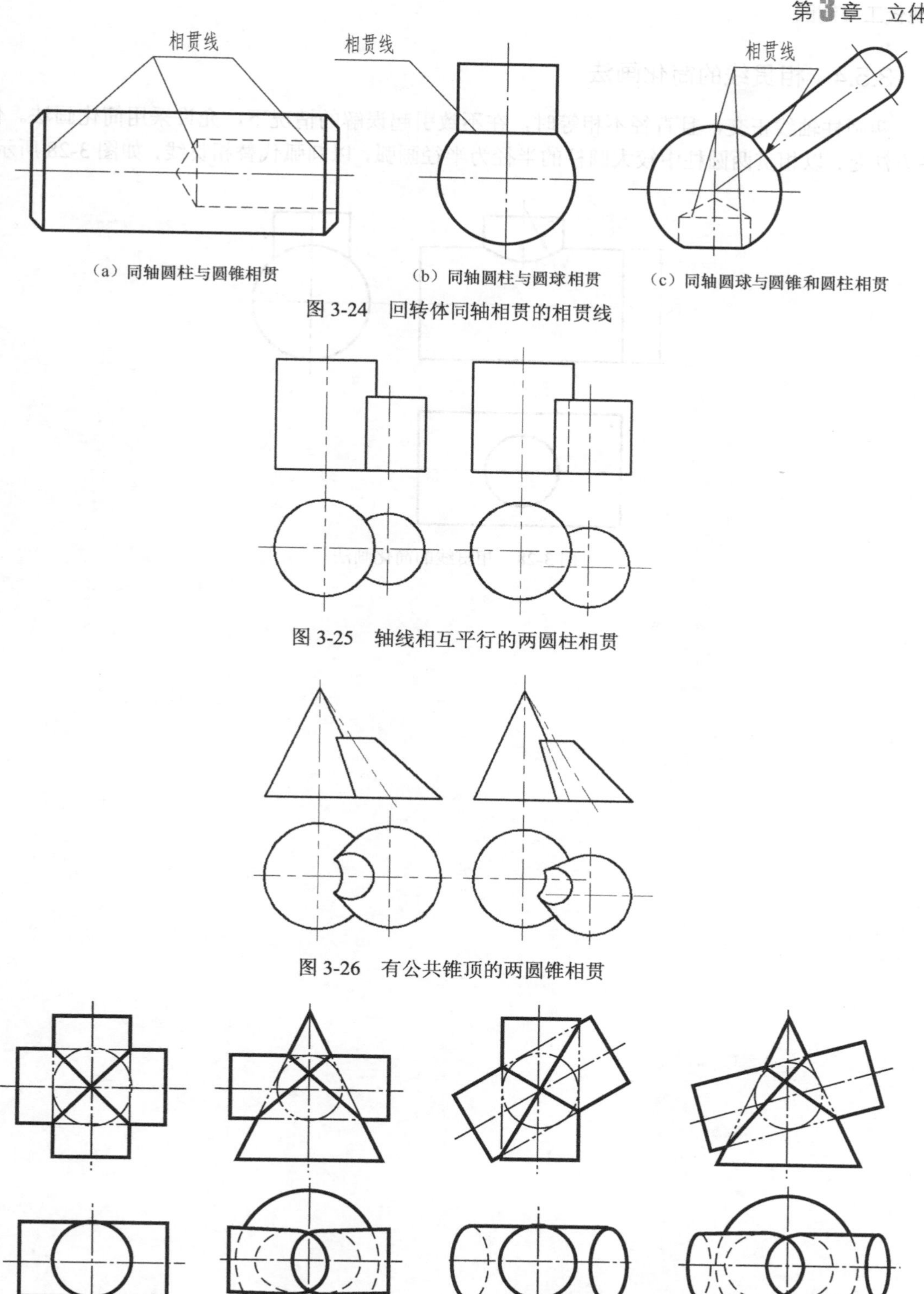

（a）同轴圆柱与圆锥相贯

（b）同轴圆柱与圆球相贯

（c）同轴圆球与圆锥和圆柱相贯

图 3-24　回转体同轴相贯的相贯线

图 3-25　轴线相互平行的两圆柱相贯

图 3-26　有公共锥顶的两圆锥相贯

图 3-27　共切于同一个球面的圆柱、圆锥的相贯线

3.5.4　相贯线的简化画法

两圆柱轴线正交，且直径不相等时，在不致引起误解的情况下，允许采用简化画法。作图方法是：以相贯两圆柱中较大圆柱的半径为半径画弧，以圆弧代替相贯线，如图 3-28 所示。

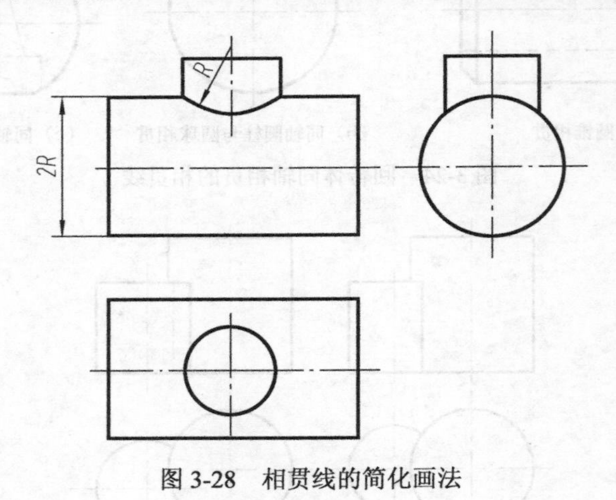

图 3-28　相贯线的简化画法

第 4 章 组合体

从几何角度看，各种工程形体一般可以看作由棱柱、棱锥、圆柱、圆锥、球、环等基本形体组合而成。在本课程中，常把由基本形体按一定方式组合起来的形体称为组合体。

本章着重介绍组合体的画图和读图基本方法，以及组合体的尺寸标注等问题，为读者进一步学习专业图的绘制与阅读打下基础。

4.1 组合体的组合方式及投影特点

4.1.1 组合体的组合方式

组合体按其构成的方式，可分为叠加和挖切两种方法。叠加型组合体是由若干基本形体叠加而成的，挖切型组合体是由基本形体经过切割或穿孔而形成的。大多数组合体都是既有叠加又有挖切的综合型组合体，如图 4-1 所示。

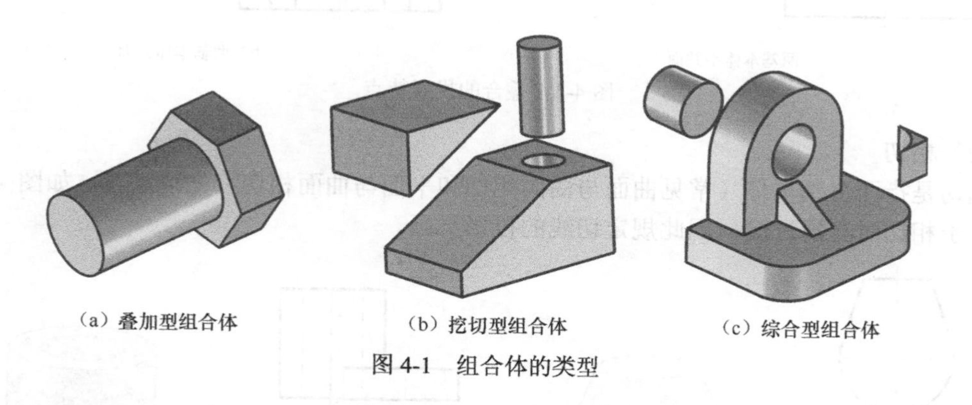

（a）叠加型组合体　（b）挖切型组合体　（c）综合型组合体

图 4-1　组合体的类型

在许多情况下，叠加式与挖切式并无严格的界线，同一形体既可以按叠加式进行分析，又可以按挖切式进行分析，如图 4-2 所示。因此，叠加和挖切只具有相对意义，在进行具体形体的分析时，应以易于作图和理解为原则。

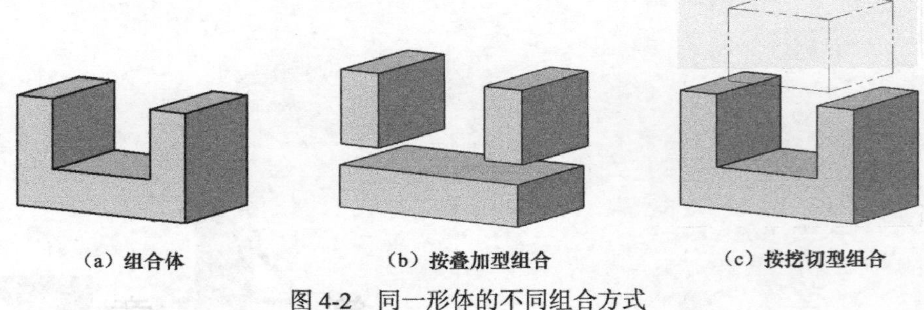

图 4-2　同一形体的不同组合方式

4.1.2　组合体的投影特点

1. 叠加型组合体

（1）叠合

叠合是指两基本体的表面互相重合。值得注意的是：如图 4-3（a）所示，当两个基本体除叠合处外，没有公共的表面（不共面）时，在视图中两个基本体之间有分界线；而如图 4-3（b）所示，当两个基本体具有互相连接的一个面（共面）时，要将它们看作一个整体，它们之间没有分界线，在视图中也不可画出分界线。

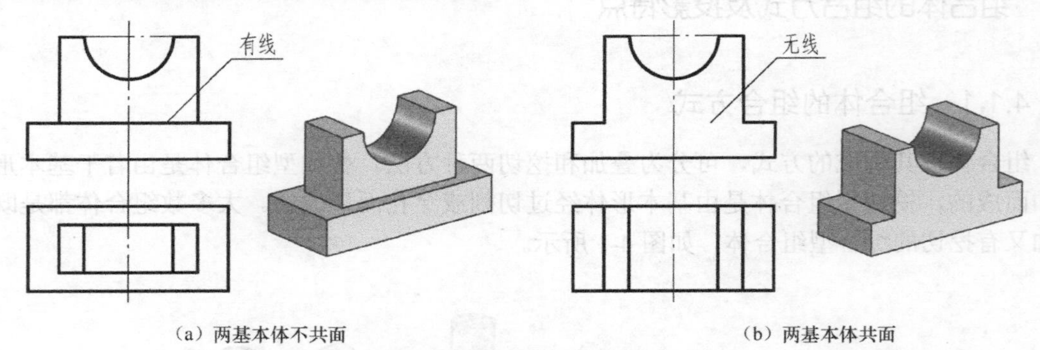

图 4-3　叠合的投影特点

（2）相切

相切是指两个基本体（常见曲面与曲面相切和平面与曲面相切）光滑过渡。如图 4-4 所示，由于相切时光滑过渡，因此规定切线的投影不画。

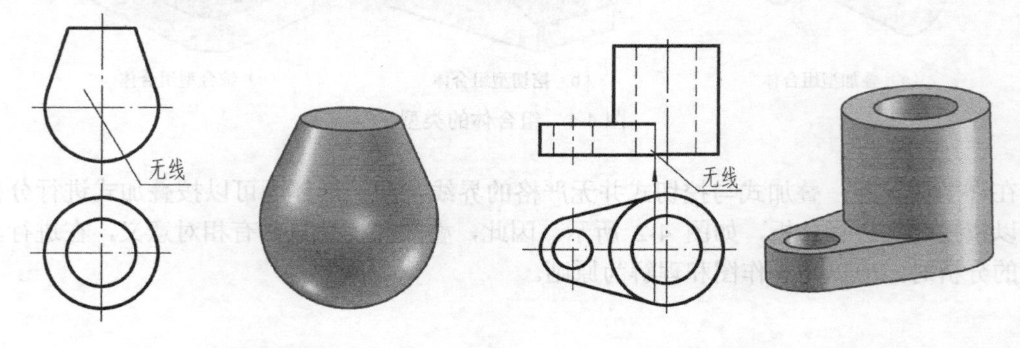

图 4-4　相切的投影特点

注意：只有在平面与曲面或两个曲面之间才会出现相切的情况。在某个视图上，当切线处存在回转面的转向线时，应画出该转向线的投影，否则不画，如图 4-5 所示。

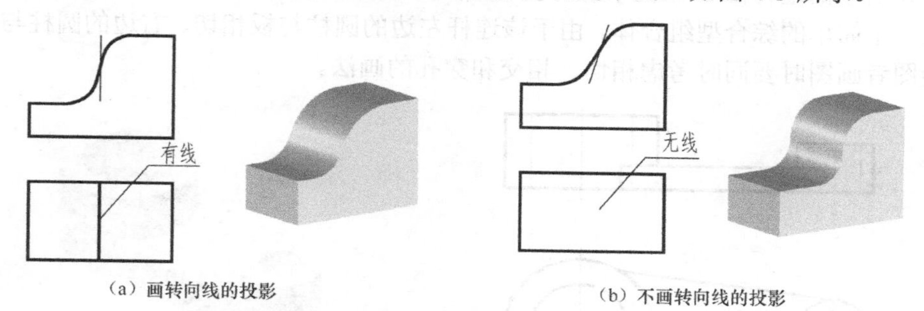

（a）画转向线的投影　　（b）不画转向线的投影

图 4-5　相切的特殊情况

（3）相交

相交是指两基本体的邻接表面相交所产生的交线（截交线或相贯线）。作图时，应画出交线的投影，如图 4-6 所示。求交线的方法在基本立体部分已讨论过。

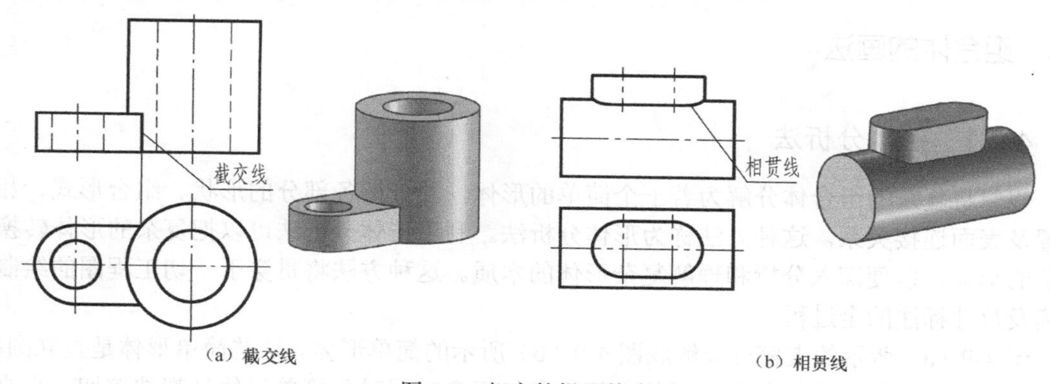

（a）截交线　　（b）相贯线

图 4-6　相交的投影特点

2．挖切型组合体

（1）切割

基本体被平面或曲面切割后，会产生不同形状的截交线或相贯线。如图 4-7（a）所示，在半球上开一个垂直于正面的通槽，在俯、左视图上画出槽口的投影。

（2）穿孔

当基本体被穿孔后，也会产生不同形状的截交线和相贯线。如图 4-7（b）所示，轴线侧垂的空心半圆柱体穿一个铅垂的圆柱孔，在空心半圆柱体的内、外壁都产生了相贯线。

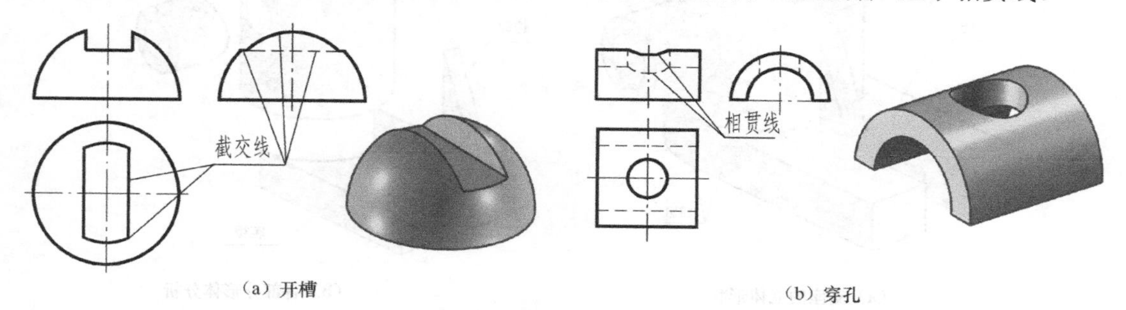

（a）开槽　　（b）穿孔

图 4-7　挖切的投影特点

3．综合型组合体

图 4-8 所示的连杆由 3 个简单立体叠合而成，左、右两边的圆柱又都被穿孔，因此它可以被看成一个简单的综合型组合体。由于该连杆左边的圆柱与板相切、右边的圆柱与板相交，因此，绘图者画图时要同时考虑相切、相交和穿孔的画法。

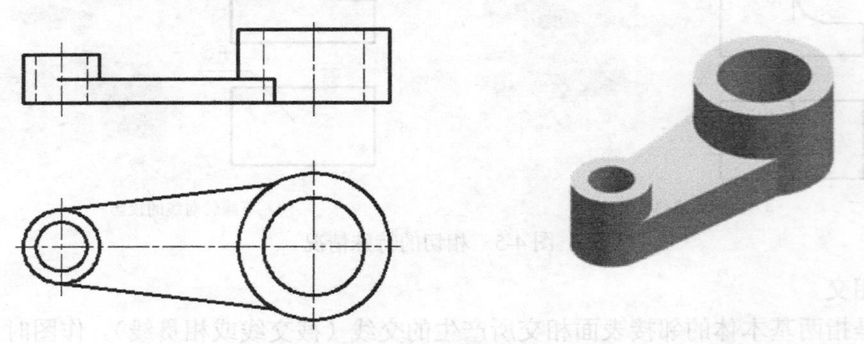

图 4-8　综合的投影特点

4.2　组合体的画法

4.2.1　形体分析法

假想将复杂的组合体分解为若干个简单的形体，并分析各部分的形状、组合形式、相对位置及表面连接关系，这种方法称为形体分析法。利用形体分析法可以把复杂的形体转换为简单的形体，以便深入分析和理解复杂形体的本质。这种方法将贯穿于一切工程图的绘制、阅读及尺寸标注的全过程。

图 4-9（a）所示的支座可分解成图 4-9（b）所示的简单形体。这些简单形体是直立圆柱、水平圆柱、肋板和底板。各简单形体之间均叠加组合，同时各简单形体又都被挖切。直立圆柱与水平圆柱是垂直相贯关系，两圆柱内、外表面都有相贯线；底板的侧面与直立圆柱外表面是相切关系；肋板与底板是叠合关系，除叠合表面外没有公共面；肋板与直立圆柱外表面有 3 条截交线。支座的三视图如图 4-10 所示，可以看到，在主视图和左视图中，相切表面的相切处不画切线，而相交表面的相交处应画交线。

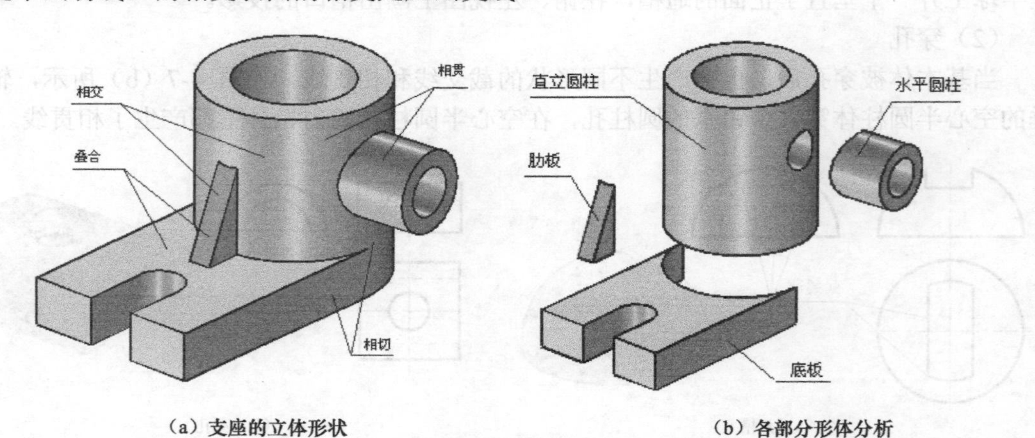

（a）支座的立体形状　　（b）各部分形体分析

图 4-9　支座的形体分析

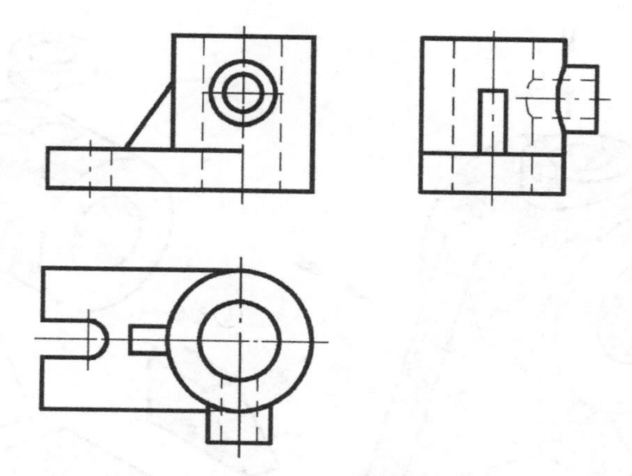

图 4-10　支座的三视图

画组合体的三视图应按一定的方法和步骤进行。下面结合两个具体实例加以说明。

【例 4-1】画出图 4-11（a）所示轴承座的三视图。

解：

1．形体分析

首先，理解形体及画图的需要，将形体按基本几何体分解成若干部分，以看清各组成部分的形状、结构及相互关系。图 4-11（a）所示轴承座由上部的小圆筒、大圆筒、中间的支承板、肋板及底板组成，如图 4-11（b）所示。小圆筒和大圆筒垂直相交，在外、内表面上都有相贯线；支承板、肋板和底板分别是不同形状的平板，支承板的左、右侧面都与大圆筒的外圆柱面相切，前、后侧面与大圆筒的外圆柱面相交；肋板有 3 个面与大圆筒的外圆柱面相交；底板的顶面与支承板、肋板的底面相叠合。

其次，形体分析时应设想和理解形体结构的功能，从而迅速抓住形体的主要部分及特征。该形体最突出的部分是底板和大圆筒，底板上有两个孔（可以理解为安装孔），而大圆筒被支承板及肋板连接在底板上，具有支承轴的功能；小圆筒与大圆筒垂直相交，通过它可以为转动的轴添加润滑油。

2．视图选择

在形体分析的基础上选择适当的视图，特别是要选好主视图。主视图的选择一般应遵循 3 个原则。

（1）自然位置：按自然稳定或画图简便的位置放置，一般将大平面作为底面。

（2）反映特征：选择反映形状和位置特征最多的方向作为投影方向。

（3）可见性好：使其他视图中出现的细虚线最少。

在图 4-11（a）中，轴承座按自然位置安放，从 *A*、*B*、*C*、*D* 这 4 个方向投影可得到 4 个视图，如图 4-12 所示。

进行比较：若以 *D* 向作为主视图，细虚线较多，显然没有 *B* 向清楚；*C* 向与 *A* 向视图虽然细虚线多少情况相同，但若以 *C* 向作为主视图，则左视图上会出现较多细虚线，没有 *A* 向好；再比较 *B* 向与 *A* 向视图，*B* 向更能反映轴承座各部分的轮廓特征，因此将 *B* 向作为主视图的投影方向。

主视图确定好以后，俯视图和左视图的投影方向（即图 4-11（a）中的 *E* 向和 *C* 向）也就确定了。

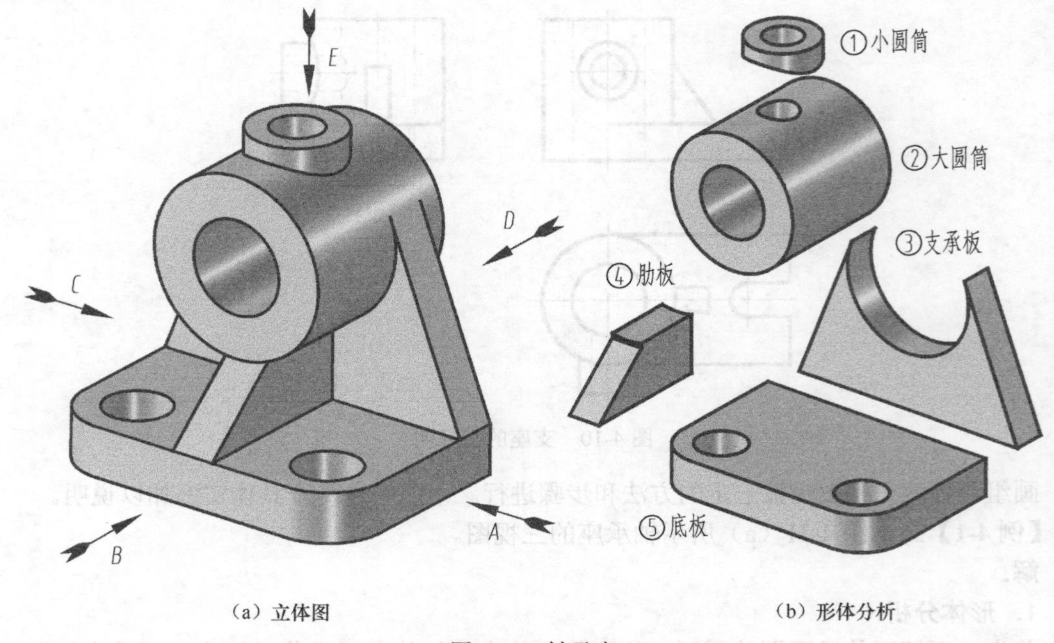

（a）立体图　　（b）形体分析

图 4-11　轴承座

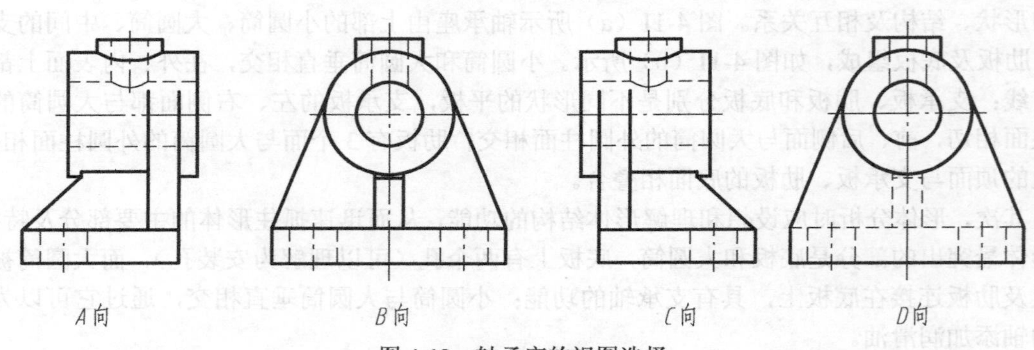

图 4-12　轴承座的视图选择

3. 视图数量的确定

组合体视图数量的确定应以能够全部表达各形体间的真实形状和相对位置为原则。选定 *B* 向作为图 4-11（a）中轴承座的主视图后，为了表达支承板的厚度、肋板的形状及它们与大圆筒在前后方向的位置，需要左视图；为了表达底板的圆角和小圆孔的位置，需要俯视图。因此，该轴承座要用 3 个视图来表达。

4. 画图步骤

（1）确定画图比例、确定图幅和布置视图位置

视图数量确定后，根据物体的大小和复杂程度确定画图比例和图幅大小。根据组合体的长、宽、高尺寸及所选用的比例，选择合适幅面的图纸。考虑到标注尺寸所需的位置，根据主视图长度方向尺寸和左视图宽度方向尺寸，计算出主、左视图间及图框线间的空白间隔，使主、左视图沿长度方向均匀分布。同样，根据主视图高度方向尺寸和俯视图宽度方向尺寸计算主、俯视图间及图框线间的空白间隔，使主、俯视图沿高度方向均匀分布。当图纸固定到图板上以后，应先画好标题栏和图框，然后根据前面的计算结果用基准线将 3 个视图的位

置固定在图纸上。基准线一般可选用组合体（或基本形体）的对称面、较大平面的积聚线及回转体的轴线等。主视图的位置由长、高方向的基准线确定，左视图的位置由宽、高方向的基准线确定，俯视图的位置由长、宽方向的基准线确定。

（2）逐个画出基本立体的三视图

基准线画好后，按照形体分析的结果，先画主要形体，后画细节，逐一画出组合体各基本立体的三视图。对每一形体一般都从最能反映其形位特征、具有积聚性或反映实形的那个视图开始画，然后按照“长对正、高平齐、宽相等”的投影关系画出其他两个视图。通常先画圆弧后画直线，先画实线后画细虚线，这样既可保证投影关系正确，又可提高画图速度。轴承座三视图的画图步骤如图 4-13 所示。

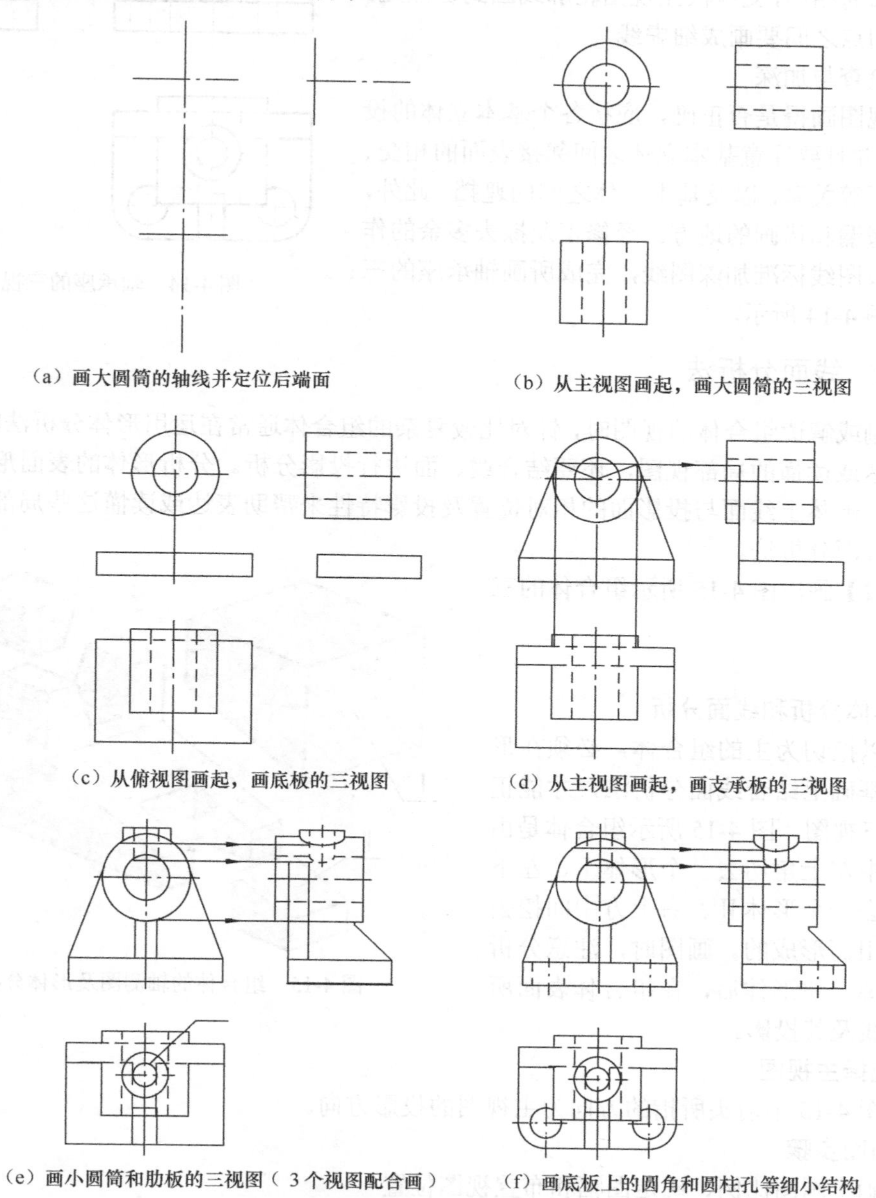

图 4-13　轴承座三视图的画图步骤

画组合体的三视图应注意以下几点。

① 运用形体分析法逐个画出各基本立体时，同一形体的三视图应按照投影关系同时画出（而不是先画完组合体的一个视图，再画另一个视图），这样可以减少作图错误，提高画图速度。

② 画每一个基本体时，应先画反映其形状特征的视图。

③ 完成各个基本体的三视图后，应检查形体间表面连接处的投影是否正确。如图 4-13（d）所示，支承板与大圆筒相切，支承板左视图轮廓线画到切点处，俯视图两切点之间要画成细虚线。

（3）检查与加深

检查视图画得是否正确，应按各个基本立体的投影来检查，并且要注意基本立体之间邻接表面的相交、相切或共面等关系，以及基本立体之间的遮挡。此外，检查有无遗漏和错画的地方。经修正及擦去多余的作图线后，按图线标准加深图线，完成所画轴承座的三视图，如图 4-14 所示。

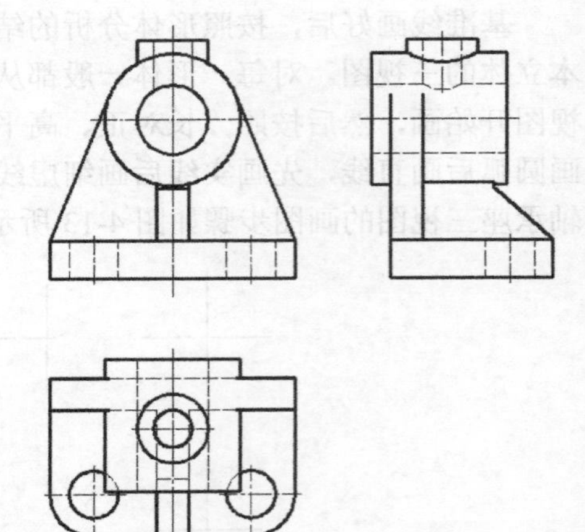
图 4-14　轴承座的三视图

4.2.2　线面分析法

在绘制或解读组合体的视图时，针对比较复杂的组合体通常在运用形体分析法的基础上，对不易表达或读懂的局部视图，还要结合线、面进行投影分析。分析形体的表面形状、形体表面交线、形体上线面与投影面的相对位置及投影特性来帮助表达或读懂这些局部形状的方法，称为线面分析法。

【例 4-2】画出图 4-15 所示组合体的三视图。

解：

1．形体分析和线面分析

针对以挖切为主的组合体，必须在形体分析的基础上结合线面分析法，才能正确画出其三视图。图 4-15 所示组合体是由在四棱柱中左上角切去一个形体Ⅰ、左下角中间挖去一个形体Ⅱ、右上方中间挖去一个形体Ⅲ而形成的。画图时，注意分析每当切割掉一块形体后，在组合体表面所产生的交线及其投影。

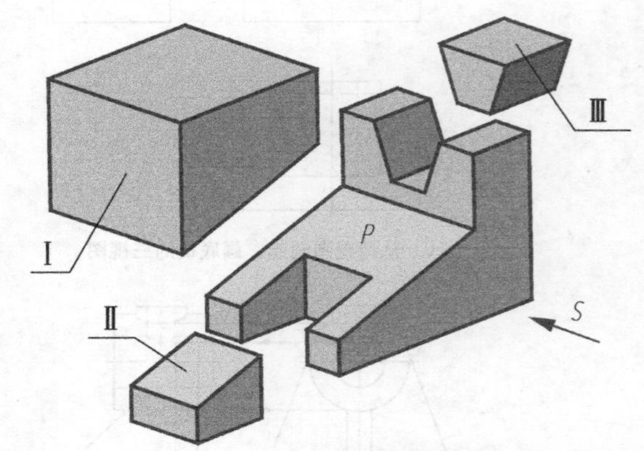

图 4-15　组合体的轴测图及形体分析

2．选择主视图

选择图 4-15 中箭头所指的方向为主视图的投影方向。

3．画图步骤

（1）确实画图比例、确定图幅和布置视图位置

选择主视图后，根据组合体的大小和复杂程度确定画图比例和图幅大小，然后布置视图

位置。

（2）画底稿

如图4-16（a）～图4-16（d）所示，先画四棱柱的三视图，再分别画出切去形体Ⅰ、形体Ⅱ、形体Ⅲ后的投影。注意画图时，应从反映其形状特征的视图开始画起，再画出其他视图。

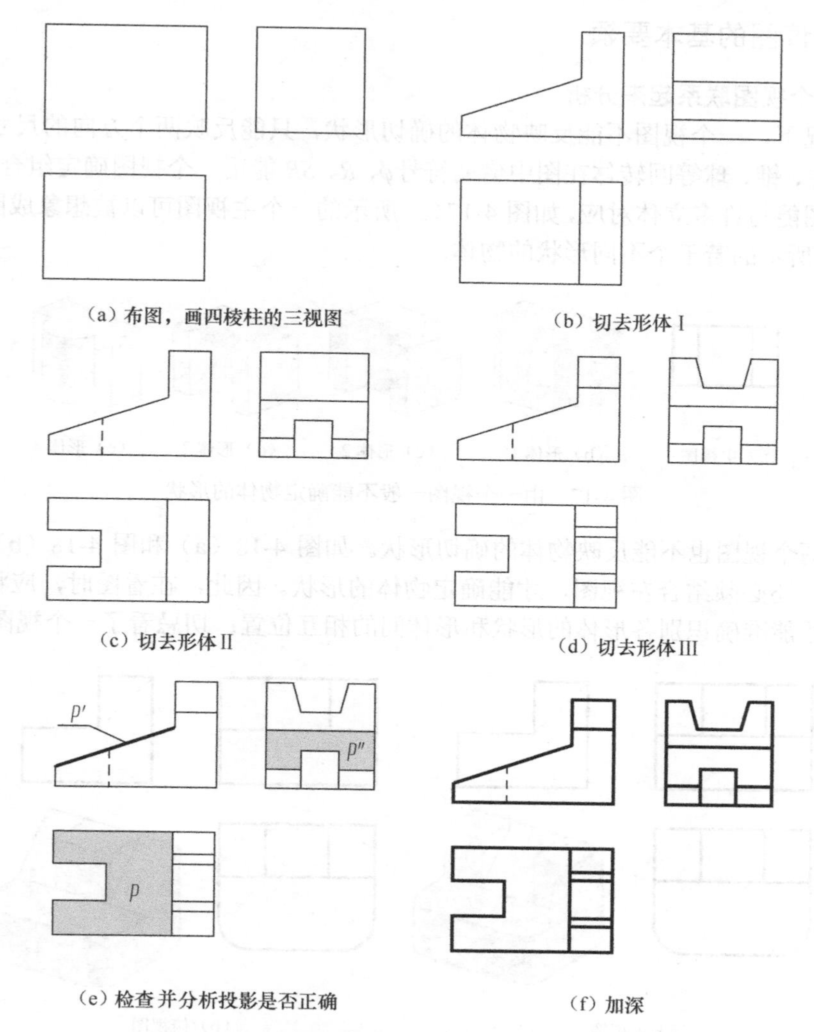

图4-16 画组合体三视图的步骤

（3）检查与加深

除检查形体的投影外，主要还须检查面形的投影，特别是检查斜面投影的类似性。例如，图4-15中的平面P按图示方向投影为一正垂面，则P面的主视图投影积聚为一直线，俯、左视图为类似形，如图4-16（e）所示。图4-16（f）为最后加深的三视图。

4.3 读组合体视图

读图和画图是学习本课程的两个主要环节。画图是将空间形体按正投影方法表达在图纸上，是一种从空间形体表示为平面图形的过程；读图正好是画图过程的逆过程，它是根据平面图形想象出空间形体的结构形状。对于初学者来说，读图是比较困难的；但是只要综合运用所学的投影知识、掌握读图要领和方法，并多读图、多想象，初学者就能不断提高自己的读图能力。

4.3.1 读图的基本要领

1．将几个视图联系起来分析

一般情况下，一个视图不能反映物体的确切形状，只能反映两个方向的尺寸和相对位置关系。除了柱、锥、球等回转体在图中借助符号ϕ、R、SR能用一个视图确定组合体的形状外，一般一个视图能与许多立体对应，如图 4-17（a）所示的一个主视图可以被想象成图 4-17（b）～图 4-17（e）所示的若干个不同形状的物体。

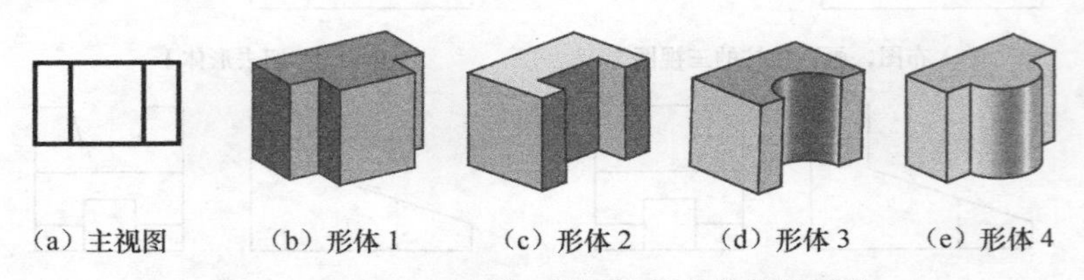

（a）主视图　（b）形体 1　（c）形体 2　（d）形体 3　（e）形体 4

图 4-17　由一个视图一般不能确定物体的形状

有时，两个视图也不能反映物体的确切形状。如图 4-18（a）和图 4-18（b）中的主、俯视图都一样，还必须结合左视图，才能确定物体的形状。因此，在看图时，应将几个视图联系起来看，才能准确识别各形体的形状和形体间的相互位置；切忌看了一个视图就下结论。

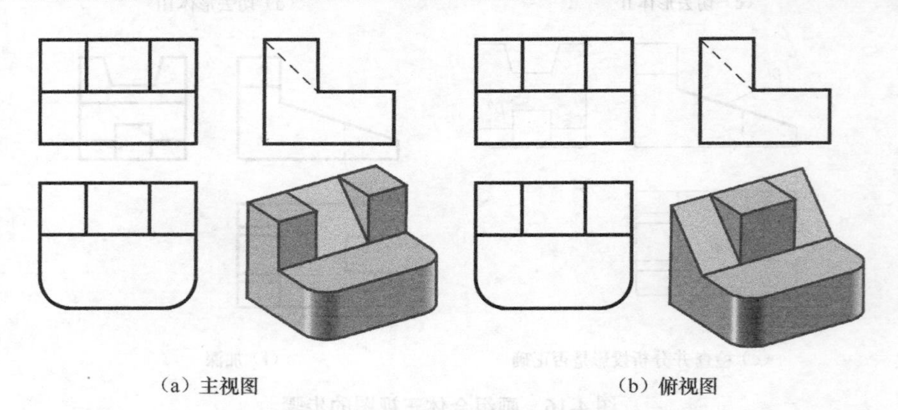

（a）主视图　（b）俯视图

图 4-18　两个视图不能确定物体的形状

2．明确视图中图线和线框的含义，识别形体和形体表面间的相对位置

（1）如图 4-19 所示，视图中的细点画线一般是对称中心线或回转体的轴线，而粗实线和细虚线可以表示下列情况。

① 具有积聚性表面的投影。如图 4-19 所示，主视图中的图线 d' 对应俯视图中的线框 d，因而 d' 是底板上平行于水平面的顶面投影，根据高平齐和宽相等可知左视图的图线为 d''。

② 表面与表面交线的投影。如图 4-19 所示，主视图中的图线 c' 对应俯视图中积聚成一点的 c，因而 c' 是肋板的侧面与圆柱面交线的投影。

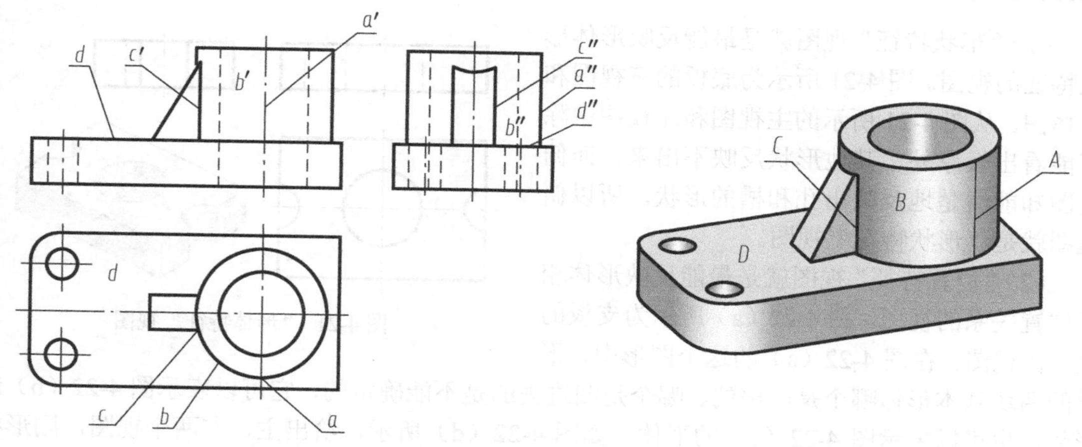

图 4-19 线面分析（一）

③ 转向轮廓线。如图 4-19 所示，左视图中的图线 a''对应俯视图中大圆的最前点 a，因而 a''是圆柱面侧面投影转向轮廓线的投影，根据高平齐和宽相等可知最前转向轮廓线的投影为 a'。因此转向轮廓线素线是对某投影而言的，A 素线是侧面投影的轮廓线素线，相对正面投影就不是轮廓线素线了。

（2）线框是指图上由图线围成的封闭图形，视图中的线框可以表示下列情况。

① 平面。如图 4-20 所示，主视图中 e'、f'、g'这 3 个线框对应俯视图中的 3 条线段 e、f、g，因而这 3 个线框是组合体中 E、F、G 这 3 个平面的投影。

② 曲面。如图 4-19 所示，主视图中的封闭线框 b'对应俯视图中的大圆框 b 及左视图中的 b''，因而它是组合体上圆柱面 B 的投影。

（3）视图中面的相对位置分析。视图中出现相邻封闭线框，通常表示错开的相邻面或相交的面。通过对照投影关系，区分出它们的前后、上下、左右的层次关系，有助于确定组合体各基本立体间的相对位置关系。如图 4-20 所示，g'、f'、e'这 3 个线框分别是前、后和中间 3 个平面的投影。若线框内还有线框，则通常表示两个面凸（叠加）凹（挖切）不平或具有孔。

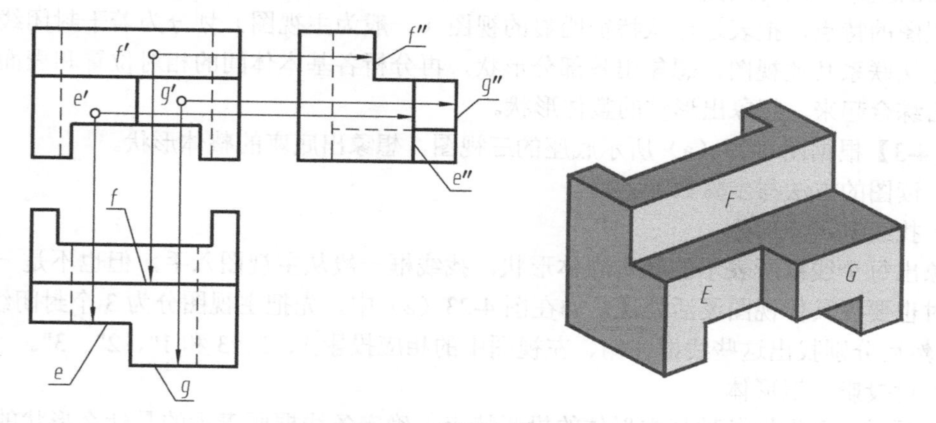

图 4-20 线面分析（二）

3．抓特征视图进行分析

抓特征视图就是要抓住形体的“形状特征”视图和“位置特征”视图。

（1）“形状特征”视图就是最能反映形体形状特征的视图。图4-21所示为底板的三视图和立体图。从图4-21所示的主视图和左视图中除了能看出板厚外，其他形状反映不出来，而俯视图却能清楚地反映出孔和槽的形状，所以俯视图就是“形状特征”视图。

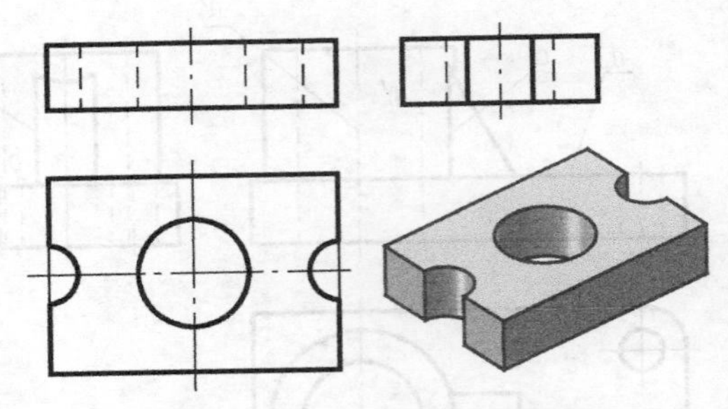

图4-21 “形体特征”视图

（2）“位置特征”视图就是最能反映形体相互位置关系的视图。图4-22（a）所示为支板的主、俯视图。在图4-22（a）的这个图形中，形体的两块基本形体哪个是凸出的、哪个是凹进去的是不能确定的，它可以表示图4-22（b）的形体，也可以表示图4-22（c）的形体。如图4-22（d）所示，给出主、左两个视图，则形状和位置都表达得十分清楚。因此图4-22（d）的左视图就是“位置特征”视图。

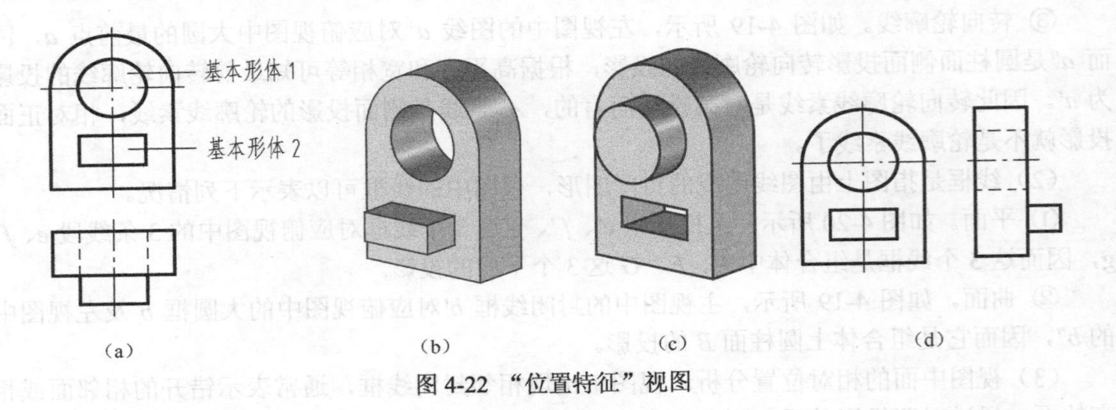

图4-22 “位置特征”视图

4.3.2 用形体分析法读组合体的投影

读图的基本方法与画图一样，主要也是形体分析法。形体分析法读图，即在读图时可根据形体视图的特点，把表达形状特征明显的视图（一般为主视图）划分为若干封闭线框，用投影的方法联系其他视图，想象出各部分形状，再分析各基本体间的相对位置和表面连接关系，最后综合起来，想象出形体的整体形状。

【例4-3】根据图4-23（a）所示底座的三视图，想象出底座的整体形状。

解：读图的方法与步骤如下。

（1）找线框，分部分

想象出每个线框所表示的基本立体形状，找线框一般从主视图入手，但也不是一成不变的，有时也要视具体视图灵活处理。如在图4-23（a）中，先把主视图分为3个封闭线框1′、2′、3′，然后分别找出这些线框在俯、左视图中的相应投影1、2、3和1"、2"、3"。

（2）对投影，识形体

分线框后，可根据各种基本形体的投影特点，确定各线框所表示的是什么形状的形体：如图4-23（b）所示，从线框1的三面投影可判断其为长方形的底板，左、右各开了一个U形槽；如图4-23（c）所示，从线框2的三面投影可判断其为长方体，上方被挖切掉一段圆柱；如图4-23（d）所示，从线框3可判断其为一拱形块，中间挖去一圆柱孔，又在圆柱孔下方挖去一四棱柱。其中，线框1、2"、3"为各基本体的“形状特征”视图。

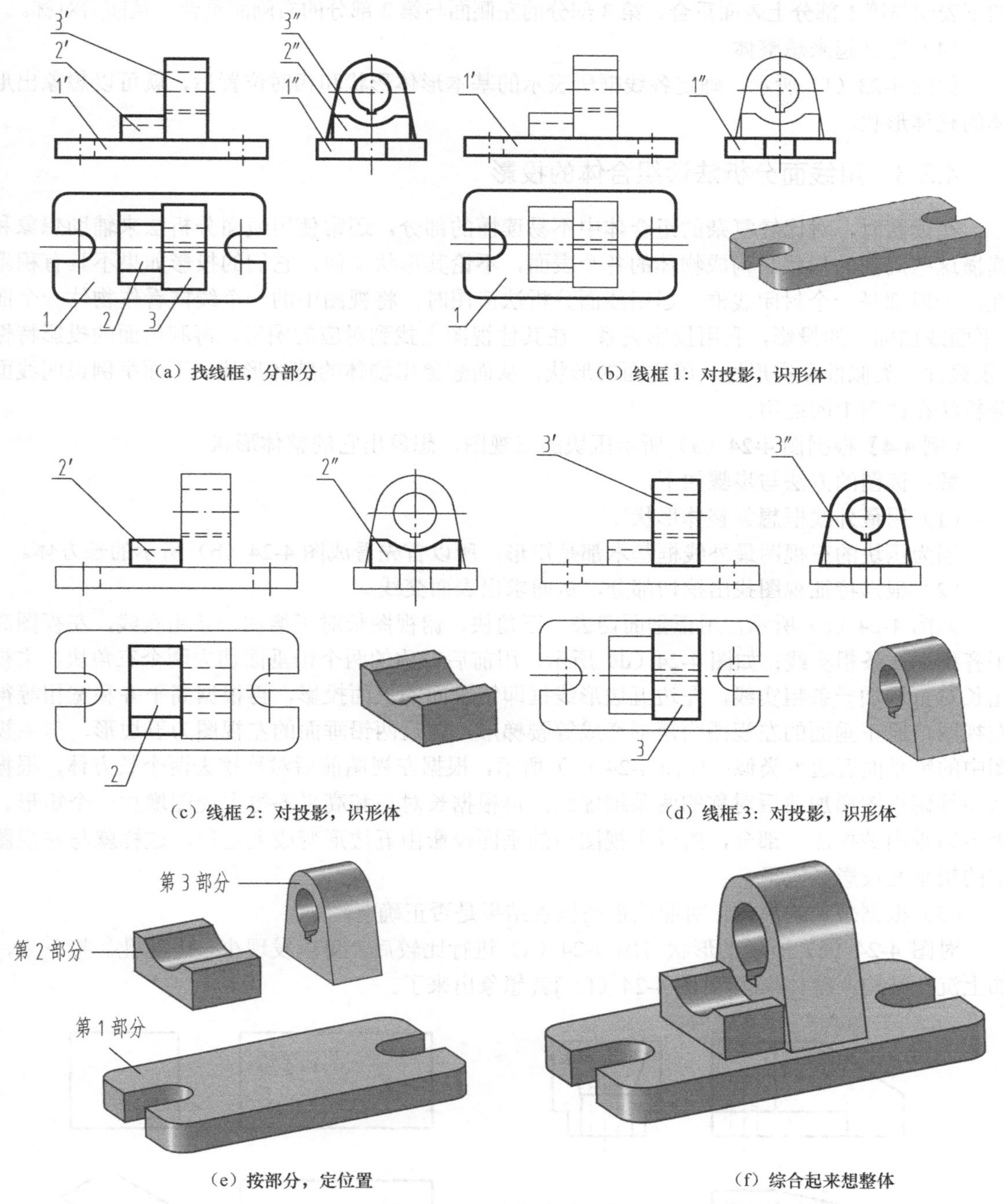

图4-23　底座的看图方法

（3）按部分，定位置

分析各线框所代表的基本立体间的相对位置及组合方式。分析各基本形体的相对位置时，应该注意形体上下、左右和前后的位置关系在视图中的反映。如图4-23（e）所示，第2部分在第1部分的上方，第2部分的下表面与第1部分的上表面重合。第2部分的左侧面位于第1部分左右对称面的位置，且与第 1 部分前后对称。第 3 部分位于第 1 部分上方和第 2 部分右方，第 3 部分的下表面与第 1 部分上表面重合。第 3 部分的左侧面与第 2 部分的右侧面重合，且前后对称。

（4）综合起来想整体

如图 4-23（f）所示，确定各线框所表示的基本形体形状和相对位置后，就可以想象出形体的整体形状。

4.3.3 用线面分析法读组合体的投影

在读图时，对比较复杂的组合体中不易读懂的部分，还常使用线面分析法来辅助想象和读懂这些局部的形状。构成物体的各个表面，不论其形状如何，它们的投影如果不具有积聚性，一般都是一个封闭线框。运用线面分析法读图时，将视图中的一个线框看作物体一个面（平面或曲面）的投影，利用投影关系，在其他视图上找到对应的图形，再利用面的投影特性（积聚性、类似性和实形性）确定面的形状，从而想象出物体的整体形状。下面举例说明线面分析法在读图中的运用。

【例 4-4】根据图 4-24（a）所示压块的三视图，想象出它的整体形状。

解：读图的方法与步骤如下。

（1）用最外线框想象整体形状

因为压块的三视图最外线框基本都是矩形，所以首先看成图 4-24（b）所示的长方体。

（2）根据特征视图找出挖切部分，从而求出表面交线

如图 4-24（c）所示，用正垂面切去一三角块，俯视图长对正增加一条粗实线，左视图高平齐增加一条粗实线；如图 4-24（d）所示，用前后对称的两个铅垂面切去两个三角块，主视图长对正增加一条粗实线，左边五边形线框即铅垂面的正面投影，再根据高平齐和宽相等得左视图，原正垂面的左视图由矩形变成等腰梯形，前后两铅垂面的左视图为五边形，与主视图中的铅垂面五边形类似；如图 4-24（e）所示，根据左视图前后对称挖去两个长方体，根据宽相等俯视图增加前后对称的两条细虚线，再根据长对正和高平齐得主视图增加一个矩形。因为铅垂面被挖去一部分，所以主视图中的垂面投影由五边形变成七边形，这样就与左视图中的铅垂面投影类似了。

（3）根据想象的形体，对照原视图检查结果是否正确

对图 4-24（e）所示的形状与图 4-24（a）进行比较后，可以发现少一个沉孔。接下来，加上沉孔结构，整体形状[见图 4-24（f）]就想象出来了。

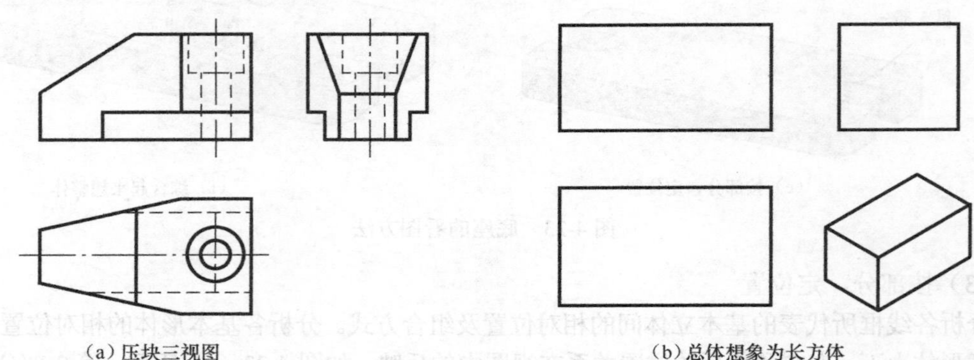

(a) 压块三视图　　(b) 总体想象为长方体

图 4-24　读压块的三视图

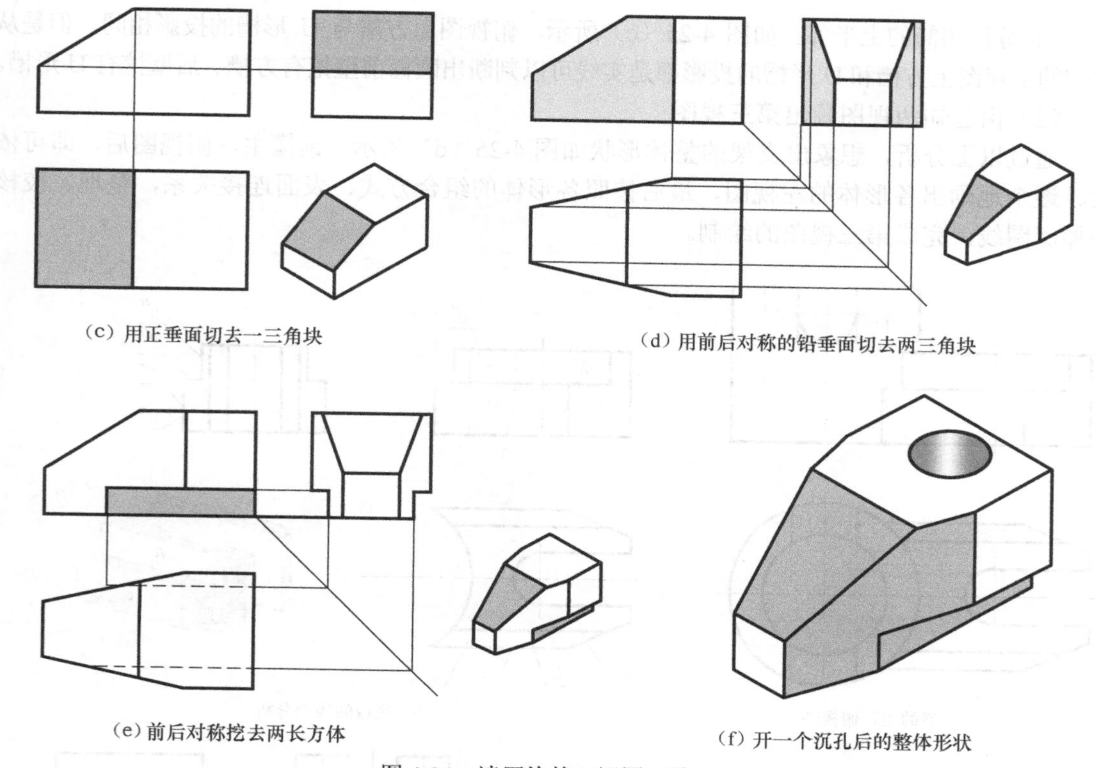

（c）用正垂面切去一三角块　（d）用前后对称的铅垂面切去两三角块

（e）前后对称挖去两长方体　（f）开一个沉孔后的整体形状

图 4-24　读压块的三视图（续）

4.3.4　由组合体的两视图画第三视图

根据两视图画出第三视图是提高读图能力及培养空间想象力的重要手段。首先根据物体的已知视图想象物体的形状，然后在读懂两视图的基础上，利用投影对应关系逐步补画出第三视图。下面举例说明其方法和步骤。

【例 4-5】已知支架的主、俯视图如图 4-25（a）所示，画出其左视图。

解：

（1）读懂支架的两视图，想象出它的形状

用形体分析法分析支架的两视图，绘图者可以把支架看作由左端的底板和右部的圆筒叠加而成，如图 4-25（a）所示。

底板和圆筒的上半部形状比较复杂，绘图者还需要借助线面分析法才能深入细致地读懂它。

① 分析底板。由于底板前后对称，只需要分析前半部。底板的主视图有 3 个线框 a'、b'、c'，如图 4-25（b）所示，按投影原理，视图之间找不到类似形时，必有积聚线段相对应，因此得到它们在俯视图上的对应投影为 a、b、c。根据平行面和垂直面的投影特征，可以确定平面 A 是铅垂面，平面 B、C 是正平面。同理，分析底板俯视图上的线框 d，可以判断出平面 D 为水平面。

不难想象 B、C、D 平面及底板的顶面、底面围成的形体是一个凸字形的棱柱体；另外，它的左端被铅垂面 A 切去了两个角，还挖出一个 U 形槽，底板的形状如图 4-25（b）所示。

② 分析圆筒的上半部。如图 4-25（c）所示，俯视图上方槽与 U 形槽的投影相同，但是从它们的主视图上方槽和 U 形槽的投影都是实线可以判断出圆筒前壁挖有方槽、后壁挖有 U 形槽。

（2）由已知两视图画出第三视图

通过以上分析，想象出支架的整体形状如图 4-25（d）所示。读懂主、俯视图后，即可依次、逐个地画出各形体的左视图，最后按照各形体的组合方式、表面连接关系，整理、校核并加深图线，完成第三视图的绘制。

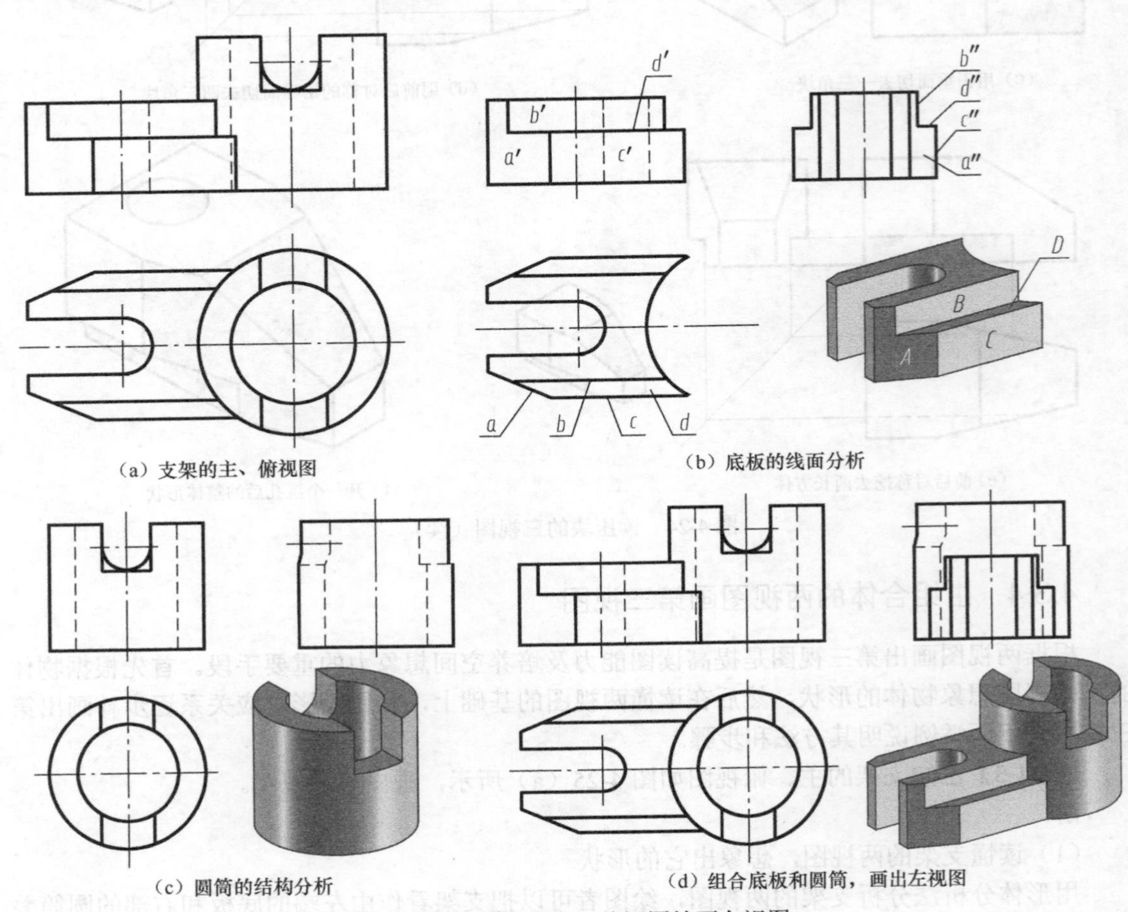

（a）支架的主、俯视图 （b）底板的线面分析

（c）圆筒的结构分析 （d）组合底板和圆筒，画出左视图

图 4-25 由支架的主、俯视图补画左视图

4.4 组合体的尺寸标注

视图只能表达组合体的形状，各种形体的真实大小及其相对位置要通过标注尺寸来确定。因此，尺寸标注与视图表达一样，都是构成工程图样的重要内容。研究组合体的尺寸标注方法是零件尺寸标注的基础。

4.4.1 尺寸的分类和尺寸基准

1．尺寸的分类

组合体尺寸包括三类尺寸：定形尺寸、定位尺寸和总体尺寸。下面以图 4-26 所示组合体的尺寸标注为例来对这3类尺寸进行简要说明。

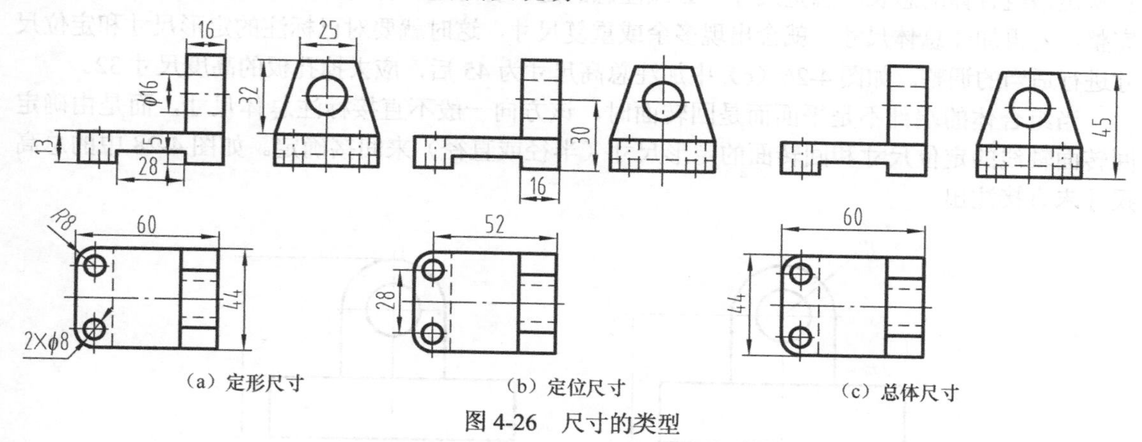

（a）定形尺寸　　（b）定位尺寸　　（c）总体尺寸

图4-26　尺寸的类型

（1）定形尺寸

确定组合体各组成部分长、宽、高3个方向的尺寸称为定形尺寸。标注组合体尺寸，仍按形体分析法将组合体分解为若干基本形体，注出各基本形体的定形尺寸。图4-26（a）所示的尺寸都是定形尺寸。两个形体具有相同尺寸（如图4-26（a）中底板上的通孔与底板等高）或具有两个以上有规律分布的相同形体（如图4-26（a）中对称分布的2×ϕ8）时，只须标注一个形体的定形尺寸，对同一形体中的相同结构（如图4-26（a）中底板的圆角）也只须标注一次。

（2）定位尺寸

确定组合体各基本形体（包括孔、槽等）之间相对位置的尺寸称为定位尺寸。它是同一方向组合体的尺寸基准和形体的尺寸基准之间的距离大小，如图4-26（b）中所示的尺寸。

两个形体间应该有3个方向的定位尺寸，如图4-27（a）所示。若两个形体间在某一方向处于叠加（或挖切）、共面、对称、同轴之一时，就可省略一个定位尺寸。如图4-27（b）所示，由于孔板与底板左右对称，仅须标注宽度和高度方向的定位尺寸，省略长度方向的定位尺寸；如图4-27（c）所示，由于孔板与底板左右对称，背面靠齐，仅须确定孔在高度方向上的定位尺寸。

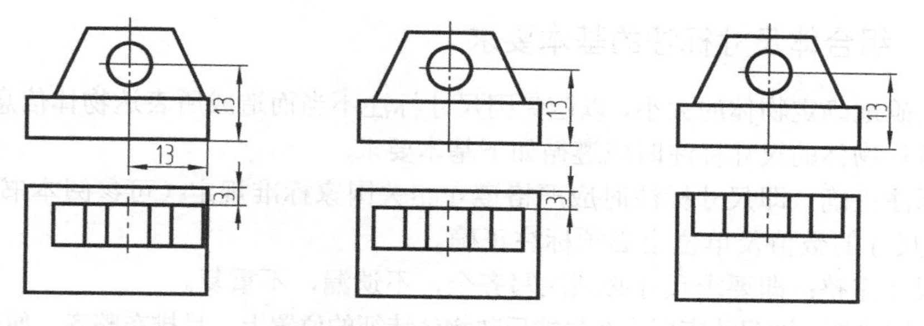

（a）长、宽、高3个方向定位尺寸　　（b）宽、高两个方向定位尺寸　　（c）高度一个方向定位尺寸

图4-27　组合体定位尺寸

（3）总体尺寸

用来确定组合体的总长、总宽、总高的尺寸称为总体尺寸。如图4-26（c）所示组合体的总长为60、总宽为44、总高为45。

有时，定形尺寸就反映了组合体的总体尺寸，不必另外标注，如图4-26（c）中底板的长和宽就是该组合体的总长和总宽尺寸。必须注意的是，有时组合体的定形尺寸和定位尺寸已标注完整，若再加注总体尺寸，就会出现多余或重复尺寸，这时就要对已标注的定形尺寸和定位尺寸进行适当的调整。如图 4-26（c）中加注总高尺寸为 45 后，应去掉孔板的高度尺寸 32。

当组合体的端部不是平面而是回转面时，该方向一般不直接标注总体尺寸，而是由确定回转面轴线的定位尺寸和回转面的定形尺寸（半径或直径）来间接确定。如图 4-28 中的总高尺寸未直接注出。

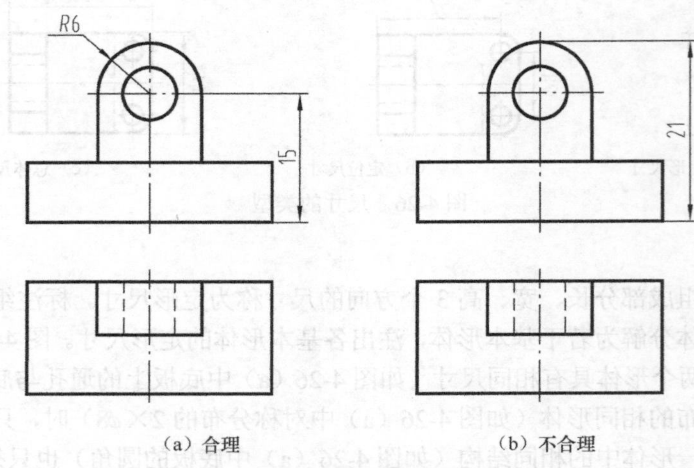

（a）合理　　（b）不合理

图 4-28　不直接标注总体尺寸

2. 尺寸基准

确定尺寸起点的点、线、面称为尺寸基准。在三维空间中，应该有长、宽、高 3 个方向的尺寸基准。一般可选用组合体（或基本形体）的对称面、较大的平面及回转体的轴线等作为尺寸基准。图 4-26（b）中选择组合体的底面作为高度方向的尺寸基准、前后对称面及底板的右端面分别作为宽度和长度方向的尺寸基准。在同一个方向，根据需要可以有多个基准，但是只有一个为主要基准，其余为辅助基准。如图 4-26（c）中主视图以底板的右端面为宽方向的主要基准，以挖切方槽的右端面为辅助基准，标准方槽长度方向的定形尺寸为 28。

4.4.2　组合体尺寸标注的基本要求

为了正确地确定物体的大小，以避免因尺寸标注不当而造成所表达物体信息传递的错误，绘图者在进行物体的尺寸标注时应遵循如下基本要求。

（1）标注正确：即尺寸标注时应严格遵守相关国家标准规定（可参阅本书 1.1 节中的内容），同时尺寸的数值及单位也必须标注正确。

（2）尺寸完整：即要求尺寸必须注写齐全，不遗漏，不重复。

（3）布置清晰：即尺寸应标注在最能反映物体特征的位置上，且排布整齐、便于读图和理解。

（4）标注合理：就工程图样而言，尺寸标注应满足工程设计和制造工艺的要求。对于组合体，尺寸标注的合理性主要体现在尺寸标注基准的选择及运用上。

4.4.3　清晰安排尺寸的一些原则

（1）应将大多数尺寸注写在视图外面，与两视图有关的尺寸注写在两视图之间。

（2）尺寸尽量标注在形状特征明显的视图上。如图 4-29 所示，缺口的尺寸应标注在反映其真形的视图上。

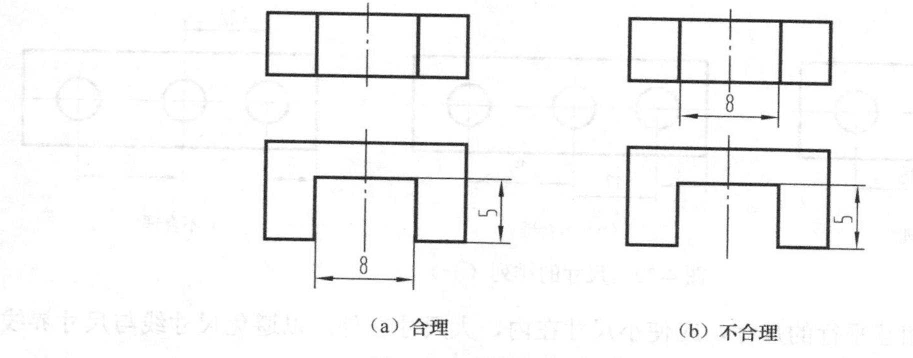

（a）合理　　（b）不合理

图 4-29　考虑形状特征标注尺寸示例

（3）同一形体的定形尺寸和定位尺寸应尽量标注在同一视图上，如图 4-30 所示。

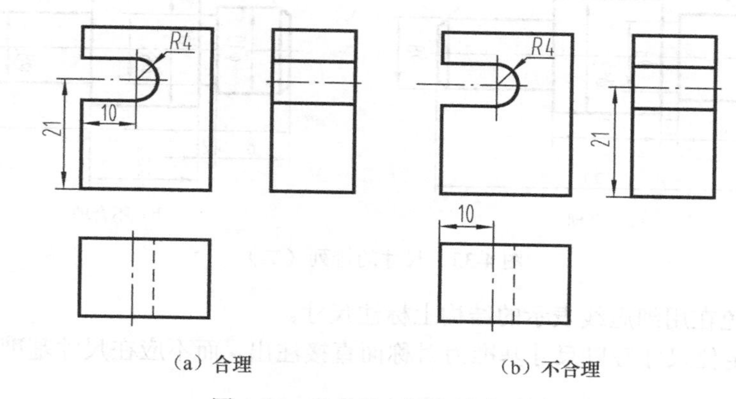

（a）合理　　（b）不合理

图 4-30　考虑集中标注尺寸示例

（4）对于回转体，直径尽量标注在非圆视图上，半径必须标注在反映圆弧的视图上，如图 4-31 所示。

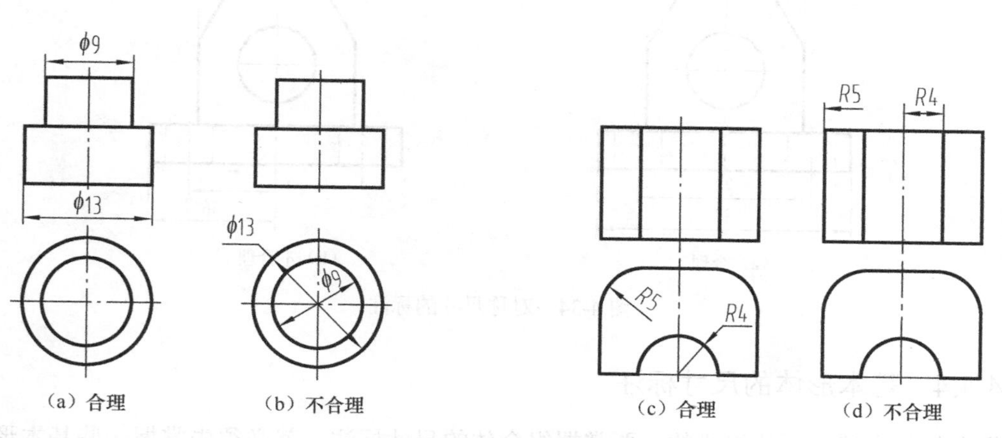

（a）合理　　（b）不合理　　（c）合理　　（d）不合理

图 4-31　直径和半径的标注示例

（5）同一方向几个连续尺寸应尽量标注在同一条尺寸线上，如图 4-32 所示。

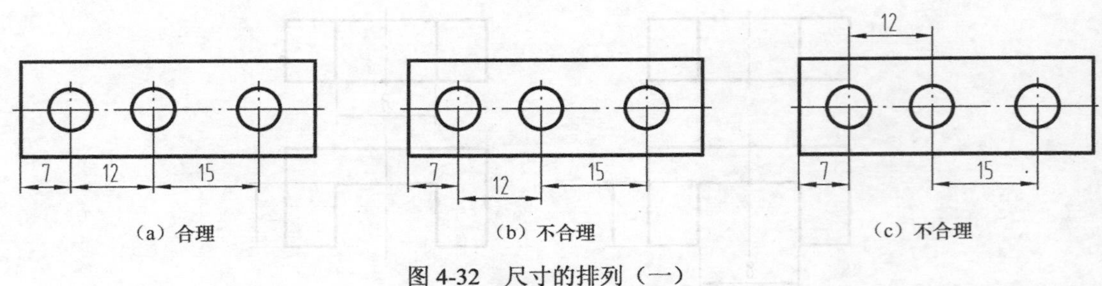

图 4-32　尺寸的排列（一）

（6）尺寸线相互平行的尺寸，应使小尺寸在内，大尺寸在外，以避免尺寸线与尺寸界线互相干涉，如图 4-33 所示。

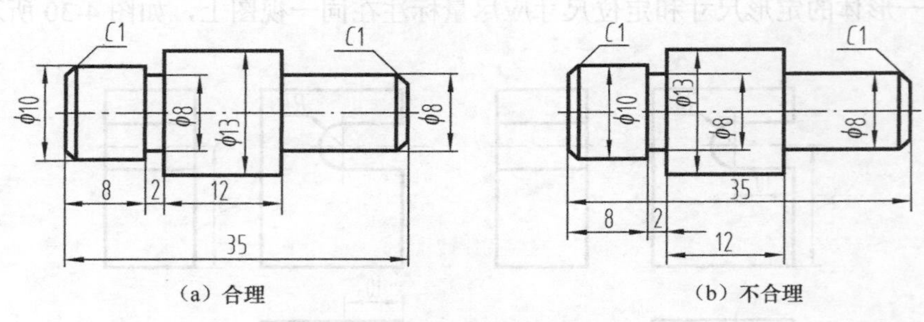

图 4-33　尺寸的排列（二）

（7）尽量避免在用细虚线表示的结构上标注尺寸。

（8）对称的定位尺寸应以尺寸基准为对称面直接注出，而不应在尺寸基准两边分别注出，如图 4-34 所示。

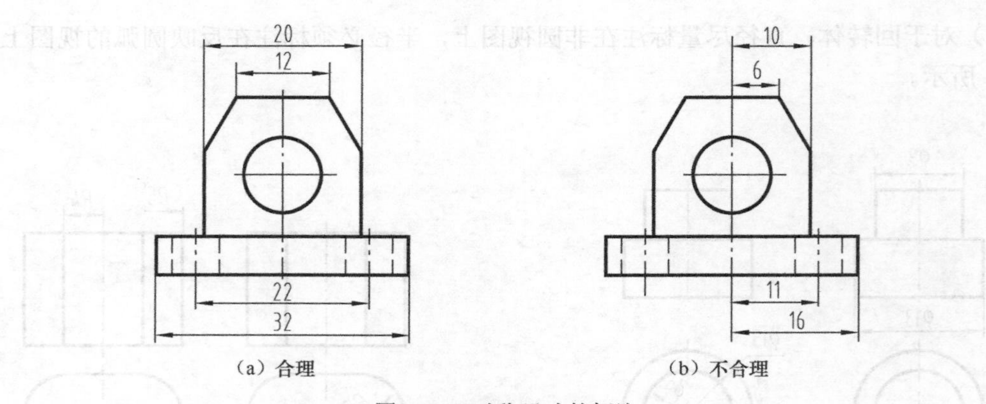

图 4-34　对称尺寸的标注

4.4.4　基本形体的尺寸标注

组合体是由基本形体组成的。要掌握组合体的尺寸标注，就必须先掌握一些基本形体的尺寸标注。

1. 基本形体的尺寸标注

标注形体的尺寸一般要注出长、宽、高3个方向的尺寸。图4-35是几种常见形体的尺寸标注示例。值得注意的是：当完整地标注尺寸后，不画圆柱、圆台和环的俯视图也能确定它们的形状和大小；正六棱柱的俯视图中正六边形的对边尺寸和对角尺寸只须标注一个，如都注上，则应将其中一个作为参考尺寸而在尺寸数字上加括号注出。

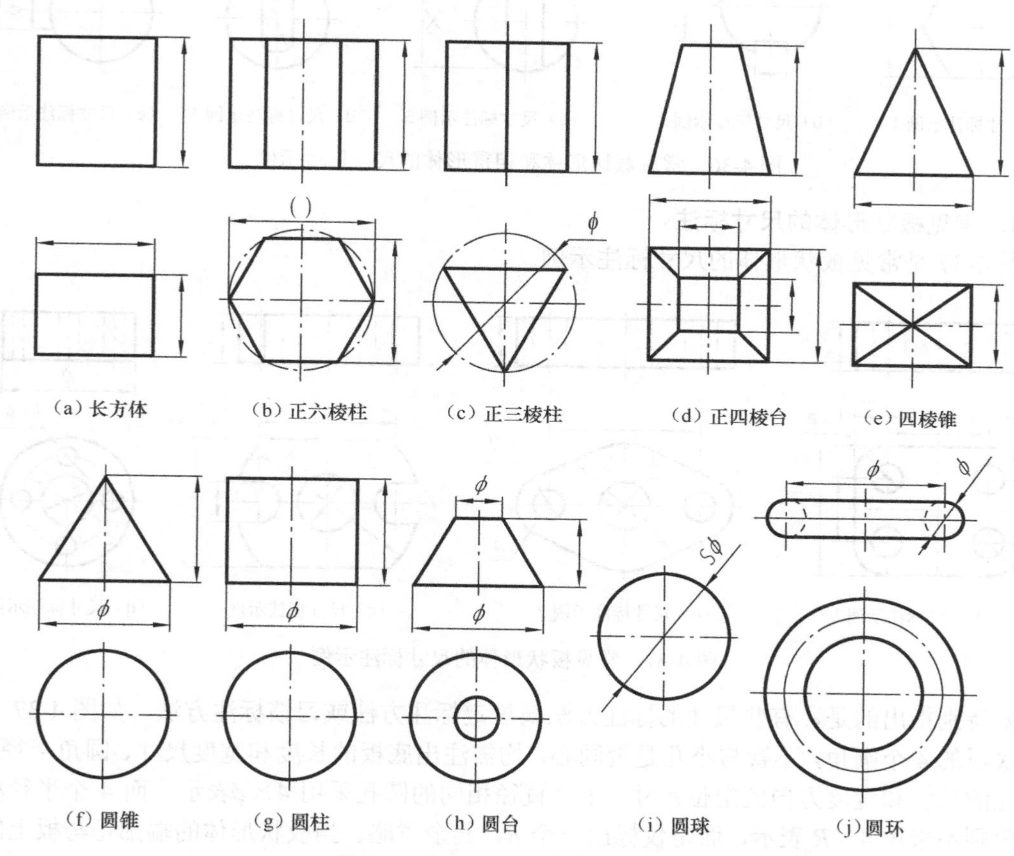

图4-35 基本立体的尺寸标注示例

2. 常见截切形体和相贯形体的尺寸标注

对具有斜截面和切口的形体，除了须注出形体的定形尺寸外，还须注出截平面的位置尺寸。标注两个相贯形体的尺寸时，应注出两相贯形体的定形尺寸和确定两相贯形体之间相对位置的定位尺寸。

由于截切平面与形体的相对位置确定后，形体表面的截交线也就被唯一确定了，因此，对截交线不应再标注尺寸。同样，当两相贯形体的大小和相对位置确定后，相贯线也相应地确定了，此时也不应该再对相贯线标注尺寸。

图4-36是一些常见的截切形体和相贯形体的尺寸标注示例。图4-36（c）和图4-36（d）中注出了截交线尺寸，打叉处是错误的尺寸；图4-36（e）中注出的相贯线尺寸也是错误的。

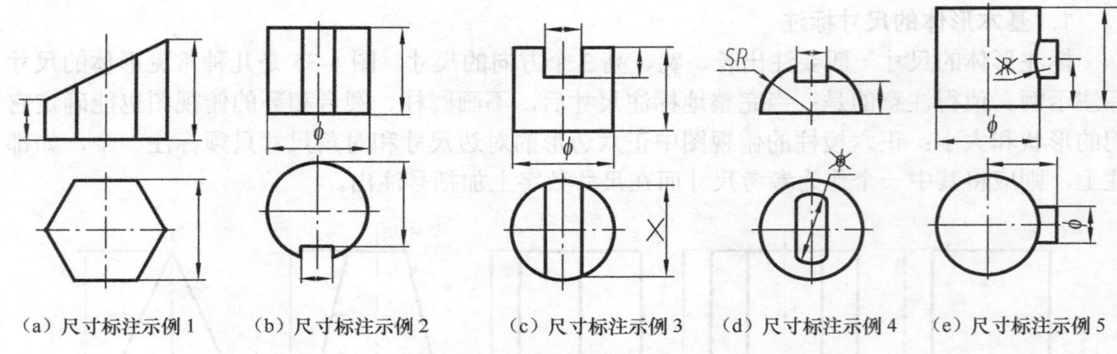

（a）尺寸标注示例 1　（b）尺寸标注示例 2　（c）尺寸标注示例 3　（d）尺寸标注示例 4　（e）尺寸标注示例 5

图 4-36　常见截切形体和相贯形体的尺寸标注示例

3．常见板状形体的尺寸标注

图 4-37 是常见板状形体的尺寸标注示例。

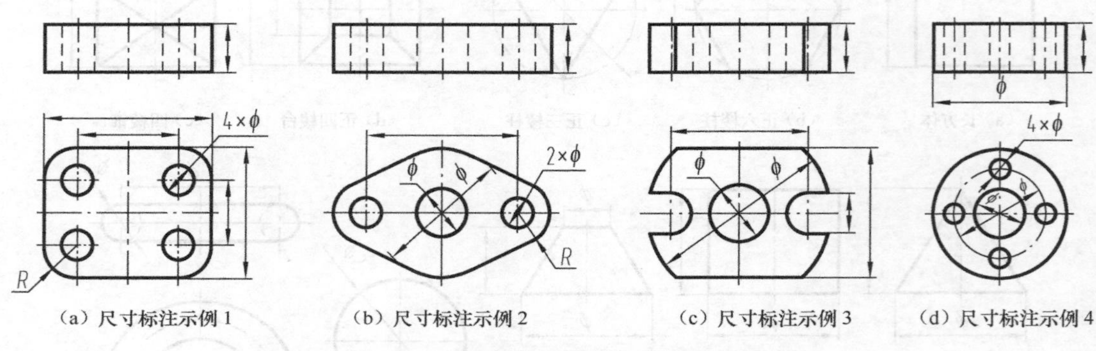

（a）尺寸标注示例 1　（b）尺寸标注示例 2　（c）尺寸标注示例 3　（d）尺寸标注示例 4

图 4-37　常见板状形体的尺寸标注示例

要特别指出的是，有些尺寸的标注方法属规定标注方法或习惯标注方法。如图 4-37（a）所示底板的 4 个圆角，不管与小孔是否同心，均需注出底板的长度和宽度尺寸、圆角半径及 4 个小孔的长度和宽度方向的定位尺寸。4 个直径相同的圆孔采用 4×ϕ表示，而 4 个半径相同的圆角则不采用 4×R 表示，而是仅标出一个 R，其余省略。当板状形体的端部是与板上的圆柱孔同轴线的圆柱面时，仅注出圆柱孔轴线的定位尺寸和外端圆柱面的半径 R，而不再注出总长尺寸和总宽尺寸。

4.4.5　标注组合体尺寸的步骤与方法

下面以图 4-38 所示的轴承座为例来说明标注组合体尺寸的步骤与方法。

1．形体分析和初步考虑各基本形体的定形尺寸

当在绘制的组合体视图中标注尺寸时，已对这个组合体进行过形体分析，对各基本形体的定形尺寸也已经有了初步考虑。如图 4-38 所示，绘图者应先通过形体分析看懂三视图，然后考虑各个基本形体的定形尺寸是否完整。

2．选定尺寸基准

形体长、宽、高 3 个方向的尺寸基准常采用形体的底面、端面、对称面及主要回转体的轴线等。为这个轴承座所选定的尺寸基准如图 4-38（a）所示：将这个轴承座的左右对称面作为长度方向的尺寸基准；将底板和支承板的后面作为宽度方向的尺寸基准；将底板的底面作

为高度方向的尺寸基准。

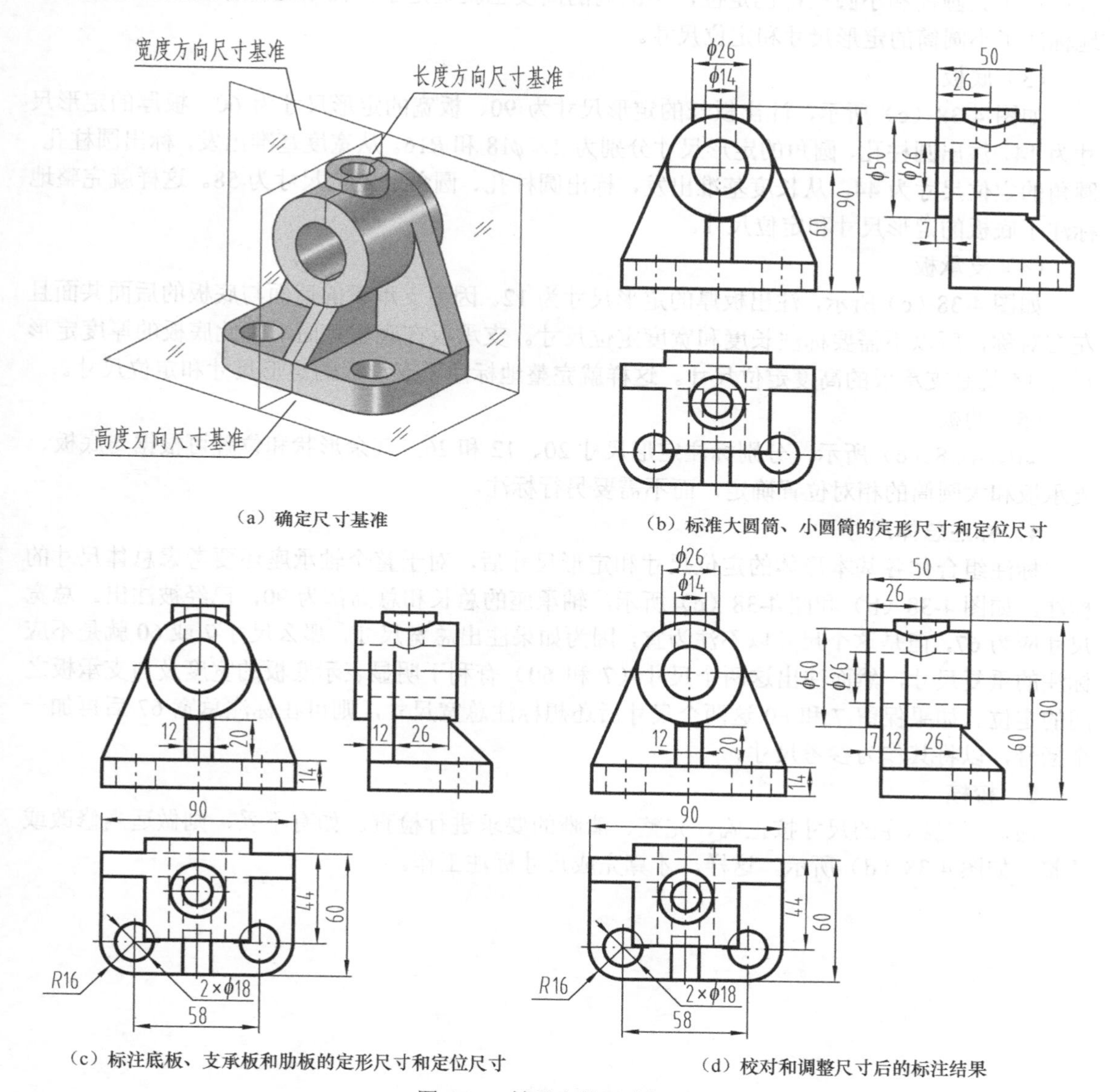

（a）确定尺寸基准

（b）标准大圆筒、小圆筒的定形尺寸和定位尺寸

（c）标注底板、支承板和肋板的定形尺寸和定位尺寸

（d）校对和调整尺寸后的标注结果

图 4-38 轴承座的尺寸标注

3．逐个地标注各基本形体的定形尺寸和定位尺寸

（1）大圆筒

如图 4-38（b）所示，注出大圆筒内、外圆柱面的定形尺寸$\phi 26$ 和$\phi 50$，标出大圆筒宽度的定形尺寸 50。从宽度基准出发，确定大圆筒的后端面位置为 7。从高度基准（轴承座底面）出发，确定圆筒的轴线高为 60。因为大圆筒轴线位于长度基准面上，所以不需要标注长度方向的定位尺寸。这样，就完整地标注了大圆筒的定形尺寸和定位尺寸。

（2）小圆筒

如图 4-38（b）所示，注出定形尺寸$\phi 14$ 和$\phi 26$。从宽度方向辅助基准（大圆筒的后端面）出发，确定小圆筒的轴线位置为 26。用从高度基准出发的定位尺寸 90 定出小圆筒顶面的位置；由于大圆筒和小圆筒都已定位，小圆筒的高度也就确定了，而不应再标注。于是便完整地标注了小圆筒的定形尺寸和定位尺寸。

（3）底板

如图 4-38（c）所示，注出板长的定形尺寸为 90、板宽的定形尺寸为 60、板厚的定形尺寸为 14，注出圆柱孔、圆角的定形尺寸分别为 $2\times\phi18$ 和 $R16$。从宽度基准出发，标出圆柱孔、圆角的定位尺寸为 44。从长度基准出发，标出圆柱孔、圆角的定位尺寸为 58。这样就完整地标注了底板的定形尺寸和定位尺寸。

（4）支承板

如图 4-38（c）所示，注出板厚的定形尺寸为 12。因为支承板的后面与底板的后面共面且左右对称，所以不需要标注长度和宽度定位尺寸。支承板在底板上面，因此底板的厚度定形尺寸 14 就是支承板的高度定位尺寸。这样就完整地标注了支承板的定形尺寸和定位尺寸。

（5）肋板

如图 4-38（c）所示，分别标注定形尺寸 20、12 和 26，其余形状和位置可根据与底板、支承板和大圆筒的相对位置确定，而不需要另行标注。

4．标注总体尺寸

标注组合体各基本形体的定位尺寸和定形尺寸后，对于整个轴承座还要考虑总体尺寸的标注。如图 4-38（b）和图 4-38（c）所示，轴承座的总长和总高都为 90，已经被注出。总宽尺寸应为 67，但是这个尺寸以不注为宜，因为如果注出总宽尺寸，那么尺寸 7 或 60 就是不应标注的重复尺寸，然而注出这两个尺寸（7 和 60）有利于明显表示底板的宽度及与支承板之间的定位。如果保留 7 和 60 这两个尺寸后还想标注总宽尺寸，则可在标注总宽 67 后再加一个括号，以将其作为参考尺寸。

5．校核

最后对已标注的尺寸按正确、完整、清晰的要求进行检查。如有不妥，则做适当修改或调整，如图 4-38（d）所示。这样，才算完成尺寸标注工作。

第5章 轴测图

前面几章介绍的是在多投影面体系中形成的视图，此类视图可以确定空间几何形体的形状与大小，在工程上被广泛应用。但其直观性不强、缺乏立体感，对于缺乏识图基础的人来说，是难以被看懂的。

轴测图是一种能同时在长、宽、高 3 个方向上反映物体形状的图形，它富有立体感、直观性较强。其缺点是度量性差，作图复杂，对形状复杂的机件不易表达清楚，因此，在工程上一般被作为辅助图样使用。

5.1 轴测图的基本概念

5.1.1 轴测图的形成和分类

1．轴测图的形成

根据 GB/T 4458.3—2013 的规定，将物体连同其参考直角坐标系，沿不平行于任一坐标面的方向，用平行投影法将其投影到单一投影面 *P*（称为轴测投影面）上所得到的图形称为轴测图。用正投影方法形成的轴测图称为正轴测图（见图 5-1），用斜投影法形成的轴测图称为斜轴测图（见图 5-2）。

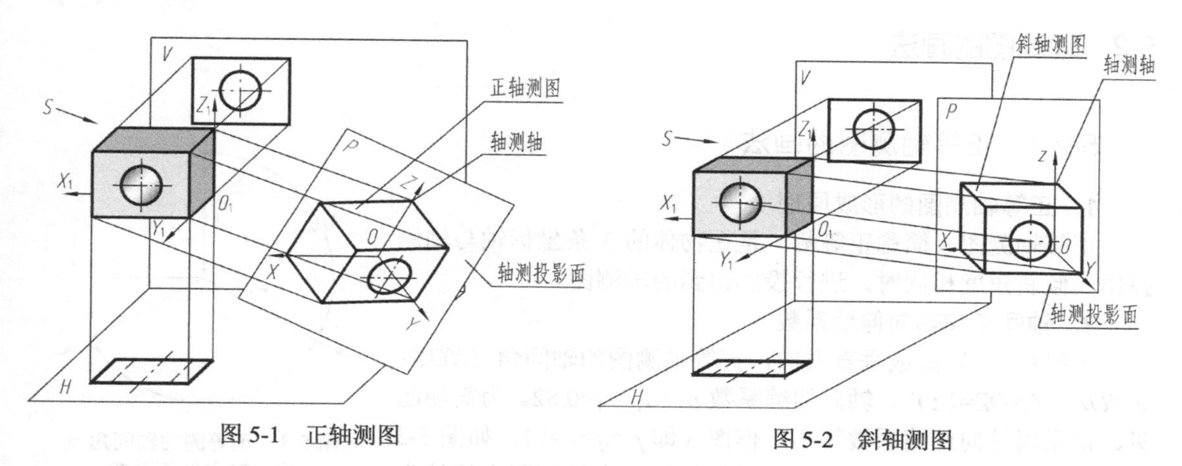

图 5-1　正轴测图　　　　图 5-2　斜轴测图

2．轴测图的轴间角和轴向伸缩系数

如图 5-1 所示，物体上空间直角坐标系的坐标轴在轴测投影面 P 上的投影 OX、OY、OZ 称为轴测轴，简称 X 轴、Y 轴和 Z 轴。它们之间的夹角 $\angle XOY$、$\angle XOZ$ 和 $\angle YOZ$ 称为轴间角。轴向伸缩系数定义为轴测轴上单位长度与相应投影轴上单位长度的比值。OX、OY、OZ 轴的轴向伸缩系数分别用 p、q、r 简化表示。

3．轴测图的分类

如前所述，按投影方向相对于轴测投影面位置的不同，轴测图可分为正轴测图和斜轴测图两大类。根据 3 个轴向伸缩系数是否相等，正轴测图和斜轴测图各自又可分为 3 种。

正轴测图
- 正等轴测图：$p_1 = q_1 = r_1$
- 正二等轴测图：$p_1 = q_1 \neq r_1$，$p_1 = r_1 \neq q_1$
- 正三等轴测图：$p_1 \neq q_1 \neq r_1$

斜轴测图
- 斜等轴测图：$p_1 = q_1 = r_1$
- 斜二等轴测图：$p_1 = q_1 \neq r_1$，$p_1 = r_1 \neq q_1$
- 斜三等轴测图：$p_1 \neq q_1 \neq r_1$

其中，正等轴测图和斜二等轴测图具有作图相对简单、立体感较强等优点，在工程上得到了广泛应用。本章将分别介绍这两种轴测图的画法。

5.1.2 轴测图的投影规律

轴测图是用平行投影法得到的，因此其具有如下平行投影的基本规律。

（1）平行性。立体上相互平行的线段，在轴测图上仍互相平行。

（2）定比性。立体上平行于坐标轴的线段，在轴测图中也平行于坐标轴，且其轴向伸缩系数与该坐标轴的轴向伸缩系数相同；该线段在轴测图上的长度等于沿该轴的轴向伸缩系数与该线段长度的乘积。

由此可见，在绘制轴测图时，立体上平行于各坐标轴的线段，在轴测图上也平行于相应的轴测轴，且只能沿轴测轴的方向、按相应的轴向伸缩系数来度量。沿轴测轴方向可直接测量作图即“轴测”二字的含义。

5.2 轴测图的画法

5.2.1 正等轴测图的画法

1．正等轴测图的形成原理

正等轴测图（简称正等测）是在物体的 3 条坐标轴与轴测投影面倾斜角度相同时，进行投影得到的轴测图。

2．轴间角和轴向伸缩系数

一般将 Z 轴画成垂直方向，正等轴测图的轴间角 $\angle XOY = \angle YOZ = \angle XOZ = 120°$，轴向伸缩系数 $p_1 = q_1 = r_1 = 0.82$。为简便起见，常采用轴向伸缩系数等于 1 作图（即 $p = q = r = 1$），如图 5-3 所示。这样，物体上平行于坐标轴的线段，在轴测图上均按真

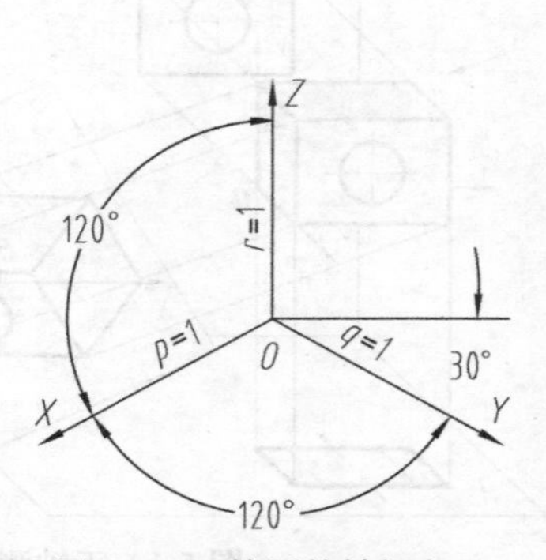

图 5-3 正等测的轴间角及简化轴向伸缩系数

实长度绘制。此时，画出的正等轴测图比实际物体放大了约 1/0.82≈1.22 倍，但形状保持不变。

3．立体正等轴测图的画法

（1）平面立体正等轴测图的画法

绘制平面立体正等轴测图的基本方法是按照轴测图的形成原理，根据立体表面上各顶点的坐标确定其轴测投影，连接各顶点即完成平面立体轴测图的绘制。对立体表面上平行于坐标轴的轮廓线，可在该线上直接量取尺寸。实际绘图时还可根据物体的形状、特征采用切割或组合的方法，并且这些方法也适用于其他种类的轴测图。

下面举例来说明平面立体正等轴测图的画法。

【例 5-1】作出图 5-4（a）所示正六棱柱的正等轴测图。

解：

[分析] 在绘制轴测图时，确定恰当的坐标原点和坐标轴是很重要的，这样可以使作图简便，减少不必要的作图线。针对图 5-4（a）所示的正六棱柱，将坐标原点选在顶面的中心比较合适。

具体绘制步骤如下。

① 在已知视图上选取坐标原点和坐标轴[见图 5-4（a）]。

② 画轴测轴，并根据俯视图定出 A_1、D_1、G_1 和 H_1 点[见图 5-4（b）]。

③ 过 G_1、H_1 两点作 OX 轴的平行线，按 X 轴坐标求得 B_1、C_1、E_1、F_1 点，并依次连接 A_1、B_1、C_1、D_1、E_1、F_1 各点，即得顶面的正等轴测图[见图 5-4（c）]。

④ 将顶面各点向下平移距离 h，得底面轴测投影，再依次连接各点[见图 5-4（d）]。

⑤ 擦去多余的作图线，并加深轮廓，即可完成正六棱柱正等轴测图的绘制[见图 5-4（e）]。

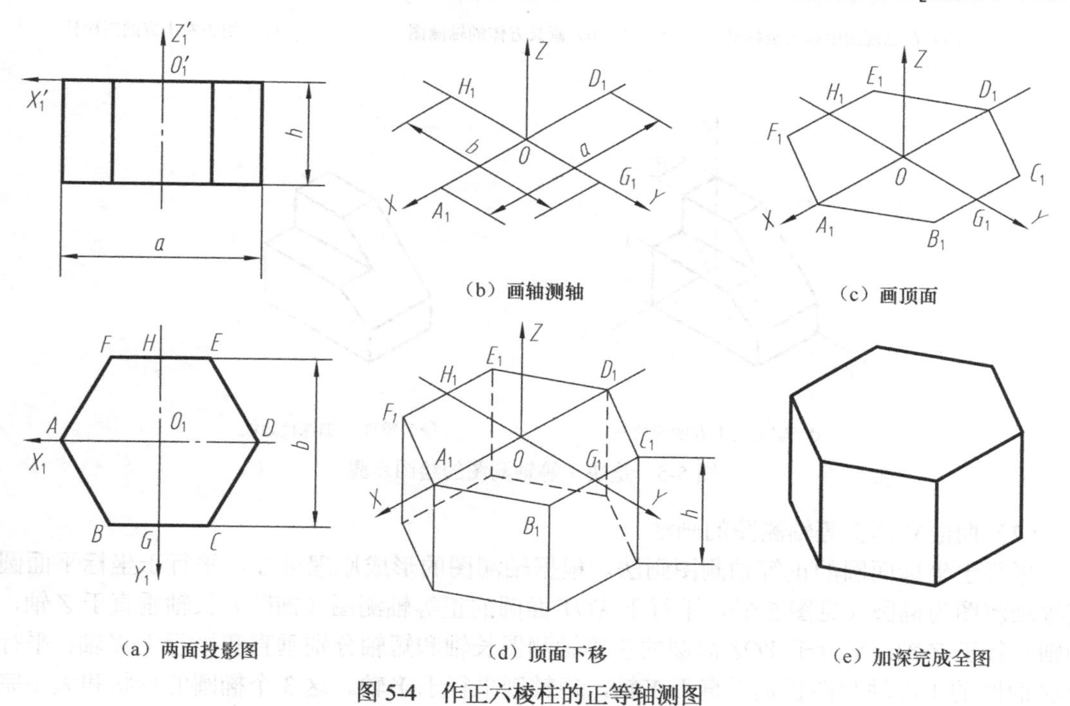

（a）两面投影图　（b）画轴测轴　（c）画顶面　（d）顶面下移　（e）加深完成全图

图 5-4　作正六棱柱的正等轴测图

【例 5-2】作出图 5-5（a）所示垫块的正等轴测图。

解：

[分析] 垫块是比较简单的平面组合体。我们可将其看成从长方体上先切去左上方的一个三棱柱，再从前上方切去一个四棱柱后形成的形体。

具体绘制步骤如下。

① 在已知视图上选取坐标原点和坐标轴[见图 5-5（a）]。

② 画轴测轴，根据形体的长、宽、高画出长方体的轴测图[见图 5-5（b）]。

③ 切去位于形体左上方的三棱柱，根据相应尺寸画出其轴测图[见图 5-5（c）]。

④ 再切去形体前上方的四棱柱，画出其轴测图[见图 5-5（d）]。

⑤ 擦去多余的作图线并加深可见的棱边，即可完成垫块正等轴测图的绘制[见图 5-5(e)]。

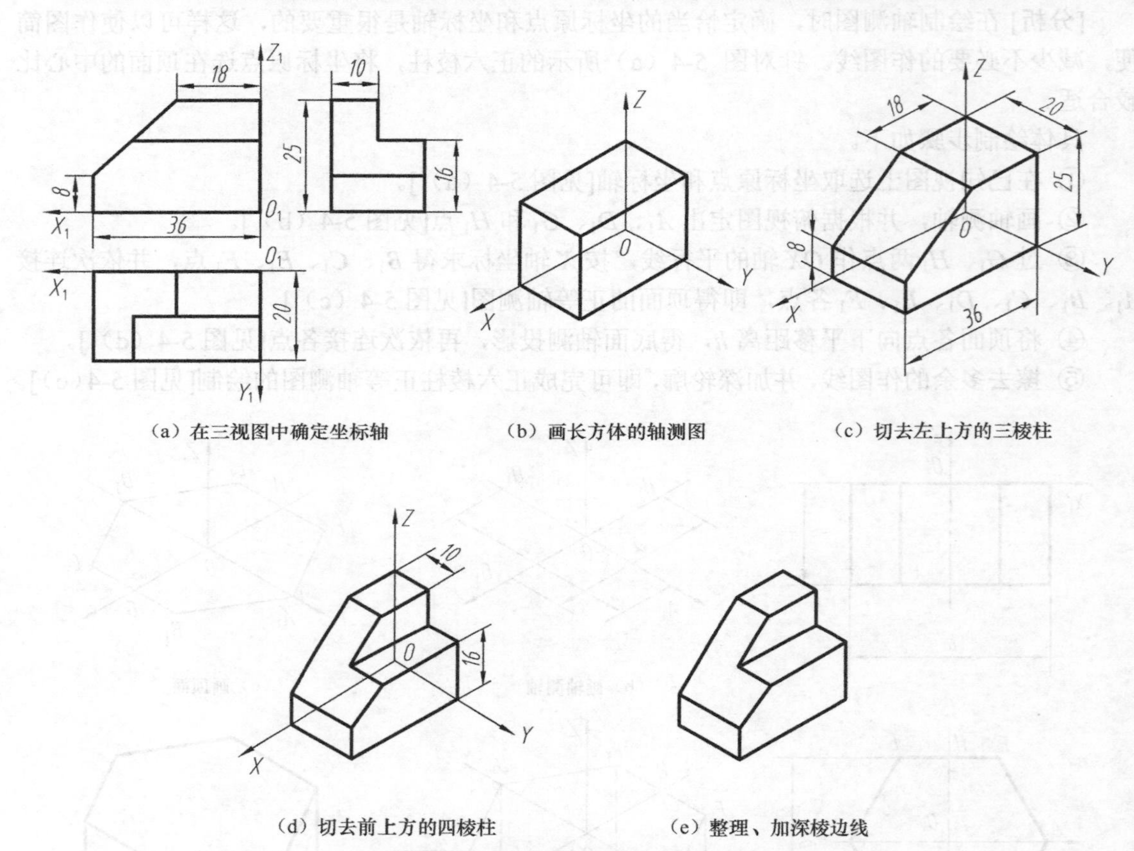

（a）在三视图中确定坐标轴　（b）画长方体的轴测图　（c）切去左上方的三棱柱

（d）切去前上方的四棱柱　（e）整理、加深棱边线

图 5-5　垫块正等轴测图的绘图步骤

（2）曲面立体正等轴测图的画法

平行于坐标面圆的正等轴测图画法。根据轴测图的形成原理可知，平行于坐标平面圆的正等轴测图为椭圆（见图 5-6），平行于 *XOY* 面圆的正等轴测图（椭圆）长轴垂直于 *Z* 轴，短轴则平行于 *Z* 轴；平行于 *YOZ* 面圆的正等轴测图长轴和短轴分别垂直和平行于 *X* 轴；平行于 *XOZ* 面圆的正等轴测图长轴垂直于 *Y* 轴，短轴则平行于 *Y* 轴。这 3 个椭圆的形状和大小完全相同，但方向不同。

圆的正等轴测图中，椭圆的长轴为圆的直径 d、短轴约为 $0.58d$。当按简化的轴向伸缩系数作图时，椭圆的长、短轴均被放大 1.22 倍，即长轴的长度为 $1.22d$、短轴的长度约为 $0.7d$（见图 5-6）。

平行于 XOY 面圆的正等轴测图近似画法。为简便作图，平行于 XOY 面圆的正等轴测图（椭圆）常采用近似画法，即菱形法。现以图 5-7（a）所示的平行于 $X_1O_1Y_1$ 面圆的正等轴测图为例来说明这种近似画法。

图 5-6　圆的正等轴测图

具体绘制步骤如下。

① 作圆的外切正方形[见图 5-7（a）]。

② 作轴测轴和切点 A、B、C、D，通过这些点作外切正方形的轴测菱形，并作对角线[见图 5-7（b）]。

③ 过切点 A、B、C、D 作各相应边的垂线，相交得 O_1、O_2、O_3、O_4 点。O_1、O_2 即短轴对角线的顶点，O_3、O_4 在长轴对角线上[见图 5-7（c）]。

④ 以 O_1、O_2 为圆心，O_1A 为半径作圆弧 $\overset{\frown}{AB}$、$\overset{\frown}{CD}$；以 O_3、O_4 为圆心，O_3D 为半径作圆弧 $\overset{\frown}{AD}$、$\overset{\frown}{BC}$，即可完成圆的正等轴测图的近似绘制[见图 5-7（d）]。

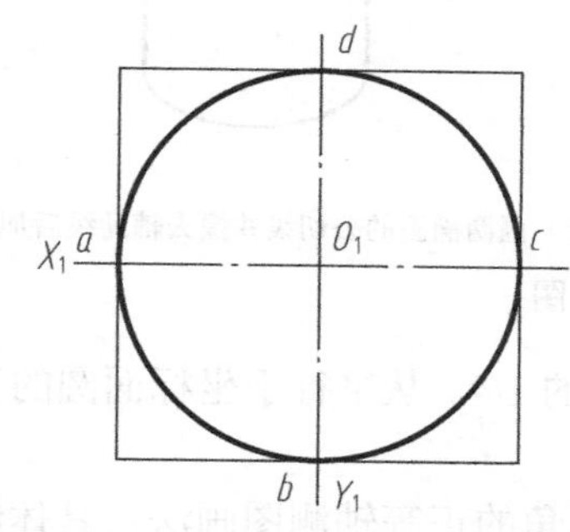

（a）作水平的圆的外切正方形

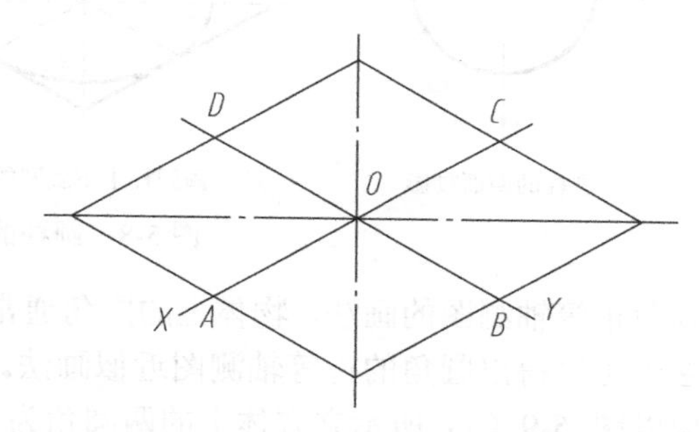

（b）作外切正方形的轴测轴、轴测菱形等

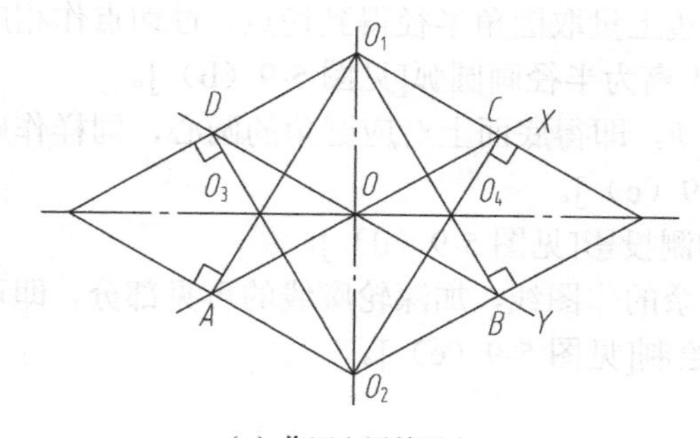

（c）作四心圆的圆心

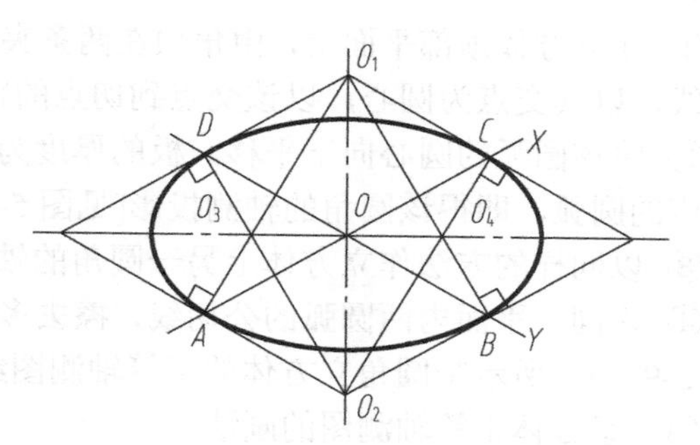

（d）作四心圆

图 5-7　圆的正等轴测图的近似画法

回转体的正等轴测图画法。掌握了圆的正等轴测图画法，就不难画出回转体的正等轴测图。

【例 5-3】作出图 5-8（a）所示圆柱的正等轴测图。

解：具体绘制步骤如下。

① 选定坐标原点和坐标轴[见图 5-8（a）]。

② 画轴测轴，用菱形法画出顶面圆的正等轴测图——椭圆[见图 5-8（b）]。

③ 将顶面椭圆各段圆弧的圆心向下平移一个圆柱高度，画出底面椭圆的可见部分[见图 5-8（b）]。

④ 作上下椭圆的公切线，擦去多余的作图线，并加深轮廓线，即可完成圆柱正等轴测图的绘制[见图 5-8（c）]。

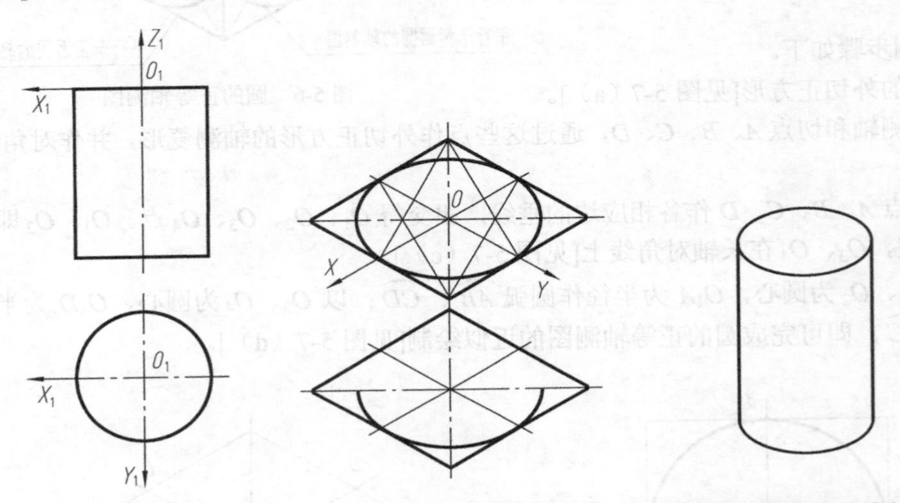

（a）圆柱的两面投影　（b）画圆柱上下底圆的轴测图　（c）画两椭圆的公切线并擦去辅助线后加深

图 5-8　圆柱的正等轴测图

圆角正等轴测图的画法。物体上的圆角通常是圆周的 1/4。从平行于坐标面圆的正等轴测图画法中可以得出圆角的正等轴测图近似画法。

现以图 5-9（a）所示立方体上的两圆角为例介绍圆角的正等轴测图画法，具体绘制步骤如下。

① 在立方体顶部平面上，由角顶在两条夹边上量取圆角半径得到切点，过切点作相应边的垂线，以其交点为圆心，以该交点到切点的距离为半径画圆弧[见图 5-9（b）]。

② 将该圆弧的圆心向下平移，板的厚度为 h，即得底面上对应圆角的圆心，同样作底面上对应的圆弧，即得该圆角的轴测投影[见图 5-9（c）]。

③ 以同样的方法作立方体上另一圆角的轴测投影[见图 5-9（d）]。

④ 作同一平面内两圆弧的公切线，擦去多余的作图线，加深轮廓线的可见部分，即可完成图 5-9（a）所示带圆角立方体的正等轴测图绘制[见图 5-9（e）]。

（3）组合体正等轴测图的画法

画组合体的正等轴测图时，先用形体分析法将组合体分解，再按分解的形体依次绘制。

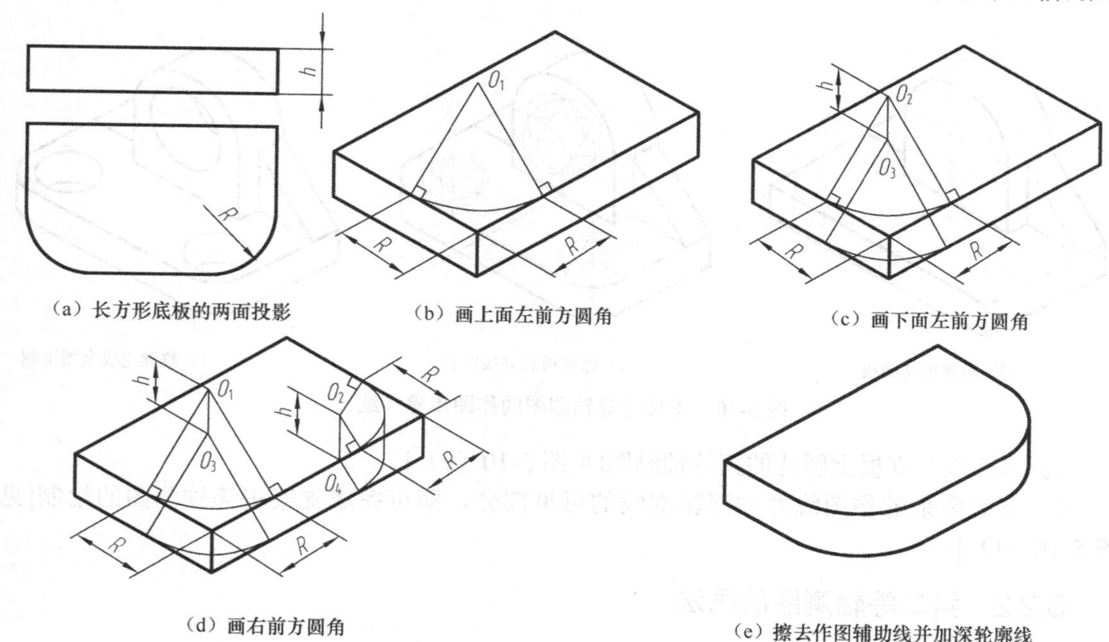

(a) 长方形底板的两面投影 (b) 画上面左前方圆角 (c) 画下面左前方圆角

(d) 画右前方圆角 (e) 擦去作图辅助线并加深轮廓线

图 5-9 圆角的正等轴测图的画法

【例 5-4】作图 5-10 所示支架的正等轴测图。

解：

[分析] 由图 5-10（a）可知，该支架由底板、立板及两侧的两个三角肋板组成。底板上有两个圆角和两个小孔，立板上为半圆头带孔板，两个三角肋板结构左右对称。

具体绘制步骤如下。

① 根据形体分析，可取底板上平面后边的中点为原点，确定轴测轴[见图 5-10（b）]。

② 作底板及立板的正等轴测图，并在立板上绘制半圆柱体的轴测图[见图 5-10（c）]。

③ 作底板上两圆角及肋板的正等轴测图[见图 5-10（d）]。

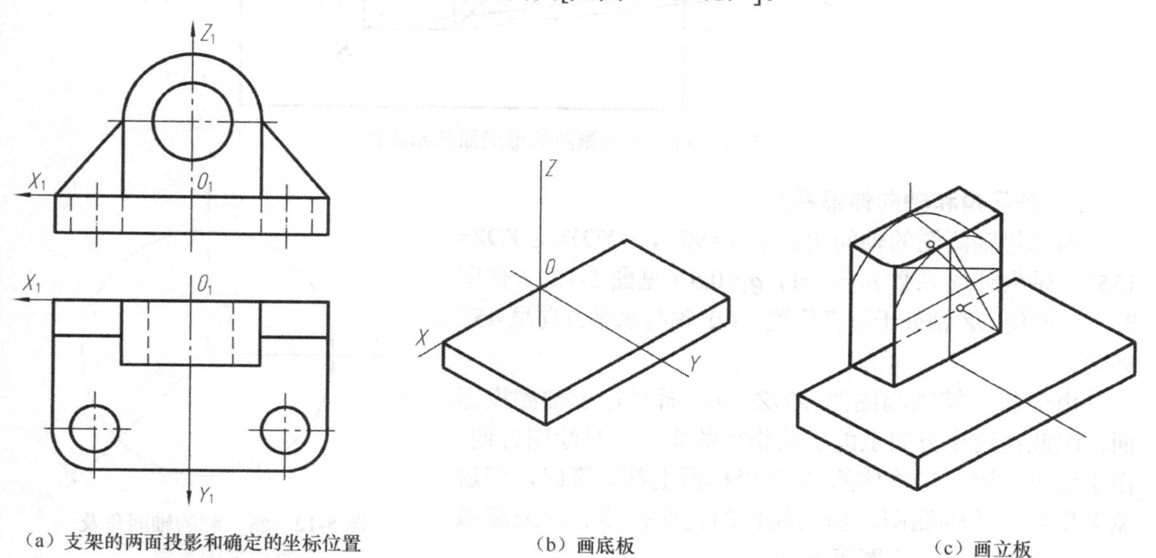

(a) 支架的两面投影和确定的坐标位置 (b) 画底板 (c) 画立板

图 5-10 支架正等轴测图的作图步骤

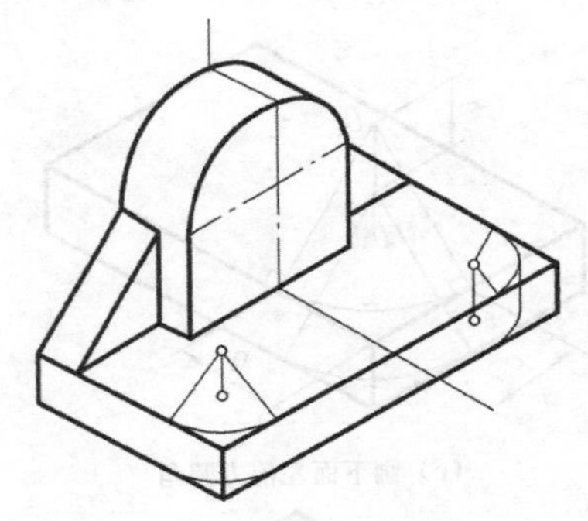
(d) 画圆角及肋板

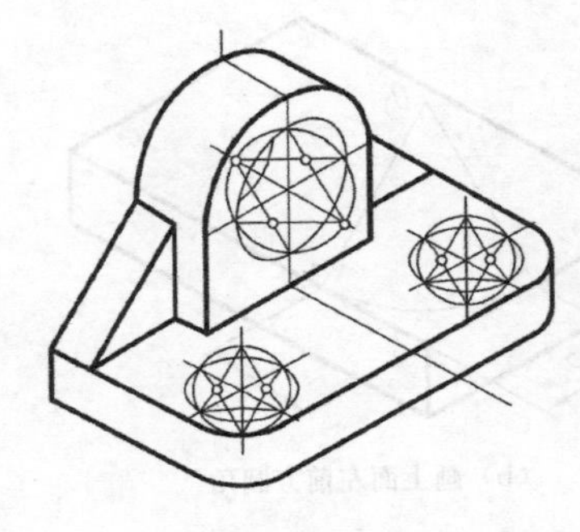
(e) 画底板和立板圆孔

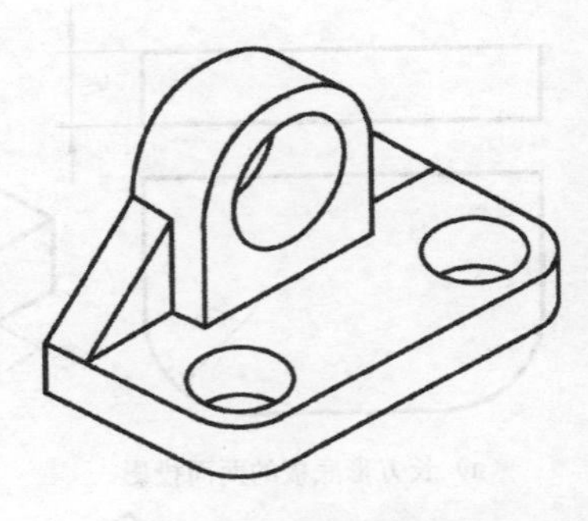
(f) 整理完成全图绘制

图 5-10 支架正等轴测图的作图步骤（续）

④ 作底板及立板上圆孔的正等轴测图[见图 5-10（e）]。

⑤ 擦去多余的作图线并加深轮廓线的可见部分，即可完成支架正等轴测图的绘制[见图 5-10（f）]。

5.2.2 斜二等轴测图的画法

1. 斜二等轴测图的形成原理

当投影方向与轴测投影面倾斜时，所得的轴测图称为斜轴测图。当所选择的斜投射方向使得 *OX* 轴与 *OY* 轴的夹角为 135°，并使 *OY* 轴的轴向伸缩系数为 0.5 时所得到的轴测图即斜二等轴测图，简称斜二测。斜二等轴测图的形成原理示意图如图 5-11 所示。

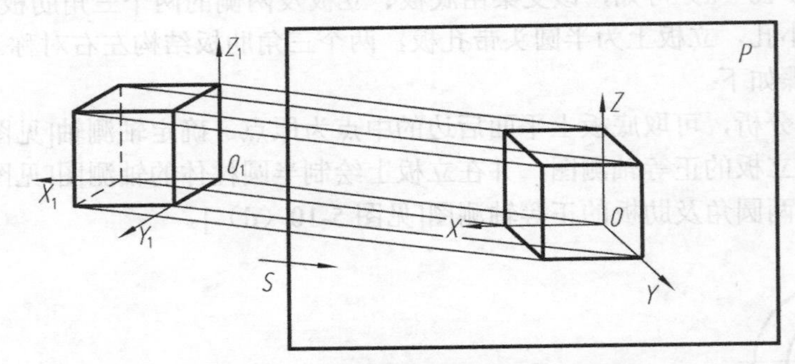

图 5-11 斜二等轴测图的形成原理示意图

2. 轴间角和轴向伸缩系数

斜二等轴测图的轴间角 $\angle XOZ=90°$，$\angle XOY=\angle YOZ=135°$，轴向伸缩系数 $p_1=r_1=1$，$q_1=0.5$（见图 5-12）。作图时，一般使 *OZ* 轴处于垂直位置，*OY* 轴与水平方向呈 45° 夹角。

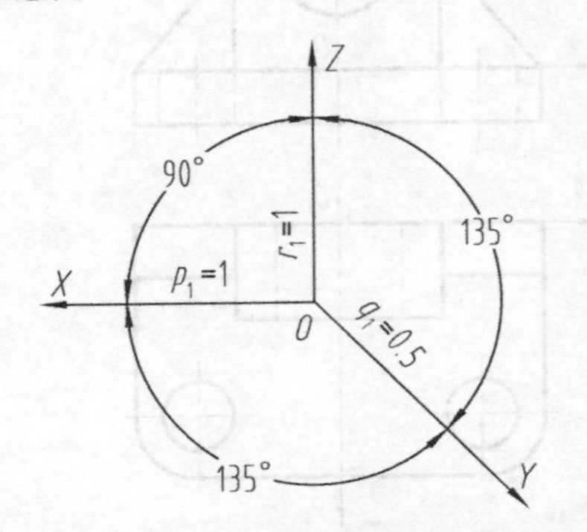

图 5-12 斜二测的轴间角及轴向伸缩系数

由于斜二等轴测图的 *XOZ* 坐标面平行于轴测投影面，因此在这个方向上能反映物体的实形，且绘图方便。由于这个原因，当物体的 3 个坐标面上都有圆时，应避免采用斜二等轴测图。但当物体的正面投影有圆或圆弧时，采用斜二等轴测图更有利。

3．斜二等轴测图的画法举例

斜二等轴测图的基本画法仍为坐标法。与正等轴测图一样，比较复杂的形体的斜二等轴测图绘制也可采用切割或组合的方法。

【例 5-5】 作出图 5-13（a）所示形体的斜二等轴测图。

解： 具体绘制步骤如下。

① 选定坐标原点和坐标轴[见图 5-13（a）]。在轴测图的 XOZ 坐标面上反映前面的实形。

② 画轴测轴，再画出前面的形状，其实该形状与主视图完全一样[见图 5-13（b）]。

③ 向 Y 轴负方向量取 $OO_1=B/2$，画出后面的形状（同前面的形状一样），如图 5-13（c）所示。半圆柱面轴测投影的轮廓线按两圆弧的公切线画出。

④ 擦去多余的作图线，加深后即可完成形体斜二等轴测图的绘制[见图 5-13（d）]。

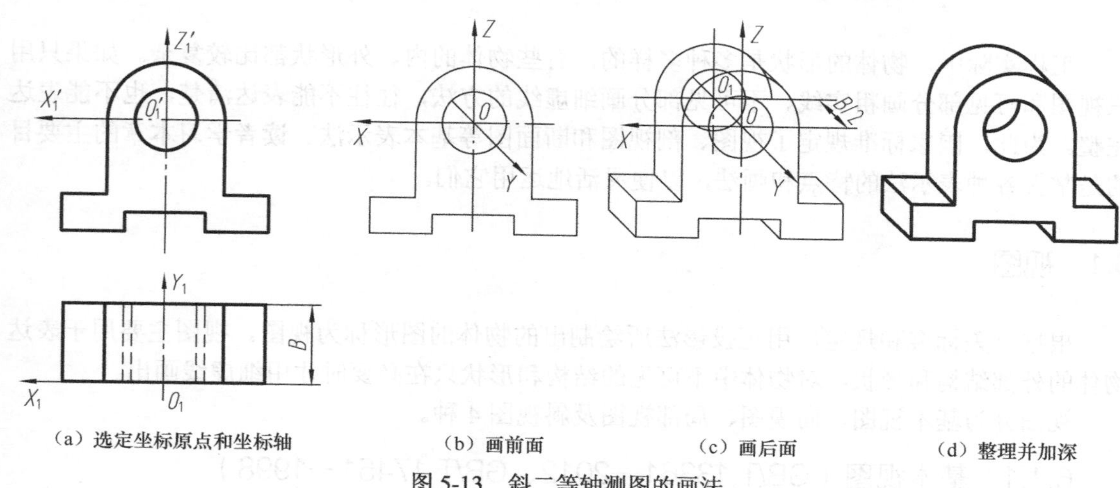

（a）选定坐标原点和坐标轴　（b）画前面　（c）画后面　（d）整理并加深

图 5-13　斜二等轴测图的画法

第6章 图样画法

工程实际中，物体的形状是多种多样的，有些物体的内、外形状都比较复杂。如果只用三视图和可见部分画粗实线、不可见部分画细虚线的方法，往往不能表达清楚，也不能表达完整。为此，国家标准规定了视图、剖视图和断面图等基本表示法。读者学习本章的主要目的是掌握各种表示法的特点和画法，以便灵活地运用它们。

6.1 视图

根据有关标准和规定，用正投影法所绘制出的物体的图形称为视图。视图主要用于表达物体的外部结构和形状，对物体中不可见的结构和形状只在必要时才用细虚线画出。

视图分为基本视图、向视图、局部视图及斜视图 4 种。

6.1.1 基本视图（GB/T 13361—2012、GB/T 17451—1998）

将物体向基本投影面投射所得的视图称为基本视图。表示一个物体可以有 6 个基本投射方向，如图 6-1（a）所示，相应地有 6 个与基本投射方向垂直的基本投影面，基本视图是物体向 6 个基本投影面投射所得的视图。空间的 6 个基本投影面可被设想为一个正六面体，这里为使其上的 6 个基本视图位于同一平面内，可将基本投影面按照图 6-1（b）所示的方法展开。

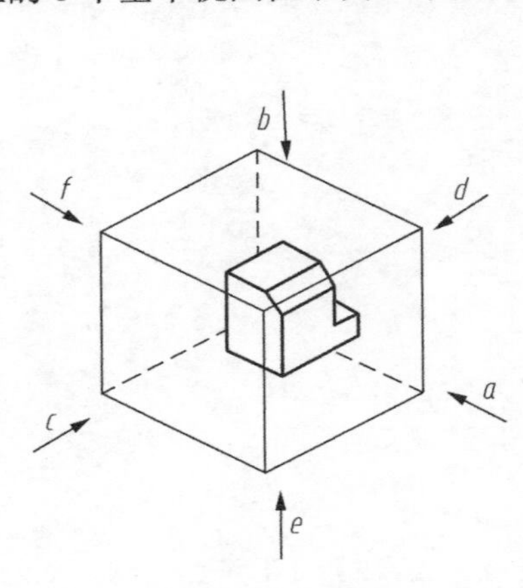

（a）基本投射方向

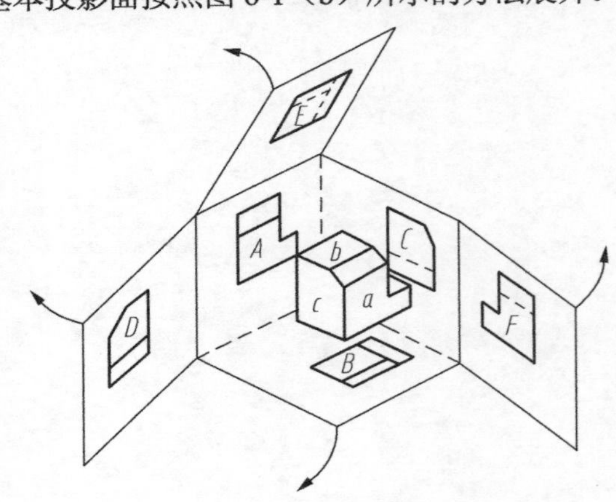

（b）展开基本投影面

图 6-1 基本视图的形成

6个基本投射方向及视图名称如表6-1所示。

表6-1　　6个基本投射方向及视图名称

方向代号	*a*	*b*	*c*	*d*	*e*	*f*
投射方向	由前向后	由上向下	由左向右	由右向左	由下向上	由后向前
视图名称	主视图	俯视图	左视图	右视图	仰视图	后视图

6个基本视图的名称和配置关系如图6-2所示。按照图6-2的形式配置时，各视图一律不标注视图名称。

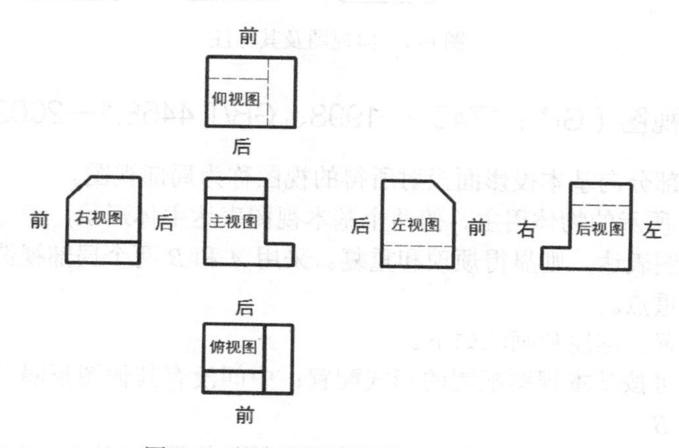

图6-2　基本视图的名称和配置关系

6个基本视图仍保持“长对正、高平齐、宽相等”关系，即仰视图与俯视图同样反映物体长、宽方向的尺寸；右视图与左视图同样反映物体高、宽方向的尺寸；后视图与主视图同样反映物体长、高方向的尺寸。

6个基本视图的方位对应关系如图6-2所示。除后视图外，其他视图靠近主视图的一侧表示物体的后方，远离主视图的一侧表示物体的前方。

实际画图时，无须将6个基本视图全部画出，应根据物体的复杂程度和表达需要，选用其中必要的几个基本视图。若无特殊情况，优先选用主视图、俯视图和左视图。

6.1.2　向视图（GB/T 17451—1998）

向视图是可自由配置的视图。在实际绘图过程中，有时难以将6个基本视图按照图6-2的形式配置，此时如采用自由配置，则可使问题得到解决，如图6-3中的“向视图*D*”和“向视图*F*”。

向视图必须进行标注。标注方法是在向视图的上方标注视图名称“×”（×处为大写拉丁字母）；在相应视图的附近用箭头指明其投射方向，并标注相同的字母，如图6-3所示。

向视图是基本视图的另一种表达形式，是移位（不旋转）配置的基本视图；向视图的投射方向应与基本视图的投射方向一一对应。

尚须注意的是，当采用基本视图、向视图这两种表示法表达物体的整体外形时，一般应首选基本视图表示法；必要时，例如为使一组视图便于合理布局，进而有利于图纸幅面的有效利用，才会采用向视图表示法。

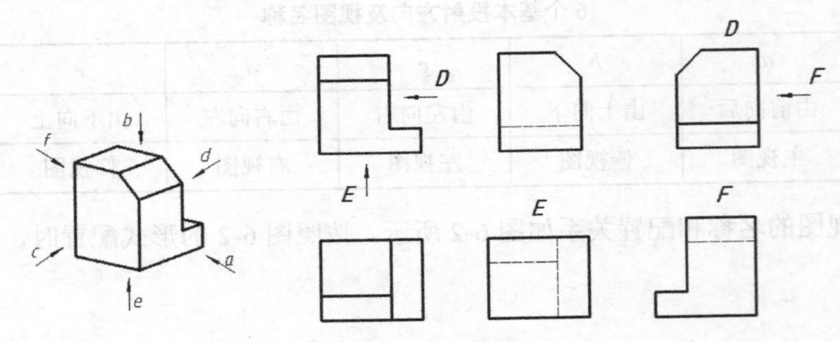

图 6-3　向视图及其标注

6.1.3　局部视图（GB/T 17451—1998、GB/T 4458.1—2002）

将物体的某一部分向基本投影面投射所得的视图称为局部视图。

如图 6-4（a）所示的物体用主、俯两个基本视图表达主体形状，但左、右两边凸缘形状如用左视图和右视图表达，则显得烦琐和重复。采用 *A* 和 *B* 两个局部视图来表达两个凸缘形状，既简练又突出重点。

局部视图的配置、标注和画法如下。

（1）局部视图可按基本视图配置的形式配置；中间没有其他图形隔开时，可省略标注，如图 6-4（b）中的 *B*。

（2）局部视图也可按向视图的配置形式配置在适当位置并标注，即在局部视图上方标出视图的名称“×”（大写拉丁字母），在相应的视图附近用箭头指明投射方向，并注上同样的字母，如图 6-4（b）中的 *A*。

（3）局部视图的断裂边界用波浪线（或双折线）表示，如图 6-4（b）中的局部视图 *B*。当所表示的局部结构是完整的且外轮廓线封闭时，波浪线可省略不画，如图 6-4（b）中的局部视图 *A*。

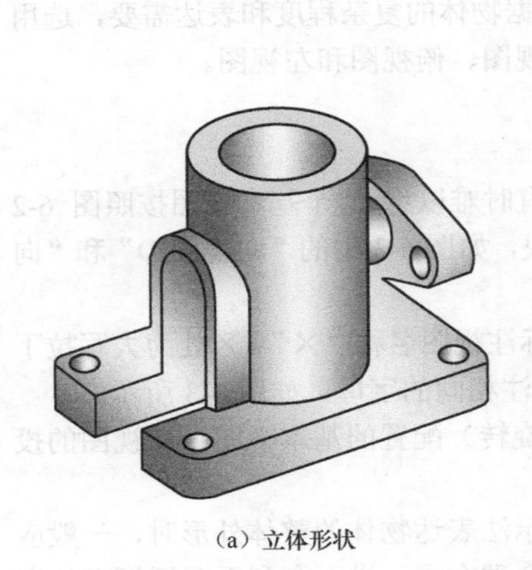

（a）立体形状

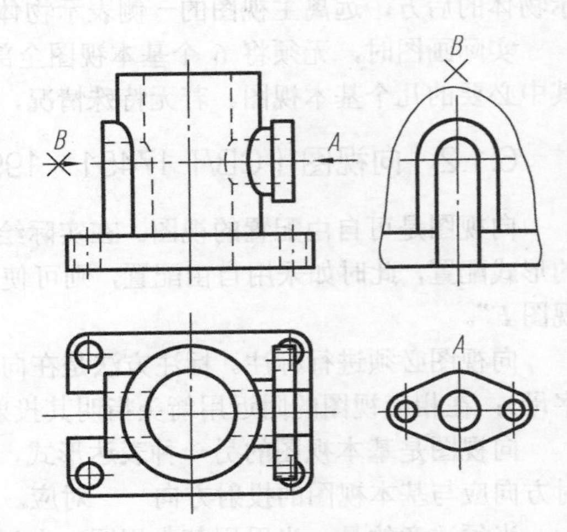

（b）表达方法

图 6-4　局部视图（一）

（4）按第三角画法（详见本章6.6节）将局部视图配置在视图上需要表示的局部结构附近，并用细点画线连接两图形，此时不需要另行标注，如图6-5所示。

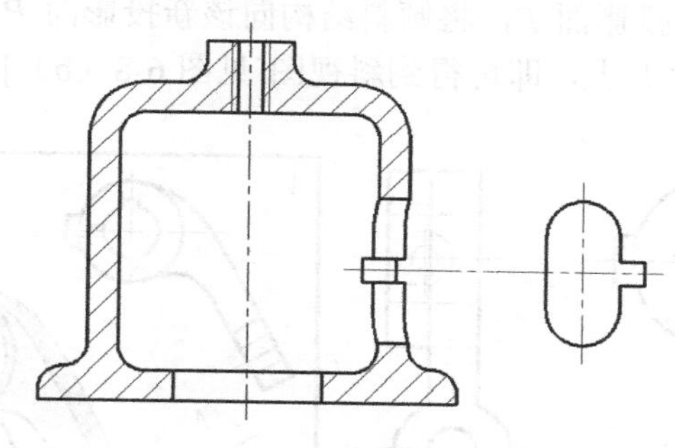

图6-5 局部视图（二）

（5）对称物体的视图可只画一半或四分之一，并在对称中心线的两端画两条与其垂直的平行细实线，如图6-6所示。这种简化画法会用细点画线代替波浪线作为断裂边界线，这是局部视图的一种特殊画法。

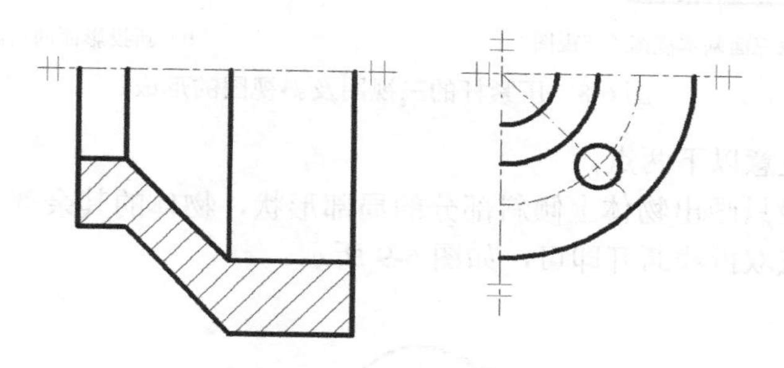

图6-6 局部视图（三）

用波浪线作为断裂线时，波浪线不应超出断裂物体的轮廓线，而应画在物体的实体上，不可画在中空处，如图6-7所示。

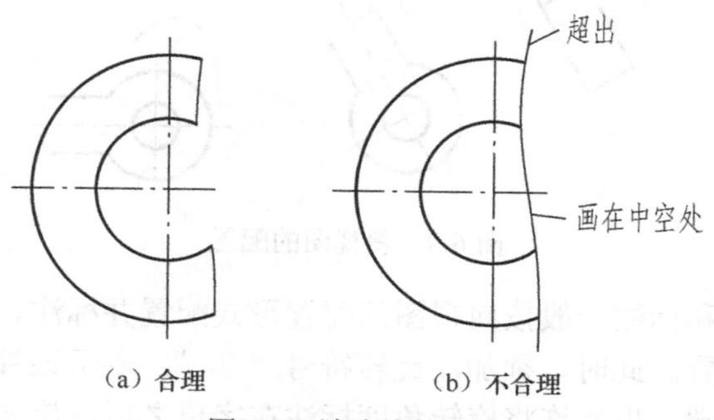

图6-7 波浪线的画法

6.1.4 斜视图（GB/T 17451—1998）

将物体向不平行于基本投影面的平面投射所得的视图，称为斜视图。斜视图通常用于表达物体上的倾斜部分。

图 6-8（a）所示的压紧杆三视图不能表达倾斜部分圆柱面的真实形状，而且给画图带来很大麻烦。为表达其上倾斜结构的真实形状，更便于画图，可增加一个平行于该倾斜结构且垂直于某一基本投影面的新投影面 *P*，将倾斜结构向该新投影面 *P* 投影，再按投影方向将新投影面 *P* 旋转到基本投影面 *V* 上，即可得到斜视图[见图 6-8（b）]。

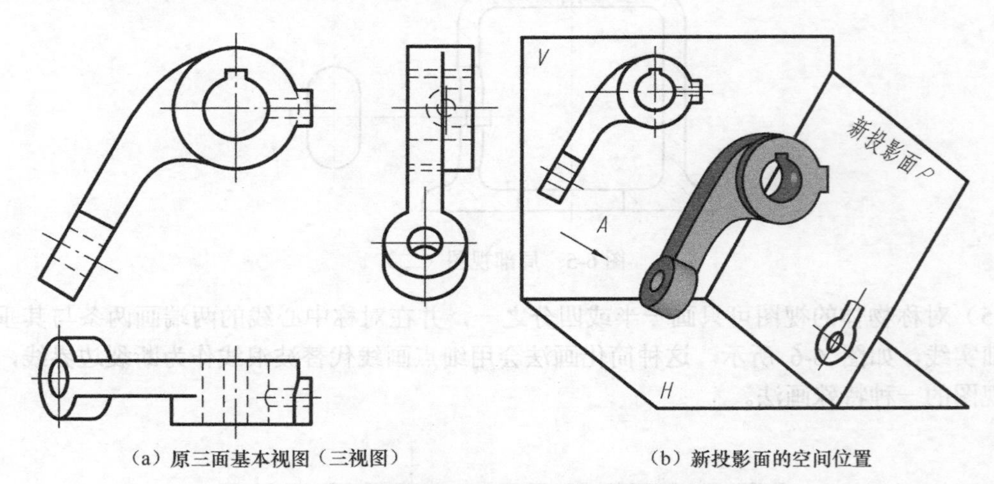

（a）原三面基本视图（三视图）　（b）新投影面的空间位置

图 6-8　压紧杆的三视图及斜视图的形成

画斜视图时应注意以下两点。

（1）斜视图一般只画出物体上倾斜部分的局部形状，物体的其余部分不必画出，此时在适当位置用波浪线或双折线断开即可，如图 6-9 所示。

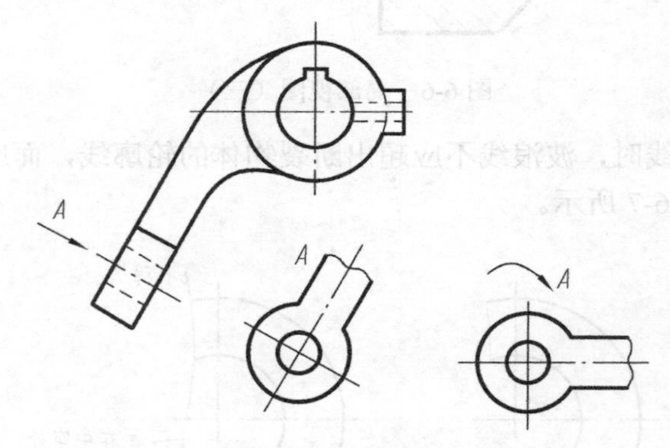

图 6-9　斜视图的配置

（2）斜视图的配置和标注一般按向视图的配置形式配置并标注。必要时，允许将斜视图旋转后配置在适当的位置。此时，须加注旋转符号“⌒”，表示该视图名称的大写拉丁字母要靠近旋转符号的箭头端，也允许将旋转角度标注在字母之后，旋转符号的箭头指向应与图形实际旋转的方向一致。旋转符号是一个圆弧箭头，其半径应等于字体高度 *h*，如图 6-9 所示。

图 6-10 所示为压紧杆局部视图和斜视图的配置。

图 6-10（a）采用一个基本视图（主视图）、一个斜视图和两个局部视图。

图 6-10（b）采用一个基本视图（主视图）、一个配置在俯视图位置的局部视图（中间无图形隔开，不必标注）、一个旋转配置的斜视图 *A*，以及画在右端凸台附近的局部视图。

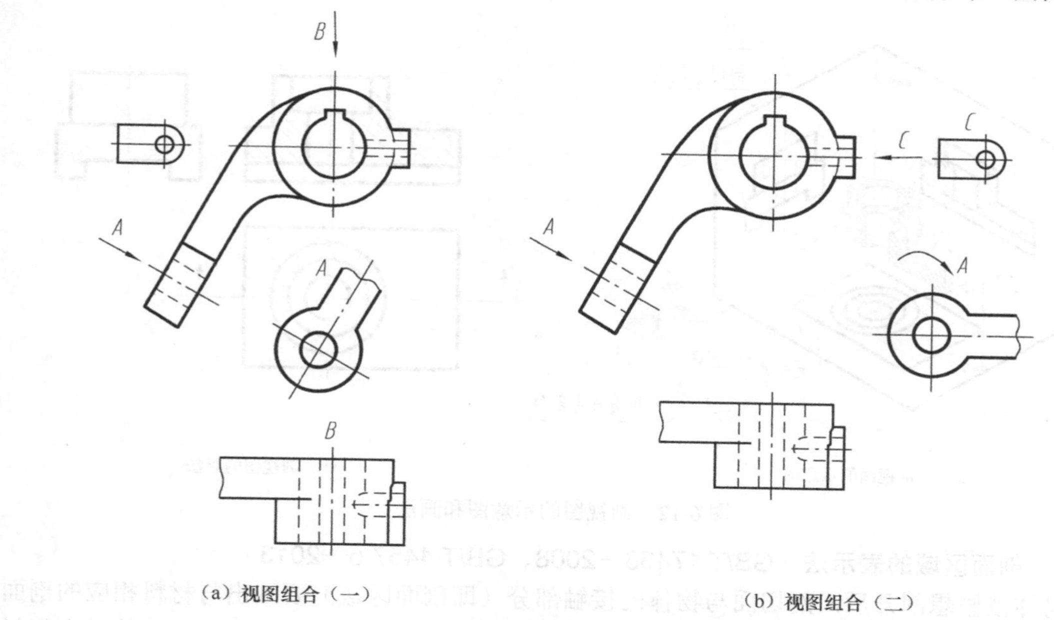

（a）视图组合（一）　（b）视图组合（二）

图 6-10　局部视图与斜视图的配置

6.2 剖视图

视图中，物体的内部形状用细虚线来表示，如图 6-11 所示；当物体内部形状较为复杂时，视图上就会出现较多细虚线，进而便会影响图形清晰度，不便于画图、看图和标注尺寸。为了清晰地表达物体的内部结构，国家标准规定可采用剖视图的表达方法。

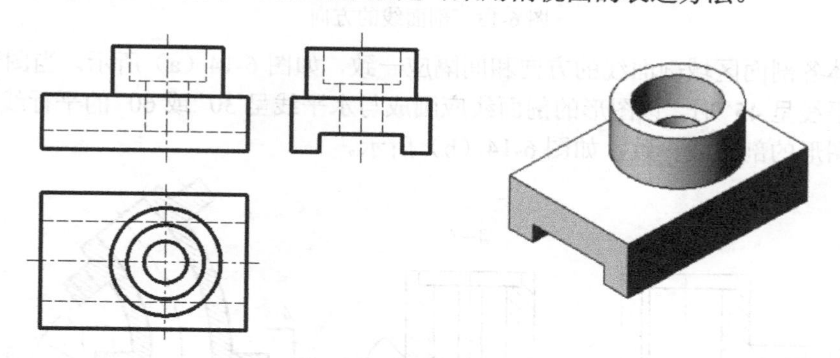

图 6-11　物体的基本视图

6.2.1 剖视图的基本概念

1．剖视图的形成（GB/T 17452—1998、GB/T 4458.6—2002）

假想用剖切面剖开物体，将处在观察者和剖切面之间的部分移去，而将其余部分向投影面投射所得的图形，称为剖视图（简称剖视），如图 6-12（a）所示。采用剖视后，物体内部不可见轮廓变为可见，用粗实线画出，这样图形更为清晰，便于看图和画图，如图 6-12（b）所示。

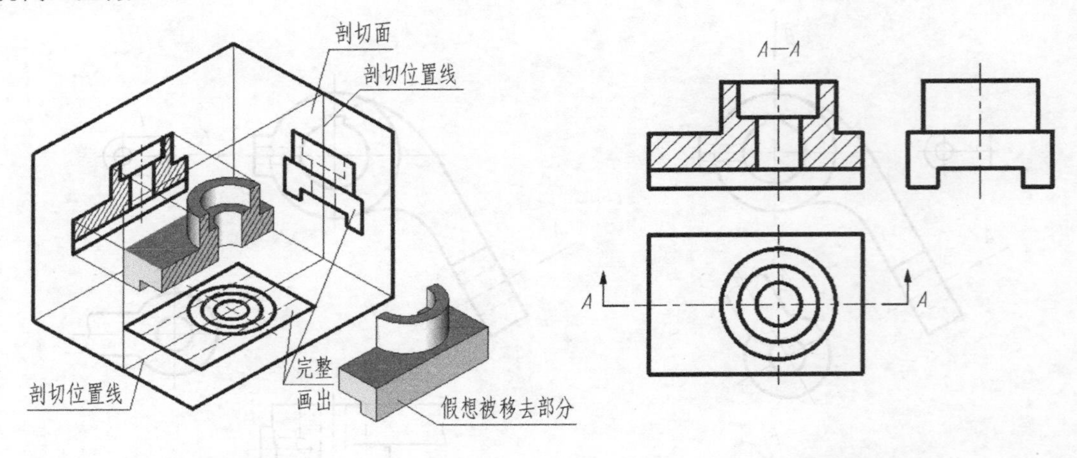

（a）剖视图的示意图 （b）剖视图的画法

图 6-12 剖视图的示意图和画法

2．剖面区域的表示法（GB/T 17453—2008、GB/T 4457.5—2013）

物体被假想剖开后，剖切面与物体的接触部分（即剖面区域）要画出与材料相应的剖面符号，以便区别物体的实体与空腔部分，如图 6-12（b）中的主视图部分所示。物体是金属材料时，剖面符号可采用剖面线表示。剖面线是与图形的主要轮廓线或剖面区域的对称中心线呈 45° 且间距相等的细实线，向左或向右倾斜均可，如图 6-13 所示。

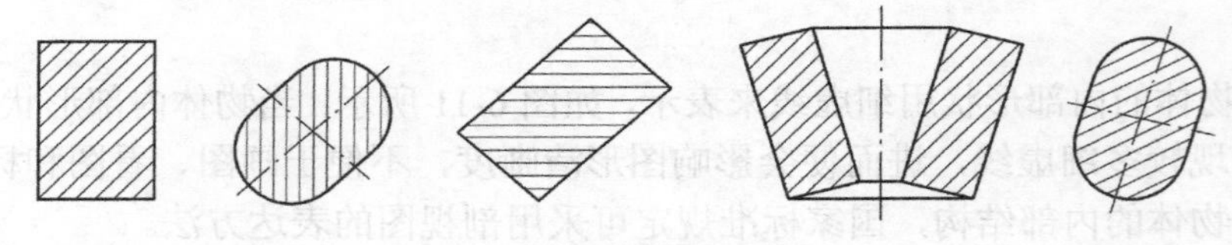

图 6-13 剖面线的方向

同一物体各剖面区域剖面线的方向和间隔应一致，如图 6-14（a）所示。当图形中的主要轮廓线与水平线呈 45° 时，该图形的剖面线应画成与水平线呈 30° 或 60° 的平行线，其倾斜方向应与其他图形的剖面线一致，如图 6-14（b）所示。

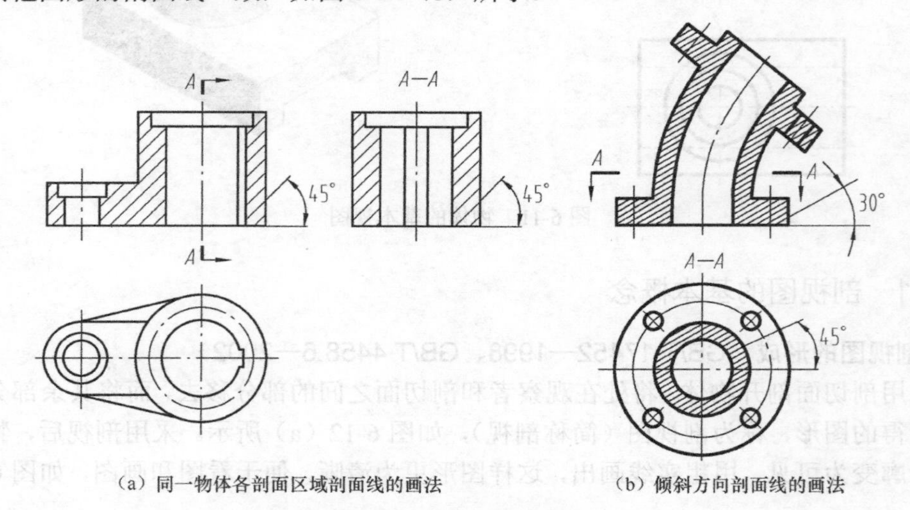

（a）同一物体各剖面区域剖面线的画法 （b）倾斜方向剖面线的画法

图 6-14 剖视图中剖面线的画法

当需要在剖面区域中表示材料类别时，应采用特定的剖面符号表示。国家标准规定的各种材料类型剖面区域的表示法如表 6-2 所示。

表 6-2　　国家标准规定的各种材料类型剖面区域的表示法

材料类型	剖面表示法	材料类型	剖面表示法	材料类型	剖面表示法
金属材料（已有规定剖面符号者除外）		玻璃及供观察用的其他透明材料		混凝土	
线圈绕组元件		木材　纵剖面		钢筋混凝土	
转子、电枢、变压器和电抗器等的叠钢片		木材　横剖面		砖	
非金属材料（已有规定剖面符号者除外）		木质胶合板（不分层数）		格网（如筛网、过滤网等）	
型砂、填砂、粉末冶金、砂轮、陶瓷刀片、硬质合金刀片等		基础周围的泥土		液体	

注：本表收录的是机械图样中的规定画法；土木工程图中只要将该表中砖与金属材料的剖面符号对调即可。

3．剖视图的标注

为了便于读图，剖视图一般应进行标注，标注的内容包括以下 3 项（见图 6-14）。

（1）剖切线：指示剖切面的位置，用细点画线表示。剖视图中通常省略不画。

（2）剖切符号：指示剖切面起、迄和转折位置（用粗短画表示）及投射方向（用箭头表示）的符号，并尽可能不与图形的轮廓线相交。在剖切面的起、迄和转折位置标注与剖视图名称相同的字母。

（3）字母：用大写拉丁字母以“×-×”的形式注写在剖视图的上方来表示剖视图的名称。

下列情况的剖视图可省略标注。

（1）当单一剖切面通过物体的对称面或基本对称面，且剖视图按投影关系配置，中间又没有其他图形隔开时，可以省略标注，如图 6-14 中的主视图。

（2）当剖视图按投影关系配置，且中间没有其他图形隔开时，可省略箭头，例如图 6-14（a）的左视图和图 6-14（b）的俯视图中表示投射方向的箭头均可省略。

6.2.2　剖视图的画法

1．形体分析

分析物体的内部和外部结构，确定有哪些内部结构需要用剖视图来表达，哪些外部形状需要保留。

2. 确定剖切面的位置

剖切面的位置选择通过物体的对称平面或回转轴线，以使剖切后的结构的投影能够反映实形，如图 6-12（a）所示。

3. 画剖视图

用粗实线画出物体实体被剖切面剖切后的断面轮廓和剖切面后面物体的可见轮廓。图 6-15 的主视图表示剖视图中常见的错误，注意不应漏画剖切面后面零件的可见轮廓线。

在剖视图中，表示物体不可见部分的细虚线，一般情况下省略不画；在其他视图中，若不可见部分已表达清楚，则细虚线也可省略不画，如图 6-12（b）所示。但尚未表示清楚的结构仍可画出细虚线，如图 6-16 所示。

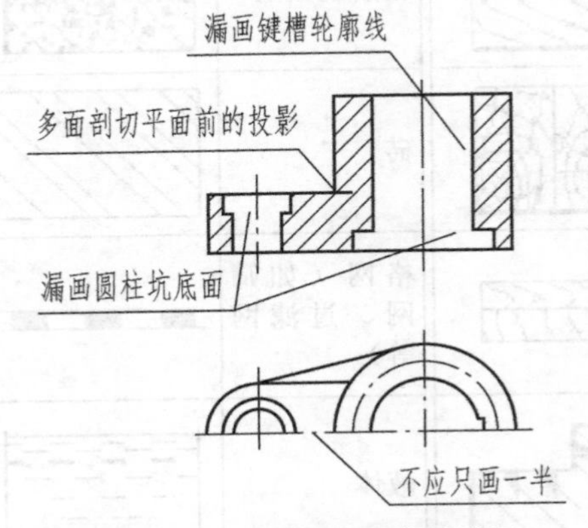

图 6-15　剖视图中的常见错误

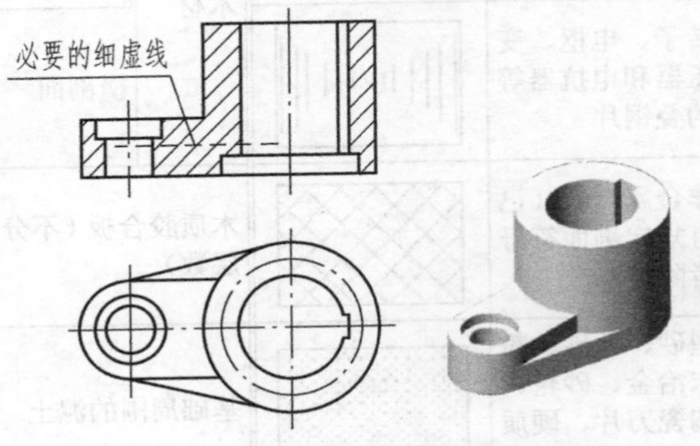

图 6-16　剖视图中细虚线的画法

由于物体的剖切是假想的，当一个视图取剖视图后，其他视图应该完整地画出，如图 6-15 中俯视图只画一半是错误的。

4. 画剖面符号

在剖面区域内，按规定画出与物体材料相应的剖面符号（参见表 6-2）。

5. 标注剖视图

对所画剖视图进行必要的标注。

6. 剖视图的配置

剖视图可按基本视图的规定配置，如图 6-14 所示；必要时允许将其配置在其他适当位置。

6.2.3　剖视图的种类

根据剖切范围，剖视图可分为全剖视图、半剖视图和局部剖视图。

1. 全剖视图

用剖切面完全地剖开物体所得的剖视图，称为全剖视图（简称全剖视）。全剖视图主要用于表达不对称物体或外形简单的对称物体的内部结构和形状。

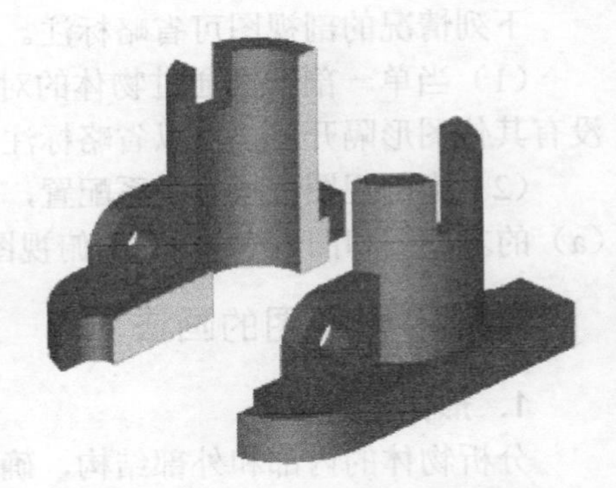

图 6-17　全剖视图的立体图

图 6-17 所示是一物体全剖视图的立体图。此物体外形较为简单，内形较为复杂，前后对称，上下和左右都不对称。其一般视图如图 6-18（a）所示。现假想用一个

剖切面沿物体的前后对称面将其完全剖开，移去前半部分，物体向正立投影面投射，画出的剖视图就是全剖视图，如图 6-18（b）所示。

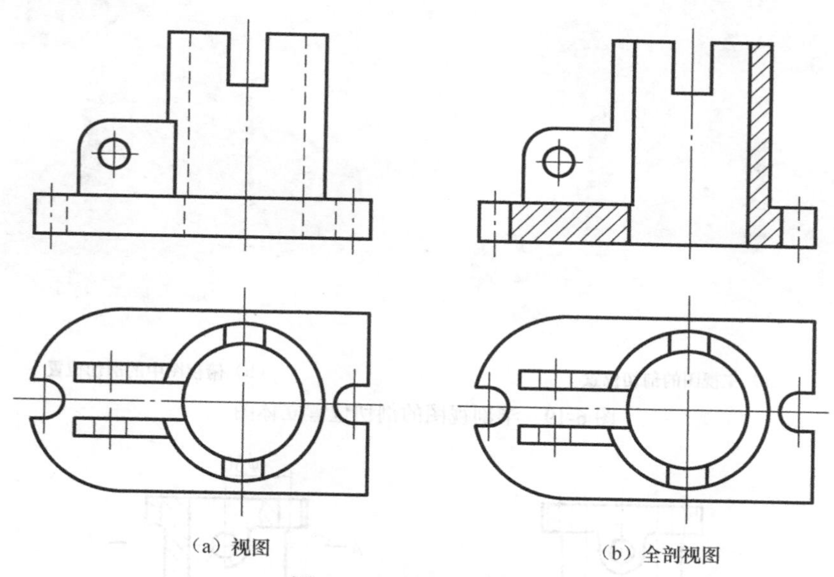

图 6-18　视图与全剖视图

2．半剖视图

当物体具有对称平面时，向垂直于对称平面的投影面上投射所得的图形，可以以对称中心线为界，一半画成剖视图，另一半画成视图，这种剖视图称为半剖视图（简称半剖视）。半剖视图主要用于内、外部形状均须表达的对称物体。

图 6-19 所示是支座的剖切图。从图 6-19 中可以看出，支座的内、外形状都比较复杂，如果主视图采用全剖视图，则顶板下的凸台就不能表达出来；如果俯视图采用全剖视图，则长方形顶板及其 4 个小孔的形状和位置都不能表达出来，因此该形体不适合用全剖视图表达。

由图 6-20（a）可见，支座的主视图左右对称，俯视图前后、左右都对称。为了清楚地表达其内部和外部结构，可采用半剖视图。主视图以左右对称中心线为界，一半画成视图表达其外形，另一半画成剖视图表达其内部阶梯孔。俯视图采用通过凸台孔轴线的水平面剖切，以前后对称中心线为界，后一半画成视图表达顶板及其上 4 个小孔的形状和位置，前一半画成 *A—A* 剖视图表达凸台及其中的小孔，如图 6-20（b）所示。

画半剖视图时应注意以下几点。

（1）半剖视图中，半个剖视图与半个视图的分界线应画成细点画线，而不得画成粗实线。

（2）半剖视图中，形体的内部形状已在半个剖视图中表达清楚时，另一半视图中不需要再画出相应的细虚线。

（3）半剖视图的标注方法与全剖视图相同，但要注意剖切符号应画在图形轮廓以外，如图 6-20（b）所示。

（4）在半剖视图中标注对称结构的尺寸时，由于结构形状未能完全显示，尺寸线应略超过中心线，并只在另一端画出箭头[见图 6-20（b）]。

（5）当物体的形状基本对称，且不对称部分已在其他视图中表达清楚时，也可画成半剖视图，如图 6-21 所示。

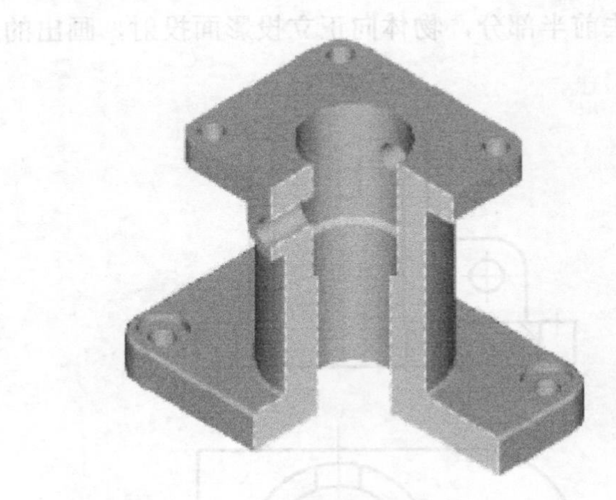

（a）主视图的剖切位置

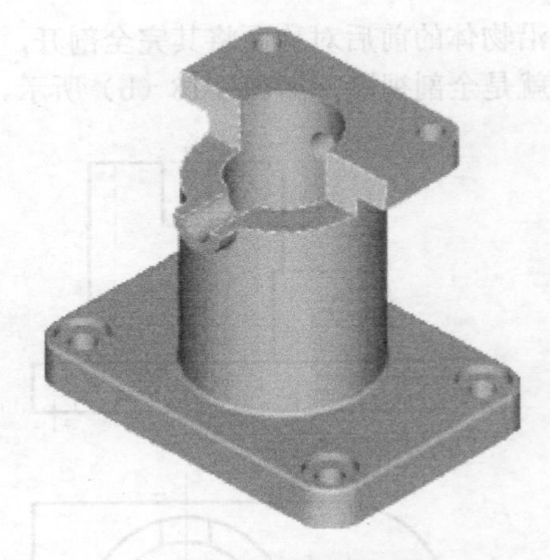

（b）俯视图中的剖切位置

图 6-19　半剖视图的剖切位置立体图

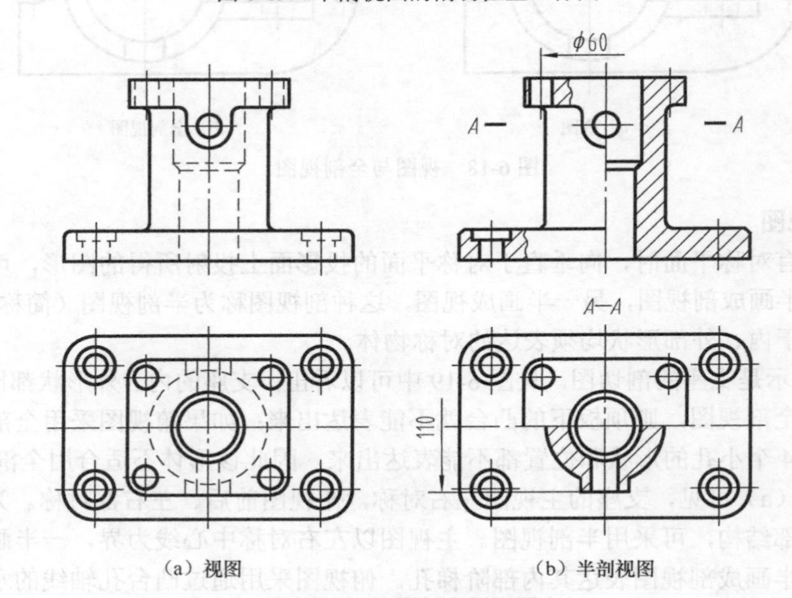

（a）视图　　（b）半剖视图

图 6-20　视图与半剖视图

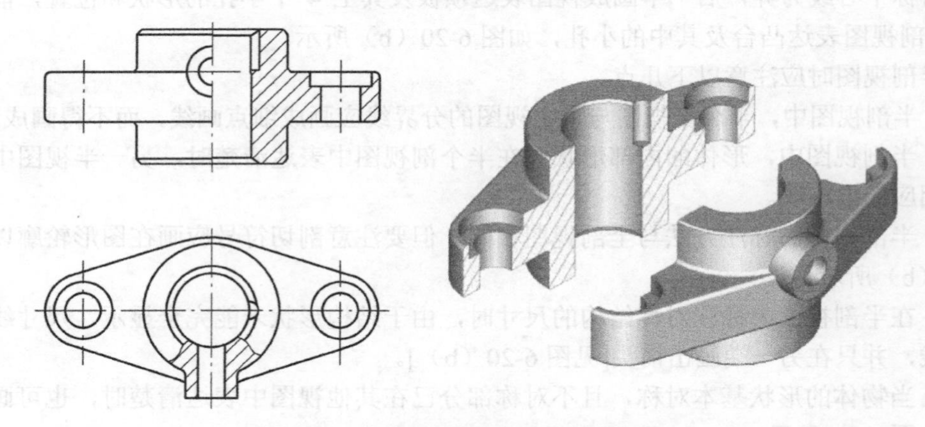

图 6-21　物体形状接近对称的半剖视图

3. 局部剖视图

用剖切面局部地剖开物体所得的剖视图，称为局部剖视图（简称局部剖视）。

局部剖视图一般用于以下几种情况。

（1）物体的内、外部结构均须表达，但又不宜采用全剖视图或半剖视图。

（2）物体上有孔、槽等局部结构时，可采用局部剖视图加以表达。

（3）图形的对称中心线处有形体轮廓线时，不宜采用半剖视图，而可采用局部剖视图，如图 6-22 所示。

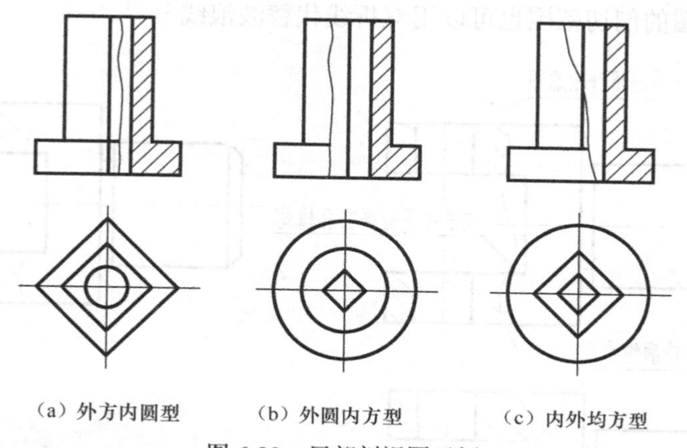

图 6-22 局部剖视图示例

如图 6-23（a）所示的箱体，其顶部有一矩形孔，底部是有 4 个安装孔的底板，左下方有一轴承孔，箱体前后、左右、上下都不对称。为了兼顾箱体内外结构的表达，将主视图画成两个不同剖切位置剖切的局部剖视图；在俯视图上，为了保留顶部的外形，也采用局部剖视图，如图 6-23（b）所示。

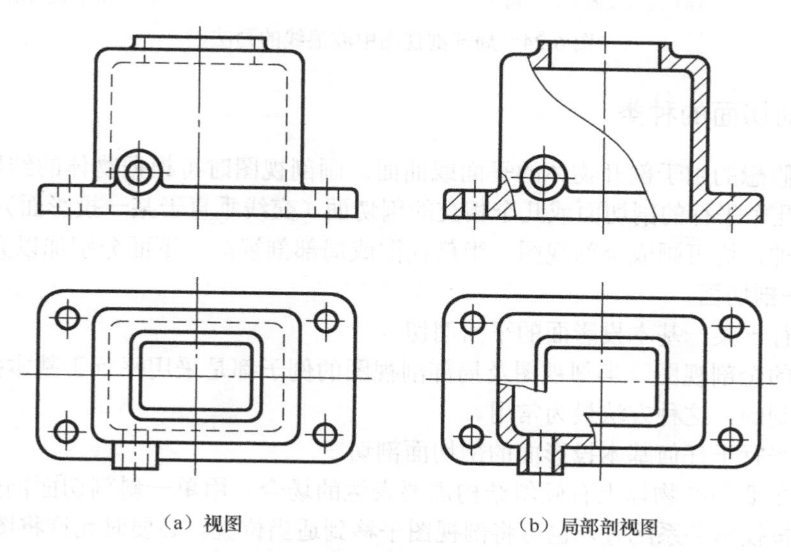

图 6-23 视图与局部剖视图

画局部剖视图时必须注意以下几点。

（1）当单一剖切面的剖切位置较为明显时，局部剖视图可省略标注，如图 6-23（b）所示，否则应进行标注。

（2）同一视图中，不宜采用过多的局部剖视，以免影响视图的简明清晰。

（3）局部剖视图中视图部分和剖视图部分用波浪线分界。波浪线不应与图形上其他图线重合，也不要画在其他图线的延长线上。波浪线可看作实体表面的断裂痕，其不应超出表示断裂实体的轮廓线，而应画在实体上，不可画在实体的中空处（见图 6-24）。

（4）当剖切结构为回转体时，允许将该结构的中心线作为局部剖视图与视图的分界线。

（5）局部剖视图的剖切范围也可以用双折线代替波浪线分界。

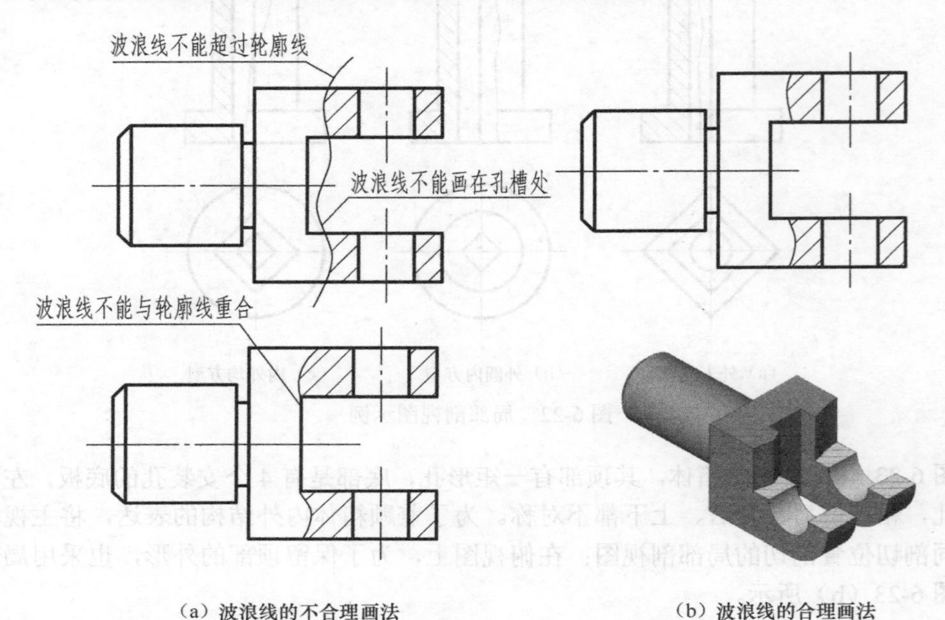

（a）波浪线的不合理画法　　（b）波浪线的合理画法

图 6-24　局部剖视图中波浪线的画法

6.2.4　剖切面的种类

剖切面是假想的用于剖开物体的平面或曲面。画剖视图时可根据物体的结构特点，选用单一剖切面、几个平行的剖切面或几个相交的剖切面（交线垂直于某一投影面）来剖切形体。无论采用哪一种，均可画成全剖视图、半剖视图或局部剖视图。下面分别加以介绍。

1．用单一剖切面

（1）用平行于某一基本投影面的平面剖切

前面介绍的全剖视图、半剖视图及局部剖视图的例子都是采用平行于基本投影面的单一剖切面剖切得到的，这种方法最为常用。

（2）用不平行于任何基本投影面的剖切面剖切

这种方法主要用在物体上有倾斜结构需要表达的场合。用单一斜剖切面剖开物体获得的剖视图，一般按投影关系配置，也可将剖视图平移到适当位置。必要时允许将图形旋转配置，但必须标注旋转符号。此类剖视图必须标注，不能省略。

如图 6-25 所示，因该物体有倾斜部分的内部结构需要表达，如采用平行于投影面的剖切面剖切就不能反映倾斜部分内部结构的实形，故常用图 6-25 中“*A*—*A*”所示的全剖视图表达弯管及顶部的凸缘、凸台和通孔的实形。

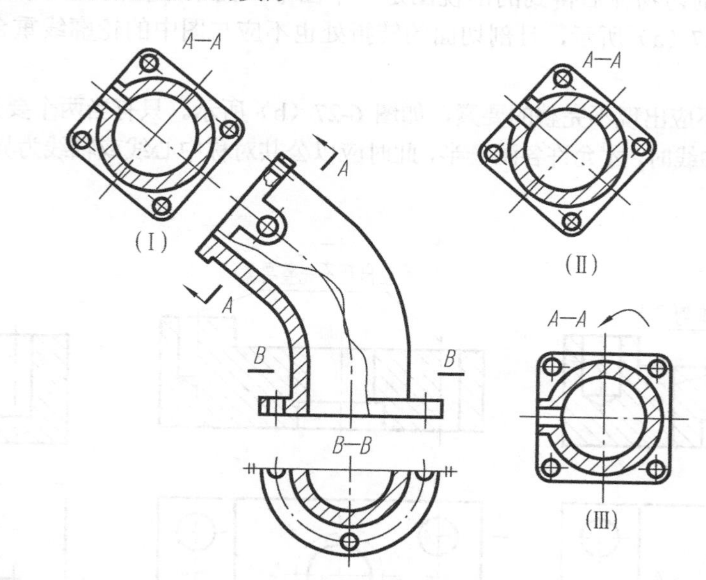

图 6-25 用单一斜剖切面获得的全剖视图

标注时应注意剖切符号（粗实线）要与形体倾斜部分的轮廓线垂直，图 6-25 中所标字母一律水平注写。

2．用几个平行的剖切面

当物体的内部结构较多，且又不在同一个平面内时，可采用几个平行的剖切面剖开物体。几个平行的剖切面可能是两个或两个以上，各剖切面的转折处呈直角。剖切面必须是某一投影面的平行面。

如图 6-26（a）所示，用两个平行平面剖切底板，将处在观察者与剖切面之间的部分移去，再向正立投影面投射，就能清楚地表达出底板上的所有槽和孔的结构。图 6-26（a）可画成图 6-26（b）所示的“*A*—*A*”全剖视图。

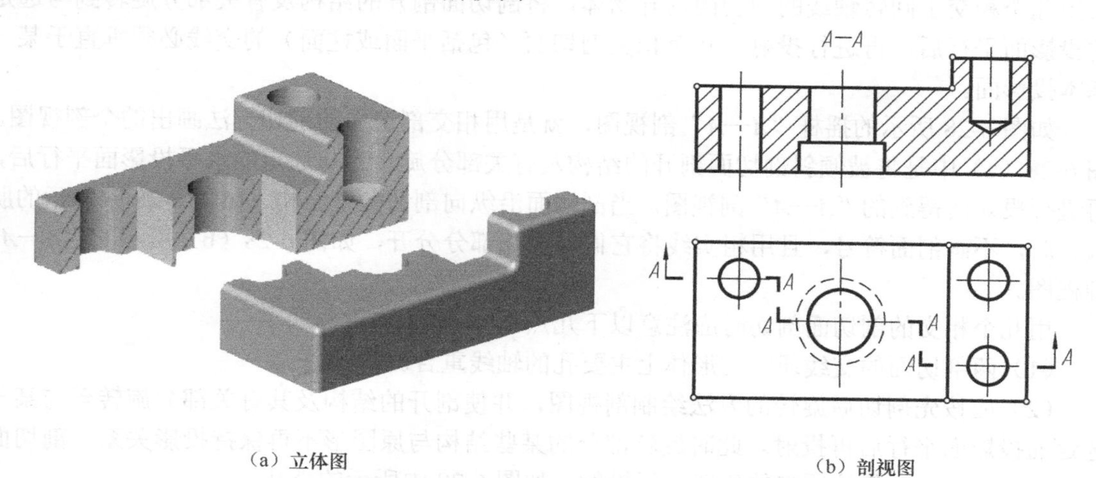

（a）立体图　　（b）剖视图

图 6-26 用几个平行的剖切面剖切示例

采用几个平行的剖切面剖切时，应注意以下几点。

（1）各剖切面剖切物体后得到的剖视图是一个图形，而不应在剖视图中画出各剖切面转折的界线，如图 6-27（a）所示，且剖切面的转折处也不应与图中的轮廓线重合。合理图形如图 6-26 所示。

（2）剖视图上不应出现不完整的要素，如图 6-27（b）所示。只有当两个要素在图形上具有公共对称中心线或轴线时，才允许各画一半，此时应以公共对称中心线或轴线为界，如图 6-27（c）所示。

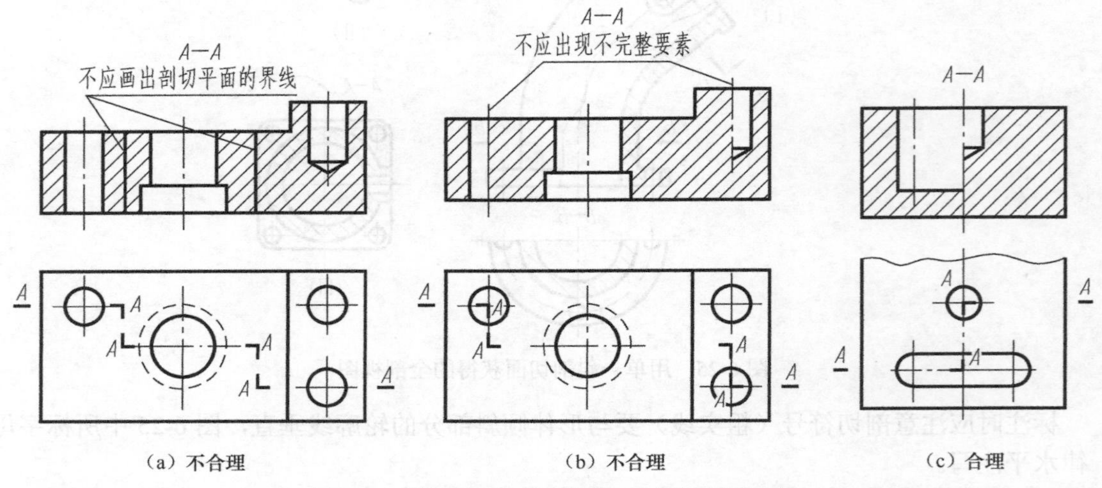

图 6-27　用几个平行平面剖切时应注意的要点

（3）剖视图必须标注。标注时，应在剖切面的起、迄和转折处画出剖切符号，并水平注写同一大写字母，在起、迄处用箭头指明投射方向，同时在剖视图的上方标注其名称“×—×”。当剖视图按投影关系配置且中间没有其他图形时，箭头可省略。

3．用几个相交的剖切面（交线垂直于某一投影面）

当物体上的孔（槽）等结构不在同一平面上，却沿物体的某一回转轴线周向分布时，可采用几个相交于回转轴线的剖切面剖开物体，将剖切面剖开的结构及有关部分旋转到与选定的投影面平行后，再进行投射。几个相交剖切面（包括平面或柱面）的交线必须垂直于某一基本投影面。

如图 6-28 所示的摇杆“*A*—*A*”剖视图，就是用相交剖切面的剖切方法画出的全剖视图。图 6-28（a）中是将被倾斜剖切面剖开的结构及有关部分旋转到与选定的水平投影面平行后，再进行投射而得到的“*A*—*A*”剖视图。当剖切面沿纵向剖切薄壁结构（如图 6-28 中所示的肋板）时，不画剖面符号，且用粗实线将它们与相邻部分分开，如图 6-28（b）所示的“*A*—*A*”剖视图。

用几个相交的剖切面剖切时应注意以下几点。

（1）两剖切面的交线通常与形体上主要孔的轴线重合。

（2）应按先剖切后旋转的方法绘制剖视图，并使剖开的结构及其有关部分旋转至与某一选定的投影面平行后再投射。此时旋转部分的某些结构与原图形不再保持投影关系。剖切面后边的结构，一般仍按原来的位置进行投射，如图 6-28 中所示的小孔。

（3）应对剖视图加以标注，标注形式及内容与几个平行平面剖切的剖视图相同。

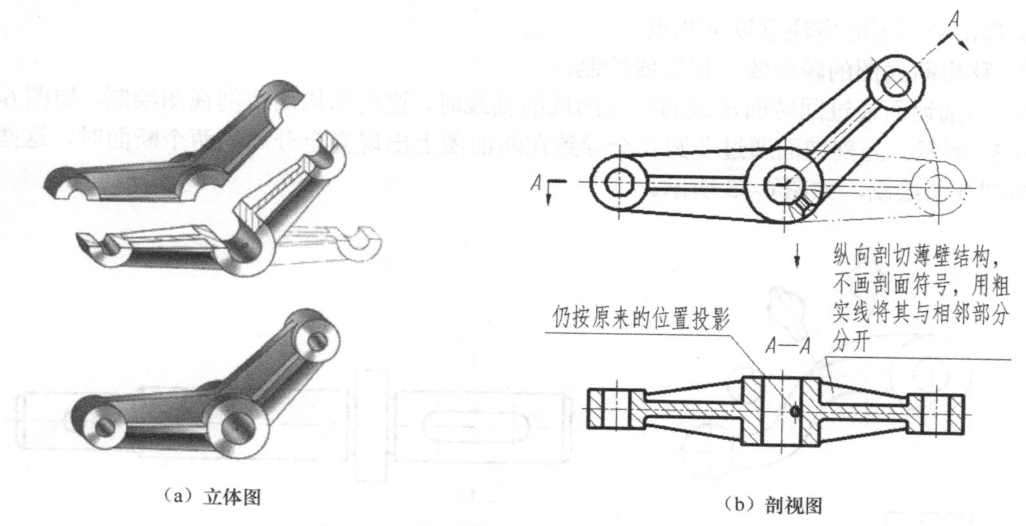

（a）立体图　　（b）剖视图

图 6-28　用两个相交的剖切面剖切示例

6.3　断面图

断面图主要用于表达物体某一局部的断面形状，如物体上的肋板、轮辐、键槽、小孔，以及各种型材的断面形状等。

1．断面图的基本概念

假想用剖切面将物体的某处切断，仅画出剖切面与物体接触部分的图形，称为断面图（简称断面）。

断面图实际上就是使剖切面垂直于结构要素的中心线、轴线或主要轮廓线进行剖切，然后将断面图图形旋转 90°，使其与纸面重合而得到的。

断面图与剖视图的区别是：断面图只画出物体被剖切后的断面形状[见图 6-29（b）]，而剖视图不仅要画出断面的形状，还要画出物体上位于剖切面后的可见轮廓线[见图 6-29（c）]。

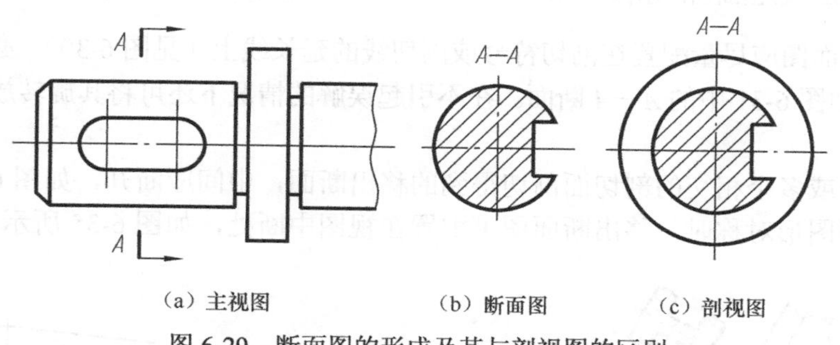

（a）主视图　　（b）断面图　　（c）剖视图

图 6-29　断面图的形成及其与剖视图的区别

2．断面图的分类

根据断面图在绘制时配置位置的不同，可将其分为移出断面图和重合断面图两种。

（1）移出断面图（GB/T 17452—1998、GB/T 4458.6—2002）

画在视图轮廓线之外的断面图称为移出断面图（见图 6-30），简称移出断面。

画移出断面图时应注意以下几点。

① 移出断面图的轮廓线用粗实线绘制。

② 当剖切面通过回转面形成的孔或凹坑的轴线时，这些结构均按剖视图绘制，如图 6-31 和图 6-32 所示。当剖切面通过非圆孔会导致在断面图上出现完全分离的两个断面时，这些结构应按剖视图绘制，如图 6-33 所示。

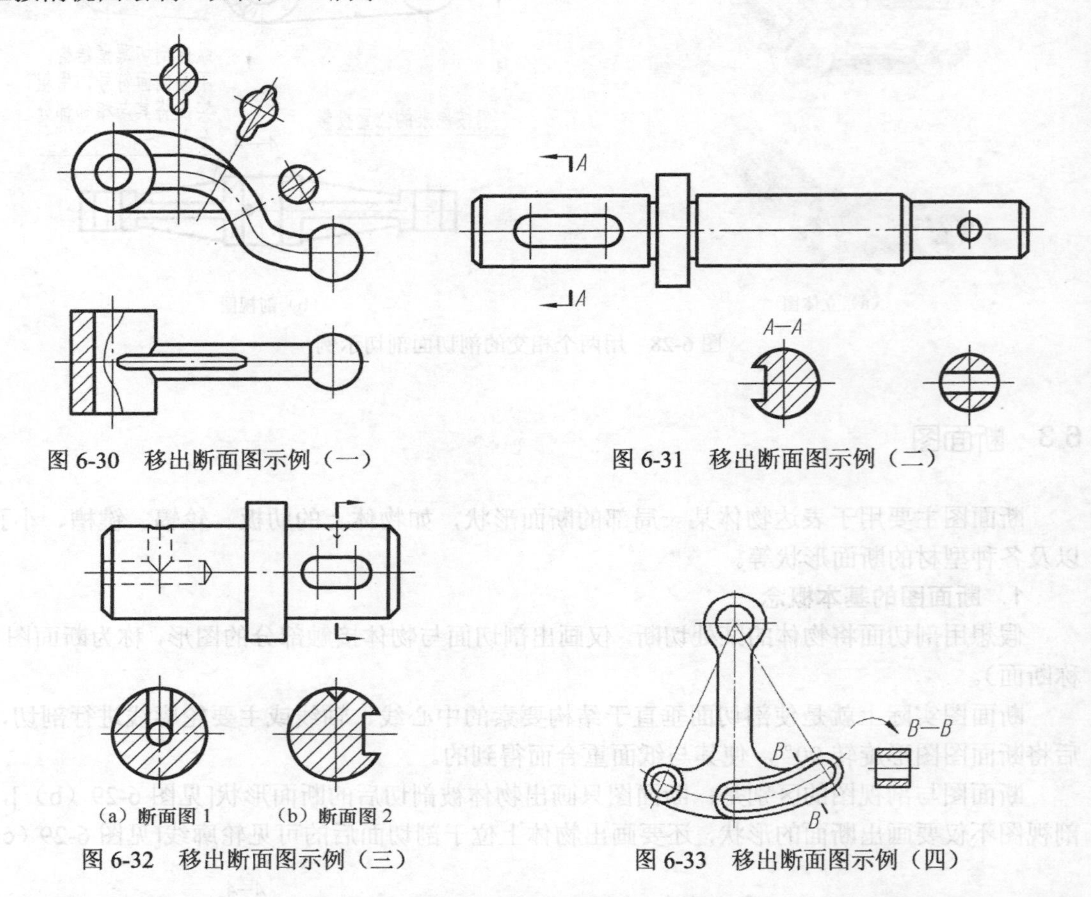

图 6-30　移出断面图示例（一）

图 6-31　移出断面图示例（二）

图 6-32　移出断面图示例（三）

图 6-33　移出断面图示例（四）

③ 移出断面图应尽量配置在剖切符号或剖切线的延长线上（见图 6-30），必要时也可配置在其他位置，如图 6-31 中的 *A—A* 断面。在不引起误解的情况下还可将其旋转放正，如图 6-33 所示。

④ 用两个或多个相交的剖切面剖切得到的移出断面，中间应断开，如图 6-34 所示。

⑤ 当断面图形对称时，移出断面图可配置在视图中断处，如图 6-35 所示。

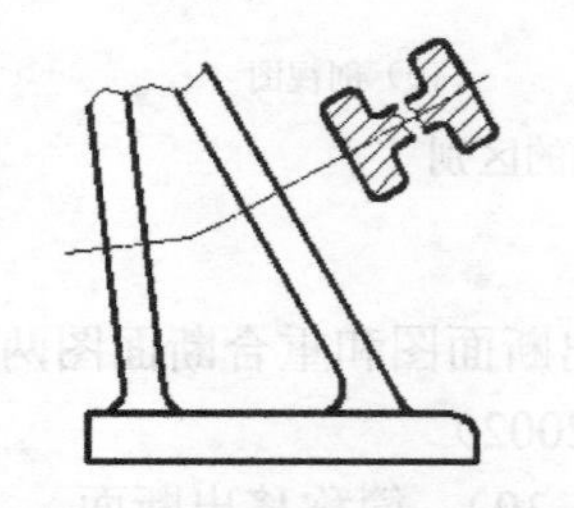

图 6-34　移出断面图示例（五）

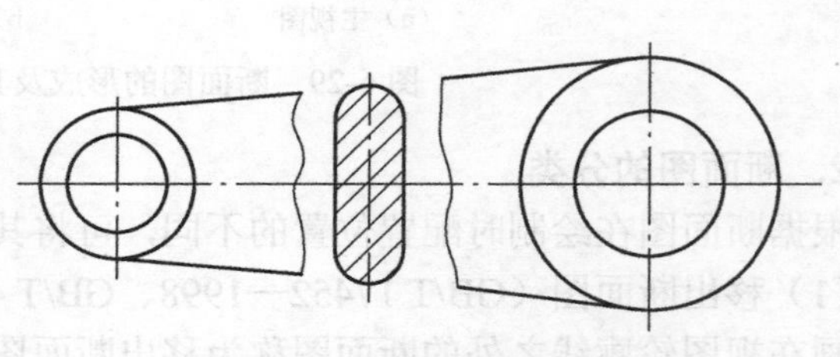

图 6-35　移出断面图示例（六）

移出断面图的标注方法如下。

① 一般在断面图上方标出其名称“×—×”，在视图的相应部位标注剖切符号及箭头以表明剖切的位置和投射方向，并标注相同的大写字母，如图 6-31 所示。

② 断面图形对称或按投影关系配置时，箭头可省略。

③ 配置在剖切符号或剖切线延长线上的不对称移出断面图可省略字母，如图 6-32（b）所示的断面图。

④ 断面图形对称且配置在剖切符号或剖切线延长线上的移出断面图（见图 6-30、图 6-34），以及配置在视图中断处的断面图（见图 6-35）均可省略标注。

（2）重合断面图（GB/T 17452—1998、GB/T 4458.6—2002）

画在视图轮廓线之内的断面图称为重合断面图（简称重合断面），如图 6-36 所示。

画重合断面图时应注意以下两点。

① 重合断面图的轮廓线用细实线绘制。当视图中的轮廓线与重合断面的轮廓线重叠时，视图的轮廓线仍应连续画出，不可间断，如图 6-37 所示。

② 重合断面图形对称时可不加任何标注，如图 6-38 所示；不对称时，在不致引起误解时可省略标注，如图 6-37 所示。

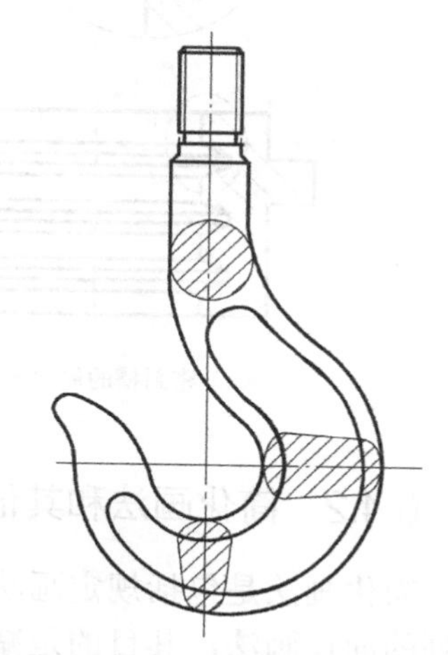

图 6-36　重合断面图示例（一）

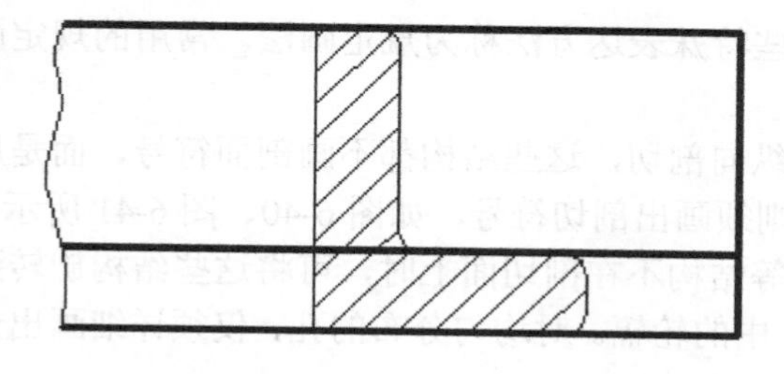

图 6-37　重合断面图示例（二）

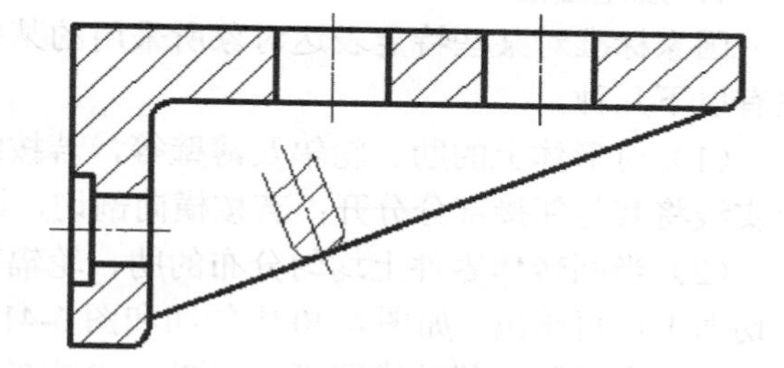

图 6-38　重合断面图示例（三）

6.4　局部放大图、简化画法和其他表达方法

6.4.1　局部放大图（GB/T 4458.1—2002）

将物体上较小的结构用大于原图形所采用的比例画出的图形称为局部放大图。局部放大图的比例是指该图形中物体要素的线性尺寸与实际物体相应要素的线性尺寸之比，其与原图形所采用的比例无关。局部放大图可画成视图，也可画成剖视图、断面图，它与被放大部分的原表达方法无关。局部放大图主要用于形体上某些细小的结构在原图形中表达得不清楚或不便于标注尺寸的场合。

局部放大图应尽量配置在被放大部位的附近，并用细实线圈出被放大的部位。同一物体上不同部位的图形相同或对称时，仅须画出一个局部放大图。标注时，当物体上仅有一处被放大的结构时，仅须在局部放大图的上方注明所采用的放大比例即可，如图 6-39（a）所示。

如果有多处，则必须用罗马数字依次标明被放大的部位，并在局部放大图的上方标出相应的罗马数字和所采用的比例，如图 6-39（b）所示。

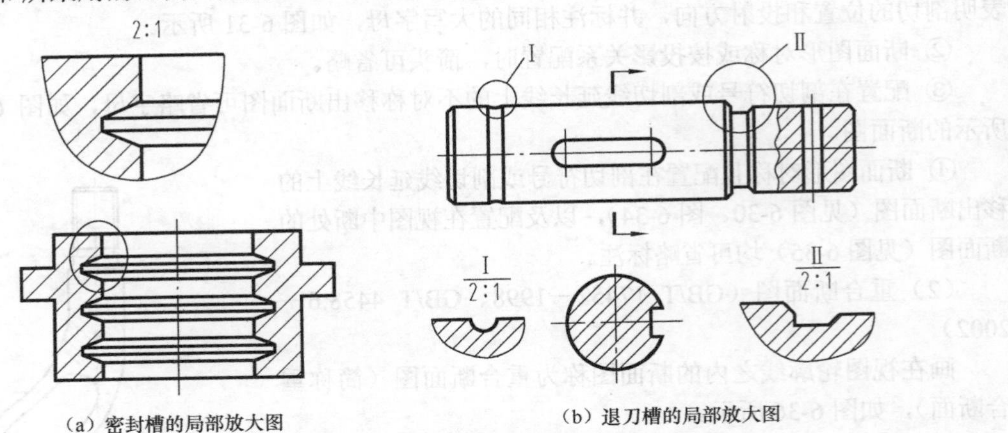

（a）密封槽的局部放大图　　（b）退刀槽的局部放大图

图 6-39　局部放大图示例

6.4.2 简化画法和其他表达方法（GB/T 16675.1—2012、GB/T 4458.1—2002）

简化画法是包括规定画法、省略画法、示意画法等在内的图示方法。国家标准规定了一系列的简化画法，其目的是减少绘图工作量，提高设计效率和图样的清晰度，满足手工制图和计算机制图的要求，以便适应技术交流的需要。

1. 规定画法

国家标准对某些特定表达对象所采用的某些特殊表达方法称为规定画法。常用的规定画法有以下几种。

（1）对形体上的肋、轮辐及薄壁等，若按纵向剖切，这些结构都不画剖面符号，而是用粗实线将其与邻接部分分开；若按横向剖切，则须画出剖切符号，如图 6-40、图 6-41 所示。

（2）当回转体零件上均匀分布的肋、轮辐等结构不在剖切面上时，可将这些结构旋转到剖切面上后再画出，如图 6-40 中的肋和图 6-41 中的轮辐。对均匀分布的孔，仅须详细画出一个，另一个只画出其轴线即可，如图 6-40 中的小孔。

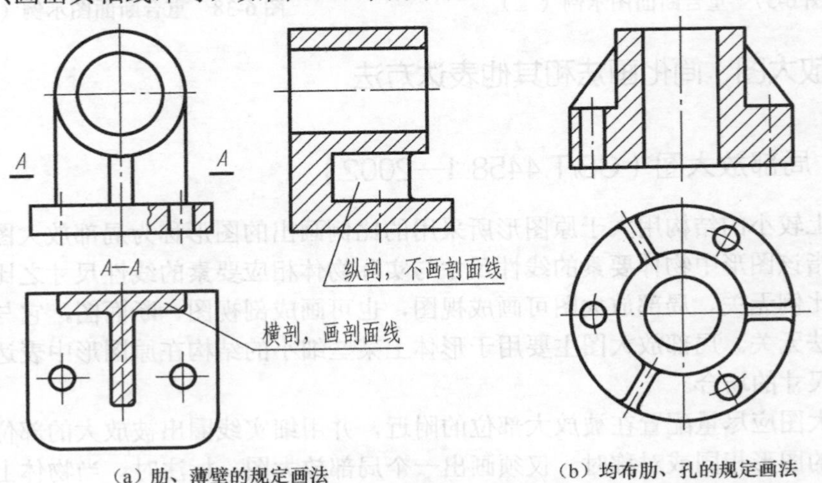

（a）肋、薄壁的规定画法　　（b）均布肋、孔的规定画法

图 6-40　肋、薄壁、孔的规定画法

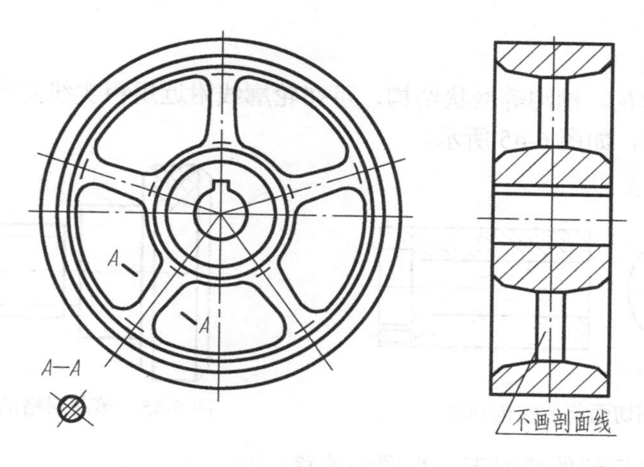

图 6-41 剖视图中均布轮辐的规定画法

2. 常用的简化画法和其他表达方法

为简化作图，国家标准还规定了若干简化画法和其他的表达方法，常用的有以下几种。

（1）对形体上若干相同且按一定规律分布的结构（如槽、齿等），仅须画出几个完整的结构，其余的用细实线连接，同时在图样中应注明该相同结构总的个数，如图 6-42（a）所示。

（2）若干个直径相同且按一定规律分布的孔（如圆孔、螺孔、沉孔等），仅须画出一个或几个，其余的用细点画线表示其中心位置，并注明孔的总数即可，如图 6-42（b）所示。

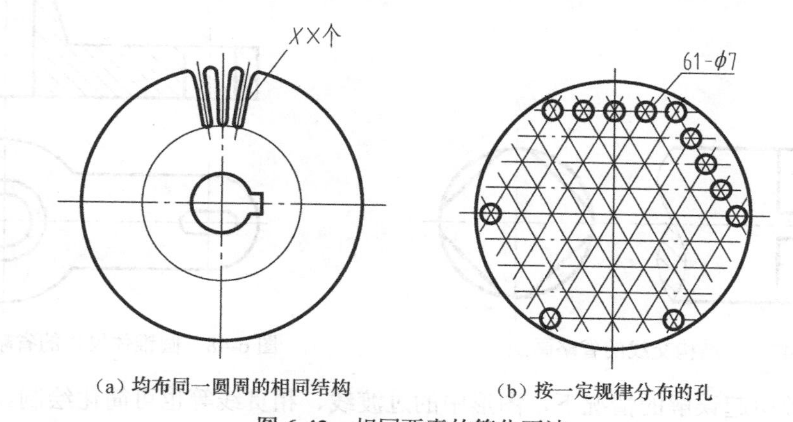

（a）均布同一圆周的相同结构　　（b）按一定规律分布的孔

图 6-42 相同要素的简化画法

（3）为了避免增加视图或剖视图，对回转体上的平面可采用平面符号（相交的两条细实线）表示，如图 6-43 所示。

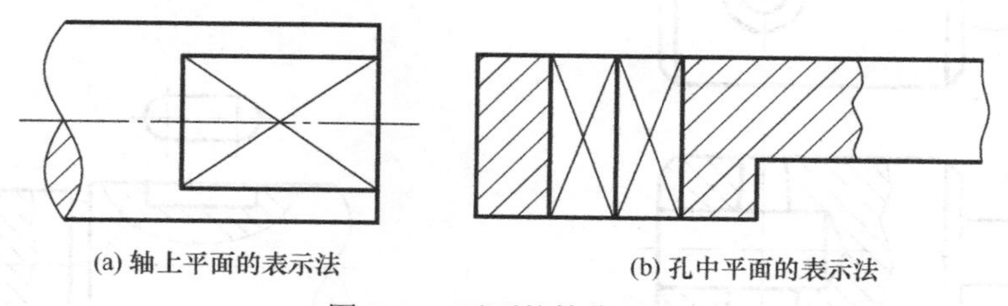

(a) 轴上平面的表示法　　(b) 孔中平面的表示法

图 6-43 平面的简化画法

（4）在需要表示位于剖切面前的结构时，这些结构可假想地用细双点画线绘制，如图 6-44

所示。

（5）零件上的滚花、槽沟等网状结构，可在轮廓线附近用粗实线完全或局部画出的方法表示，也可省略不画，如图 6-45 所示。

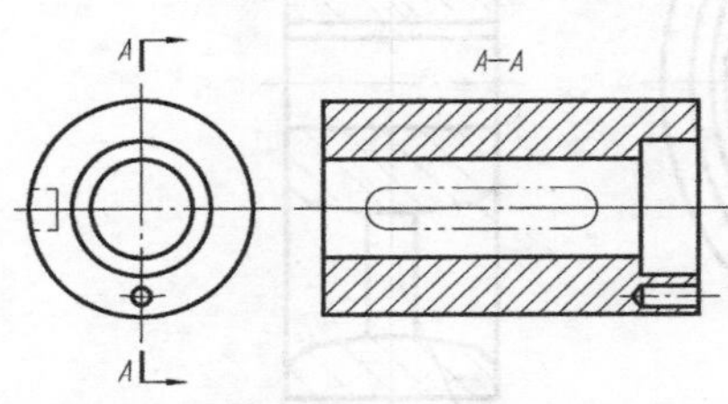

图 6-44　剖切面前的结构画法

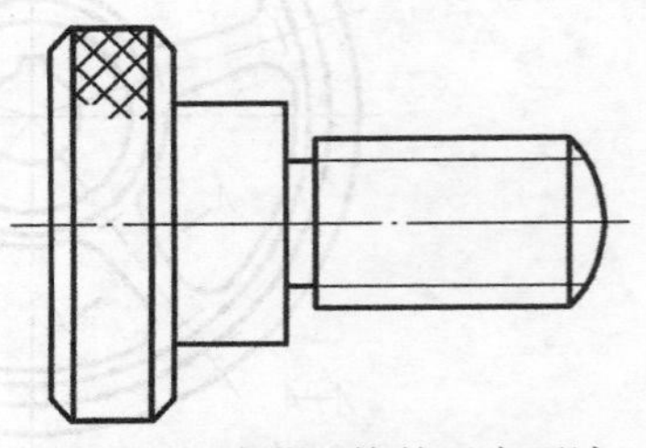

图 6-45　滚花网格的示意画法

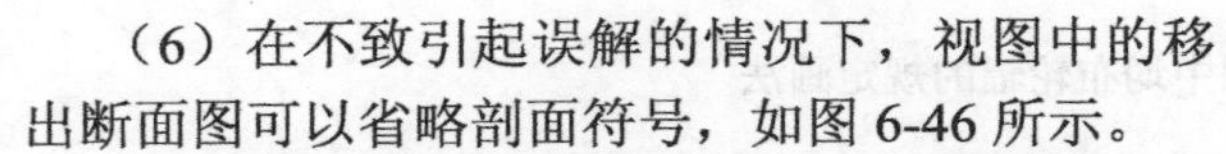

（6）在不致引起误解的情况下，视图中的移出断面图可以省略剖面符号，如图 6-46 所示。

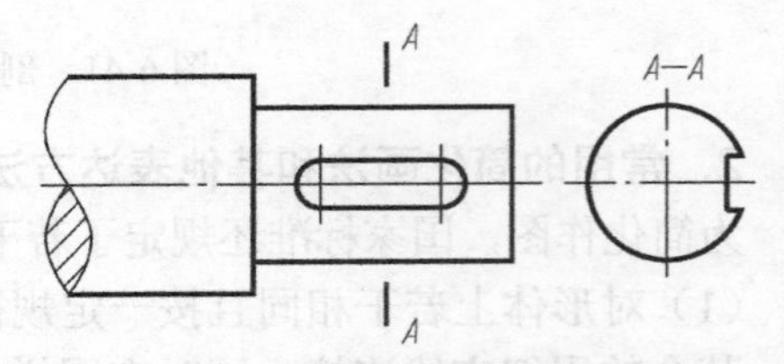

图 6-46　移出断面图中剖面符号省略画法

（7）较小的结构在一个视图中已表达清楚时，其在其他视图中的投影可简化或省略，如图 6-47 主视图中方头的投影和图 6-48 主视图中扁孔的投影都省略了截交线，图 6-48 俯视图的右端省略了圆锥体的大底圆。

图 6-47　小结构交线的省略画法

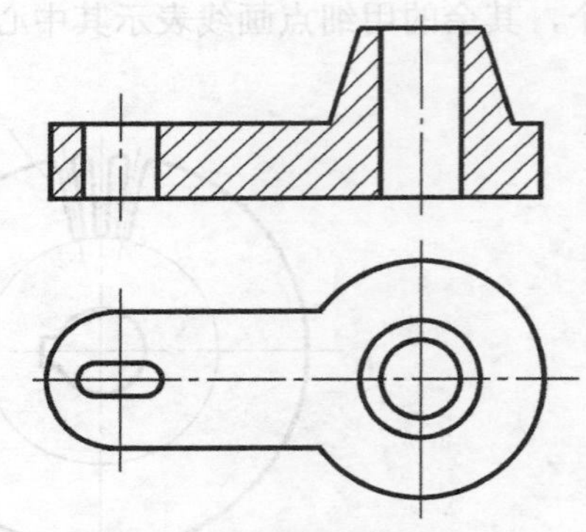

图 6-48　圆锥体投影的省略画法

（8）在不致引起误解的情况下，图形中的过渡线、相贯线等也可简化绘制。例如，用直线代替曲线，如图 6-49 和图 6-50 所示。

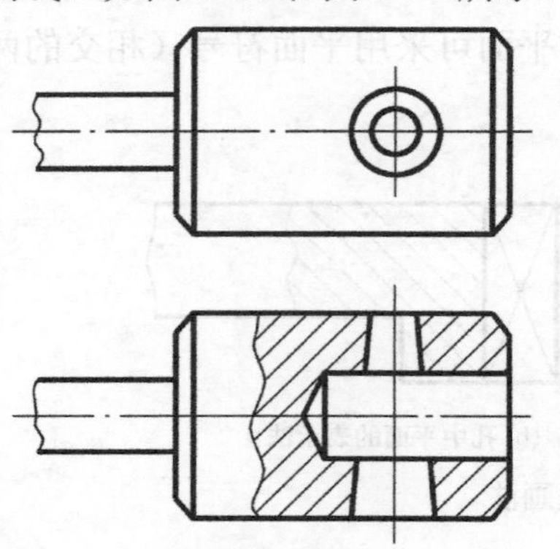

图 6-49　圆锥孔相贯线的简化画法

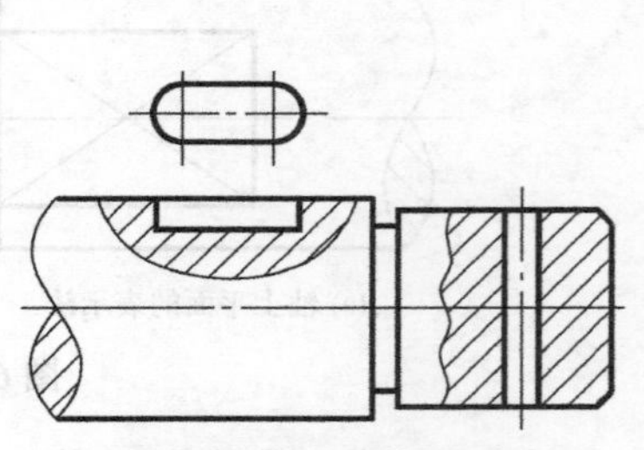

图 6-50　交线的简化画法

（9）对带孔圆盘可按图 6-51 来表示对称结构。

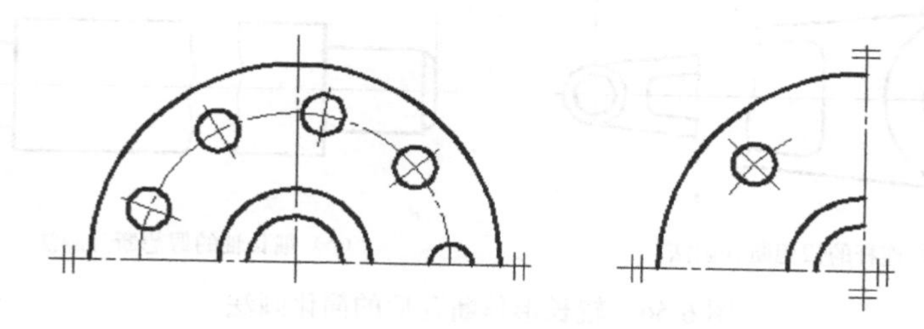

图 6-51 对称结构的简化画法

（10）表示圆柱形法兰或类似零件上均匀分布孔的数量和位置时，可按图 6-52 绘制。

（11）与投影面倾斜角度小于或等于 30°的圆或圆弧，可用圆或圆弧代替其投影的椭圆，如图 6-53 所示。

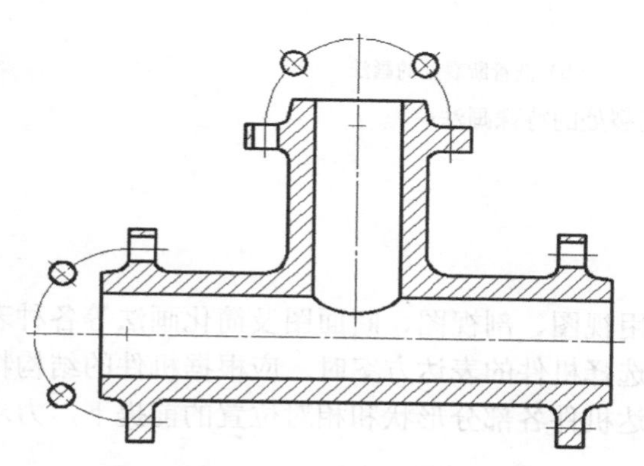

图 6-52 圆柱形法兰上均匀分布孔的简化画法

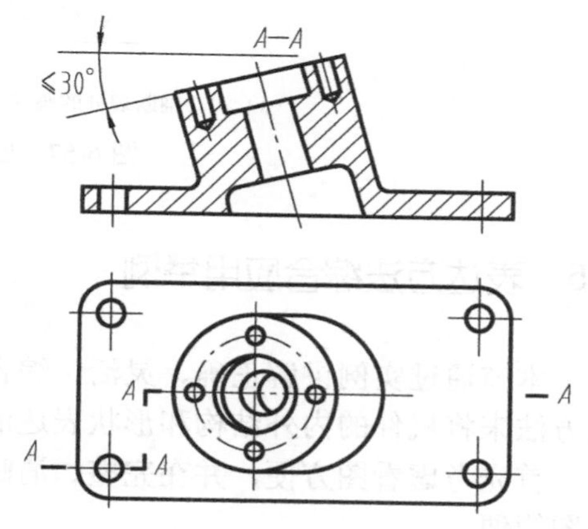

图 6-53 ≤30°倾斜圆的简化画法

（12）形体上斜度不大的结构，若在一个视图中已表达清楚，则其他视图中可只按其小端画出，如图 6-54 所示。

（13）在不致引起误解的情况下，图形中的小圆角、锐边倒圆等在视图中可以省略不画，但必须在图中注明尺寸或在技术要求中加以说明，如图 6-55 所示。

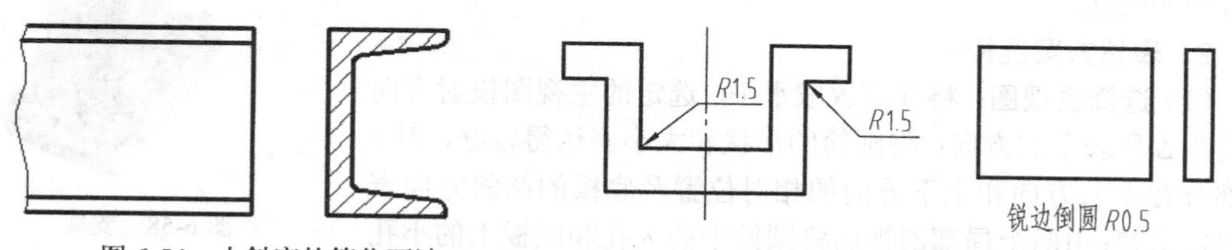

图 6-54 小斜度的简化画法

图 6-55 小圆角、锐边倒圆等的简化画法

（14）较长的零件（如轴、杆、型材、连杆等）沿长度方向的形状一致或按一定规律变化时，可将其断开后缩短绘制，但长度尺寸应标注实长；其断裂边界既可用波浪线绘制也可用双折线或细双点画线绘制，如图 6-56 所示。

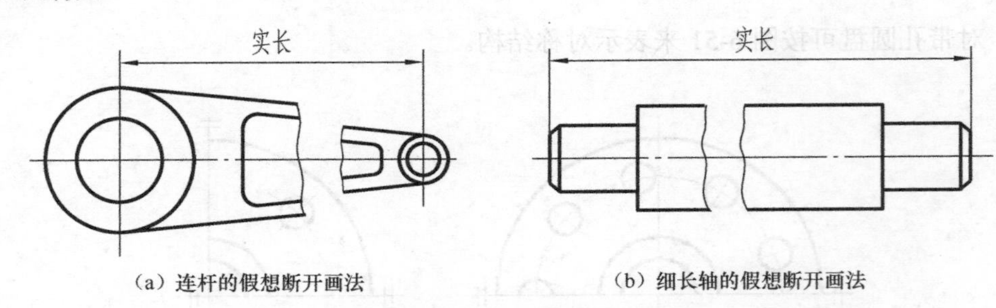

（a）连杆的假想断开画法　　（b）细长轴的假想断开画法

图 6-56　较长形体断开后的简化画法

（15）回转体断裂处的特殊画法如图 6-57 所示。

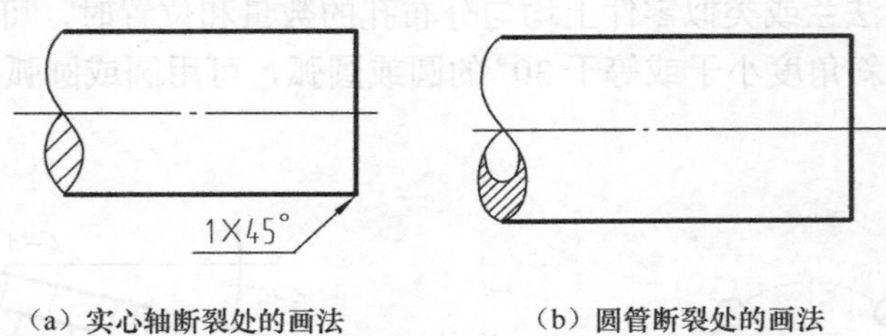

（a）实心轴断裂处的画法　　（b）圆管断裂处的画法

图 6-57　回转体断裂处的特殊画法

6.5 表达方法综合应用举例

本节通过实例讲解正确、灵活、综合地运用视图、剖视图、断面图及简化画法等各种表达方法来将机件的内外结构和形状表达清楚。选择机件的表达方案时，应根据机件的结构特点，首先考虑看图方便，并在完整、清晰地表达机件各部分形状和相对位置的前提下，力求作图简便。

【例 6-1】选取适当的表达方案来表达图 6-58 所示的支架。

1．形体分析

支架在机器中一般是用来支撑轴件的。它由水平圆筒、倾斜底板和十字肋（连接圆筒和底板的两块相互垂直的肋板）3 部分组成；整个零件在一个方向（左右方向）上是对称的，对称面通过圆筒的轴线。

图 6-58　支架

2．表达方案选择

（1）**选择主视图**：将圆筒放成水平，选定的主视图投射方向为箭头 S 所表示的方向；将圆筒的形状和大小表达得较好，对 3 个部分在左右方向和上下方向的相对位置及底板的倾斜方向表达得很清楚；用两个局部剖视图将圆筒中的大孔和底板上的小孔表达清楚。

（2）**选择其他视图**：以主视图的表达情况为基础，为表达清楚每个形体的形状和它们的相对位置，应按形体分析逐一考虑。圆筒、十字肋和倾斜底板都是柱体，主视图没有表达它们的**底面形状**，同时它们在**前后方向的相对位置**也未表达清楚，因此，根据主视图的表达情况，选配其他视图。

（3）**选择左视图**：圆筒应选配左视图，左视图采用局部视图（由于倾斜底板在左视图中的投影绘制较麻烦）表达圆筒的底面形状和它与十字肋在前后方向上的相对位置。

（4）**选择断面图**：移出断面图表示十字肋的截断面形状。

（5）**选择斜视图**：斜视图表示倾斜底板与十字肋在前后方向上的相对位置（通过在斜视图中加画一段十字肋的投影来表达），且 *A* 向斜视图采用旋转画法。

这样，支架的内外形状可全部表达清楚，且作图简便，如图 6-59 所示。

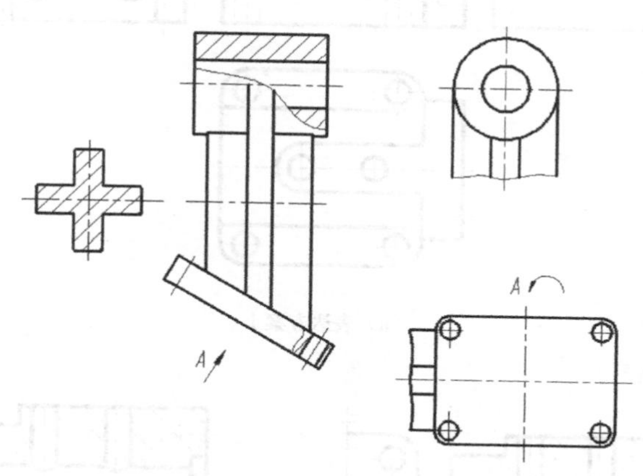

图 6-59 支架的表达方案

【例 6-2】用适当的方案表达图 6-60 的箱体。

1．形体分析

箱体是由底板①、圆形柱体②、左端面③、顶部凸台④这 4 个部分组成的，这 4 个部分均有圆孔。整个箱体在前后方向上是对称的。

图 6-60 箱体

2．表达方案选择

（1）**选择主视图**：确定箱体的放置位置和投射方向，如图 6-60 所示。主视图可以选用单一剖切面剖得的全剖视图或局部剖视图。若采用全剖视图，则不能更多地表达内部结构，相反还会失去表达外部形状的机会；而采用局部剖视图则可以将内部结构和外部形状兼顾表达。

（2）**选择其他视图**：主视图表达后，发现 4 个部分的特征面形状没有表达清楚，因此还须选配其他视图。

表达方案 1：选择俯视图、左视图和右视图 3 个基本视图表达，如图 6-61（a）所示。

表达方案 2：把左视图和右视图改为局部视图表达，如图 6-61（b）所示。

表达方案 3：用俯视图表达高度方向的特征面实形和 4 个结构之间的相对位置。前后对称的特征面实形用两个平行的剖切面作 *A*—*A* 半剖视图表达，如图 6-61（c）所示。

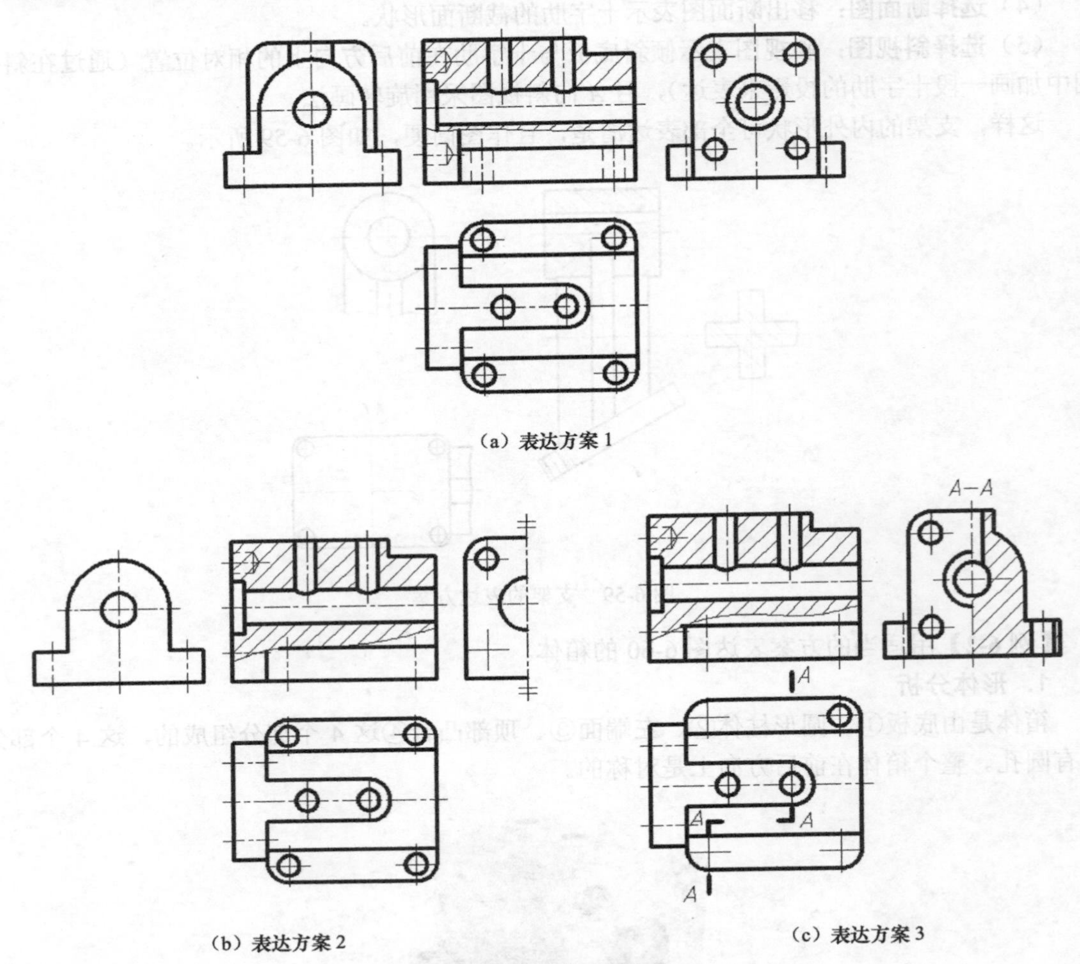

（a）表达方案 1

（b）表达方案 2

（c）表达方案 3

图 6-61　箱体的表达方案

3．表达方案比较

3 个表达方案由于采用不同的表达方法，因此对应的图形数量不同。

方案 1 和方案 2 用了 4 个图形，其中的左、右基本视图与局部视图相比，基本视图表达的完整性略强，用局部视图则更加突出了表达重点。

方案 3 虽然只用了 3 个视图表达，但用两个平行的剖切面剖得的半剖视图表达 3 个不同层面上的形状，体现了用几个平行的剖切面剖切箱体可同时表达多层面空腔形状和半剖视图可兼顾表达内部结构、外部形状的方便性。

此类箱体形状较简单，3 种表达方案体现了绘图者的不同偏好。对形状复杂的形体，结构在各视图间进行必要的重复表达可以提供直观的图形关联信息，以给看图者带来方便。

【例 6-3】用适当的表达方案来表达图 6-62 所示的四通管。

1．形体分析

由图 6-62 可知，四通管主要由 3 个部分组成，中间是上下贯通且上下带有不同形状连接盘（也称法兰盘）的圆管，上部左侧和中部右偏前处是带有不同形状连接盘的水平圆管，且其与中间竖管相通。

2．表达方案选择

（1）**选择主视图**：为了清楚地表达四通管的连通情况，主视图需要进行剖切。由于两侧圆管的轴线和中间圆管的轴线不在同一平面内，因此不能采用单一剖切面剖切，而应采用两相交剖切面剖切。这里主视图采用了 *A*—*A* 全剖视图（见图 6-63），主要表达内孔的连通情况，同时各管的每段直径大小也表达清楚了。

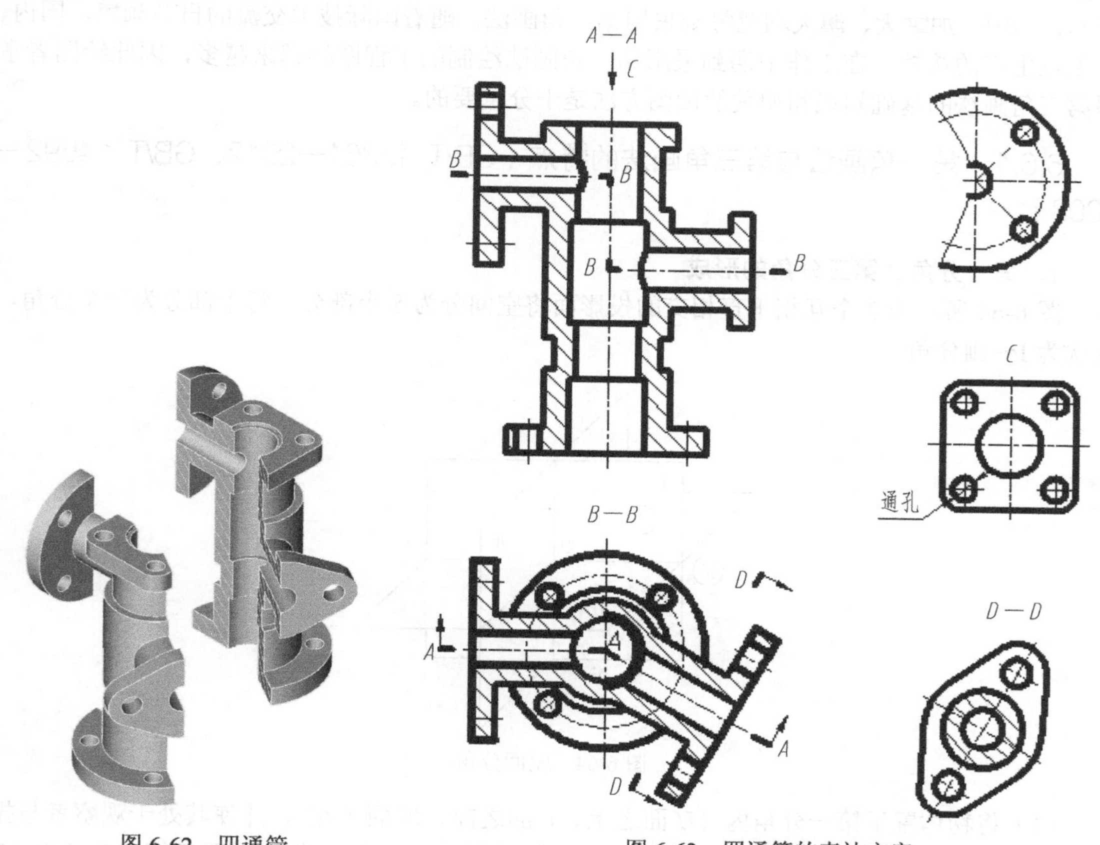

图 6-62　四通管

图 6-63　四通管的表达方案

（2）**选择其他视图**：为了表达右偏前水平圆管的位置，还必须采用俯视图。那么，俯视图要不要剖切呢？若不剖切，中间竖管两端连接盘在俯视图上就会重叠在一起，看起来不清楚，因此，通过两水平圆管的轴线采用两个平行的剖切面获得 *B*—*B* 全剖视图，主要表达右侧相对正面倾斜的水平管的位置和下底板的形状。有了主视图和俯视图，四通管的大致结构形状已经表达清楚，但还有 3 个管口的连接盘形状没有表达清楚，因此，采用 *C* 向局部视图主要表达竖管上方连接盘的形状及其 4 个孔的分布情况；*D*—*D* 斜剖视图主要表达右前方水平管的连接盘形状及其两个孔的分布情况；左上方水平管的连接盘形状及其 4 个孔的分布采用局部视图表达，其符合省略标注的条件，故省略了标注；又由于图形对称，故采用了大于一半的简化画法。整个表达方案采用两个基本视图、两个局部视图和一个斜剖视图，就清楚地表达出了这个四通管。若把 *D*—*D* 斜剖视图改用一个斜视图表达，同样也可以将这根右前方水平管的连接盘形状及其两个孔的分布情况表达清楚。

6.6 第三角画法简介

在工程制图中，常采用多面正投影图（即视图）表达机器或机件。根据投影系分角的不同，可分为第一角画法和第三角画法两种。国际标准规定第一角画法和第三角画法等效使用。国际上大多数国家（如中国、英国、法国、德国、俄罗斯等）都是采用第一角画法；美国、日本、韩国、加拿大、澳大利亚等则采用第三角画法。随着国际技术交流的日益频繁，国内、外工业生产的接轨，在工作中遇到采用第三角画法绘制的工程图样越来越多，因此绘图者掌握第三角画法的基础知识和相关的读图方法是十分重要的。

6.6.1 第一角画法与第三角画法的特点（GB/T 13361—2012、GB/T 14692—2008）

1．第一分角、第三分角的形成

图 6-64 所示为 3 个互相垂直相交的投影面将空间分为 8 个部分，每个部分为一个分角，依次为Ⅰ～Ⅷ分角。

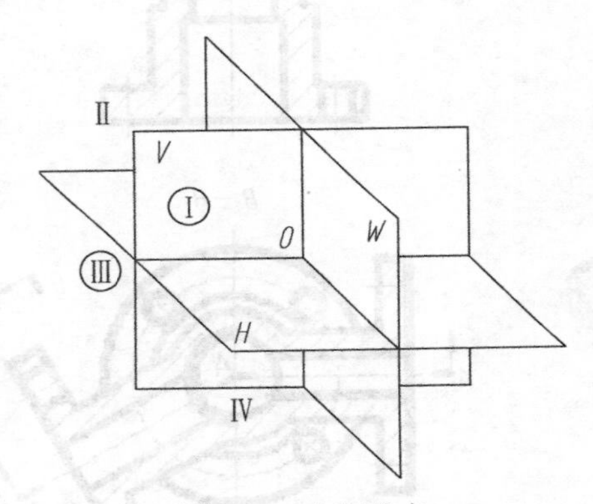

图 6-64 空间分角

（1）将物体置于第一分角内（*H* 面之上、*V* 面之前、*W* 面之左），并使其处于观察者与投影面之间而得到正投影的方法，称为第一角画法[见图 6-65（a）]。将物体置于第三分角内（*H* 面之下、*V* 面之后、*W* 面之左），并使其投影面处于观察者与物体之间而得到正投影的方法，称为第三角画法[见图 6-65（b）]。第三角画法是把投影面看作透明的。

（2）在第三角画法中，在 *V* 面上形成自前方投射所得的主视图，在 *H* 面上形成自上方投射所得的俯视图，在 *W* 面上形成自右方投射所得的右视图，如图 6-65（b）所示。展开时，*V* 面保持正立位置不动，将 *H* 面、*W* 面分别绕它们与 *V* 面的交线向上、向右旋转 90°，与 *V* 面展成同一个平面，得到物体的三视图。采用第三角画法得到的三视图与第一角画法一样有相同的投影规律，即主视图、俯视图长对正，主视图、右视图高平齐，俯视图、右视图宽相等，前后对应。

（3）第三角画法和第一角画法一样，也有 6 个基本视图。将物体向正六面体的 6 个平面（基本投影面）进行投射，然后按图 6-66 所示的方法展开，即得 6 个基本视图，它们相应的配置如图 6-67 所示。

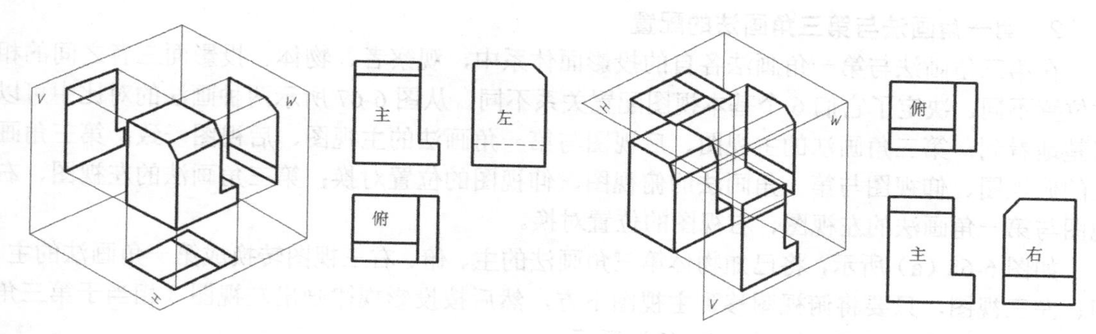

图 6-65 第一角画法与第三角画法的位置关系对比

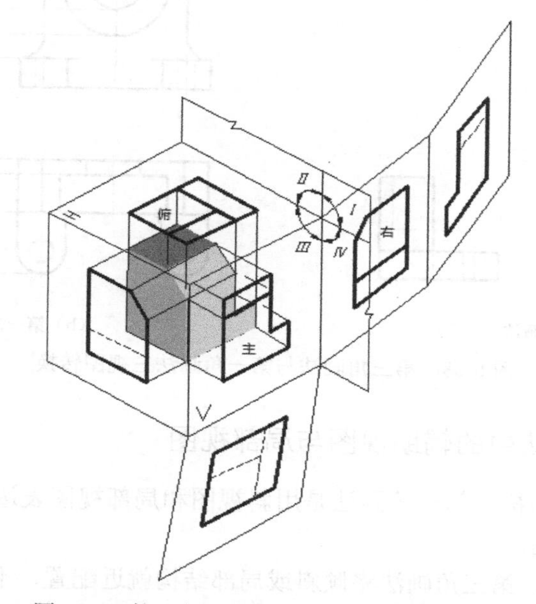

图 6-66 第三角画法的 6 个基本视图及其展开

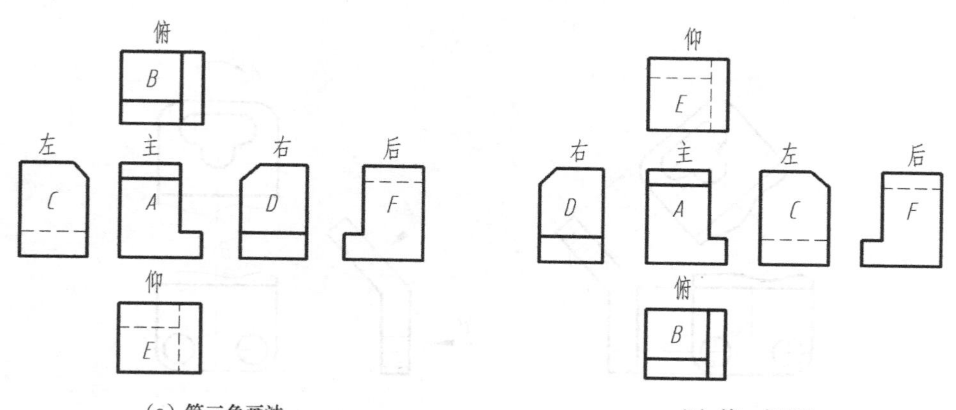

图 6-67 第三角画法与第一角画法的 6 面视图对比

2．第一角画法与第三角画法的配置

在第三角画法与第一角画法各自的投影面体系中，观察者、物体、投影面三者之间的相对位置不同，决定了它们6个基本视图配置关系不同。从图6-67所示两种画法的对比中可以清楚地看到：第三角画法的主视图、后视图与第一角画法的主视图、后视图一致；第三角画法的俯视图、仰视图与第一角画法的俯视图、仰视图的位置对换；第三角画法的左视图、右视图与第一角画法的左视图、右视图的位置对换。

如图6-68（a）所示，将已知物体第三角画法的主、俯、右三视图转换成第一角画法的主、俯、左三视图，只要将俯视图移到主视图下方，然后按投影规律画出左视图（相当于第三角画法中的左视图）即可，如图6-68（b）所示。

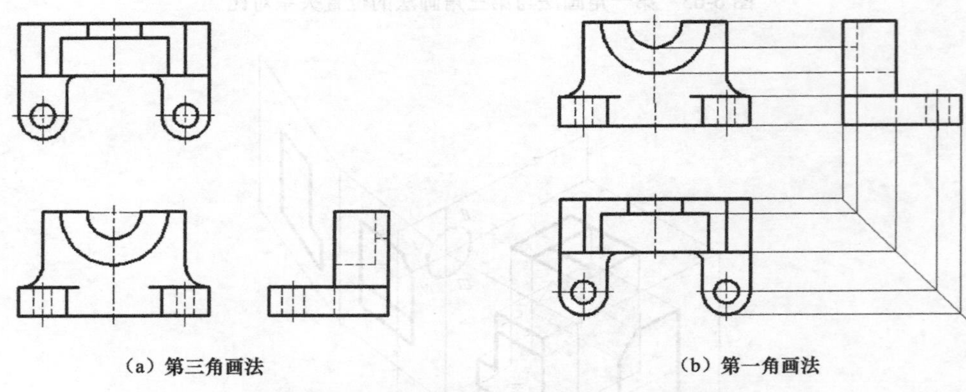

（a）第三角画法　　（b）第一角画法

图6-68　第三角画法与第一角画法三视图转换

6.6.2 第三角画法中的辅助视图与局部视图

对于物体上的倾斜结构，第一角画法是用斜视图和局部视图表达的，在第三角画法中称之为辅助视图和局部视图。

如图6-69（a）所示，第三角画法将倾斜或局部结构就近配置，不必标注，且局部结构的断裂处画粗波浪线。图6-69（b）所示为第一角画法。显然，第三角画法比较精练，便于绘图和读图。

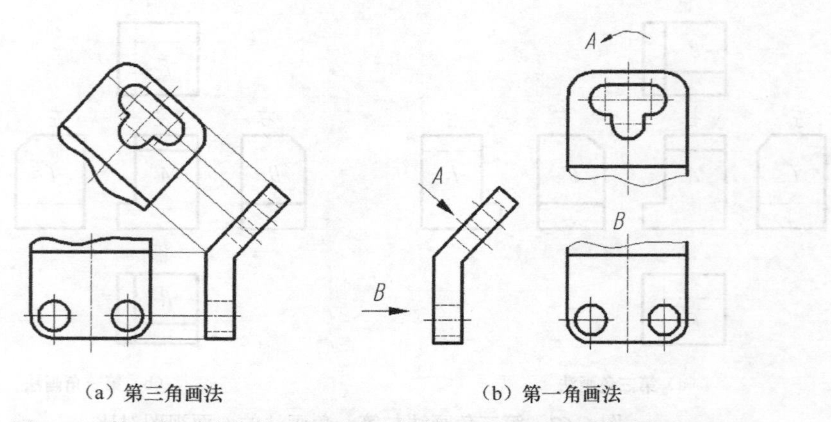

（a）第三角画法　　（b）第一角画法

图6-69　第三角画法与第一角画法中的斜视图和局部视图画法对照

在采用第一角画法绘制的图样中，允许按第三角画法绘制局部视图，这种局部视图应配置在视图上所需表示物体局部结构的附近，并用细点画线将两者相连，如图6-70所示。此时无须另行标注。

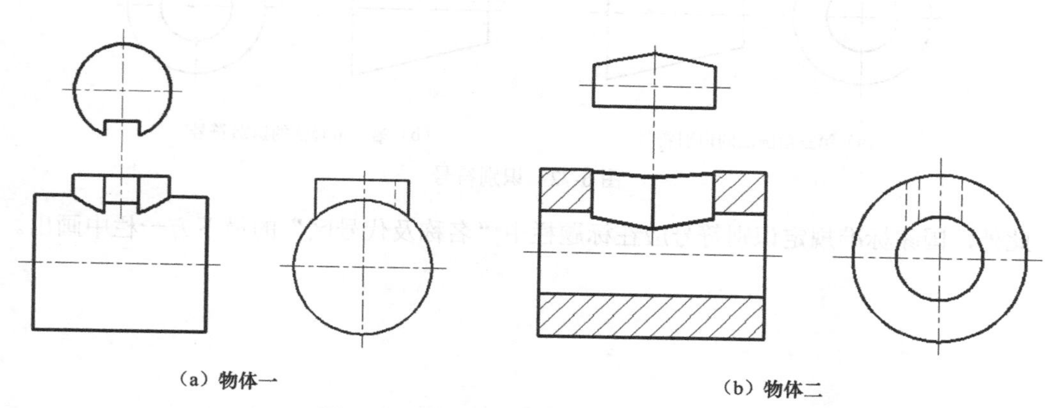

图6-70 按第三角画法配置的局部视图

6.6.3 第三角画法中的剖视图和断面图

在第三角画法中，剖视图和断面图统称为剖面图，并分为全剖面图、半剖面图、破裂剖面图、旋转剖面图和移出剖面图等。如图6-71所示，主视图采用（阶梯状）全剖面图，左视图采用半剖面图。在主视图中，左面的肋板也不画剖面线，肋板移出断面在断裂处画粗波浪线。剖面的标注与第一角画法也不同，剖切线用粗双点画线表示，并以箭头指明投射方向，剖面名称写在剖面图的下方。

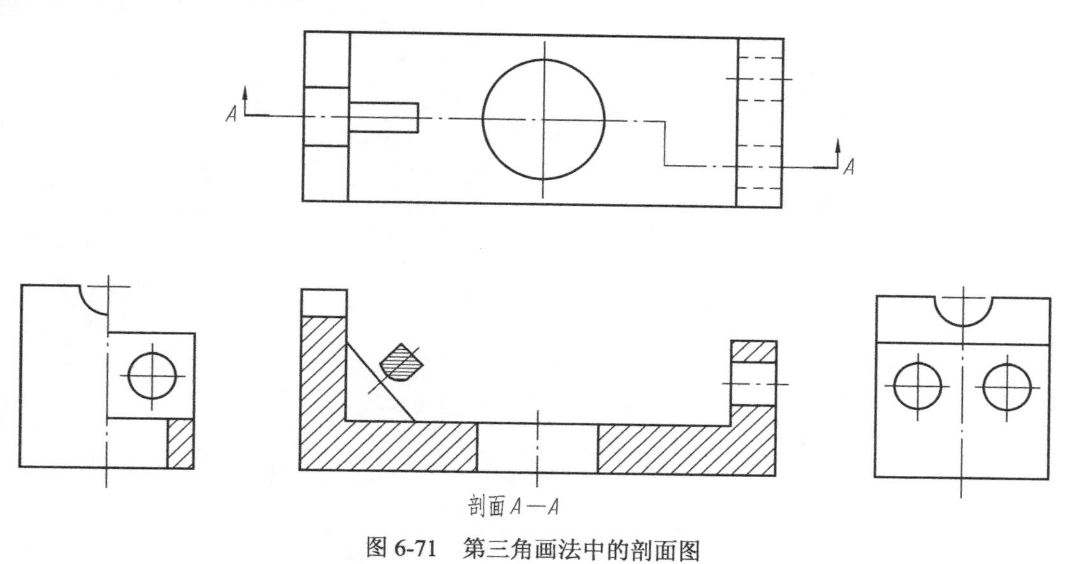

图6-71 第三角画法中的剖面图

6.6.4 第三角画法与第一角画法的识别符号

国家标准规定，在使用第三角画法时，必须在图样中画出第三角画法的识别符号，必要时也可画出第一角画法的识别符号，如图 6-72 所示。

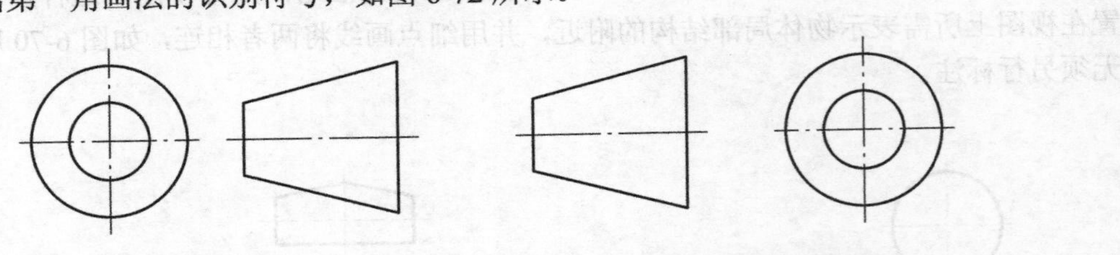

（a）第三角画法的识别符号　　（b）第一角画法的识别符号

图 6-72　识别符号

此外，国家标准规定识别符号应在标题栏中“名称及代号区”的最下方一栏中画出。

第7章 图样的特殊表达方法

在各种机器设备中，常会用到螺栓、螺母、垫圈、键、销、滚动轴承、弹簧等零件。这些零件用量特别大，而且有的形状又很复杂，单独加工这些零件成本特别高。为了提高产品质量、降低生产成本，这些零件一般由专门的工厂大批量生产。国家对这类零件的结构、尺寸和技术要求等实行标准化，故称这类零件为标准件。对另一类常会用到的零件（如齿轮），国家只对它们的部分结构和尺寸实行标准化，习惯上称这类零件为常用件。为了提高绘图效率，对标准件和常用件的结构与形状可不必按其真实投影画出，而只要根据相应的国家标准所规定的画法、代号和标记进行绘图和标注即可。

7.1 螺纹

7.1.1 螺纹的形成及结构要素

1. 螺纹的形成

在圆柱或圆锥表面上沿螺旋线所形成的具有相同轴向剖面的连续凸起和沟槽的螺旋体称为螺纹。螺纹也可以看作是由平面图形（如三角形、梯形、矩形、锯齿形等）绕着与它共平面的轴线做螺旋运动的轨迹。图 7-1 所示为在车床上加工螺纹的方法。在圆柱或圆锥外表面加工的螺纹称为外螺纹，在圆柱或圆锥内表面加工的螺纹称为内螺纹。内、外螺纹一般总是成对使用。

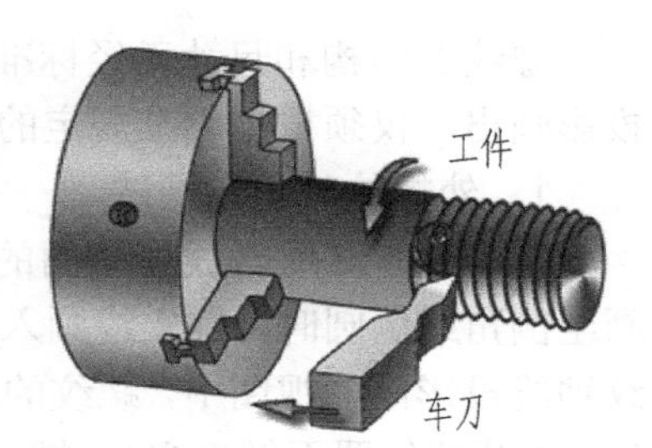

图 7-1 螺纹的加工方法

2. 螺纹的结构要素（GB/T 14791—2013）

螺纹各部分的结构名称如图 7-2 所示。其基本结构要素名称介绍如下。

（1）牙型。在螺纹轴线平面内的螺纹轮廓形状，即在通过螺纹轴线的剖面上的螺纹轮廓形状称为螺纹的牙型。常见的螺纹牙型有三角形、梯形和锯齿形等。

（2）螺纹的直径。螺纹的直径有以下 3 种。

① 大径：螺纹的最大直径，即与外螺纹牙顶或内螺纹牙底相切的假想圆柱或圆锥的直径。对外螺纹为牙顶所在圆柱面的直径用 d 表示；对内螺纹为牙底所在圆柱面的直径用 D 表示。

② 小径：螺纹的最小直径，即与外螺纹牙底或内螺纹牙顶相切的假想圆柱或圆锥的直径。对外螺纹为牙底所在圆柱面的直径用 d_1 表示；对内螺纹为牙顶所在圆柱面的直径用 D_1 表示。

③ 中径：假想一个圆柱的直径，该圆柱的母线通过牙型上沟槽宽度和凸起宽度相等的地方，此假想圆柱称为中径圆柱，其直径即中径。对外螺纹中径用 d_2 表示；对内螺纹中径用 D_2 表示。

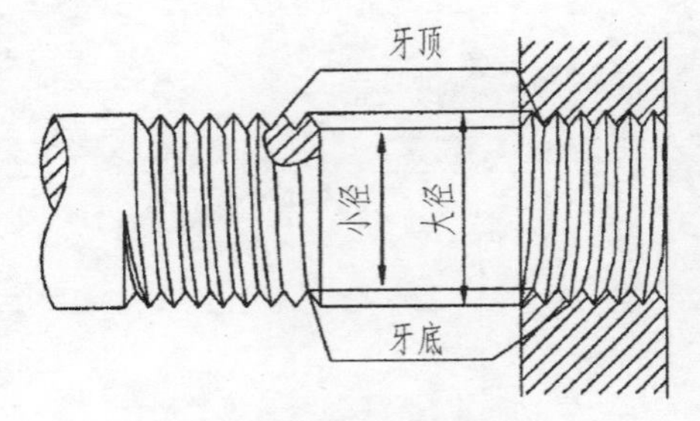

图 7-2　螺纹的结构名称

（3）公称直径。代表螺纹尺寸的直径称为公称直径。对紧固螺纹和传动螺纹，其大径基本尺寸是螺纹的代表尺寸；对管螺纹，其管子公称尺寸是螺纹的代表尺寸。

（4）线数。螺纹有单线和多线之分，只有一个起始点的螺纹称为单线螺纹，具有两个或两个以上起始点的螺纹称为多线螺纹。线数的代号用 n 表示。

（5）螺距与导程。螺距是指相邻两牙体上对应牙侧与中径线相交两点间的轴向距离，用 P 表示。导程是指最邻近的两同名牙侧与中径线相交两点间的轴向距离，用 P_h 表示。导程与螺距的关系式为：$P_h=nP$。

（6）旋向。内、外螺纹旋合时的旋转方向称为旋向。螺纹的旋向有左旋和右旋两种，如图 7-3 所示。在内、外螺纹旋合时，顺时针方向旋入的螺纹为右旋螺纹，逆时针方向旋入的螺纹为左旋螺纹。

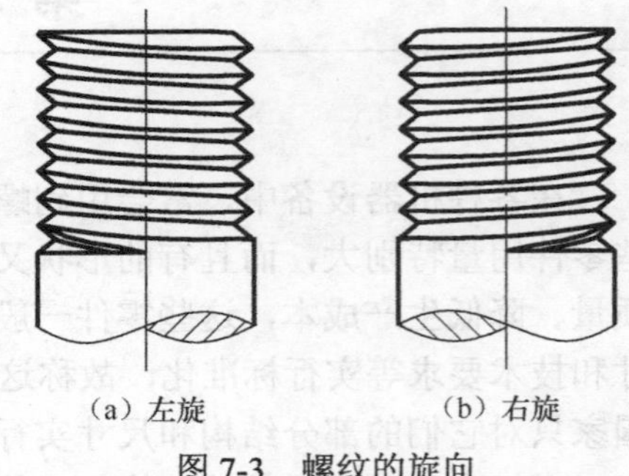

图 7-3　螺纹的旋向

3．螺纹三要素

对于螺纹来说，只有当牙型、大径、螺距、线数和旋向等要素都相同时，内、外螺纹才能旋合在一起。在螺纹的各要素中，牙型、大径和螺距是决定螺纹结构规格的基本要素，称为螺纹三要素。凡螺纹三要素符合国家标准的，称为标准螺纹；牙型不符合国家标准的，称为非标准螺纹。

7.1.2　螺纹的规定画法（GB/T 4459.1—1995）

螺纹的结构和尺寸已经标准化。为了提高绘图效率，对螺纹的结构与形状可不必按真实投影画出，仅须根据标准规定的画法和标记进行绘图和标记。

1．外螺纹的规定画法

在平行于螺纹轴线投影面的视图中，螺纹的大径用粗实线表示，小径用细实线表示（当画至倒角或倒圆时，细实线画入倒角或倒圆部分），螺纹的终止线用粗实线表示。在垂直于螺纹轴线投影面的视图中，螺纹的大径圆用粗实线表示，小径圆用细实线画约 3/4 圆表示（空出约 1/4 圆的位置不做规定），螺杆上倒角投影不画。外螺纹的规定画法如图 7-4 所示。

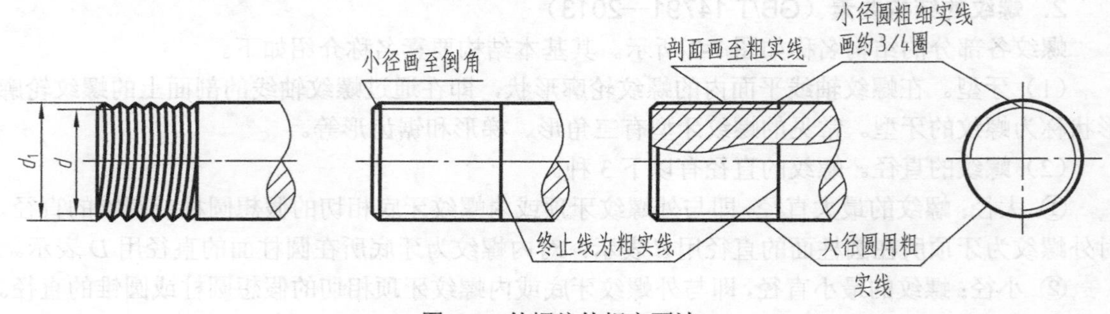

图 7-4　外螺纹的规定画法

2. 内螺纹的规定画法

在平行于内螺纹轴线投影面的视图中，内螺纹通常画成剖视图，螺纹的大径画为细实线，小径画为粗实线且不画入倒角区，螺纹的终止线画为粗实线。用视图表示时，所有图线均用细虚线表示。在垂直于内螺纹轴线投影面的视图中，螺纹的大径圆用细实线画约 3/4 圆表示（空出约 1/4 圆的位置不做规定），小径圆用粗实线表示，螺孔上倒角投影不画。绘制不穿通的螺孔时，一般应将钻孔深度与螺纹部分深度分别画出，并在钻孔底部画出顶角为 120° 的锥坑。当螺纹不可见时，所有的图线均用细虚线表示，如图 7-5 所示。

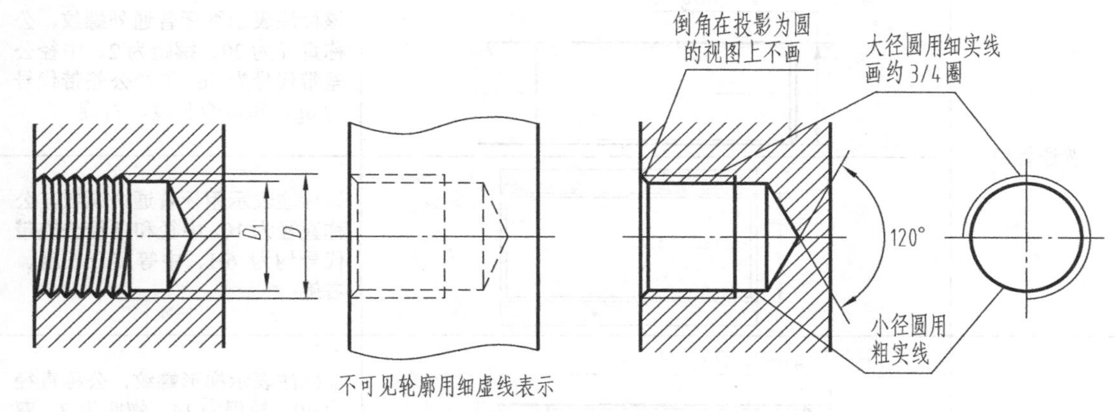

图 7-5 内螺纹的规定画法

3. 内、外螺纹旋合连接的规定画法

一般采用全剖视图来绘制内、外螺纹的旋合，此时旋合部分按外螺纹画，其余部分按各自的规定画法绘制，如图 7-6 所示。画图时，要注意内、外螺纹的小径和大径的粗、细实线应分别对齐，并将剖面线画到粗实线。螺杆为实心杆件，通过其轴线全剖视图时，标准规定该部分按不剖绘制。

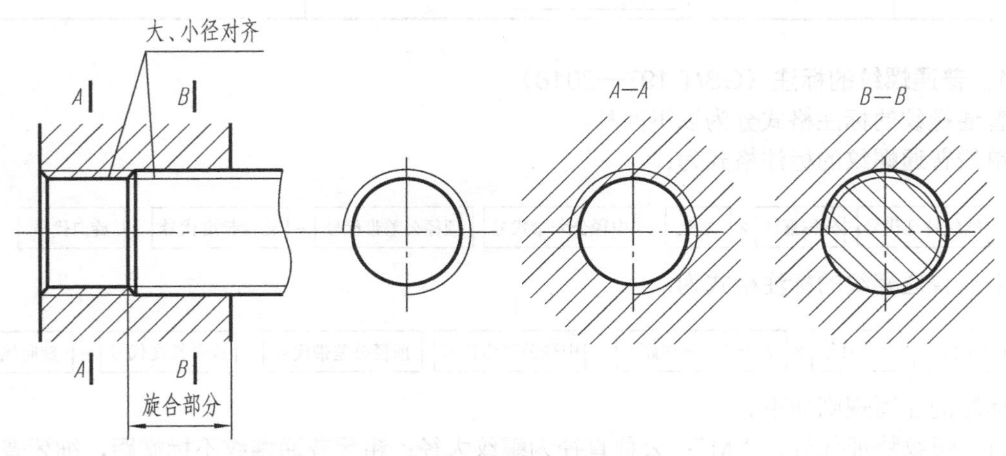

图 7-6 内、外螺纹旋合连接的规定画法

7.1.3 常用螺纹种类及标注

螺纹按用途分为连接螺纹和传动螺纹两类，前者起连接作用，后者用来传递动力和运动。

连接螺纹常见的有 3 种标准螺纹，即粗牙普通螺纹、细牙普通螺纹和管螺纹；传动螺纹常见的有梯形螺纹和锯齿形螺纹。

螺纹按国家标准的规定画法画出后，图样上并未表明螺纹种类和螺纹要素，因此，绘图者需要采用标注代号或标记的方式对此进行说明。表 7-1 列出了常用标准螺纹的标注示例及说明。

表 7-1　　常用标准螺纹的标注示例及说明

螺纹种类	标注示例	说　明
普通螺纹	M20×2-5g6g-S	该标注表示细牙普通外螺纹，公称直径为 20、螺距为 2、中径公差带代号为 5g、顶径公差带代号为 6g、短旋合长度、右旋
	M10-6H	该标注表示粗牙普通内螺纹，公称直径为 10、中径和顶径公差带代号均为 6H、中等旋合长度、右旋
梯形螺纹	Tr40×14(P7)LH-8e-L	该标注表示梯形螺纹，公称直径为 40、导程为 14、螺距为 7、双线、中径和顶径公差带代号均为 8e、长旋合长度、左旋
非密封管螺纹	G1	该标注表示非密封管螺纹，尺寸代号为 1 英寸、右旋

1. 普通螺纹的标注（GB/T 197—2018）

普通螺纹的标注格式分为以下两种。

单线普通螺纹的标注格式为：

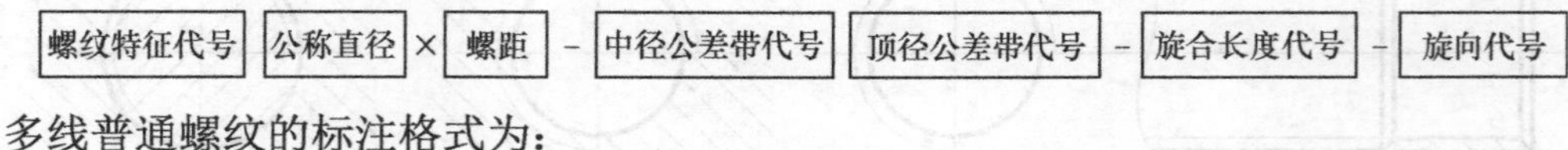

多线普通螺纹的标注格式为：

螺纹特征代号 | 公称直径 | × | P_h 导程（P 螺距） | - | 中径公差带代号 | 顶径公差带代号 | - | 旋合长度代号 | - | 旋向代号

标注的注写规则如下。

（1）螺纹特征代号为“M”；公称直径为螺纹大径；粗牙普通螺纹不标螺距，细牙普通螺纹必须标注螺距。多线螺纹的尺寸代号为“公称直径×P_h 导程（P 螺距）”，须注写“P_h”和“P”字样。右旋螺纹的旋向省略标注，左旋螺纹的旋向标注“LH”。

（2）螺纹公差带代号包括中径公差带代号和顶径公差带代号，两者相同时只标注一个代号。大写字母代表内螺纹，小写字母代表外螺纹；最常用的中等公差精度螺纹（外螺纹为 6g、内螺纹为 6H）不标注公差带代号。

（3）旋合长度分为短—S、中—N、长—L 这 3 种，一般常用中等旋合长度，N 省略标注。

2．55° 非密封管螺纹的标注（GB/T 7307—2001）

55° 非密封管螺纹的标注格式为：

螺纹特征代号 尺寸代号 公差等级代号 − 旋向代号

非密封管螺纹的特征代号为“G”；尺寸代号用 1/2、3/4、1 等表示，详见附表 A-3。螺纹公差等级代号对外螺纹分 A、B 两级标注，须标注；内螺纹公差带只有一种，因此不加标注。旋向代号：当螺纹为左旋时，在外螺纹的公差等级代号后加注“-LH”，在内螺纹的尺寸代号后加注“LH”；右旋螺纹省略标注。

3．梯形螺纹和锯齿形螺纹（GB/T 5796.4—2022、GB/T 13576.4—2008）

梯形螺纹的标注格式为：

螺纹特征代号 公称直径×导程 P 螺距 − 中径公差带代号 − 螺纹旋合长度 − 旋向

锯齿形螺纹的标注格式为：

螺纹特征代号 公称直径×导程（螺距） 旋向 − 中径公差带代号 − 螺纹旋合长度

梯形螺纹特征代号为“Tr”，锯齿形螺纹特征代号为“B”；公称直径均为大径；右旋螺纹的旋向省略标注，左旋螺纹的旋向标注“LH”。如果是多线螺纹，则梯形螺纹螺距处标注“导程 P 螺距”，锯齿形螺纹螺距处标注“导程（螺距）”；大写字母代表内螺纹，小写字母代表外螺纹。长旋合长度组的螺纹应在公差带代号后标注代号“L”，中等旋合长度组的螺纹不标注旋合长度代号“N”。

7.2　螺纹紧固件

7.2.1　螺纹紧固件的种类

螺纹紧固件用于两零件间的连接和紧固。常用的螺纹紧固件有螺栓、双头螺柱、螺钉、螺母、垫圈等，如图 7-7 所示。它们均为标准件，根据其标注就能在相应的标准中查出它们的结构、形式及全部尺寸。

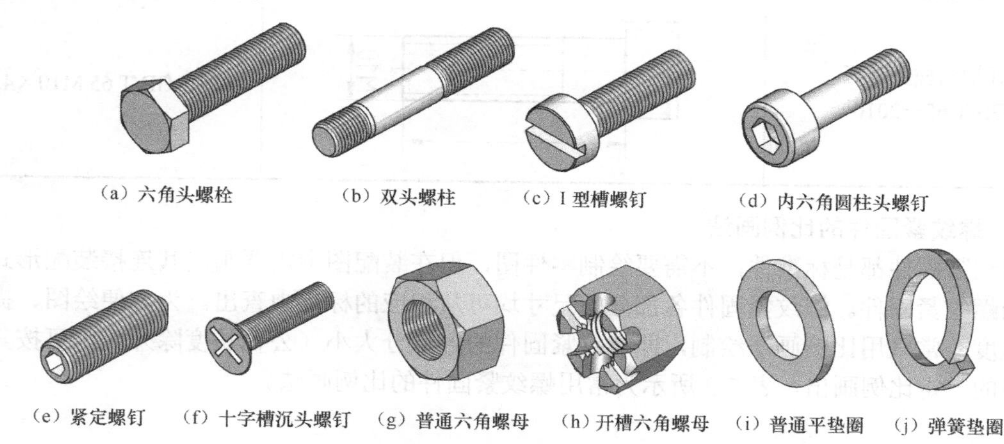

（a）六角头螺栓　（b）双头螺柱　（c）I 型槽螺钉　（d）内六角圆柱头螺钉

（e）紧定螺钉　（f）十字槽沉头螺钉　（g）普通六角螺母　（h）开槽六角螺母　（i）普通平垫圈　（j）弹簧垫圈

图 7-7　螺纹紧固件

7.2.2 螺纹紧固件的规定标注和比例画法

1. 螺纹紧固件的规定标注（GB/T 1237—2000）

螺纹紧固件的结构型式和尺寸均已标准化，并由专门的工厂生产。使用时仅须按其规定标注购买即可。例如，螺纹规格为 M12、公称长度为 *l*=80、性能等级为 10.9 级、产品等级为 A、表面氧化处理的六角头螺栓完整标注为：

螺栓 GB/T 5782—2016-M12×80-10.9-A-O

也可将其简化标注为：螺栓 GB/T5782 M12×80。

表 7-2 为常用螺纹紧固件的标注示例。

表 7-2　　常用螺纹紧固件的标注示例

名　称	图　例	标注示例
六角头螺栓—A 级和 B 级（GB/T 5782—2016）	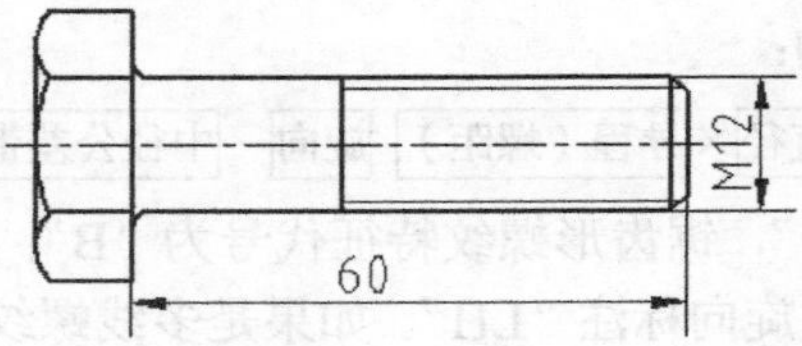 M12　60	螺栓 GB/T 5782 M12×60
双头螺柱（GB/T 899—1988）	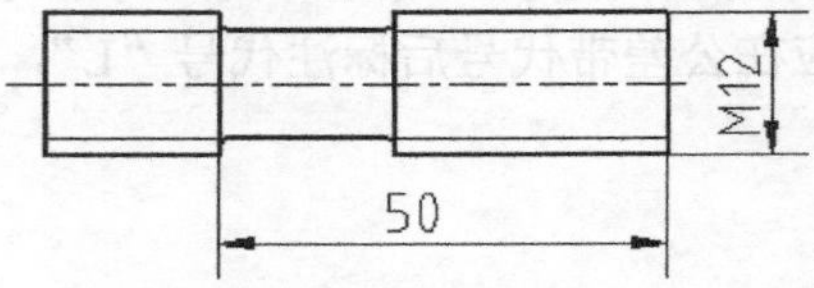 M12　50	螺柱 GB/T 899 M12×50
I 型六角螺母—A 级和 B 级（GB/T 6170—2015）	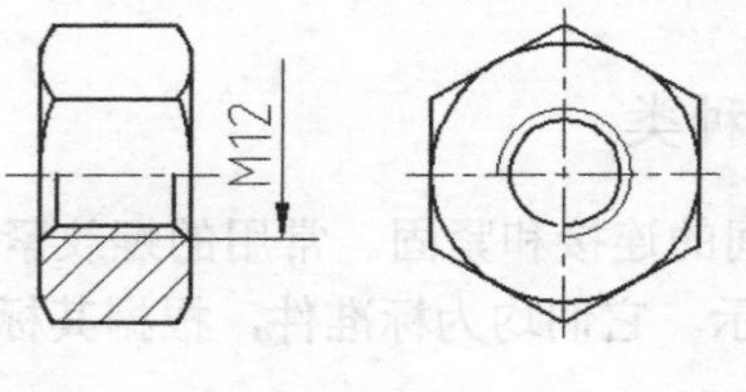 M12	螺母 GB/T 6170 M12
开槽圆柱头螺钉（GB/T 65—2016）	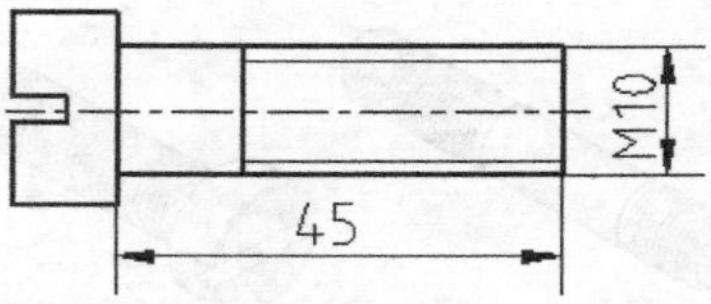 M10　45	螺钉 GB/T 65 M10×45

2. 螺纹紧固件的比例画法

螺纹紧固件都是标准件，不需要绘制零件图，但在装配图中需要画出其连接装配形式，即要画螺纹紧固件。螺纹紧固件各部分的尺寸均可从相应的标准中查出。为方便绘图、提高绘图速度，常采用比例画法绘制，即螺纹紧固件的各部分大小（公称长度除外）都可按其公称直径的一定比例画出。表 7-3 所示为常用螺纹紧固件的比例画法。

表 7-3　　常用螺纹紧固件的比例画法

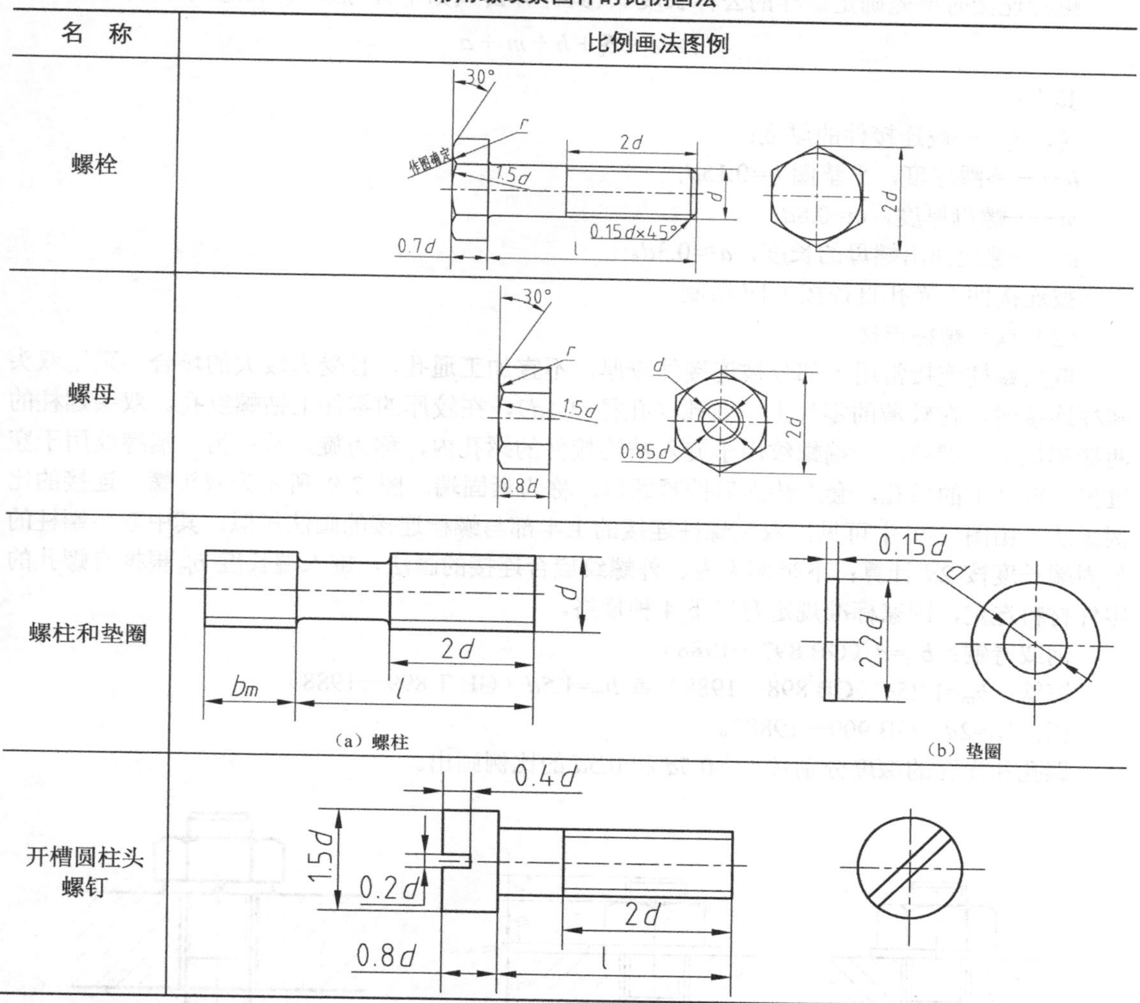

7.2.3　螺纹紧固件的连接画法

1. 规定画法

螺纹紧固件的连接画法规定如下。

（1）为两零件的接触表面画一条线，为不接触面画两条线。

（2）在剖视图中，相邻两零件剖面线的方向应相反或方向相同但间距不同。同一零件在各剖视图中剖面线的方向、间距应一致。

（3）剖切面通过实心零件或螺纹紧固件（螺栓、双头螺柱、螺钉、螺母、垫圈等）的轴线时，这些零件均按不剖绘制，只画外形。

2. 螺纹紧固件连接装配画法示例

（1）螺栓连接

螺栓连接适用于被连接件都不太厚，能加工成通孔且受力较大，需要经常拆卸的场合。连接时，螺栓穿入两零件的光孔，套上垫圈再拧紧螺母，垫圈可以增加受力面积，并能避免损伤被连接件表面。图 7-8 所示为螺栓连接的比例画法。

螺栓连接时要先确定螺栓的公称长度 l（其计算公式如下），然后查表选取。

$$l \geqslant \delta_1 + \delta_2 + h + m + a$$

其中：

δ_1、δ_2——被连接件的厚度；

h——垫圈厚度，平垫圈 h=0.15d；

m——螺母厚度，m=0.8d；

a——螺栓伸出螺母的长度，a≈0.3d。

被连接件上光孔直径按 1.1d 绘制。

（2）双头螺柱连接

双头螺柱连接常用于部分被连接件较厚，不宜加工通孔，且受力较大的场合。采用双头螺柱连接时，在较薄的零件上钻通孔（孔径=1.1d），在较厚的零件上钻螺纹孔。双头螺柱的两端都加工有螺纹，一端螺纹用于旋入被连接件的螺孔内，称为旋入端；另一端螺纹用于穿过另一零件上的通孔，套上垫圈后拧紧螺母，称为紧固端。图 7-9 所示为双头螺柱连接的比例画法。由图 7-9 中可见，双头螺柱连接的上半部与螺栓连接的画法相似，其中双头螺柱的紧固端长度按 2d 计算；下半部为内、外螺纹旋合连接的画法，旋入端长度 b_m 根据有螺孔的零件材料选定，国家标准规定有以下 4 种规格。

钢或青铜：b_m=d（GB 897—1988）。

铸铁：b_m=1.25d（GB 898—1988）或 b_m=1.5d（GB/T 899—1988）。

铝：b_m=2d（GB 900—1988）。

螺孔和光孔的深度分别按 b_m+0.5d 和 0.5d 的比例画出。

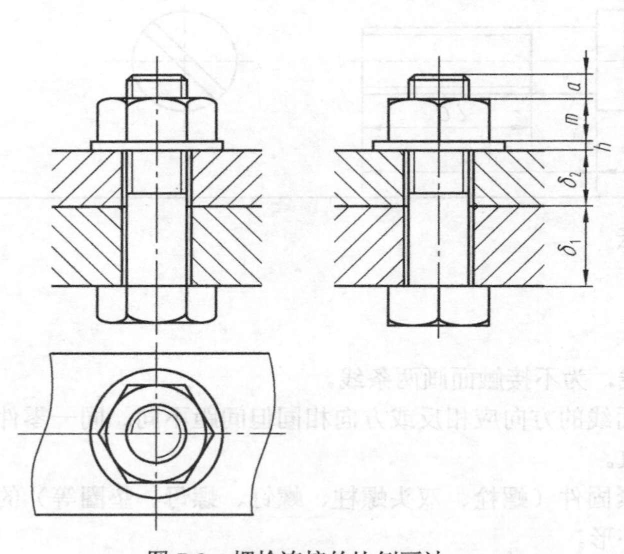

图 7-8　螺栓连接的比例画法

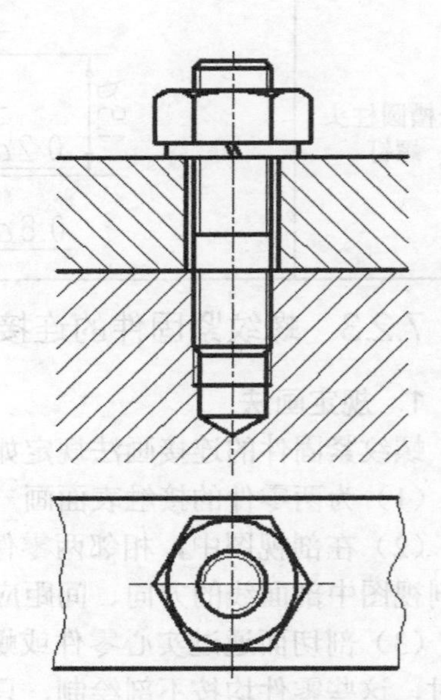

图 7-9　双头螺柱连接的比例画法

（3）螺钉连接

螺钉按其用途分为连接螺钉和紧定螺钉两种。连接螺钉用于连接两个零件，它不需要与螺母配用。按其头部形状分为开槽圆柱头螺钉、开槽沉头螺钉、内六角圆柱头螺钉等多种类型。螺钉连接一般用在不经常拆卸且受力不大的地方。通常在较厚的零件上加工出螺孔，在另一零件上加工出通孔（孔径约为 1.1d）。连接时，将螺钉穿过通孔，旋入螺孔并拧紧即可。螺钉旋入深度与双头螺栓旋入金属端的螺纹长度 b_m 相同，它与被旋入零件的材料有关，但螺钉旋入后，螺孔应留一定的旋入余量。螺钉的螺纹终止线应在螺孔顶面以上；螺钉头部的一字槽在端视图中应画成 45°方向。对于不穿通的螺孔，可以不画出钻孔深度，仅按螺纹深度画出。图 7-10 所示为螺钉连接的比例画法。

紧定螺钉则主要用于两零件之间的固定，使它们不产生相对运动。图 7-11 所示为紧定螺钉连接的比例画法。

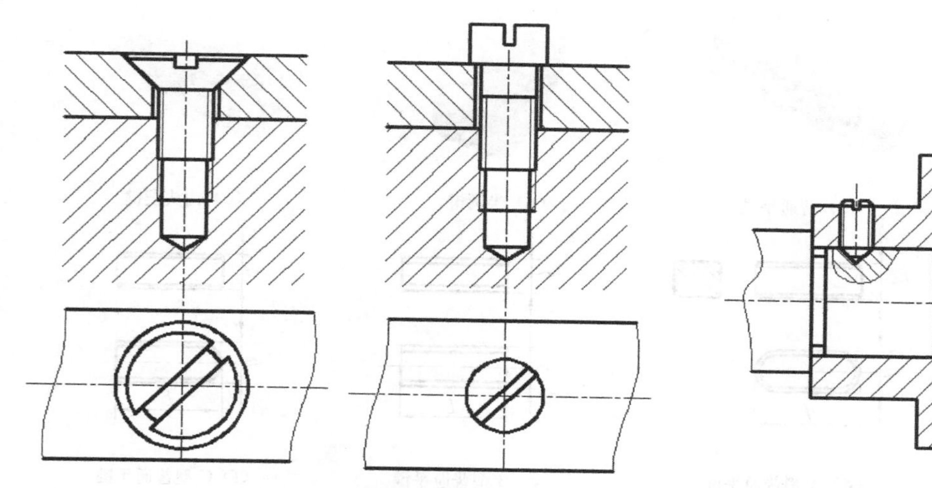

图 7-10　螺钉连接的比例画法

图 7-11　紧定螺钉连接的比例画法

7.3 键和销

7.3.1 键联结

键是标准件，用于联结轴和轴上的传动零件（如齿轮、皮带轮等），起到轴上零件的轴向固定、传递扭矩的作用。使用时，常在轮孔和轴的接触面处加工出键槽，将键嵌入，使轴和轮一起转动，如图 7-12 所示。

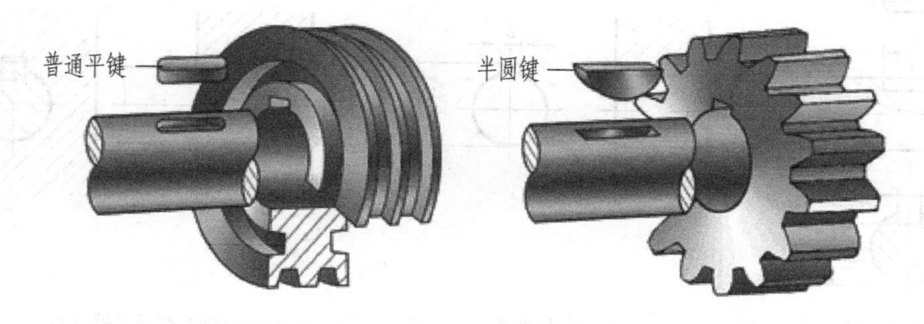

（a）皮带轮的普通平键联结　　（b）齿轮的半圆键联结

图 7-12　键联结

键有普通平键、半圆键和钩头楔键等几种类型，如图 7-13（a）～图 7-13（c）所示。键是标准件，其尺寸及轴和轮毂上的键槽剖面尺寸可查阅有关标准获得。普通平键（GB/T 1076

—2003）的形式有 A 型（两端圆头）、B 型（两端平头）、C 型（单端圆头）3 种，如图 7-13（d）～图 7-13（f）所示。在标注时，A 型普通平键省略 A 字；B 型和 C 型则应加注 B 字或 C 字。例如，键宽 b=12、键高 h=8、公称长度 L=50 的 A 型普通平键的标注为：

GB/T 1096 键 12×8×50

而相同规格尺寸的 C 型普通平键则应标注为：

GB/T 1096 键 C12×8×50

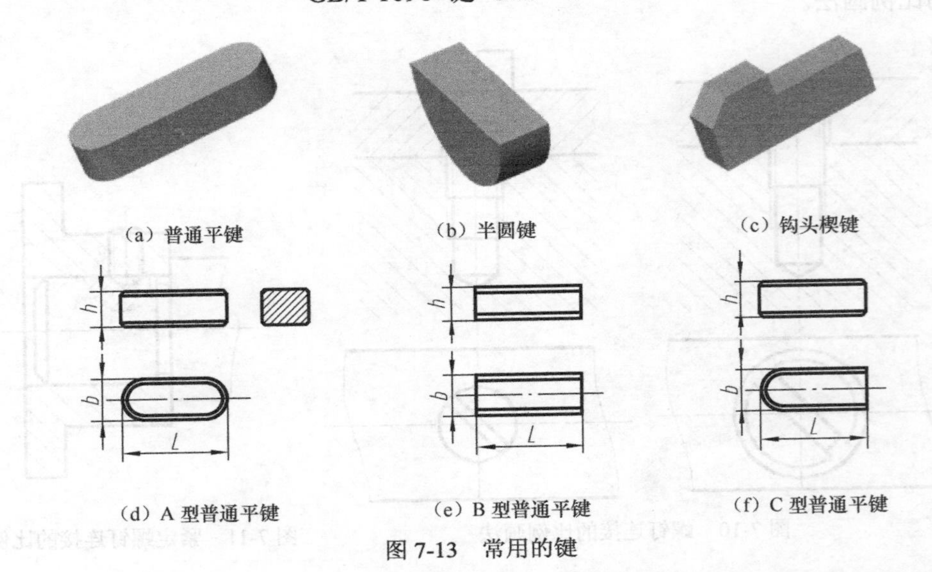

图 7-13 常用的键

图 7-14（a）和图 7-14（b）所示为普通平键联结轴上键槽和轮上键槽的画法及尺寸标注。其中键槽宽度 b、深 t_1 和 t_2 的尺寸可从附录 A 中查得。图 7-14（c）所示为轴和轮用键联结的装配画法，剖切面通过轴的轴线和沿平键的纵向剖切时，轴和键应按不剖绘制；横向剖切平键时，要画剖面线，平键的倒角省略不画。为表示联结情况，常采用局部剖视图。普通平键联结时，键的两个侧面是工作面，上下两个底面是非工作面。工作面即平键的两个侧面，它们与轴和轮毂的键槽面相接触，在装配图中画一条线；上顶面与轮毂键槽的底面间有间隙，应画两条线。

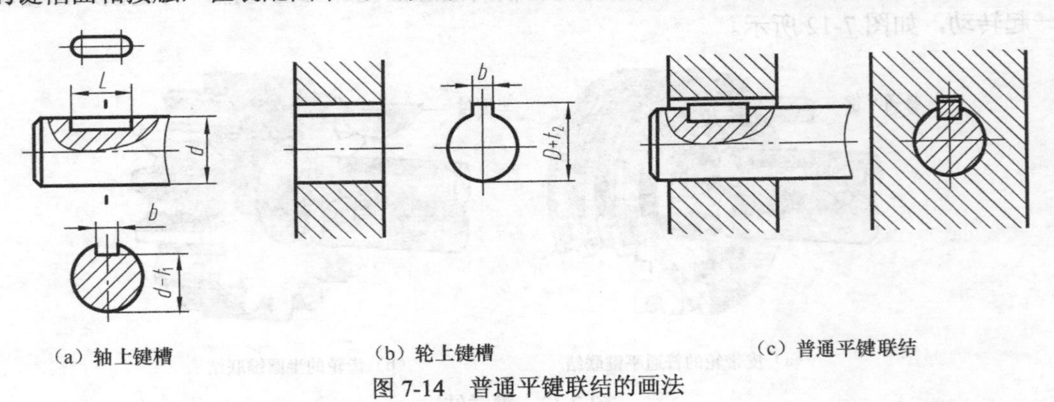

图 7-14 普通平键联结的画法

7.3.2 销连接（GB/T 119.1—2000、GB/T 117—2000、GB/T 91—2000）

销是标准件，常用的有圆柱销、圆锥销和开口销等，如图 7-15 所示。圆柱销和圆锥销可起定位和连接作用。开口销常与开槽六角螺母配合使用，以防止螺母松动或限定其他零件在装配体中的位置。

（a）圆柱销　（b）圆锥销　（c）开口销

图 7-15　常用的销

销的规定标注示例如下。

【例 7-1】 公称直径 *d*=6mm、公称长度 *L*=30mm、公差为 6m、材料为钢、不经淬火、不经表面处理的圆柱销标注为：

销 GB/T 119.1 6m6×30

【例 7-2】 公称直径 *d*=6mm、公称长度 *L*=30mm、材料为 35 钢、热处理硬度为 28～38HRC、表面氧化处理的 A 型圆锥销标注为：

销 GB/T 117 6×30

【例 7-3】 公称直径 *d*=5mm、公称长度 *L*=50mm、材料为 Q215 或 Q235、不经表面处理的开口销标注为：

销 GB/T 91 5×50

应当注意的是，圆锥销的公称直径是指小端直径，开口销的公称直径等于开口销孔的直径。

图 7-16 所示为销连接的画法。当剖切面沿销的轴线剖切时，销按不剖处理；沿垂直销的轴线剖切时，要画剖面线；销的倒角（或球面）可省略不画。

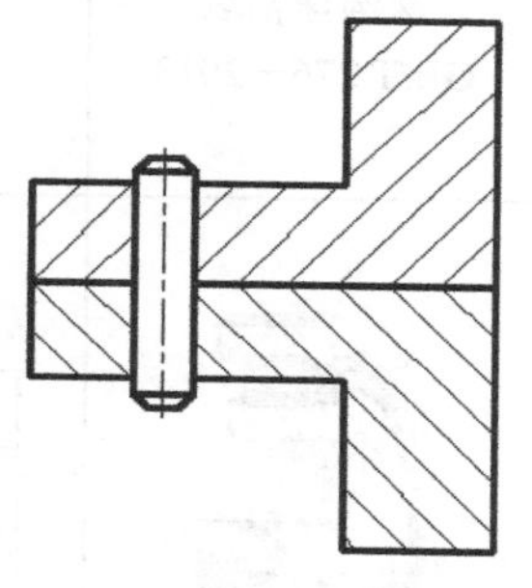

图 7-16　销连接的画法

7.4　滚动轴承

滚动轴承是支承轴并承受轴上载荷的标准件，其一般由外圈、内圈、滚动体和保持架 4 个部分组成。它具有结构紧凑、摩擦阻力小等优点，因此得到了广泛应用。图 7-17 所示为常用的几种滚动轴承。

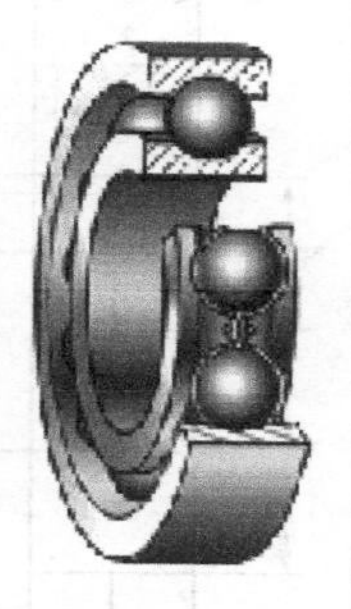

（a）深沟球轴承

（b）圆柱滚子轴承

（c）圆锥滚子轴承

（d）单列推力球轴承

图 7-17　滚动轴承

7.4.1 滚动轴承的画法（GB/T 4459.7—2017）

当需要在图样上表示滚动轴承时，可采用简化画法（即通用画法和特征画法）或规定画法。滚动轴承的各种画法及尺寸比例见表 7-4；其各部分可根据滚动轴承代号从标准中查得。

表 7-4　　常用滚动轴承的画法及尺寸比例

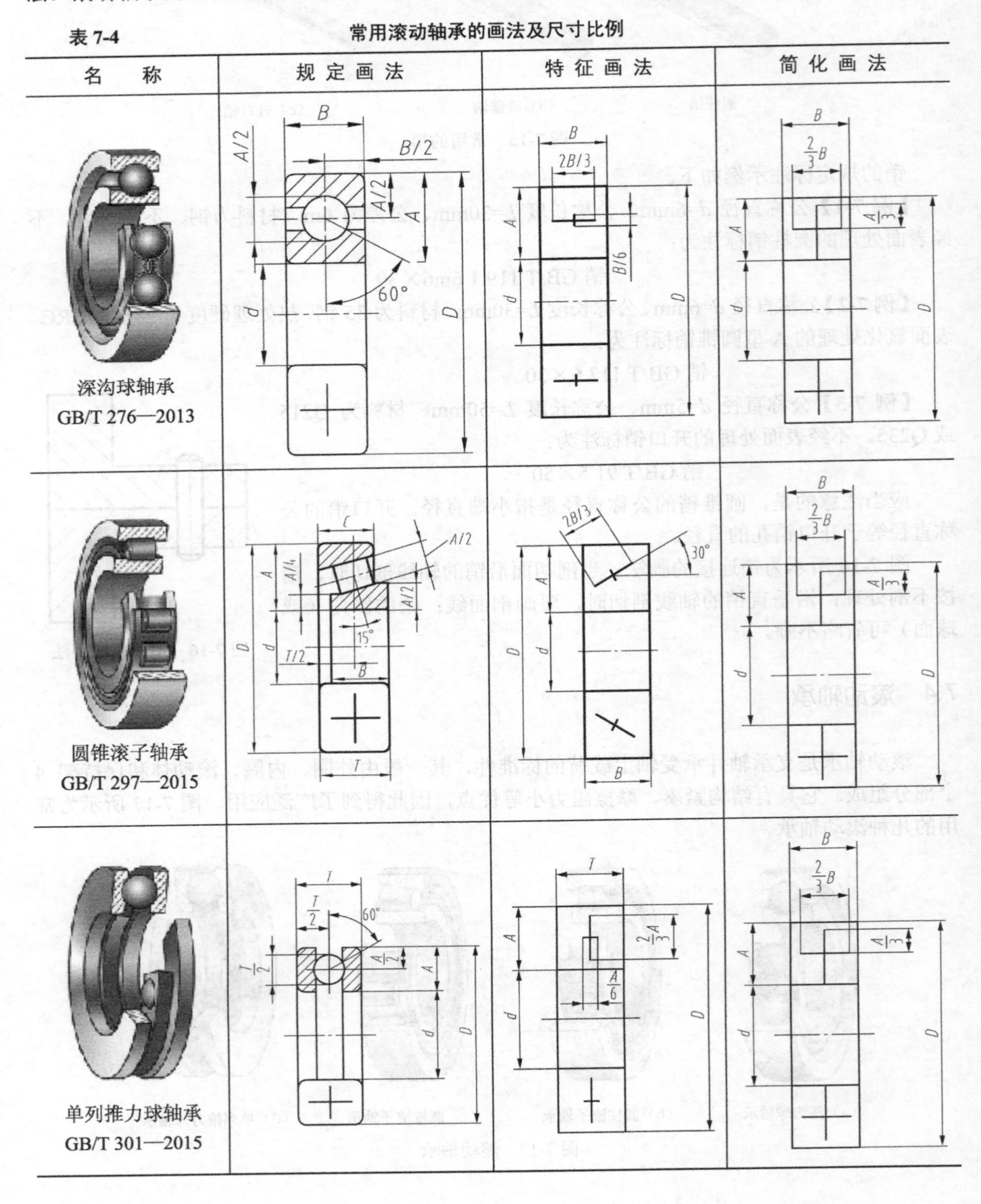

1. 简化画法

（1）通用画法。在剖视图中，当不需要确切地表示滚动轴承的外形轮廓、载荷特征、结构特征时，可用矩形线框及位于线框中央正立的十字形符号表示滚动轴承。

（2）特征画法。在剖视图中，当需要形象地表示滚动轴承的结构特征时，可采用在矩形线框内画出其结构要素符号的方法表示滚动轴承。

通用画法和特征画法应绘制在轴的两侧。矩形线框、符号和轮廓线均用粗实线绘制。

2. 规定画法

必要时，在滚动轴承的产品图样、产品样本和产品标准中，采用规定画法表示滚动轴承。采用规定画法绘制滚动轴承的剖视图时，轴承的滚动体不画剖面线；其内、外圈可画成方向和间隔相同的剖面线，在不致引起误会时也可省略不画；滚动轴承的保持架及倒圆省略不画。规定画法一般绘制在轴的一侧，另一侧按通用画法绘制。

滚动轴承是标准件，使用时应根据设计要求选用标准型号。在画图时不需要绘制零件图，只要在装配图中根据外径、内径、宽度等主要尺寸，按国家标准（GB/T 4459.7—2017）规定的画法绘制出它与相关零件的装配情况即可。

7.4.2 滚动轴承的基本代号（GB/T 272—2017）

滚动轴承的种类有很多，为了使用方便，常用轴承代号表示其结构、类型、尺寸和公差等级等。GB/T 272—2017 规定了轴承代号的表示方法。滚动轴承的基本代号表示轴承的基本类型、结构和尺寸。基本代号由以下 3 个部分组成。

类型代号 尺寸系列代号 内径代号

1. 轴承类型代号

轴承类型代号用数字或字母来表示，如表 7-5 所示。

表 7-5 滚动轴承类型代号（摘自 GB/T 272—2017）

代号	轴承类型	代号	轴承类型	代号	轴承类型
0	双列角接触球轴承	4	双列深沟球轴承	8	推力圆柱滚子轴承
1	调心球轴承	5	推力球轴承	N	圆柱滚子轴承
2	（推力）调心滚子轴承	6	深沟球轴承	U	外球面球轴承
3	圆锥滚子轴承	7	角接触球轴承	QJ	四点接触球轴承

2. 轴承尺寸系列代号

轴承尺寸系列代号由轴承的宽（高）度系列代号和直径系列代号组合而成，用两位阿拉伯数字来表示。它的主要作用是区别内径相同而宽度和外径不同的滚动轴承。常用的滚动轴承类型、尺寸系列代号及轴承系列代号，如表 7-6 所示。

表 7-6 常用的滚动轴承类型、尺寸系列代号及轴承系列代号（摘自 GB/T 272—2017）

轴承类型	类型代号	尺寸系列代号	轴承系列代号	轴承类型	类型代号	尺寸系列代号	轴承系列代号	轴承类型	类型代号	尺寸系列代号	轴承系列代号
圆锥滚子轴承	3	20	320	推力球轴承	5	11	511	深沟球轴承	6	17	617
	3	30	330		5	12	512		6	37	637
	3	31	331		5	13	513		6	18	618
	3	02	3002		5	14	514		6	19	619
	3	22	322						6	（1）0	60
	3	32	332						6	（0）2	62
	3	03	303						6	（0）3	63
	3	13	313						6	（0）4	64

注：表 7-6 中小括号内的数字在组合代号中可省略。

3．轴承内径代号

轴承内径代号表示滚动轴承的公称直径，一般用两位阿拉伯数字表示，其表示方法如表 7-7 所示。

表 7-7 滚动轴承内径代号（摘自 GB/T 272—2017）

轴承公称内径		内径代号	示例	
1～9（整数）		用公称内径毫米数直接表示，对深沟及角接触球轴承系列 7、8、9，内径与尺寸系列代号之间用“/”分开	深沟球轴承 625	d=5mm
			深沟球轴承 618/5	d=5mm
10～17	10	00	深沟球轴承 6200	d=10mm
	12	01	深沟球轴承 6201	d=12mm
	15	02	深沟球轴承 6202	d=15mm
	17	03	深沟球轴承 6203	d=17mm
20～480（22、28、32 除外）		公称内径除以 5 的商数，商数为个位数，须在商数左边加“0”，如 08	圆锥滚子轴承 30308	d=40mm
			深沟球轴承 6215	d=75mm

举例如下。

6208：6——类型代号 6 表示深沟球轴承；2——尺寸系列代号（0）2，宽度系列代号 0 省略，直径系列代号为 2；08——内径代号，d=40mm。

30312：3——类型代号 3 表示圆锥滚子轴承；03——尺寸系列代号，宽度系列代号为 0，直径系列代号为 3；12——内径代号，d=60mm。

51310：5——类型代号 5 表示推力球轴承；13——尺寸系列代号，高度系列代号为 1，直径系列代号为 3；10——内径代号，d=50mm。

4．滚动轴承的标注

滚动轴承的标注格式为：

名称 基本代号 标准编号

例如，推力球轴承，内径 d=25mm，高度系列代号为 1，直径系列代号为 3 的标注，即

滚动轴承 51305 GB/T 301—2015

7.5 齿轮

齿轮是广泛应用于机器中的传动零件。齿轮的参数中只有模数和压力角已经标准化，故它属于常用件。齿轮传动不仅可以用来传递动力，还可以改变运动速度、运动方向等。齿轮传动有圆柱齿轮传动、圆锥齿轮传动、蜗轮与蜗杆传动等形式，如图 7-18 所示。圆柱齿轮传动通常用于平行两轴之间的传动；圆锥齿轮传动用于相交两轴之间的传动；蜗轮与蜗杆传动则用于交叉两轴之间的传动。分度曲面为圆柱面的齿轮称为圆柱齿轮，圆柱齿轮的轮齿有直齿、斜齿、人字齿等。分度圆柱面齿线为直母线的圆柱齿轮称为直齿轮，如图 7-18（a）所示。齿轮轮齿最常用的齿形曲线是渐开线。本节以直齿圆柱齿轮为例来介绍有关齿轮的基础知识和规定画法。

（a）圆柱齿轮传动　（b）圆锥齿轮传动　（c）蜗轮与蜗杆传动

图 7-18 常见的齿轮传动

7.5.1 直齿圆柱齿轮的基本参数和基本尺寸计算（GB/T 3374.1—2010）

1. 名称和代号

图 7-19 为直齿圆柱齿轮各部分名称和代号。从图 7-19 中可以看到直齿圆柱齿轮各部分的几何要素，下面对它们进行具体介绍。

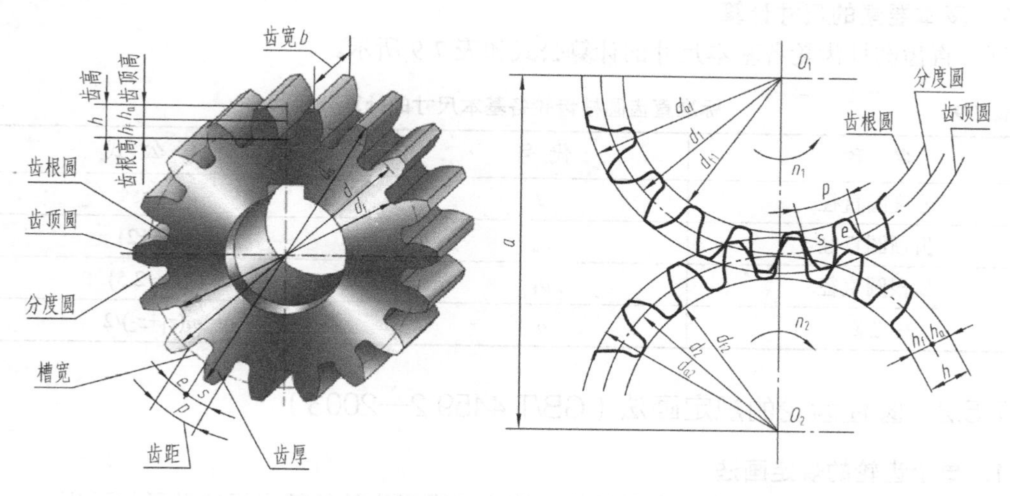

图 7-19 直齿圆柱齿轮各部分名称和代号

（1）齿数（z）：一个齿轮的轮齿总数。

（2）齿顶圆（d_a）与齿根圆（d_f）：齿顶圆柱面被垂直于其轴线的平面所截的截线称为齿顶圆；齿根圆柱面被垂直于其轴线的平面所截的截线称为齿根圆。

（3）节圆（d'）和分度圆（d）：连心线 O_1O_2 上两相切的圆称为节圆；在齿顶圆和齿根圆之间，齿厚弧长与齿间弧长相等的假想圆称为分度圆，它是齿轮设计和加工时计算尺寸的基准圆，标准齿轮的节圆等于分度圆。

（4）齿距（p）、齿厚（s）、槽宽（e）：两个相邻同侧端面齿廓之间的分度圆弧长称为端面齿距（简称齿距）；一个齿的两侧端面齿廓之间的分度圆弧长称为端面齿厚（简称齿厚）；在端平面上，一个齿槽的两侧齿廓之间的分度圆弧长称为端面齿槽宽（简称槽宽）。

（5）啮合角和压力角（α）：啮合角即两相互啮合轮齿齿廓在节点 P 的公法线与两节圆的内公切线所夹的锐角，也称压力角。标准齿轮的压力角为 α=20°。

（6）模数（m）：若以 z 表示齿轮的齿数，则分度圆周长=zp=πd，即 d=（p/π）•z。令 $m=p/\pi$，则 $d=mz$。m 就是齿轮的模数。模数是设计、制造齿轮的重要参数，它代表了轮齿的大小。齿轮传动中只有模数相等的一对齿轮才能互相啮合。不同模数的齿轮，要用不同模数的刀具加工制造。为便于设计和加工，国家标准规定了直齿圆柱齿轮模数的系列数值，如表 7-8 所示。

表 7-8　直齿圆柱齿轮模数的系列数值（GB/T 1357—2008）

第一系列	1　1.25　2　2.5　3　4　5　6　8　10　12　16　20　25　32　40　50
第二系列	1.75　2.25　2.75　(3.25)　3.5　(3.75)　4.5　5.5　(6.5)　7　9　(11)　14　18　22

注：选用时，优先选用第一系列，括号内的模数尽可能不用。

（7）齿高（h）、齿顶高（h_a）、齿根高（h_f）：齿顶圆与齿根圆之间的径向距离称为齿高；齿顶圆与分度圆之间的径向距离称为齿顶高；分度圆与齿根圆之间的径向距离称为齿根高。对于标准齿轮，规定 $h_a=m$，h_f= 1.25 m，则 h=2.25m。

（8）传动比（i）：主动齿轮的转速 n_1 与从动齿轮的转速 n_2 之比称为传动比。在齿轮传动中，$i=n_1/n_2=z_2/z_1$。

（9）中心距（α）：两啮合齿轮轴线之间的最短距离称为中心距。

2．基本要素的尺寸计算

标准直齿圆柱齿轮各基本尺寸的计算公式如表 7-9 所示。

表 7-9　标准直齿圆柱齿轮各基本尺寸的计算公式

名　称	代 号	计 算 公 式
分度圆直径	d	$d=mz$
齿顶圆直径	d_a	$d_a=m(z+2)$
齿根圆直径	d_f	$d_f=m(z-2.5)$
中心距	α	$\alpha= m(z_1+z_2)/2$

7.5.2　圆柱齿轮的规定画法（GB/T 4459.2—2003）

1．单个齿轮的规定画法

齿轮上的轮齿是多次重复出现的结构，国家标准对齿轮的轮齿画法做了如下规定。

视图画法：齿顶线和齿顶圆用粗实线绘制，分度线和分度圆用细点画线绘制，齿根线和齿根圆用细实线绘制，也可以省略不画，如图 7-20（a）所示。

剖视画法：当剖切面通过齿轮轴线时，齿轮一律按不剖处理（不画剖面线），齿顶线用粗实线绘制，分度线用细点画线绘制，齿根线用粗实线绘制，如图 7-20（b）所示。齿轮的全剖视图如图 7-20（c）所示。当需要表示斜齿或人字齿的齿线形状时，可在非圆视图的外形部分用 3 条与轮齿方向一致的细实线表示，如图 7-20（d）所示。齿轮的其他结构，按投影画出。

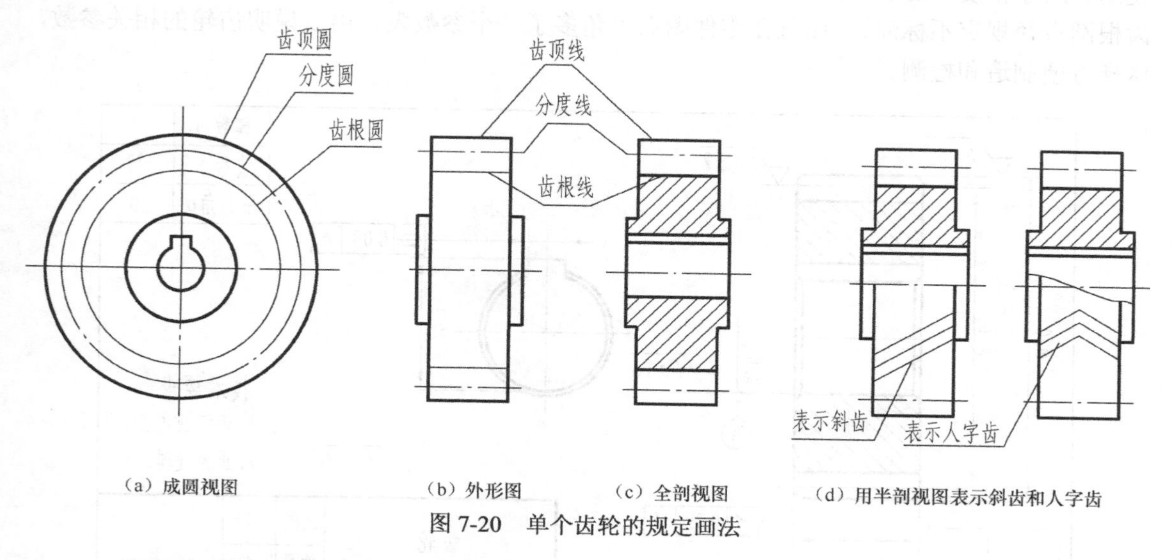

图 7-20　单个齿轮的规定画法

2．圆柱齿轮的啮合画法

（1）在与齿轮轴线垂直的投影面视图（投影为圆的视图）中，齿顶圆均用粗实线绘制，如图 7-21（a）所示。当然，也可将啮合区内的齿顶圆省略不画，如图 7-21（b）所示。此外，相切的两分度圆用细点画线绘制，两齿根圆用细实线绘制或省略不画。

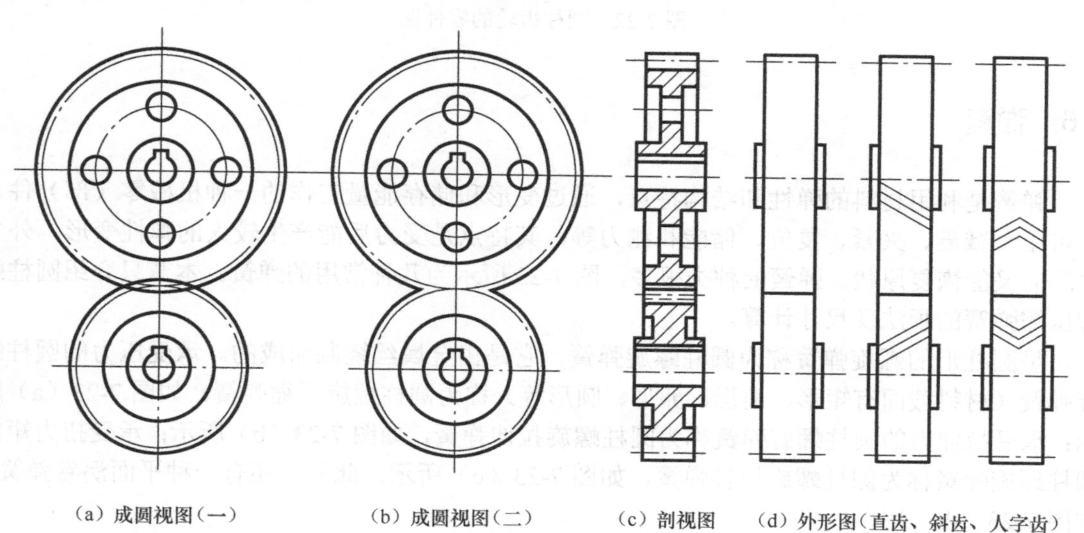

图 7-21　圆柱齿轮的啮合画法

（2）在与齿轮轴线平行的投影面视图（非圆视图）中，用剖视图表示时，注意啮合区的画法[见图 7-21（c）]：两条重合的分度线用细点画线绘制，两齿轮的齿根线均用粗实线绘制，一个齿轮的齿顶线用粗实线绘制，另一个齿轮的轮齿的被遮挡部分（即齿顶线）画成细虚线或省略不画。用视图表示时，在啮合区内齿顶线、齿根线省略不画，节线用粗实线绘制，如图 7-21（d）所示。

图 7-22 所示为圆柱齿轮的零件图。齿轮的零件图不仅包括一般零件图的内容（如齿轮的视图、尺寸和技术要求，其中齿顶圆直径、分度圆直径及有关齿轮的基本尺寸必须直接标注，齿根圆直径规定不标注），而且在零件图右上角多了一个参数表，用以说明齿轮的相关参数，这样方便制造和检测。

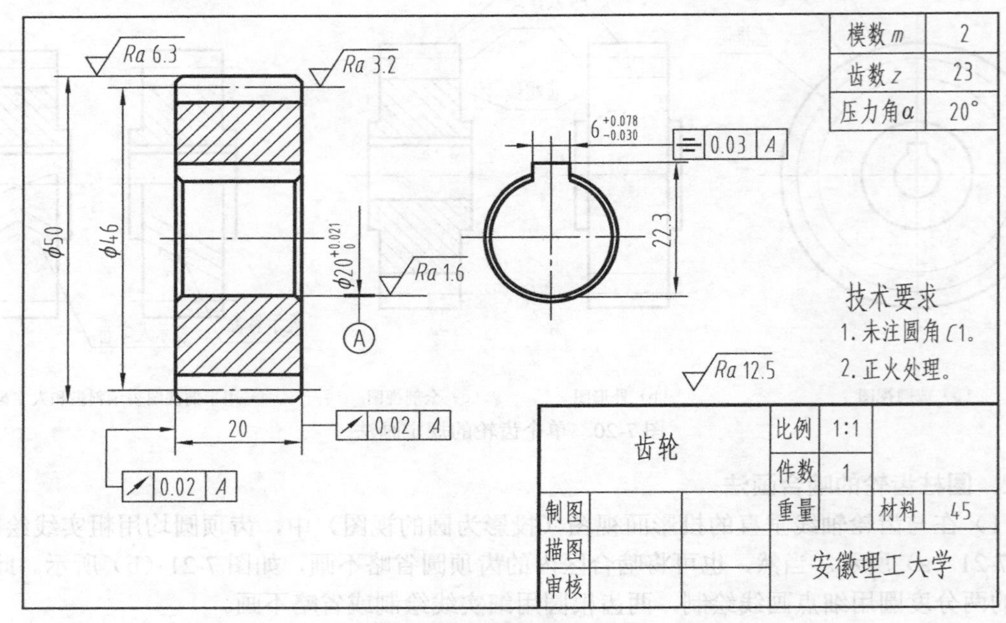

图 7-22　圆柱齿轮的零件图

7.6　弹簧

弹簧是利用材料的弹性和结构特点，通过变形和储存能量工作的一种机械零（部）件。它可用于减震、夹紧、复位、储能和测力等，其特点是受力后能产生较大的弹性变形，外力去除后又能恢复原状。弹簧的种类很多，图 7-23 所示为几种常用的弹簧。本节只介绍圆柱螺旋压缩弹簧的画法及尺寸计算。

呈圆柱形的螺旋弹簧称为圆柱螺旋弹簧，它是由金属丝绕制而成的。承受压力的圆柱螺旋弹簧（材料截面有矩形、扁形、卵形、圆形等）称为圆柱螺旋压缩弹簧，如图 7-23（a）所示；承受拉伸力的圆柱螺旋弹簧称为圆柱螺旋拉伸弹簧，如图 7-23（b）所示；承受扭力矩的圆柱螺旋弹簧称为圆柱螺旋扭转弹簧，如图 7-23（c）所示；此外，还有一种平面涡卷弹簧，如图 7-23（d）所示。

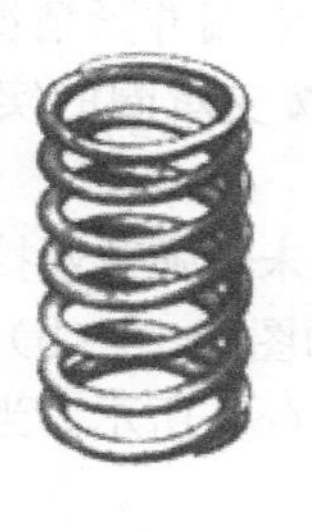

（a）圆柱螺旋压缩弹簧

（b）圆柱螺旋拉伸弹簧

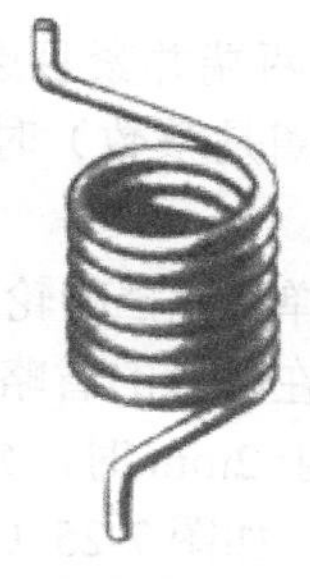

（c）圆柱螺旋扭转弹簧

（d）平面涡卷弹簧

图 7-23 常用的弹簧

7.6.1 圆柱螺旋压缩弹簧的基本参数和有关尺寸计算（GB/T 1805—2001）

圆柱螺旋压缩弹簧的基本参数和有关尺寸计算如下。

（1）簧丝直径 d：用于缠绕弹簧的钢丝直径。

（2）弹簧外径 D_2：弹簧的外圈直径。

（3）弹簧内径 D_1：弹簧的内圈直径。

（4）弹簧中径 D：弹簧的平均直径，$D=(D_1+D_2)/2=D_1+d=D_2-d$。

（5）节距 t：除两端支承圈以外，相邻两圈截面中心线的轴向距离。

（6）支承圈数 n_2：为了使压缩弹簧工作平稳且端面受力均匀，制造时须将弹簧每一端的0.75～1.25圈并紧且磨平，这些圈只起到支撑和定位作用，称为支承圈。规定 $n_2=1.5$、2、2.5，$n_2=2.5$ 用得较多，即两端各并紧1.25圈。

（7）有效圈数 n：除支承圈以外，其余各圈均参加受力变形，并保持相等的节距。

（8）总圈数 n_1：沿螺旋线两端间的螺旋圈数，$n_1=n+n_2$。

（9）自由高度 H_0：弹簧无负荷作用时的高度（长度），$H_0=nt+(n_2-0.5)d$。

（10）簧丝展开长度 L：制造弹簧时簧丝的长度，$L\approx n_1\sqrt{(\pi D_2)^2+t^2}$。

7.6.2 圆柱螺旋压缩弹簧的画法（GB/T 4459.4—2003）

1．规定画法

（1）在平行于螺旋弹簧轴线的投影面视图中，弹簧既可画成视图[见图7-24（a）]，也可画成剖视图[见图7-24（b）]，各圈的外形轮廓应画成直线。

（2）有效圈在4圈以上的圆柱螺旋压缩弹簧，允许每端只画出两圈（不包括支承圈），中间各圈可省略不画，只画通过簧丝断面中心的两条细点画线。中间部分省略后，也可适当地缩短图形的长（高）度。

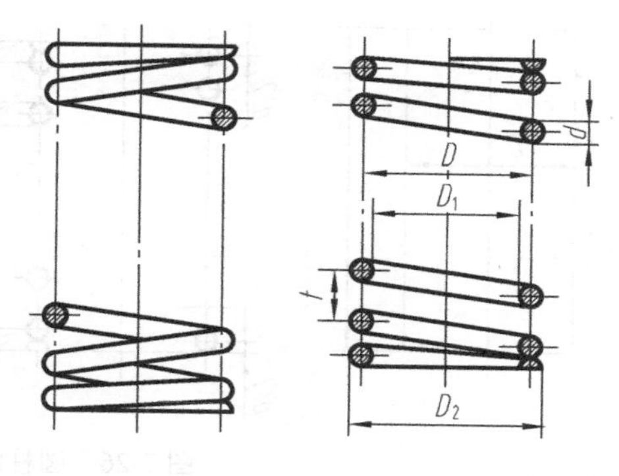

（a）视图画法 （b）剖视画法

图 7-24 圆柱螺旋压缩弹簧的画法

（3）右旋弹簧或旋向不做规定的圆柱螺旋压缩弹簧，在图样上画成右旋。左旋弹簧允许画成右旋。左旋弹簧不论是画成左旋还是画成右旋，一律要加注“LH”。

（4）螺旋压缩弹簧如要求两端并紧且磨平时，不论支承圈数多少、末端并紧情况如何，均可按支承圈为 2.5 圈（有效圈是整数）时的画法绘制。必要时，也可按支承圈的实际结构绘制。

（5）在装配图中，机件被弹簧遮挡的轮廓一般不画[见图 7-25（a）]，未被弹簧遮挡的部分画到弹簧的外轮廓线处。当其在弹簧的省略部分时画到弹簧的中径处，如图 7-25（b）所示。当簧丝直径在图形上等于或小于 2mm 时，允许用示意图表示，如图 7-25（c）所示。当弹簧被剖切时，钢丝剖面区域可涂黑，如图 7-25（b）所示。

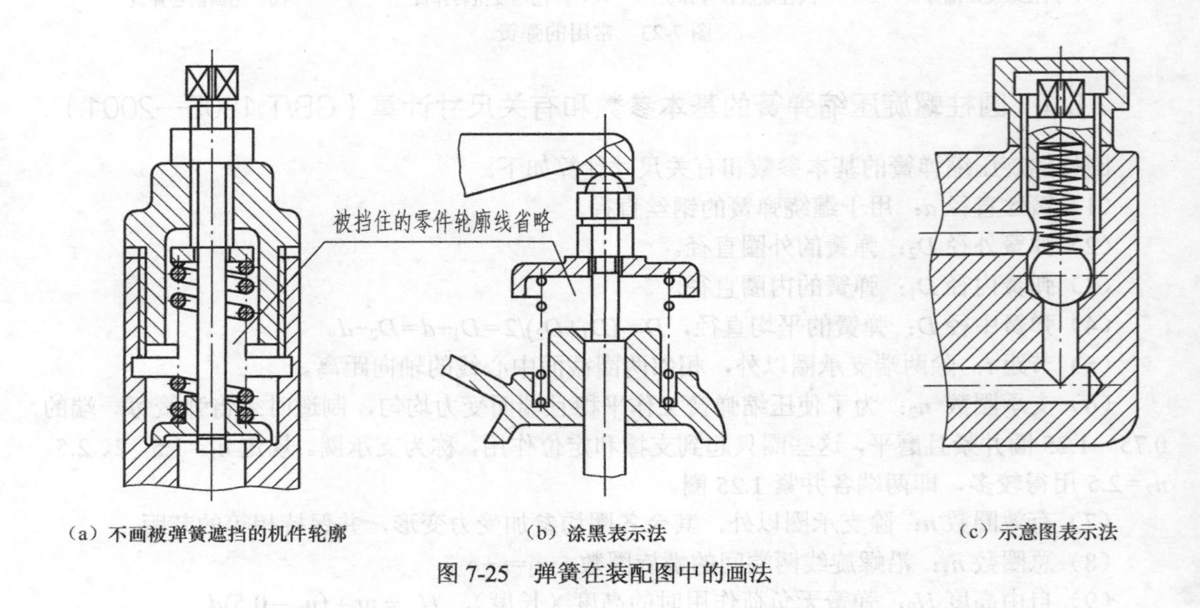

（a）不画被弹簧遮挡的机件轮廓　（b）涂黑表示法　（c）示意图表示法

图 7-25　弹簧在装配图中的画法

2．圆柱螺旋压缩弹簧的画图步骤及其零件图

图 7-26 所示为圆柱螺旋压缩弹簧的画图步骤。

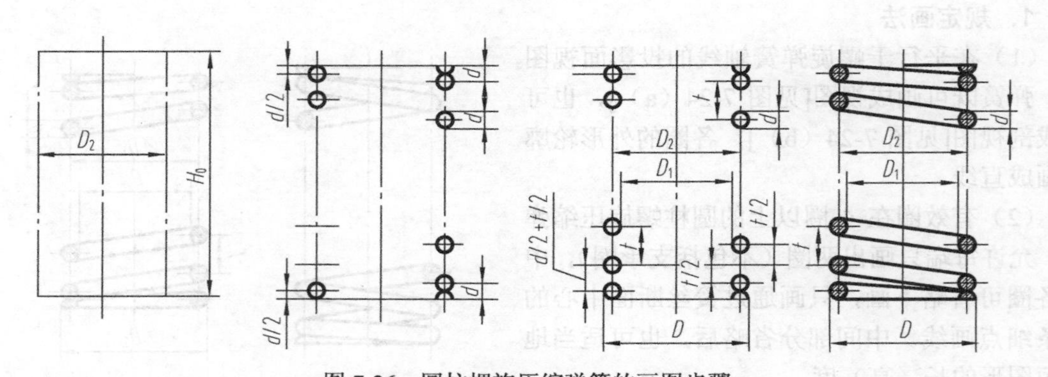

图 7-26　圆柱螺旋压缩弹簧的画图步骤

图 7-27 所示为圆柱螺旋压缩弹簧的零件图。

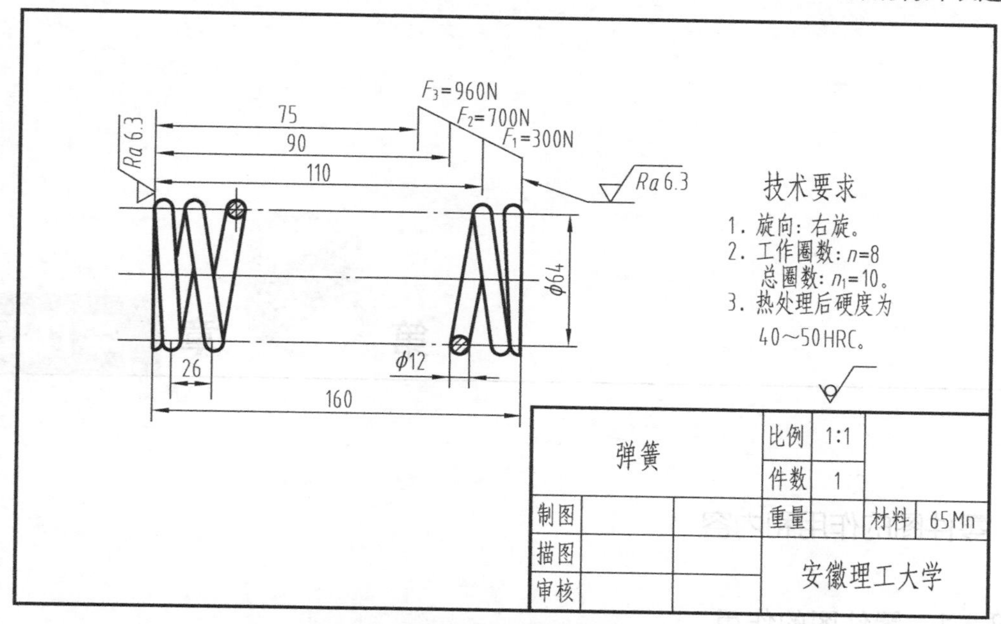

图 7-27 圆柱螺旋压缩弹簧的零件图

7.6.3 普通圆柱螺旋压缩弹簧的标注（GB/T 2089—2009）

普通圆柱螺旋压缩弹簧的标注格式为：

Y $d \times D \times H_0$ — 精度代号 旋向代号 标准号

（1）类型代号：YA 为两端圈并紧且磨平的冷卷压缩弹簧；YB 为两端圈并紧制扁的热卷压缩弹簧。

（2）类型代号 $d \times D \times H_0$：线径×弹簧中径×自由高度。

（3）精度代号：2 级精度制造不表示，3 级应注明“3”级。

（4）旋向代号：左旋应注明为左，右旋不表示。

（5）标准号：GB/T 2089。

例如，YA 型、材料直径为 1.2mm、弹簧中径为 8mm、自由高度为 40mm、精度等级为 2 级、左旋的两端圈并紧且磨平的冷卷压缩弹簧的标注为：

YA1.2×8×40 左 GB/T 2089

第 8 章 零件图

8.1 零件图的作用和内容

8.1.1 零件图的作用

机器或部件是由若干零件按一定的关系装配而成的。零件是组成机器或部件的基本单元。表示零件结构、大小及技术要求的图样称为零件工作图，简称零件图。它是制造和检验零件的重要依据，是组织生产的主要技术文件之一。图 8-1 所示齿轮油泵是将机械能转换为液压能的装置，它由标准件、常用件及一般零件等装配而成。因为标准件的结构、形状和尺寸均已标准化，所以标准件不画零件图，而其他零件一般都需要画零件图。图 8-2 所示为齿轮油泵中泵盖的零件图。

图 8-1　齿轮油泵零件分解图

8.1.2 零件图的内容

零件图必须包括制造和检验零件时所需的全部资料。从图 8-2 泵盖零件图中可以看出，一张零件图应具备以下内容。

（1）一组图形。根据零件的结构特点，选择适当的视图、剖视图、断面图及其他规定画法，正确、完整、清晰地表达零件的各部分形状和结构。

（2）完整的尺寸。正确、完整、清晰、合理地标注出零件在制造、检验时所需的全部尺寸，以确定零件各部分的形状大小和相对位置。

（3）技术要求。用规定的代号和文字，标注出零件在制造和检验中应达到的各项质量要求，例如，表面粗糙度、极限偏差、几何公差、材料及热处理等。

（4）标题栏。在标题栏中填写零件的名称、材料、数量、比例等，并由责任人签字。

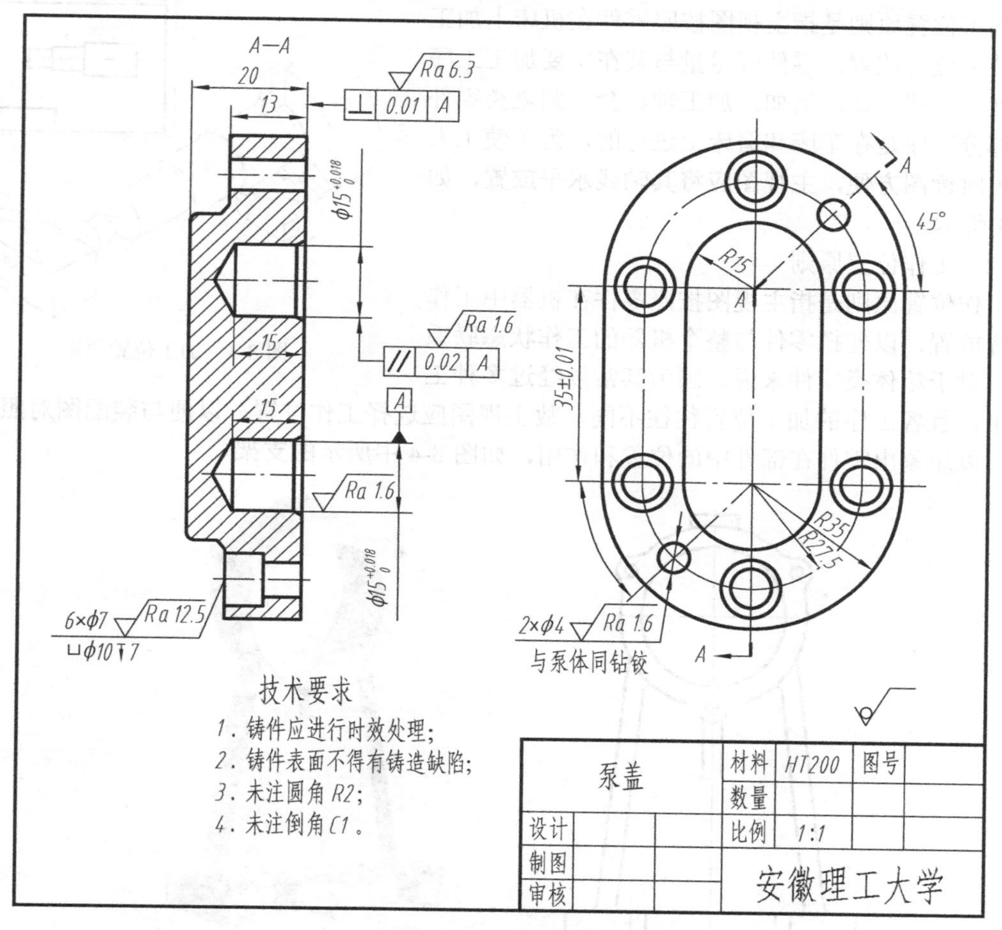

图 8-2 泵盖零件图

8.2 零件图的视图选择

零件图的视图选择，就是根据零件的结构特点，恰当地选用视图、剖视图、断面图等各种表达方法，将零件的结构及形状正确、完整、清晰地表达出来，并考虑看图方便与加工的方便性，同时力求制图简便。

8.2.1 主视图的选择

主视图是一组视图的核心，是表达零件形状的主要视图。主视图选择恰当与否，将直接影响整个表达方案和其他视图的选择。因此，确定零件的表达方案，首先应选择主视图。主视图的选择应从零件的安放位置和投射方向两个方面来考虑。

1. 位置原则

确定零件的放置位置应考虑以下原则。

（1）加工位置原则

加工位置原则是指主视图按照零件在机床上加工时的装夹位置放置，零件应尽量与其在主要加工工序中所处的位置一致。例如，加工轴、套、圆盘类零件的大部分工序是在车床和磨床上进行的，为了使工人在加工时读图方便，主视图应将其轴线水平放置，如图 8-3 所示。

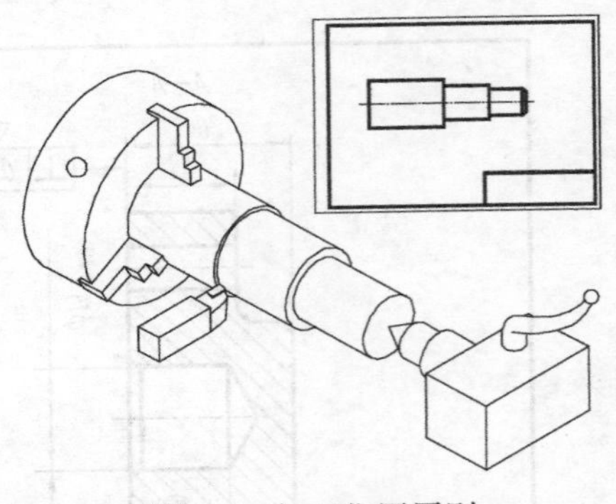

图 8-3　加工位置原则

（2）工作位置原则

工作位置原则是指主视图按照零件在机器中工作的位置放置，以便把零件与整个机器的工作状态联系起来。对于箱体类零件来说，因为其常须经过多种工序加工，且各工序的加工位置往往不同，故主视图应选择工作位置，以便与装配图对照起来读图，以想象出零件在部件中的位置和作用，如图 8-4 中所示的支架。

图 8-4　工作位置原则

应该指出的是，有一些零件的工作位置并不固定，如有的零件处于倾斜位置，若按倾斜位置画图，则给画图和看图增加了不必要的麻烦；此外，还有一些零件需要经过几道工序才能加工出来，而各工序的加工位置又各不相同，加工位置较多，不便按加工位置放置，这时可将它们的主要部分放正，以利于绘图和标注尺寸，如图 8-5 所示拨叉的表达方案。选择视图时，应将零件摆正，再将反映形状特征明显的方向作为主视图的投射方向。

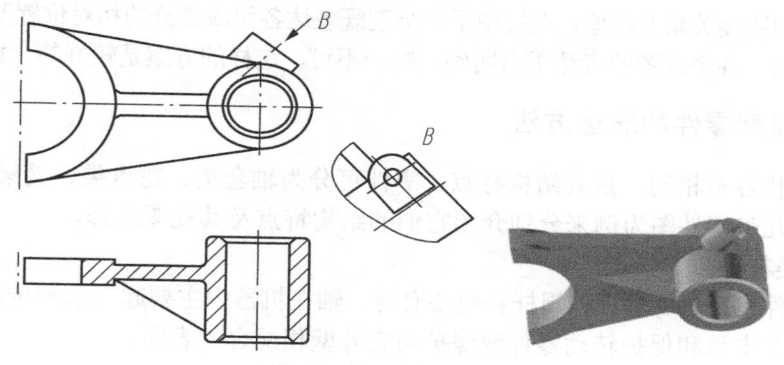

图 8-5 拨叉的表达方案

2. 方向原则

方向原则，即应将最能反映零件的主要结构、形状和各部分相对位置的方向作为主视图的投射方向。如图 8-6 中所示的支架，选择 *A* 向为主视图的投射方向较 *B* 向要好，因为由此画出的主视图能将该零件的形状特征充分地显示出来。

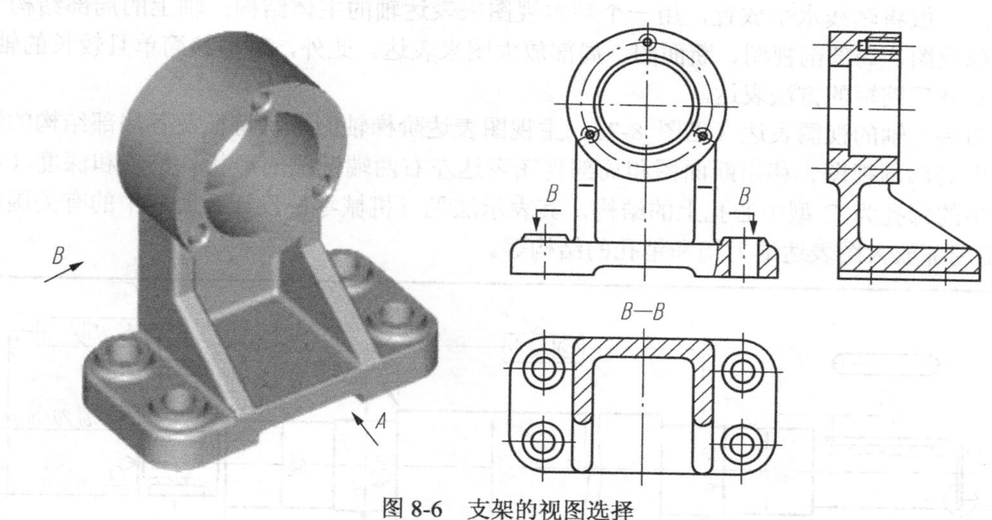

图 8-6 支架的视图选择

8.2.2 其他视图的选择

主视图确定以后，应根据零件内外结构、形状的复杂程度来决定其他视图的数量及其表达方法。其他视图的选择可以考虑以下几点。

（1）分析零件在主视图中尚未表达清楚的结构、形状，首先考虑选用基本视图并采用恰当的表达方法，力求视图简洁、看图方便。

（2）注意使每一个图形都具有独立存在的意义和明确的表达重点，并考虑合理布置视图的位置。

（3）在完整、清晰地表达零件结构、形状的前提下，所选用的视图数量应尽可能少。

视图表达方案往往不是唯一的，须按选择原则考虑多种方案，比较后择优选用。

由图 8-6 所示支架的视图选择可以看出：主视图主要表达圆筒、连接板、肋板和底板的相对位置及圆筒的形状特征，并采用局部剖表示安装孔；俯视图采用全剖既表达底板的形状，又凸显连接板与肋板的连接关系及板厚；左视图采用全剖既表达各组成部分的相对位置及连接关系，又表达肋板的形状。各个视图的表达重点明确、缺一不可，这样的方案是较好的一种表达方案。

8.2.3 典型零件的表达方法

零件的形状各不相同。按其结构特点，零件可分为轴套类、轮盘类、叉架类、箱体类等类型。下面以几张零件图为例来分别介绍它们的结构特点及其视图选择。

1. 轴套类零件

轴套类零件包括轴、螺杆、阀杆和空心套等。轴在机器中主要起支承和传递动力的作用。套的主要作用是支承和保护转动零件或保护与它外壁相配合的表面。

（1）结构特点

轴的主体是由几段不同直径的圆柱体（或圆锥体）所组成的，常加工有键槽、螺纹、砂轮越程槽、倒角、退刀槽和中心孔等结构。

（2）视图选择

轴类零件多在车床和磨床上加工。为了加工时看图方便，轴类零件的主视图按其加工位置选择，一般将轴线水平放置，用一个基本视图来表达轴的主体结构；轴上的局部结构一般采用局部视图、局部剖视图、断面图、局部放大图来表达。此外，对形状简单且较长的轴段，常采用断开后缩短的方法表达。

铣刀头上轴的视图表达（见图 8-7）：主视图表达阶梯轴的形状特征及各局部结构的轴向位置，用局部剖视图、移出断面图和局部视图表达左右两端键槽的形状、位置和深度（右端断面图中的螺孔为 C 型中心孔上的结构，其表示法见《机械零件设计手册》中的有关国家标准），用局部放大图表达退刀槽和销孔的结构等。

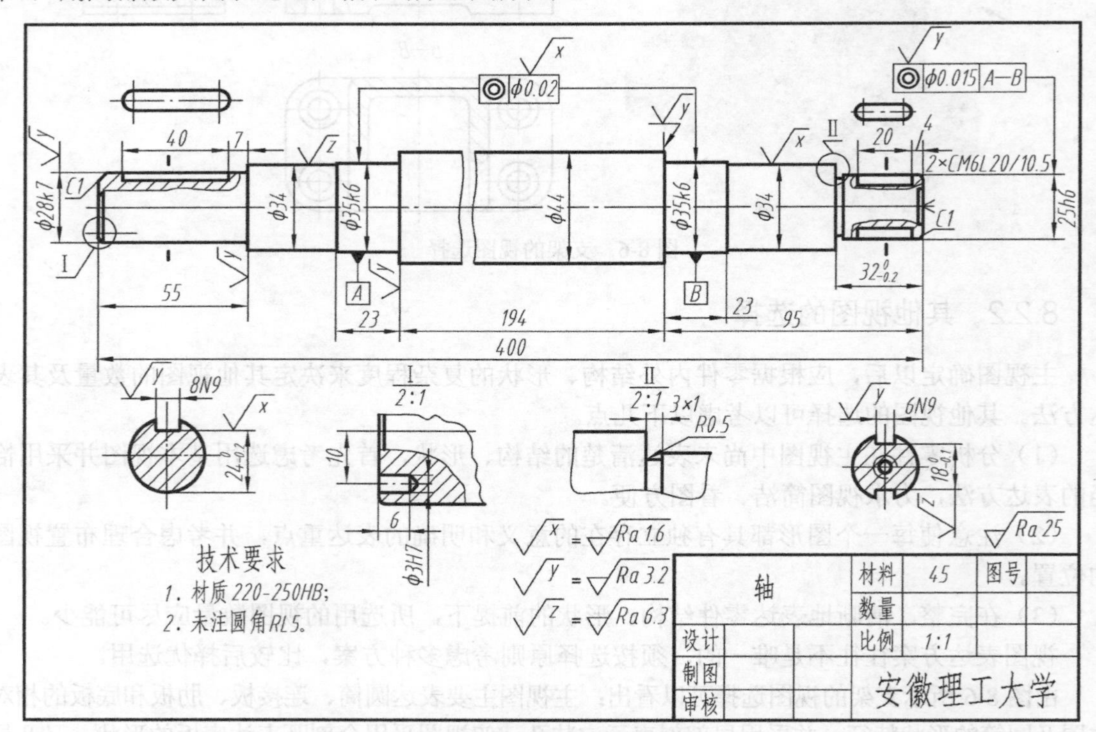

图 8-7 铣刀头上轴的零件图

套类零件的表达方法与轴类零件的表达方法相似，当其内部结构复杂时，常用剖视图来表达。空心轴套的视图表达（见图 8-8）：主视图采用剖视图表达轴套的内部形状特征及各局部结构的轴向位置，用局部剖视图、移出断面图来表达中部键槽的形状、位置和深度，用 *A—A* 移出断面图来表达右端各通孔及空槽的形状和位置。

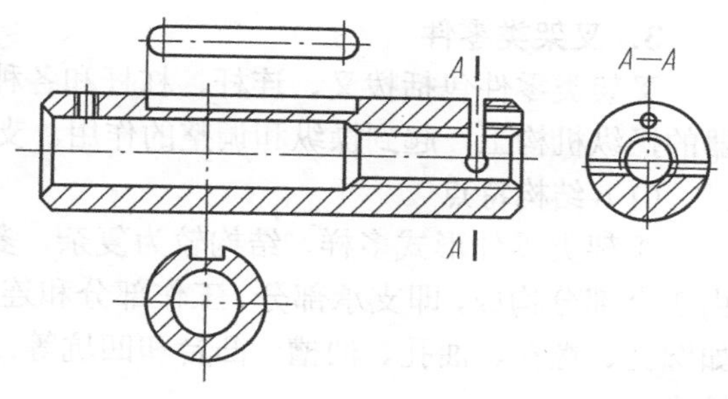

图 8-8　空心轴套的零件图

2. 轮盘类零件

轮盘类零件一般包括手轮、带轮、齿轮、法兰盘、端盖和盘座等。这类零件在机器中主要起到传递动力、支承、轴向定位及密封的作用。

（1）结构特点

轮盘类零件的基本形状是由几个回转体组成的扁平的盘状，其轴向尺寸往往比其他两个方向的尺寸小得多，零件上常见的结构有凸缘、凹坑、螺孔、沉孔、肋等结构。

（2）视图选择

轮盘类零件的主要加工表面以车削为主，所以其主视图也应按加工位置布置，将轴线放成水平，且多将该视图作全剖视，以表达其内部结构；除主视图外，常采用左（或右）视图表达零件上沿圆周分布的孔、槽及轮辐、肋条等结构。零件上一些小的结构可选取局部视图、局部剖视图、断面图和局部放大图表达。

图 8-9 所示的端盖采用了主、左两视图和一个局部放大图表达。其中，主视图将轴线水平放置，且作了全剖视以反映端盖的主体结构，左视图反映端盖的形状和沉孔的位置，局部放大图则清楚地反映密封槽的内部结构和形状。

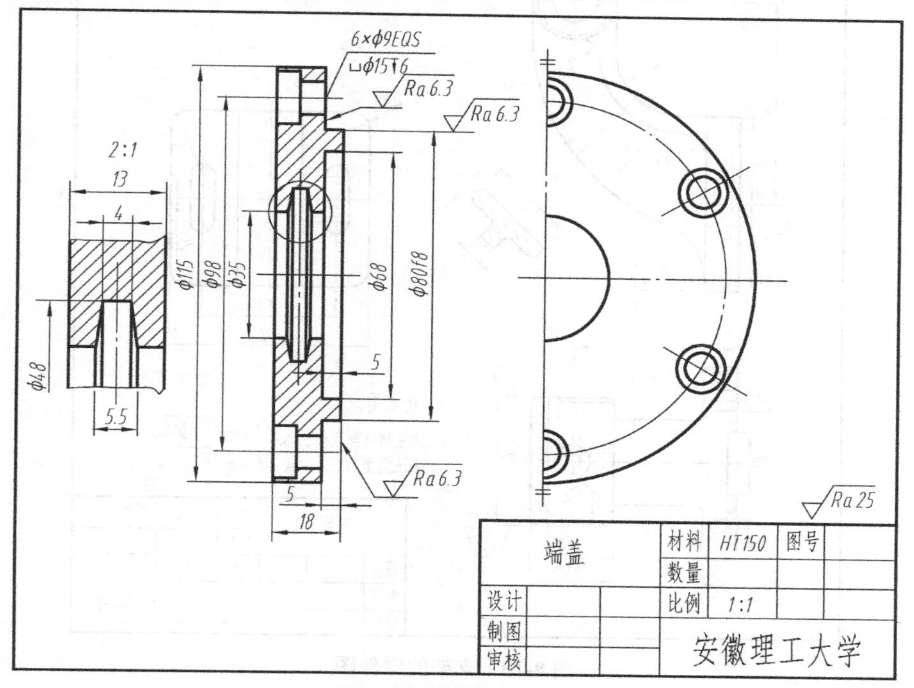

图 8-9　端盖的零件图

3. 叉架类零件

叉架类零件包括拨叉、连杆、杠杆和各种支架等。拨叉主要用在机床和内燃机等各种机器的操纵机构上，起到操纵和调整的作用。支架主要起到支承和连接的作用。

（1）结构特点

叉架类零件形式多样，结构较为复杂，多为铸件，经多道工序加工而成。这类零件一般由3个部分构成，即支承部分、工作部分和连接部分。支承部分和工作部分的细部结构较多，如圆孔、螺孔、油孔、油槽、凸台和凹坑等；连接部分多为肋板结构，且形状弯曲、扭斜的较多。

（2）视图选择

由于叉架类零件的加工工序较多，其加工位置经常变化，因此选择主视图时，主要考虑零件的形状特征和工作位置。这类零件一般须用两个或两个以上的基本视图。为了表达零件上的弯曲或扭斜结构，还常采用斜视图、局部视图、用斜剖切面剖切的剖视图和断面图等。

图 8-10 所示的支架由支承板（安装板）、空心圆柱、连接板和肋板等部分组成。其零件图采用主、俯两视图及一个局部视图和一个断面图表达。主视图表达支承板、工作圆柱、连接板及肋板的形体特征和相对位置，俯视图侧重反映支架各部分的前后对称关系。这两个视图都以表达外形为主，并分别采用局部剖视图表达圆孔的内形。局部视图主要表达长圆孔的形状和相对位置，断面图则表达弯曲的板与肋的连接关系。

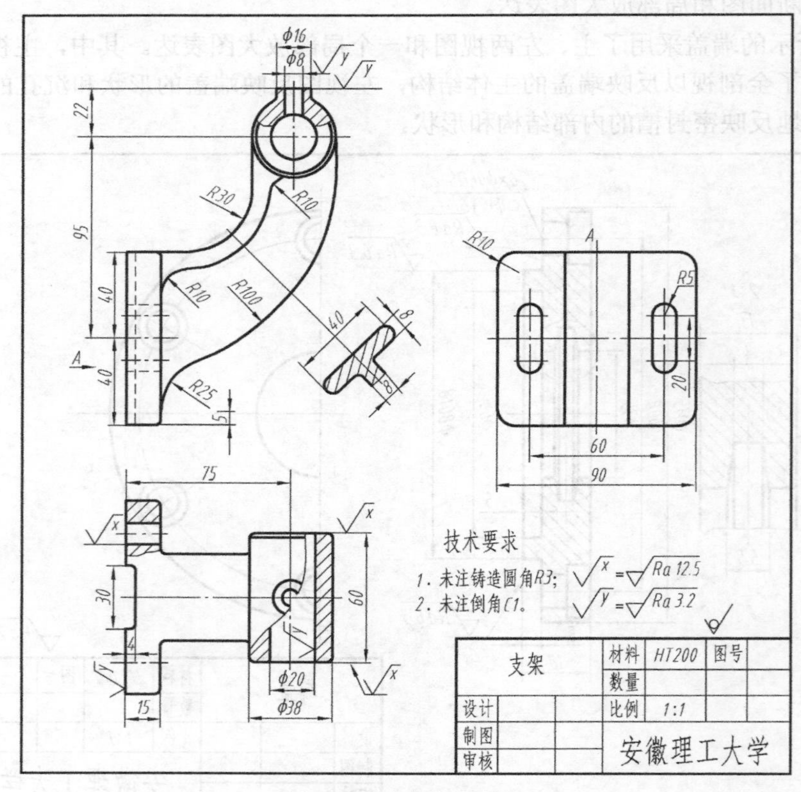

图 8-10 支架的零件图

4. 箱体类零件

箱体类零件包括各种箱体、壳体、泵体及减速机的机体等，这类零件主要用来支承、包容和保护箱体内的零件，也起到定位和密封等作用，因此结构较复杂，一般为铸件。

（1）结构特点

箱体类零件通常都有一个由薄壁所围成的较大空腔和与其相连供安装用的底板，在箱壁上有多个向内或向外延伸的供安装轴承用的圆筒或半圆筒，且在其上、下常有肋板加固。此外，箱体类零件上还有许多工艺结构和细部结构等，如凸台、凹坑、起模斜度、铸造圆角、螺孔、销孔和倒角等。

（2）视图选择

箱体类零件由于结构复杂，加工位置变化也较多，因此一般以零件的工作位置和最能反映其形状特征及各部分相对位置的方向作为主视图的投射方向。其外部、内部结构和形状应采用视图和剖视图分别表达，对工艺结构和细部结构可采用局部视图、局部剖视图和断面图等来表达。这类零件一般需要 3 个以上的基本视图。

泵体的零件图如图 8-11 所示，其采用了主、左两个基本视图和一个局部视图。主视图表达前端带空腔的圆柱、支承板、底板及进出油孔的形状和位置关系，并采用 3 处局部剖视图分别表达油孔及底板上的安装孔结构；左视图采用全剖进一步表达前端圆柱的内腔、后端圆柱的轴孔、底板的形状及位置关系；采用局部视图侧重表达底板的形状与安装孔的位置关系。

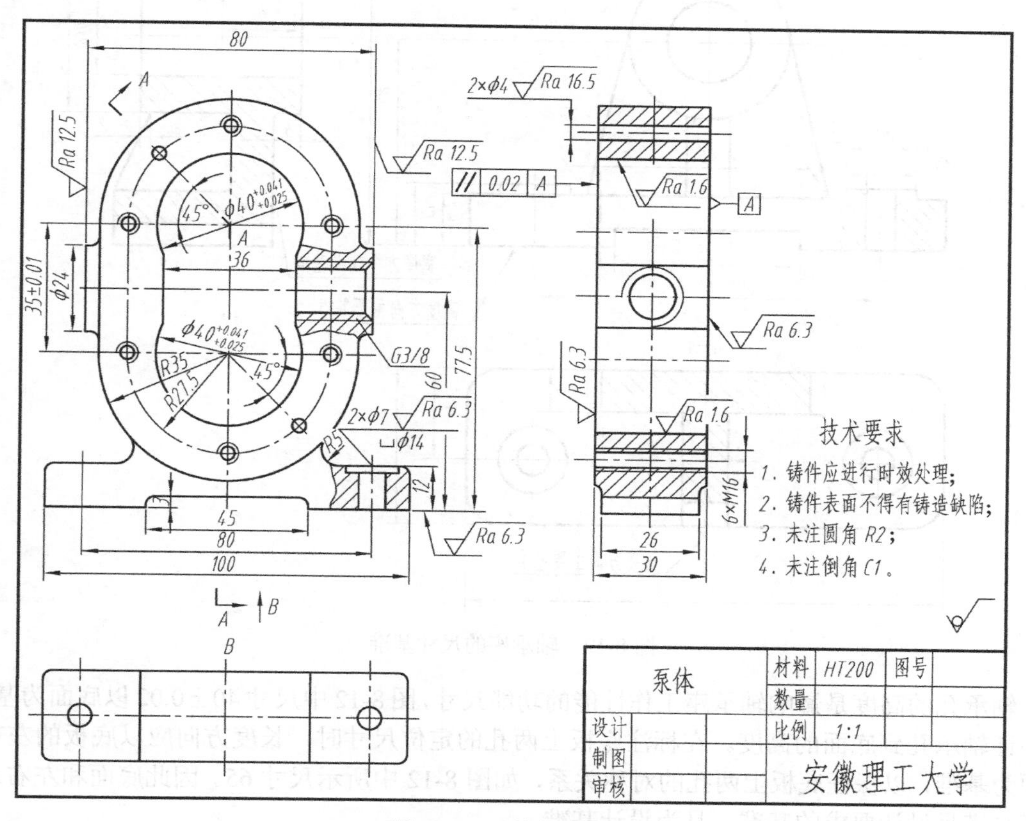

图 8-11 泵体的零件图

8.3 零件图的尺寸标注

零件图上的尺寸是制造、检验零件的重要依据。因此，零件图上的尺寸标注，除要求正确、完整和清晰外，还应考虑合理性，既要满足设计要求，又要便于加工、测量。合理标注零件尺寸需要生产实践经验和有关机械设计与加工等方面的知识。

8.3.1 正确选择尺寸基准

尺寸基准是指零件在设计、制造和检验时，标注尺寸的起点。零件的底面、端面、对称面、主要轴线、中心线等都可以被作为尺寸基准。要合理标注尺寸，必须恰当地选择尺寸基准。

1. 设计基准和工艺基准

从设计和工艺的角度来看，一般可将尺寸基准分成设计基准和工艺基准两大类。根据零件的结构和设计要求而确定的基准为设计基准；根据零件在加工和测量等方面的要求所确定的基准为工艺基准。下面以图 8-12 所示的轴承座的尺寸基准为例加以说明。

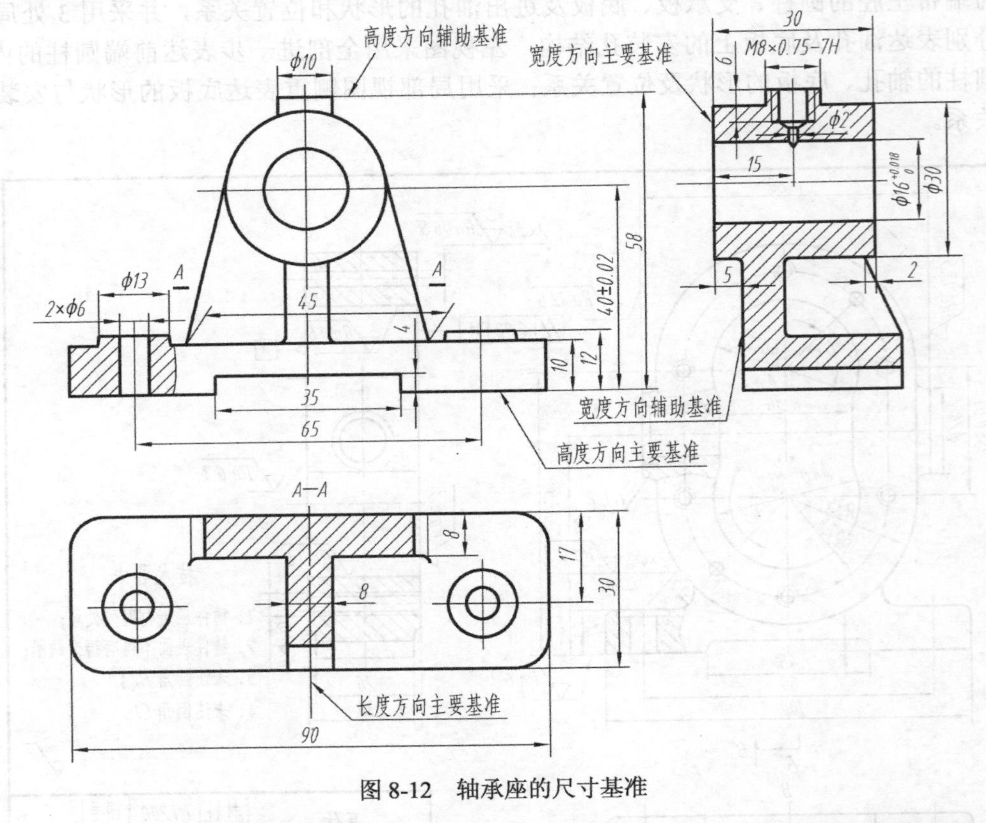

图 8-12 轴承座的尺寸基准

轴承孔的高度是影响轴承座工作性能的功能尺寸，图 8-12 中尺寸 40±0.02 以底面为基准，以保证轴承孔到底面的高度。在标注底板上两孔的定位尺寸时，长度方向应以底板的左右对称面为基准，以保证底板上两孔的对称关系，如图 8-12 中所示尺寸 65。因此底面和左右对称面都是满足设计要求的基准，且为设计基准。

轴承座上方螺孔的深度尺寸，若以轴承底板的底面为基准标注，则不易测量。为了测量方便，应以凸台端面为基准标注尺寸，所以凸台端面是工艺基准。

标注尺寸时，应尽量使设计基准与工艺基准重合，以使尺寸既能满足设计要求，又能满足工艺要求。轴承座的底面和左右对称面既是设计基准，又是工艺基准。二者不能重合时，主要尺寸应从设计基准出发进行标注。

2. 主要基准与辅助基准

每个零件都有长、宽、高 3 个方向的尺寸，每个方向至少有一个尺寸基准，且都有一个主要基准，即决定零件主要尺寸的基准。轴承座的主要尺寸基准如图 8-12 所示。

为了便于加工和测量，通常会附加一些加工和测量基准，这些除主要基准外另选的基准为辅助基准。辅助基准必须有联系尺寸以与主要基准相联系，如图 8-12 所示主视图中的联系尺寸 58，左视图中的联系尺寸 5。

8.3.2 零件尺寸基准选择实例

1. 轴的尺寸基准

（1）径向尺寸基准

如图 8-13 所示，为了便于装配和装在轴上零件的轴向定位需要，轴被制成阶梯状。从设计角度考虑，各段圆柱均要求在同一轴线上，因此轴线应为径向设计基准。又由于加工时轴两端用顶尖支承，因而轴线又是工艺基准。这种同轴线回转体组成的轴类零件在径向上实现了设计基准与工艺基准的重合。

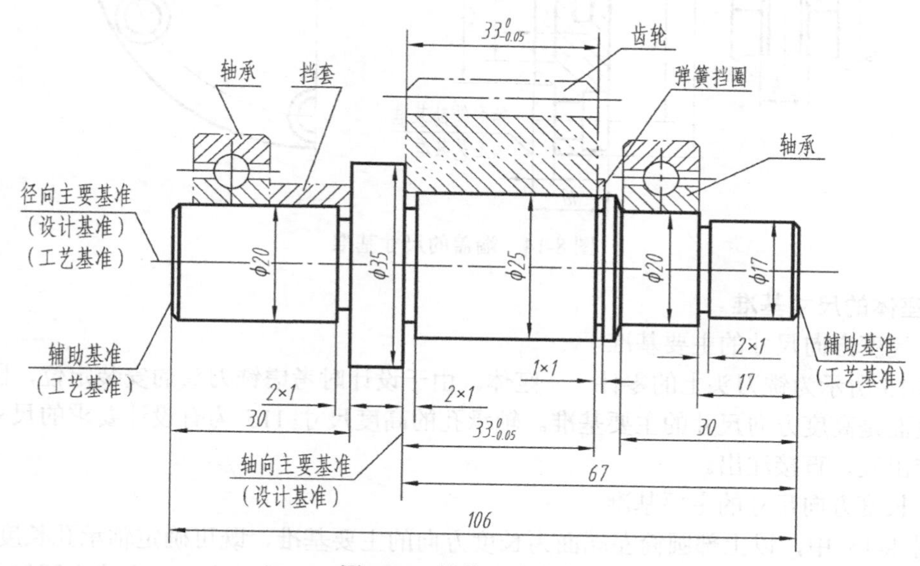

图 8-13 轴的尺寸基准

（2）轴向尺寸基准

图 8-13 的轴上装有滚动轴承、齿轮、弹簧挡圈、挡套等，齿轮的轴向定位端面为轴向尺寸的主要基准，以尺寸 67（该尺寸有设计要求）为联系尺寸确定轴右端面，并以其为辅助基准。接下来，一方面确定尺寸 17（有设计要求，直接注出），另一方面确定尺寸 106 以得到轴左端面。

2．端盖的尺寸基准

（1）径向尺寸基准

图 8-14 所示为铣刀头上的零件——端盖。在径向上，端盖内、外圆柱面的直径尺寸均以轴线为径向尺寸基准。同轴一样，在这个方向上，设计基准和工艺基准是统一的。

（2）轴向尺寸基准

图 8-14 中端盖的环形平面是轴向尺寸的主要基准。端盖止口压入座体孔的深度尺寸 5 为有设计要求的尺寸，故从设计基准出发直接注出。该尺寸 5 也可作为设计基准与止口端面辅助基准之间的联系尺寸，再由辅助基准注出端盖的长度尺寸 18。

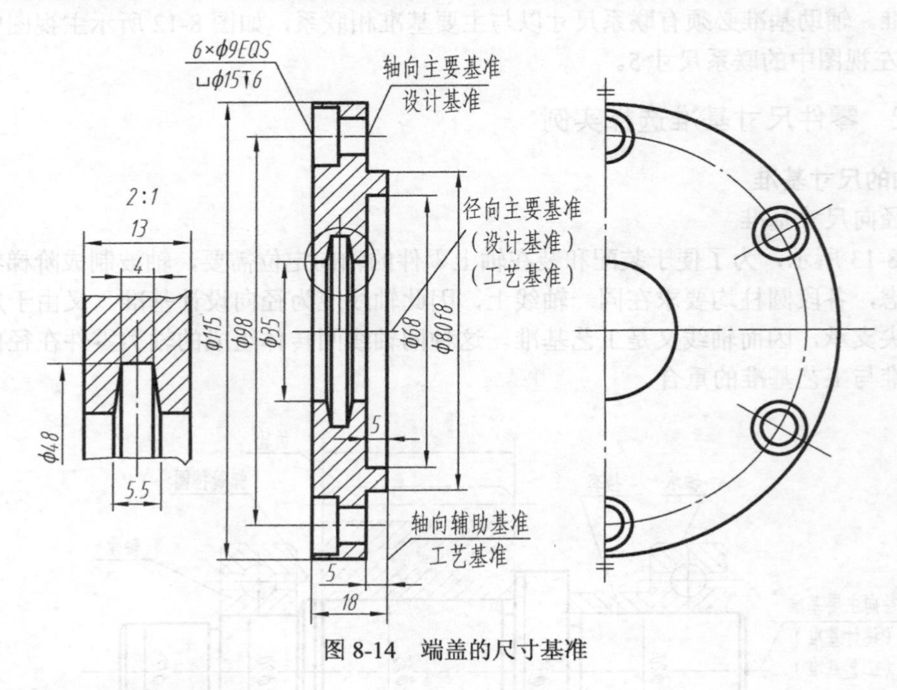

图 8-14 端盖的尺寸基准

3．座体的尺寸基准

（1）高度方向尺寸的主要基准

图 8-15 所示为铣刀头上的零件——座体。由于设计时考虑铣刀头的安装定位，因此安装底板的底面是高度方向尺寸的主要基准。轴承孔的高度尺寸 115 为有设计要求的尺寸，故从设计基准出发，直接注出。

（2）长度方向尺寸的主要基准

在图 8-15 中，以上部圆筒左端面为长度方向的主要基准，既可确定轴承孔长度尺寸 40 和以尺寸 10 确定左支承侧板的位置，又可以该端面为基准，用尺寸 255 来确定圆筒右端面的位置，再以右端面为辅助基准，确定右边轴承孔长度尺寸 40。

（3）宽度方向尺寸的主要基准

图 8-15 中座体前后对称，选对称面为宽度方向的主要基准，以尺寸 190、150 分别确定座体的宽度和底板安装孔的中心位置。

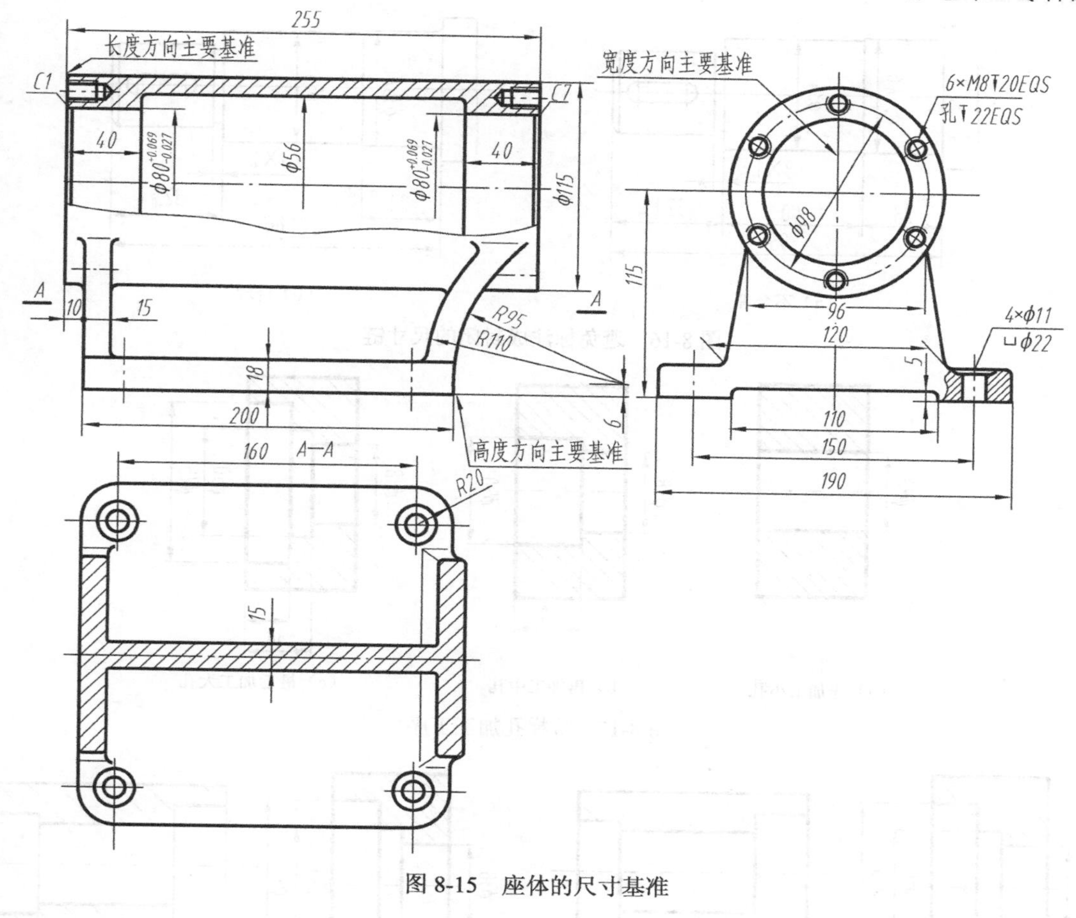

图 8-15 座体的尺寸基准

8.3.3 标注尺寸的注意事项

1．主要尺寸应直接标注

零件上反映机器或部件规格性能的尺寸、有配合要求的尺寸、影响机器或部件正确安装的尺寸等都是有设计要求的主要尺寸，应基于基准直接注出。如图 8-12 中轴承孔的高度尺寸 40±0.02、65 等。

2．避免标注成封闭的尺寸链

图 8-16 所示为阶梯轴。图 8-16（a）中，长度方向的尺寸 23、40、$32^{0}_{-0.2}$、95 首尾相连构成一个封闭的尺寸链。因为封闭尺寸链中每个尺寸的尺寸精度都将受链中其他各尺寸误差的影响，加工时很难保证总长尺寸的尺寸精度，所以在这种情况下，应当挑选一个不重要的尺寸空出不标注，以使尺寸误差累积在此处。图 8-16（b）中的尺寸标注法就较为合理。

3．考虑加工测量方便

（1）阶梯孔的尺寸标注

在加工零件上的阶梯孔时，一般先加工小孔，然后依次加工中孔、大孔，如图 8-17 所示。因此，在标注轴向尺寸时，应从端面注出大孔的深度，以便测量，如图 8-18 所示。

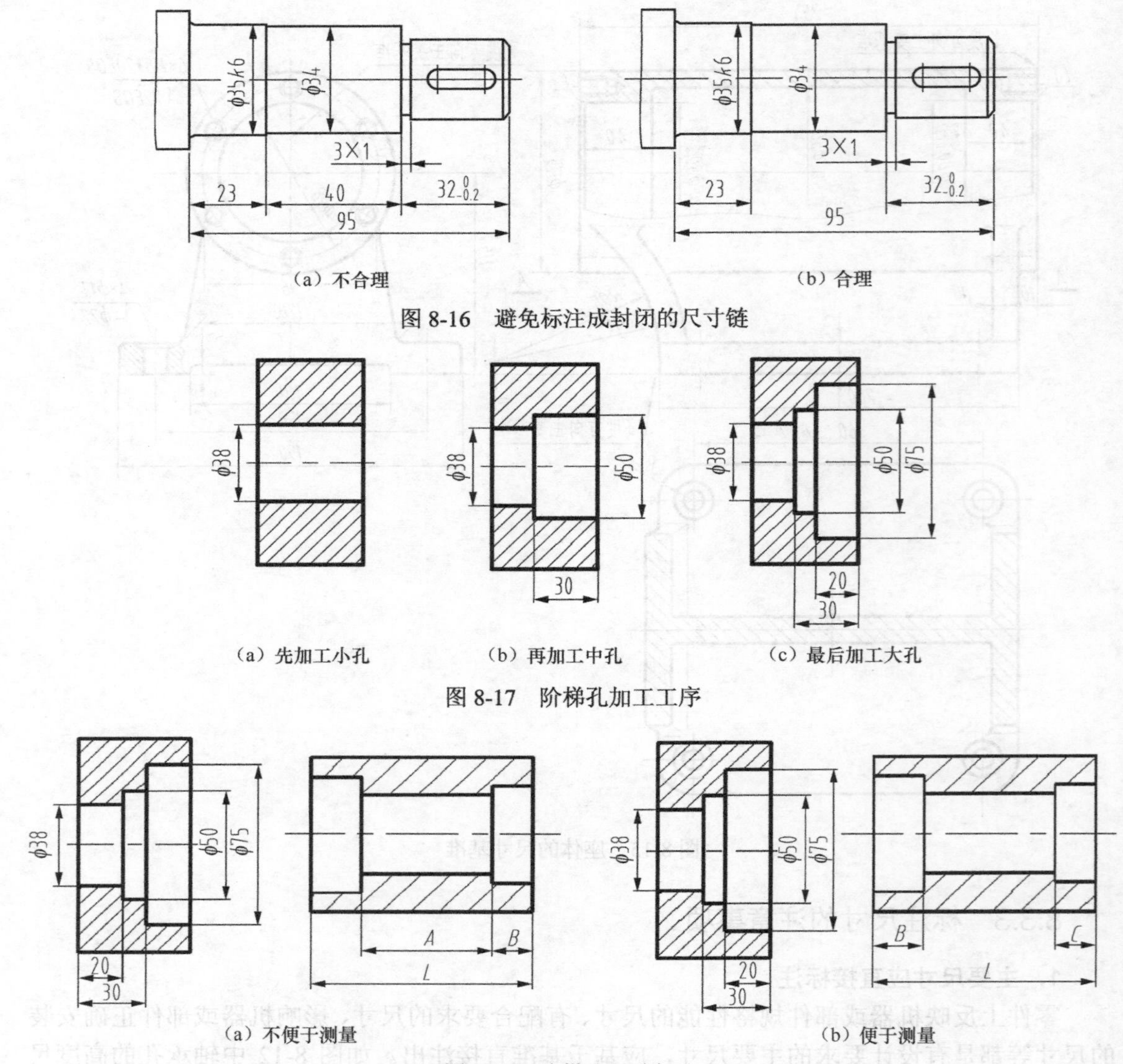

（a）不合理　　（b）合理

图 8-16　避免标注成封闭的尺寸链

（a）先加工小孔　　（b）再加工中孔　　（c）最后加工大孔

图 8-17　阶梯孔加工工序

（a）不便于测量　　（b）便于测量

图 8-18　阶梯孔尺寸标注

（2）键槽深度的尺寸标注

轴和轮毂孔上的键槽深度尺寸以圆柱面轮廓素线为基准标注，以便测量，如图 8-19 所示。

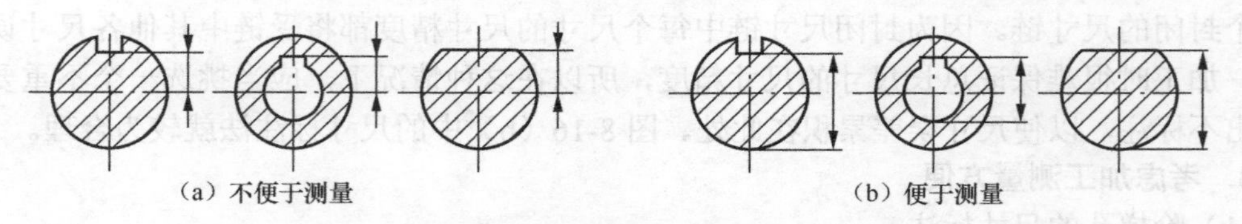

（a）不便于测量　　（b）便于测量

图 8-19　键槽深度尺寸标注

（3）退刀槽的尺寸标注

轴套类零件中一般有退刀槽等工艺结构，此时，退刀槽尺寸应该单独注出，如图 8-16 所示。在加工过程中，先粗车外圆表面长度为 32，再用切槽刀切制退刀槽，图示的标注形式符合工艺要求，便于加工测量。

4．考虑加工方法和加工顺序

（1）用不同工种加工的尺寸应尽量分开标注

在图 8-20（a）所示的传动轴中，为了便于看图和加工，铣工尺寸和车工尺寸应分别标注在上、下两端。

（2）同一工种加工的尺寸应按加工顺序标注尺寸

零件各表面的加工都有先后顺序，标注尺寸时应尽量与加工顺序一致。图 8-20（b）～图 8-20（e）为传动轴在车床上的加工顺序及所要求的尺寸。

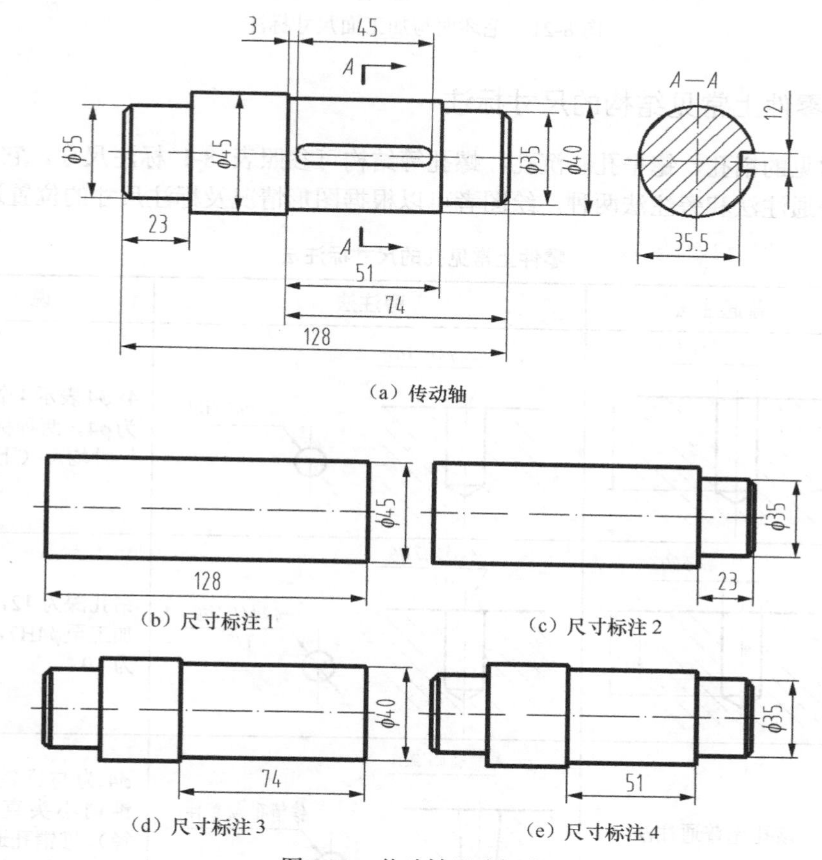

（a）传动轴

（b）尺寸标注 1

（c）尺寸标注 2

（d）尺寸标注 3

（e）尺寸标注 4

图 8-20 传动轴尺寸标注

5．关联尺寸相互协调

相关零件的尺寸标注要协调，以便装配、连接。例如，图 8-14 中端盖上 6 个沉孔的中心定位尺寸与图 8-15 中座体上部圆筒端面 6 个螺孔中心的定位尺寸应协调一致，均为$\phi 98$，且分布角度相同。

6．毛坯面与加工面尺寸联系

毛坯面间的尺寸是铸造过程中同时平行产生的，即尺寸之间的误差已经形成，因而在同一方向上，毛坯面与加工面之间只有一个联系尺寸 B，而尺寸 C 和 D 为毛坯面之间的联系尺寸。毛坯面与加工面尺寸标注如图 8-21 所示。

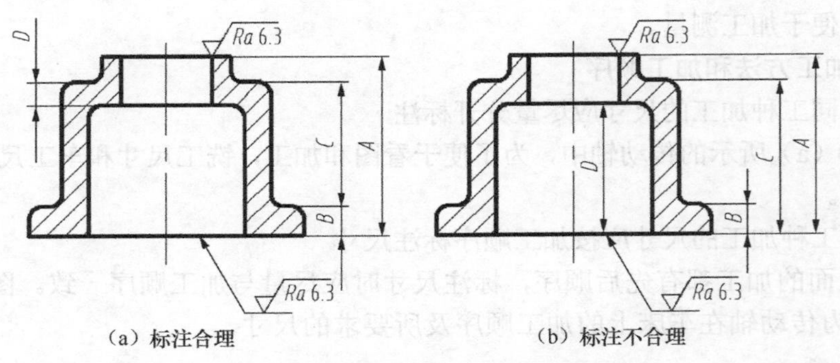

（a）标注合理　　（b）标注不合理

图 8-21　毛坯面与加工面尺寸标注

8.3.4　零件上常见结构的尺寸标注

零件上常见的销孔、锪平孔、沉孔、螺孔等结构可参照表 8-1 标注尺寸。它们的尺寸标注方法分为普通注法和旁注法两种，绘图者可以根据图形情况及标注尺寸的位置进行选用。

表 8-1　　**零件上常见孔的尺寸标注法**

结构类型		普通注法	旁注法	说　明
光孔	一般孔	4×ϕ4H7 12	4×ϕ4H7↧12 4×ϕ4H7↧10	4×ϕ4 表示 4 个孔的直径均为ϕ4。两种标注方法任选一种均可（下同）
	精加工孔	4×ϕ4H7 10 12	4×ϕ4H7↧10 ↧12 4×ϕ4H7↧10 ↧12	钻孔深为 12，钻孔后须精加工至ϕ4H7，精加工深度为 10
	锥销孔	该孔无普通注法	锥销孔ϕ4 配件 锥销孔ϕ4 配件	ϕ4 为与锥销孔相配的圆锥销小头直径（公称直径)。锥销孔通常是相邻两零件装在一起时加工的
沉孔	锥形沉孔	90° ϕ13 6×ϕ6	6×ϕ6∨ϕ13×90° 6×ϕ6∨ϕ13×90°	6×ϕ6 表示 6 个孔的直径均为ϕ6。锥形部分大端直径为ϕ13，锥角为 90°
	柱形沉孔	ϕ13 3 6×ϕ6	6×ϕ6⊔ϕ13↧3 6×ϕ6⊔ϕ13↧3	6 个圆柱形沉孔的小孔直径为ϕ6，大孔直径为ϕ13，深度为 3

续表

结构类型		普通注法	旁注法	说 明
沉孔	锪平面孔	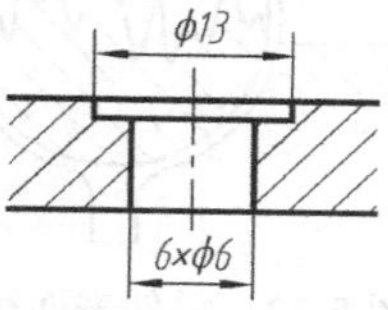 ϕ13 6×ϕ6	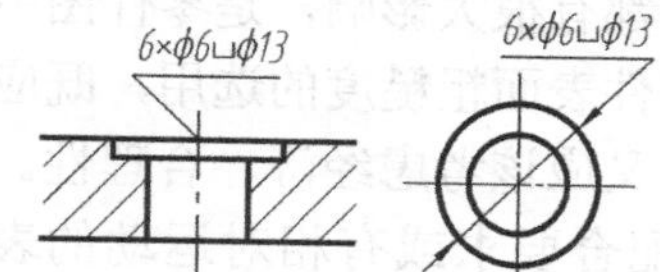 6×ϕ6⌴ϕ13 6×ϕ6⌴ϕ13	锪平面ϕ13 的深度无须标注，加工时一般锪平到不出现毛面为止
螺纹孔	通孔	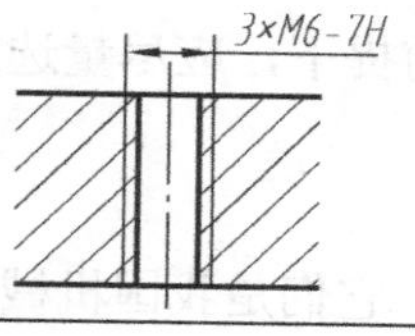 3×M6-7H	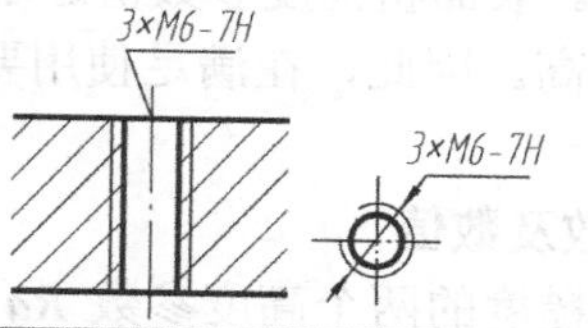 3×M6-7H 3×M6-7H	3×M6-7H 表示 3 个大径为 6，螺纹中径、顶径公差带为 7H 的螺纹孔
	不通孔	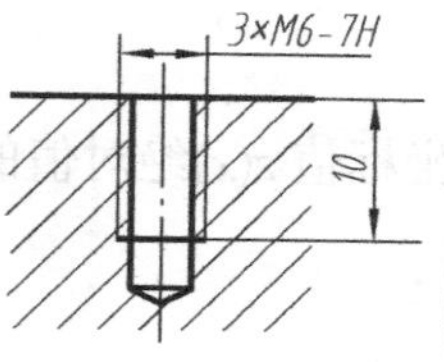 3×M6-7H 10	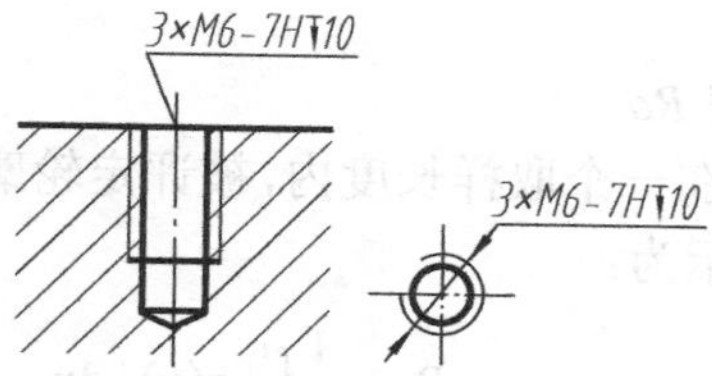 3×M6-7H↧10 3×M6-7H↧10	深 10 是指螺纹孔的有效深度尺寸为 10，钻孔深度以保证螺孔有效深度为准，也可查有关手册确定。一般光孔深度比螺纹孔有效深度多螺纹大径的一半，如左图光孔深度为 13
		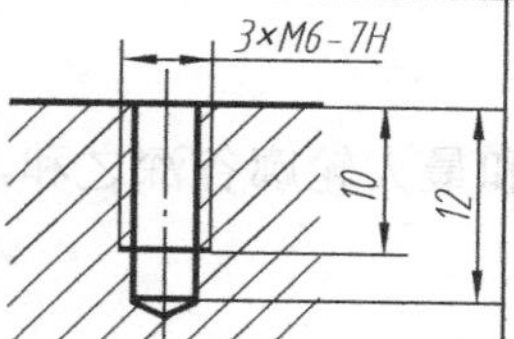 3×M6-7H 10 12	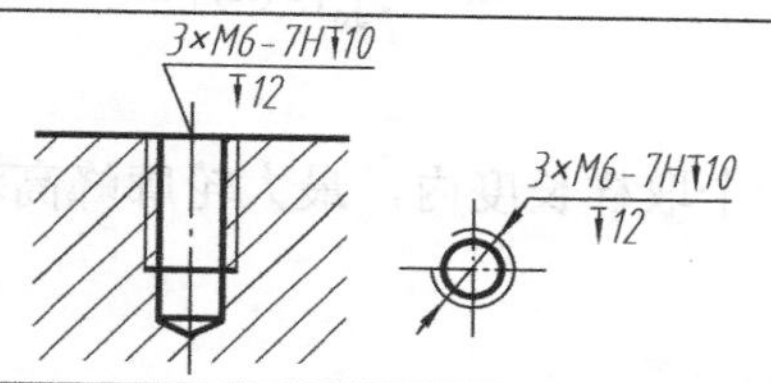 3×M6-7H↧10 ↧12 3×M6-7H↧10 ↧12	需要注出钻孔深度时，应明确标注出钻孔深度尺寸

8.4 零件图的技术要求

零件图不仅要用视图和尺寸表达其结构、形状及大小，还应表达出零件表面结构在制造和检验中控制产品质量的技术指标。这样就必须考虑对零件表面结构标注的技术要求，如为了满足零件的功能要求，对零件上有关部分的结构几何特征要标注尺寸公差、形状和位置公差。零件表面结构的几何特征还包含表面粗糙度和表面波纹度，它们对零件表面质量也有很大的影响。本节主要介绍零件图上相关技术要求的基础知识和标注方法。

8.4.1 表面结构的表示法（GB/T 131—2006）

在机械图样上，为保证达到零件装配后的使用要求，除了对零件各部分结构的尺寸、形状和位置给出公差要求，还要根据零件的功能需要，对零件的表面质量——表面结构提出要求。表面结构是表面粗糙度、表面波纹度、表面缺陷、表面纹理和表面几何形状的总称。本节简要介绍表面粗糙度的表示法。

1. 表面粗糙度的概念

零件在机械加工过程中，由于机床、刀具等的振动及材料在切削时产生塑性变形等原因，经放大后可见其加工表面是高低不平的，如图 8-22 所示。这种加工表面上具有较小的间距和峰谷所组成的微观几何形状特征，称为表面粗糙度。表面粗糙度与加工方法、刀具形状及切削用量等各种因素有密切关系。表面粗糙度是评定零件表面质量的一项重要技术指标，对零件的耐磨性、疲劳强度、耐腐蚀性、配合性质和密封等都有很大影响，是零件图中必不可少的一项技术要求。零件表面粗糙度的选用，既应该满足零件表面的功用要求，又应该考虑经济、合理性。一般情况下，零件上凡是有配合要求或有相对运动的表面，表面粗糙度参数值均较小。表面粗糙度参数值越小，表面质量越高，加工成本也越高。因此，在满足使用要求的前提下，应尽量选用较大的粗糙度参数值，以降低成本。

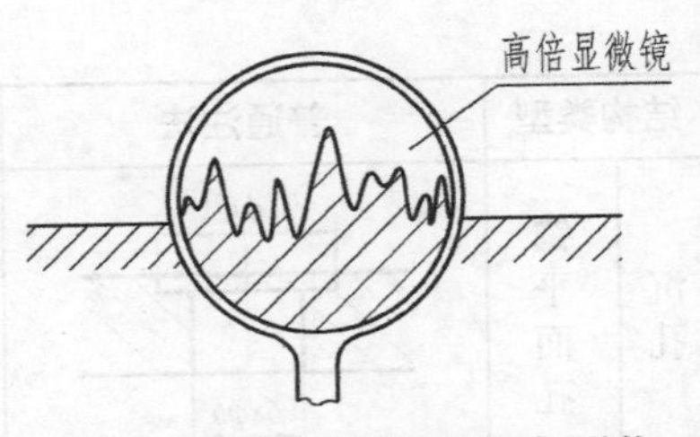

图 8-22　零件表面微观几何形状

2．评定表面粗糙度的参数及数值

国家标准规定评定表面粗糙度的两个高度参数 *Ra* 和 *Rz*，它们是我国机械图样中最常用的评定参数。

（1）轮廓算术平均偏差 *Ra*

轮廓算术平均偏差，即在一个取样长度内，被评定轮廓纵坐标值 $z(x)$ 绝对值的算术平均值，如图 8-23 所示，用公式表示为：

$$Ra = \frac{1}{l}\int_0^l |z(x)|\,\mathrm{d}x$$

（2）轮廓最大高度 *Rz*

轮廓最大高度，即在一个取样长度内，最大轮廓峰高和最大轮廓谷深之和，如图 8-23 所示。

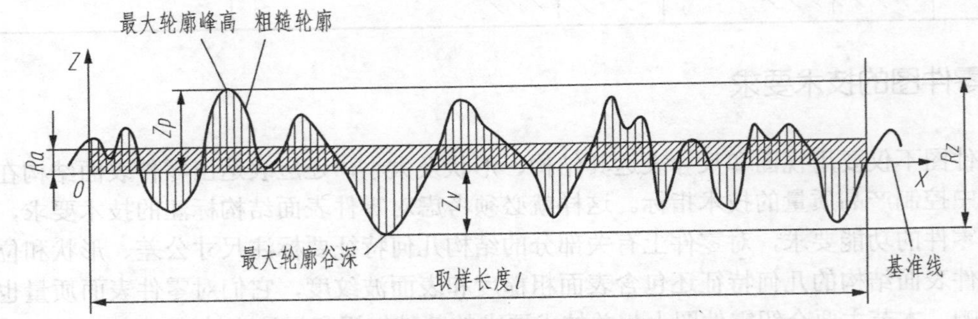

图 8-23　轮廓算术平均偏差 *Ra* 和轮廓最大高度 *Rz*

在实际应用中，轮廓算术平均偏差 *Ra* 用得最多。*Ra* 的数值如表 8-2 所示。

表 8-2　轮廓算术平均偏差 *Ra* 的数值　（单位：μm）

第一系列	0.012	0.025	0.100	0.20	0.40	0.80	1.60	3.2	6.3	12.5	25	50	100
第二系列	0.008	0.016	0.032	0.063	0.125	0.25	0.50	1.00	2.00	4.0	8.0	16.0	32	63
	0.010	0.020	0.040	0.080	0.160	0.32	0.63	1.25	2.5	5.0	10.0	20	40	80

注：优先选用第一系列数值。

3．表面结构的符号和代号

（1）表面结构的图形符号

在图样中，对表面结构的要求可用几种不同的图形符号表示。标注时，图形符号应附加对表面结构的补充要求。在特殊情况下，图形符号也可以在图样中单独使用，以表达特殊意义。表面结构的图形符号及其含义如表 8-3 所示，表面结构符号的画法如图 8-24 所示。

表 8-3　　　　表面结构的图形符号及其含义

符　　号	含　义
	基本图形符号：表示未指定工艺方法的表面；没有补充说明时不能单独使用，仅适用于简化代号标注
	扩展图形符号：基本图形符号加一短画线，表示表面是用去除材料的方法获得的。例如，锯、车、铣、刨、钻、镗、磨、剪切、抛光、研磨、腐蚀、气割、电火花加工等
	扩展图形符号：基本图形符号加一小圆圈，表示表面是用不去除材料的方法获得的，例如，铸造、锻造、冲压、热轧、粉末冶金等，其也可以用于保持原供应状况的表面（包括保持上道工序的状况）
	完整图形符号：在上述 3 个符号的长边上均可加一横线，用于对表面结构有补充要求的标注。左图、中图、右图分别用于标注以“允许任何工艺”“去除材料”“不去除材料”方法获得的表面
	工件轮廓各表面相同的图形符号：当在图样的某个视图上产生封闭轮廓的表面结构要求时，可以用完整图形符号加一个圆圈来表示

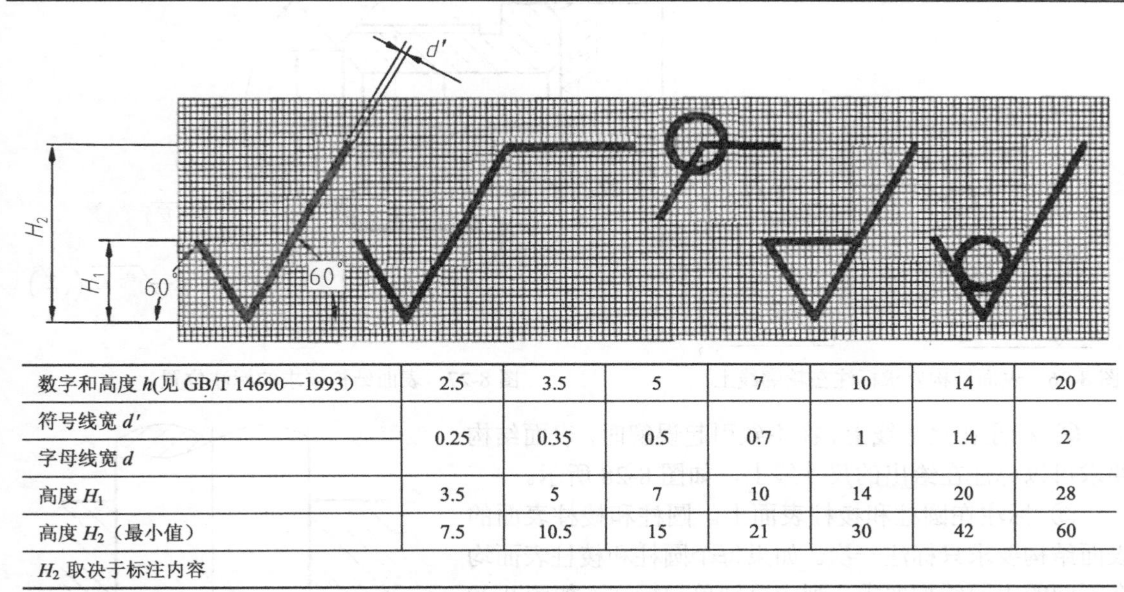

数字和高度 h(见 GB/T 14690—1993)	2.5	3.5	5	7	10	14	20
符号线宽 d' 字母线宽 d	0.25	0.35	0.5	0.7	1	1.4	2
高度 H_1	3.5	5	7	10	14	20	28
高度 H_2（最小值）	7.5	10.5	15	21	30	42	60
H_2 取决于标注内容							

图 8-24　表面结构符号的画法

（2）表面结构补充要求的注写位置

在表面结构的图形符号上，标注表面粗糙度参数的数值及有关规定，就构成了表面粗糙度代号。在完整图形符号中对表面结构的单一要求和补充要求应该注写在图 8-25 所示的指定位置。

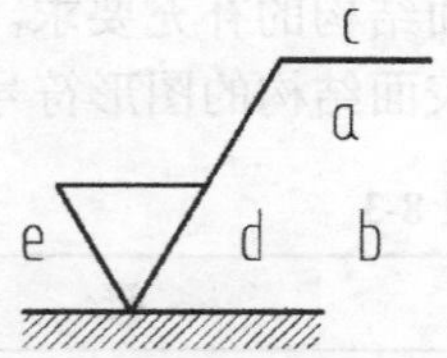

位置 a：注写表面结构参数代号、极限值、取样长度等，在参数代号和极限值之间应插入空格。

位置 b：注写两个或多个表面结构要求。

位置 c：注写加工方法、表面处理、涂层或其他加工工艺要求。

位置 d：注写所要求的表面纹理和纹理方向。

位置 e：注写所要求的加工余量。

图 8-25　图形符号的单一要求和补充要求注写位置

4．表面结构要求的标注方法

在机械图样中，表面结构要求对零件的每一个表面通常只标注一次代（符）号，并尽量标注在相应的尺寸及其公差的同一视图上。除非另有说明，所标注的表面粗糙度是对完工零件表面的要求。表面结构要求的标注要遵守以下规定。

（1）表面结构符号、代号的标注位置与方向

根据 GB/T 131—2006 的规定，应使表面结构要求的注写和读取方向与尺寸的注写和读取方向相一致。

① 标注在轮廓线或指引线上。表面结构要求可以标注在轮廓线及其延长线上（见图 8-26），其符号应从材料外指向并接触表面。必要时，表面结构符号也可以用箭头或黑点的指引线引出标注，如图 8-27 所示。

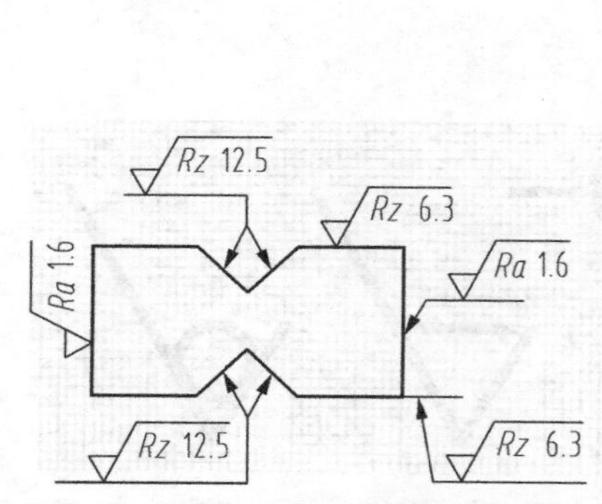

图 8-26　表面结构要求标注在轮廓线上

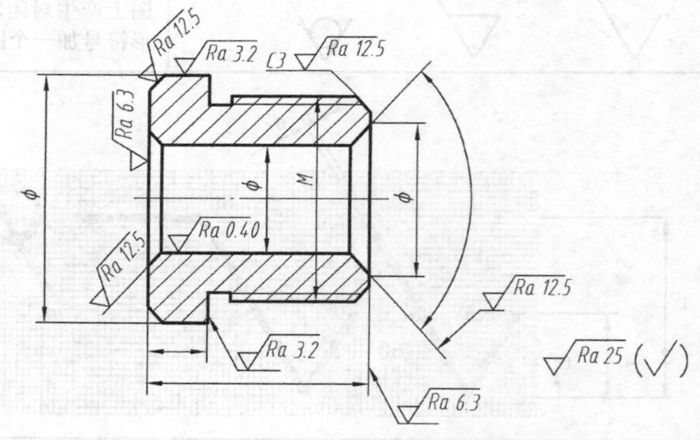

图 8-27　表面结构要求的标注位置

② 标注在尺寸线上。在不致引起误解时，表面结构要求可以标注在给出的尺寸线上，如图 8-28 所示。

③ 标注在圆柱和棱柱表面上。圆柱和棱柱表面的表面结构要求只标注一次。如果每个圆柱和棱柱表面均有不同的表面结构要求，则应分别单独标注，如图 8-29 所示。

④ 标注在几何公差框格的上方。表面结构要求可以标注在几何公差框格的上方，如图 8-30 所示。

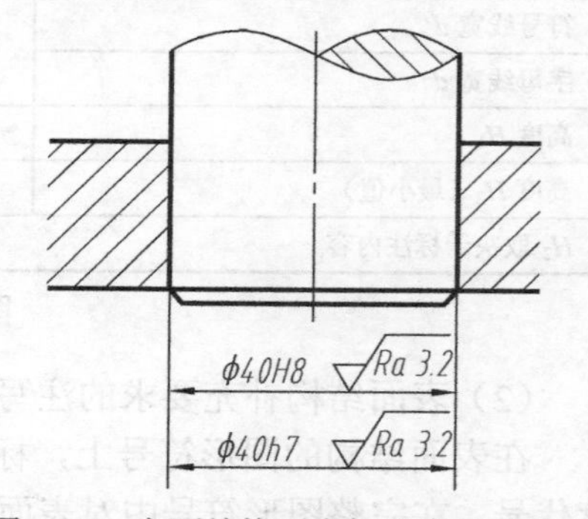

图 8-28　表面结构要求标注在尺寸线上

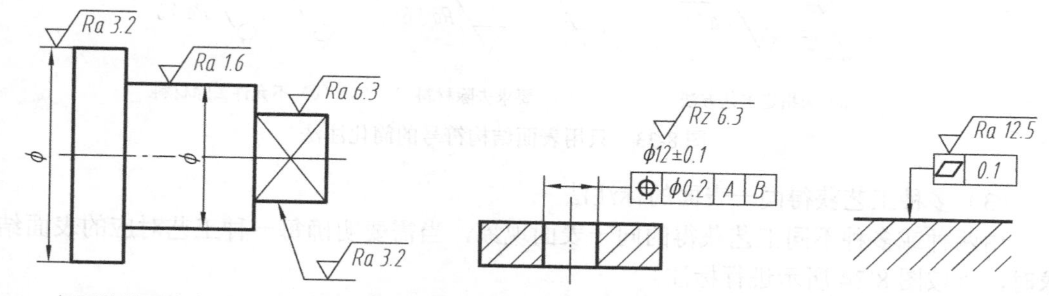

图 8-29 表面结构要求标注在圆柱和棱柱表面上　图 8-30 表面结构要求标注在几何公差框格的上方

（2）表面结构要求的简化标注法

有相同表面结构要求的简化标注法。

① 如果工件的全部表面结构要求都相同，则可将其结构要求统一标注在图样的标题栏附近。

② 如果工件的大多数表面有相同的表面结构要求，则可将其统一标注在图样的标题栏附近，而将其他不同的表面结构要求直接标注在图形中。此时标注在标题栏附近的表面结构要求的符号后面应：

- 在小括号内给出无任何其他标注的基本符号，如图 8-31（a）所示；
- 在小括号内给出不同的表面结构要求，如图 8-31（b）所示。

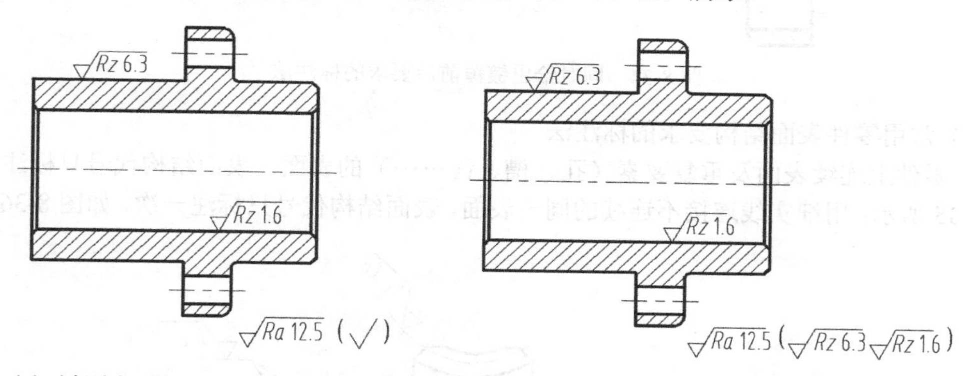

（a）小括号内无其他标注的基本符号　（b）小括号内给出不同的表面结构要求

图 8-31 大多数表面有相同表面结构要求的简化标注法

多个表面有共同表面结构要求的简化标注法。当多个表面具有相同的表面结构要求或空间有限时，可以采用简化标注法。

① 用带字母完整符号的简化标注法：可用带字母的完整符号以等式的形式在图形或标题栏附近，对有相同表面结构要求的表面进行标注，如图 8-32 所示。

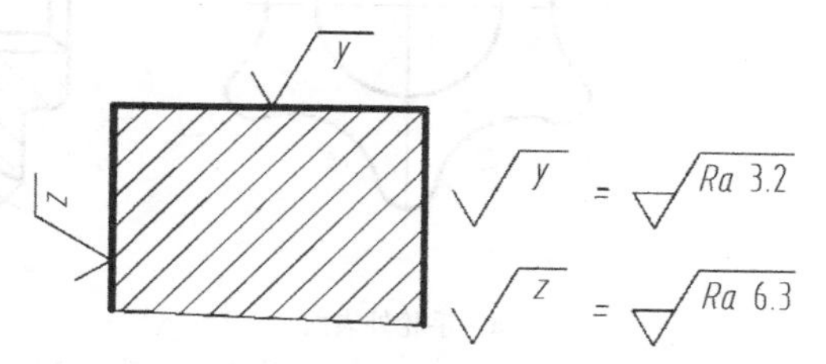

图 8-32 当图纸空间有限时的简化标注法

② 只用表面结构符号的简化标注法：可用基本符号、扩展符号以等式的形式给出对多个表面的共同表面结构要求，如图 8-33 所示。

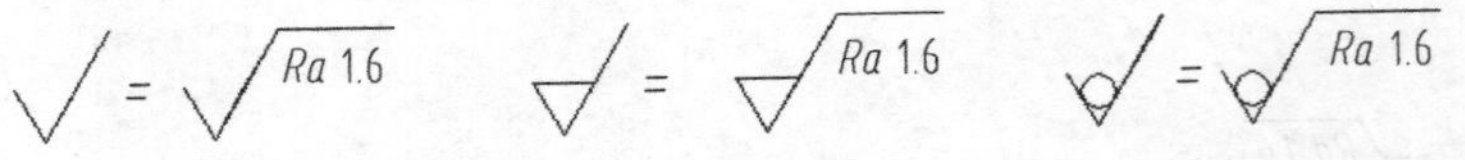

Ra 1.6　　Ra 1.6　　Ra 1.6

（a）未指定工艺方法　（b）要求去除材料　（c）不允许去除材料

图 8-33　只用表面结构符号的简化注法

（3）多种工艺获得同一表面的标注法

由两种或多种不同工艺获得的同一表面现象，当需要明确每一种工艺对应的表面结构要求时，可按图 8-34 所示进行标注。

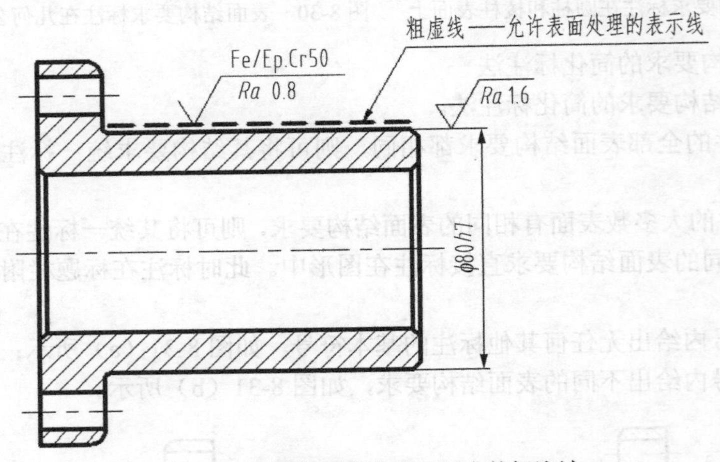

图 8-34　同时给出镀覆前后要求的标注法

（4）常用零件表面结构要求的标注法

① 零件上连续表面及重复要素（孔、槽、齿……）的表面，表面结构代号只标注一次，如图 8-35 所示；用细实线连接不连续的同一表面，表面结构代号只标注一次，如图 8-36 所示。

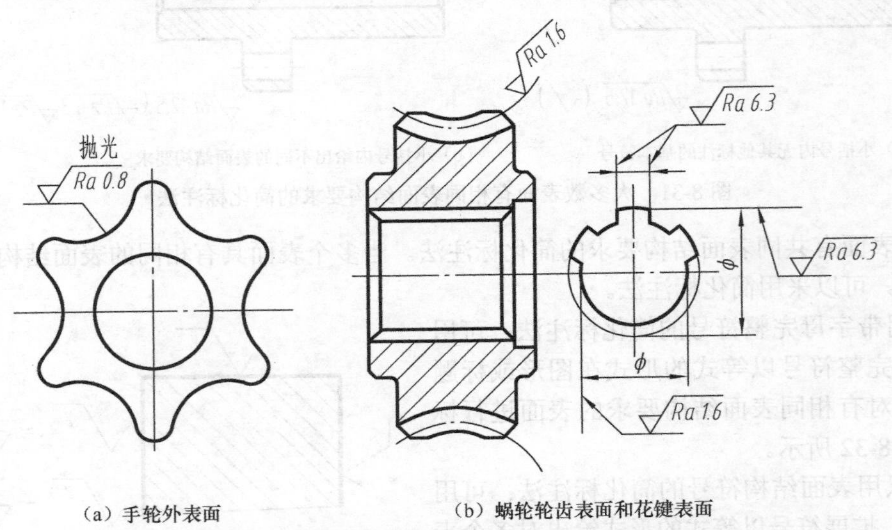

（a）手轮外表面　（b）蜗轮轮齿表面和花键表面

图 8-35　连续表面及重复要素的表面结构要求标注法

② 螺纹的工作表面没有画出牙形时，其表面结构代号可按图 8-37 所示的形式标注。

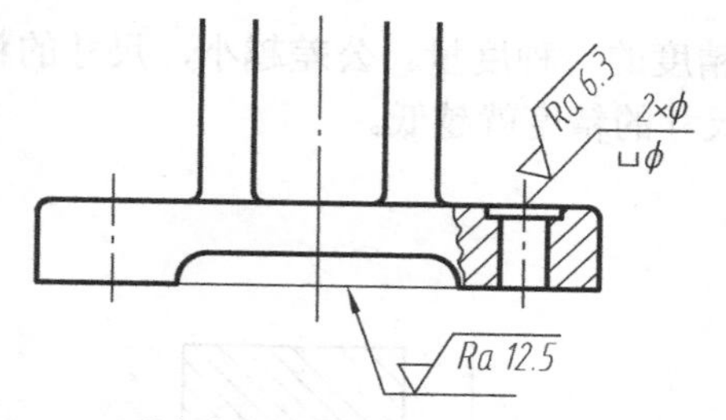

图 8-36 不连续同一表面的表面结构要求标注法

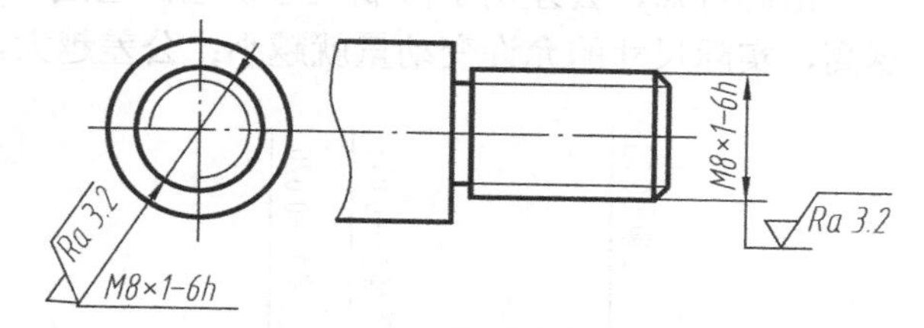

图 8-37 螺纹表面结构要求标注法

8.4.2 极限与配合（GB/T 1800.1—2020）

在成批或大量生产中，要求零件具有互换性，即当装配机器或部件时，只要在一批相同规格的零件中任取一件，不经选择和修配加工，装配到机器或部件上就能满足装配、使用性能要求。就尺寸而言，互换性要求尺寸的一致性，而不是要求零件都准确地制成一个确定的尺寸，即会限定其在一个合理的范围内变动。对于相互配合的零件，这个范围一是要求在使用和制造上是合理、经济的，二是要求保证相互配合的尺寸之间形成一定的配合关系，以满足不同的使用要求。前者要以“公差”的标准化——极限制来解决，后者要以“配合”的标准化来解决，由此产生了“极限与配合”制度。

1. 极限与配合的相关概念

（1）尺寸的概念

① 公称尺寸：由图样规范定义的理想形状要素的尺寸，如图 8-38 中的尺寸$\phi 30$。

② 实际尺寸：零件加工后实际测量获得的尺寸。

③ 极限尺寸：尺寸要素的尺寸所允许的极限值。上极限尺寸，即尺寸要素允许的最大尺寸；下极限尺寸，即尺寸要素允许的最小尺寸。为了满足要求，实际尺寸位于上、下极限尺寸之间，含极限尺寸。图 8-38 中，孔的极限尺寸分别为上极限尺寸是$\phi 30.033$和下极限尺寸是$\phi 30$；轴的极限尺寸分别为上极限尺寸是$\phi 29.980$和下极限尺寸是$\phi 29.959$。

（2）偏差与公差的概念

① 偏差：实际尺寸与其公称尺寸之差。

② 极限偏差：相对于公称尺寸的上极限偏差和下极限偏差。上极限偏差，即上极限尺寸减其公称尺寸所得的代数差，ES 用于内尺寸要素，es 用于外尺寸要素；下极限偏差，即下极限尺寸减其公称尺寸所得的代数差，EI 用于内尺寸要素，ei 用于外尺寸要素；上、下极限偏差是一个带符号的值，其可以是负值、零值或正值。

如图 8-38 中轴的上极限偏差为$\phi 29.980-\phi 30=-0.020$，下极限偏差为$\phi 29.959-\phi 30=-0.041$；孔的上极限偏差为$\phi 30.033-\phi 30=0.033$，下极限偏差为$\phi 30-\phi 30=0$。

③ 公差：上极限尺寸与下极限尺寸之差，或上极限偏差与下极限偏差之差。公差是一个没有符号的绝对值，它是允许尺寸变动的量。

图 8-38 中孔、轴的公差可分别计算如下。

孔 公差=上极限尺寸−下极限尺寸=$\phi 30.033-\phi 30=0.033$

或 公差=上极限偏差−下极限偏差=$0.033-0=0.033$

轴 公差=上极限尺寸−下极限尺寸=$\phi 29.980-\phi 29.959=0.021$

或 公差=上极限偏差−下极限偏差=$(-0.020)-(-0.041)=0.021$

由此可知，公差用于限制尺寸误差，它是尺寸精度的一种度量。公差越小，尺寸的精度越高，实际尺寸的允许变动量就越小；公差越大，尺寸的精度就越低。

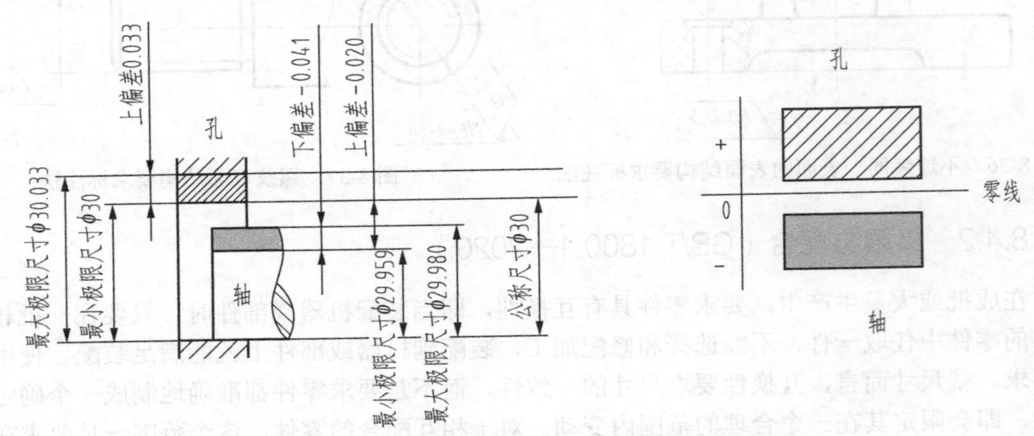

图 8-38　极限尺寸、极限偏差和公差带图

④ 公差带：公差极限之间（包括公差极限）的尺寸变动值。在公差分析中，常把公称尺寸、极限偏差及尺寸公差之间的关系简化成公差带图，如图 8-38 所示。在公差带图解中，由代表上、下极限偏差的两条直线所限定的区域称为公差带。在极限与配合图解中，表示公称尺寸的一条直线称为零线，以其为基准来确定极限偏差和尺寸公差。

2．标准公差和基本偏差

国家标准规定了标准公差和基本偏差来分别确定公差带的大小和相对零线的位置。

① 标准公差：线性尺寸公差 ISO 代号体系中的任一公差，称为标准公差。缩略词“IT”代表“国际公差”，标准公差等级用字符 IT 和等级数字表示，如 IT8。标准公差分 20 个等级，即 IT01、IT0、IT1……IT18。IT01 公差值最小，精度最高；IT18 公差值最大，精度最低。从 IT01 到 IT18，数字越大，公差值越大，精度越低。公差带大小由标准公差确定。同一公差等级对所有公称尺寸的一组公差被认为具有同等精确程度。

标准公差数值见附表 A-21，从中可查出某尺寸在某一公差等级下的标准公差值。如公称尺寸为 20，公差等级 IT7 的标准公差值为 0.021。

② 基本偏差：公差带相对公称尺寸位置的极限偏差。基本偏差是最接近公称尺寸的那个极限偏差，它可以是上极限偏差或下极限偏差。当公差带位于零线上方时，基本偏差为下极限偏差（EI，ei）；当公差带位于零线下方时，基本偏差为上极限偏差（ES，es），如图 8-39 所示。公差带相对零线的位置由基本偏差确定。

GB/T 1800.1—2020 对孔和轴各规定了 28 个不同的基本偏差。基本偏差代号用拉丁字母表示，其中，用一个字母表示的有 21 个，用两个字母表示的有 7 个。从 26 个拉丁字母中去掉易与其他含义相混淆的 I、L、O、Q、W（i、l、o、q、w）字母。大写字母表示孔，小写字母表示轴。图 8-39 中各公差带只表示公差带的位置，不表示公差带的大小，因而只画出公差带属于基本偏差的一端，而另一端是开口的，即另一端的极限偏差应由相应的标准公差确定。基本偏差和标准公差确定后，孔和轴的公差带大小和位置就确定了。

孔、轴的公差带代号由表示公差带位置的基本偏差代号和表示公差带大小的公差等级组成。例如，*φ20H6*，*φ*20 表示公称尺寸，*H*6 表示孔的公差带代号（其中，*H* 表示孔的基本偏差代号，6表示标准公差等级）。

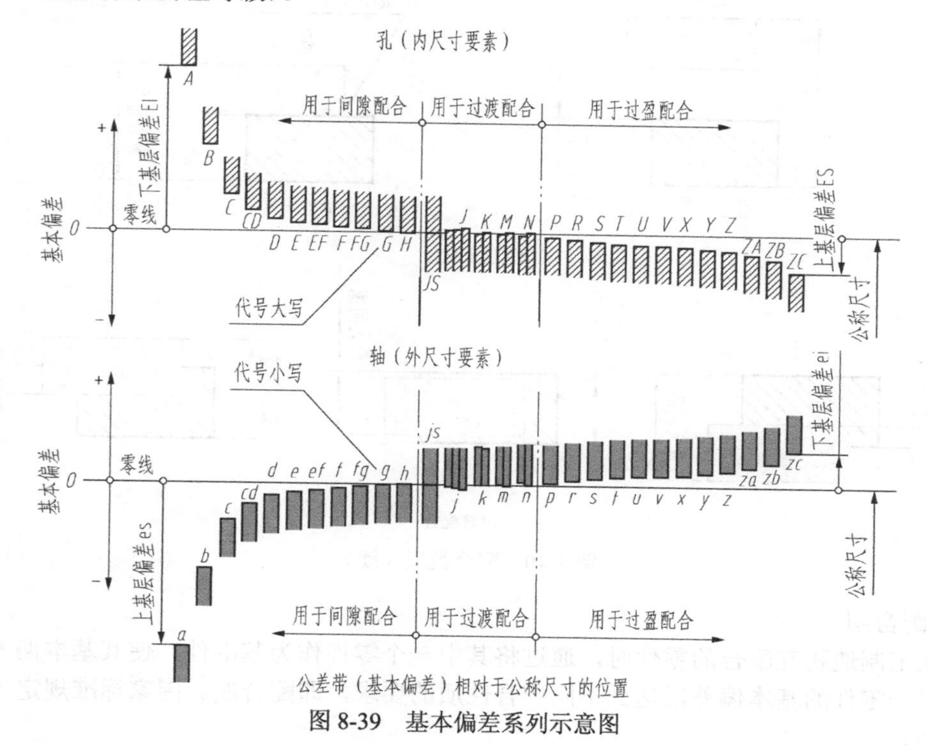

图8-39 基本偏差系列示意图

3. 配合

类型相同且待装配的外尺寸要素（轴）和内尺寸要素（孔）之间的关系，称为配合。根据使用要求的不同，配合有松有紧。配合时，孔和轴的公称尺寸相等。

① 间隙配合：孔和轴装配时总是存在间隙的配合。此时，孔的下极限尺寸大于或在极端情况下等于轴的上极限尺寸，即孔的最小尺寸大于或等于轴的最大尺寸。孔的公差带位于轴的公差带之上，如图8-40（a）所示。

② 过盈配合：孔和轴装配时总是存在过盈的配合。此时，孔的上极限尺寸小于或在极端情况下等于轴的下极限尺寸，即轴的最小尺寸大于或等于孔的最大尺寸。孔的公差带位于轴的公差带之下，如图8-40（b）所示。

③ 过渡配合：孔和轴装配时可能具有间隙或过盈的配合。孔和轴的公差带或完全重叠，或部分重叠，如图8-40（c）所示。因此，是否形成间隙配合或过盈配合取决于孔和轴的实际尺寸。也就是说，轴与孔配合时，有可能产生间隙，也有可能产生过盈，产生的间隙和过盈都比较小。

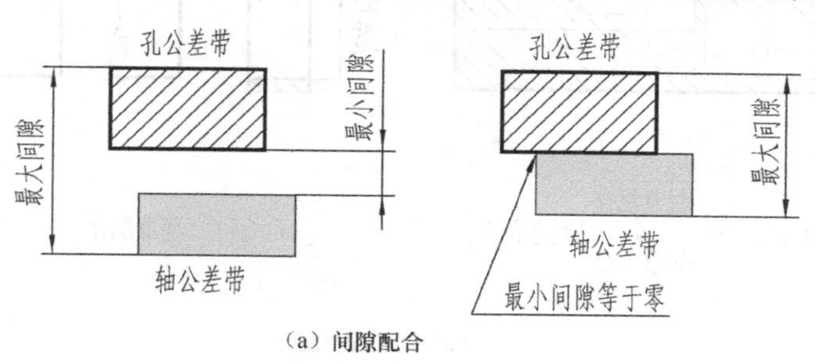

（a）间隙配合

图8-40 配合类型

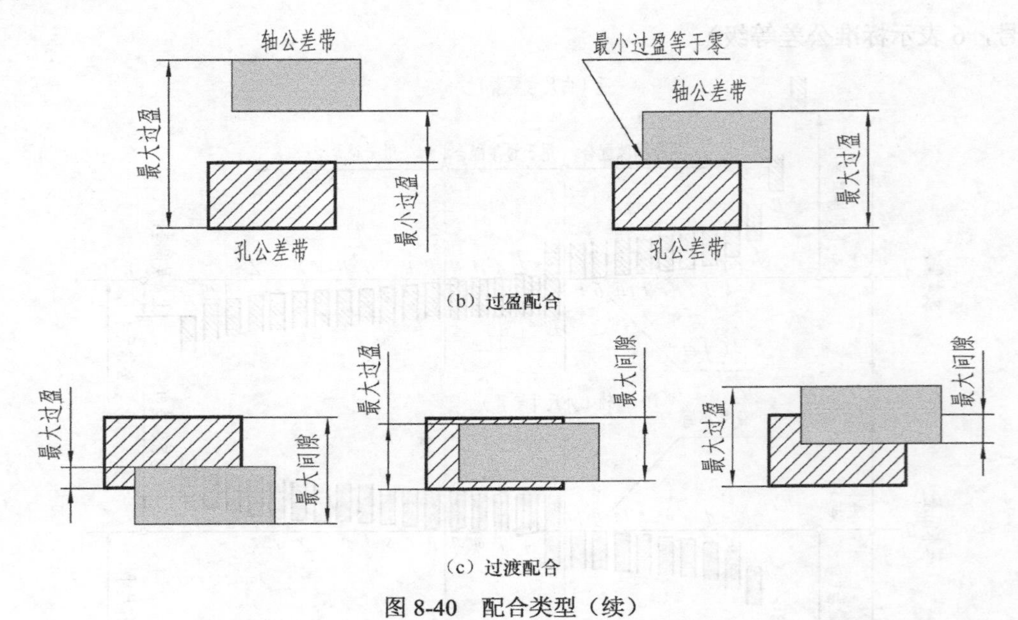

（b）过盈配合

（c）过渡配合

图 8-40　配合类型（续）

4．配合制

在加工制造相互配合的零件时，通过将其中一个零件作为基准件，使其基本偏差不变，而改变另一零件的基本偏差以达到不同配合性质的要求，即配合制。国家标准规定了以下两种配合制。

① 基孔配合制：孔的基本偏差为 0 的配合，即其下极限偏差等于 0。基孔配合制是孔的下极限尺寸与公称尺寸相同的配合制。所要求的间隙或过盈由不同公差带代号的轴与一基本偏差为 0 的公差带代号的基准孔相配合得到。在基孔配合制中选作基准的孔称为基准孔，其基本偏差为 *H*、下极限偏差为 0。轴比孔易于加工，因此应优先选用基孔配合制。

② 基轴配合制：轴的基本偏差为 0 的配合，即其上极限偏差等于 0。基轴配合制是轴的上极限尺寸与公称尺寸相同的配合制。所要求的间隙或过盈由不同公差带代号的孔与一基本偏差为 0 的公差带代号的基准轴相配合得到。在基轴配合制中选作基准的轴称为基准轴，其基本偏差为 *h*、上极限偏差为 0。

从图 8-41 所示的配合基准制中可得如下结论。

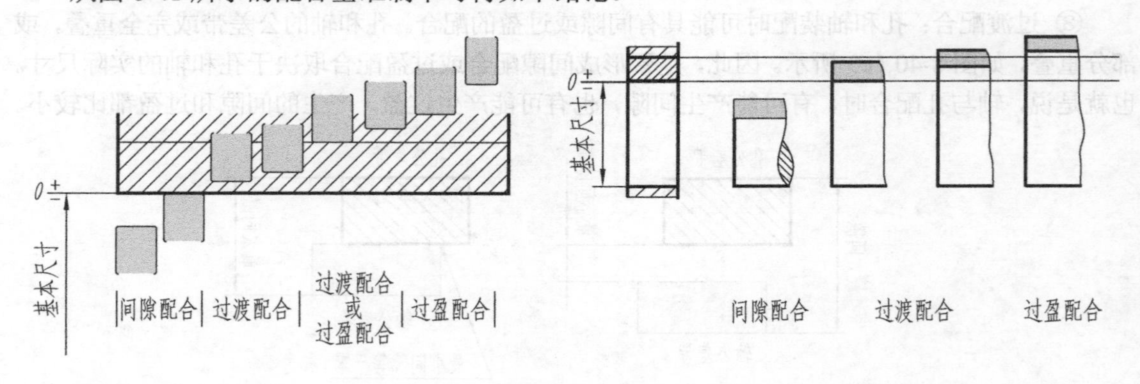

（a）基孔配合制

图 8-41　配合基准制

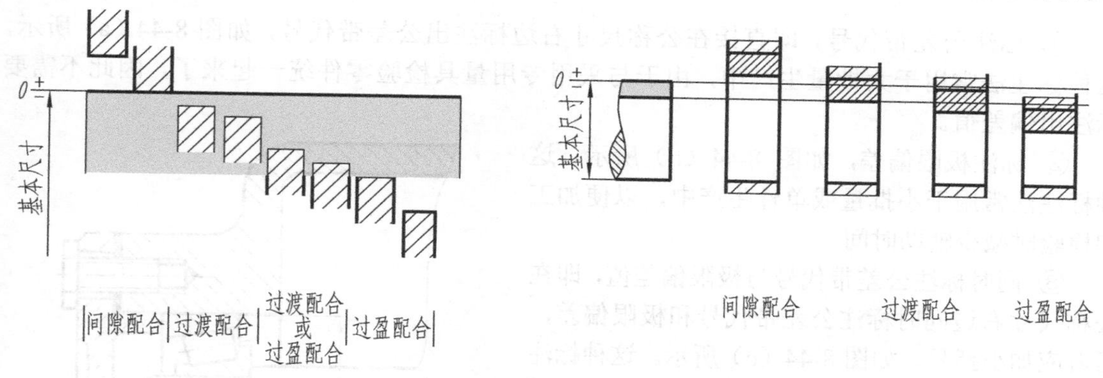

（b）基轴配合制

图 8-41 配合基准制（续）

在基孔配合制中，基准孔 H 与轴配合，a～h（共 11 种）用于间隙配合；js～n（共 5 种）用于过渡配合；p～zc（共 12 种）用于过盈配合。

在基轴配合制中，基准轴 h 与孔配合，A～H（共 11 种）用于间隙配合；JS～N（共 5 种）用于过渡配合；P～ZC（共 12 种）用于过盈配合。

5．极限与配合在图样中的标注（GB/T 4458.5—2003）

（1）在装配图上的标注

在装配图中，极限与配合一般采用代号的形式标注。配合代号标注在公称尺寸的右边，用分数形式注出，分子为孔的公差带代号（大写）、分母为轴的公差带代号（小写），其标注形式有 3 种，如图 8-42 所示。

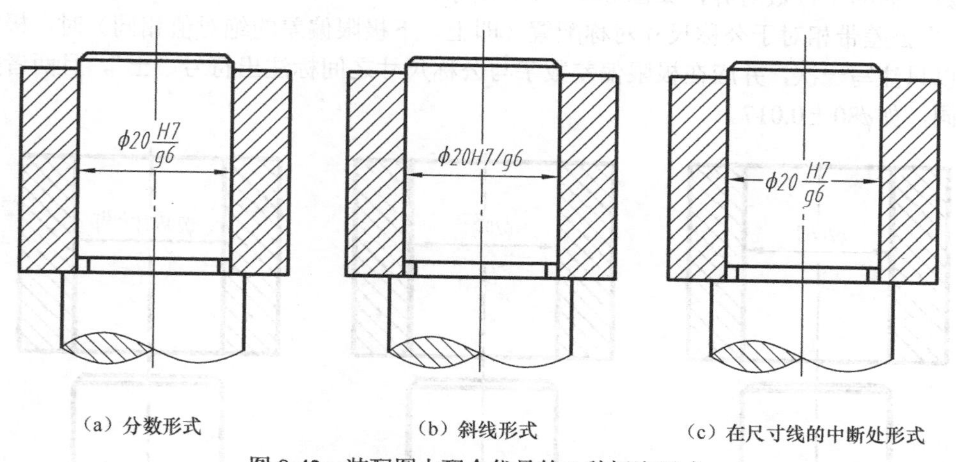

（a）分数形式　（b）斜线形式　（c）在尺寸线的中断处形式

图 8-42 装配图上配合代号的 3 种标注形式

注意：标注与标准件配合的零件（轴或孔）的配合要求时，可以仅标注该零件的公差带代号。图 8-43 中轴颈与滚动轴承内圈的配合，只注出轴颈$\phi 30k6$；机座孔与滚动轴承外圈的配合，只注出机座孔$\phi 62J7$。

当某零件须与外购件（均为非标准件）配合时，应按图 8-42 所示的形式标注。

（2）在零件图中的标注

在零件图中进行公差标注有以下 3 种方法。

① 标注公差带代号，即直接在公称尺寸右边标注出公差带代号，如图 8-44（a）所示。这种标注法常用于大批量生产中，由于与采用专用量具检验零件统一起来了，因此不需要标注出偏差值。

② 标注极限偏差，如图 8-44（b）所示。这种标注法常用于小批量或单件生产中，以便加工和检验时减少辅助时间。

③ 同时标注公差带代号与极限偏差值，即在公称尺寸右边同时标注公差带代号和极限偏差，后者应加小括号，如图 8-44（c）所示。这种标注法常用在生产批量不明、检测工具未定的情况下。

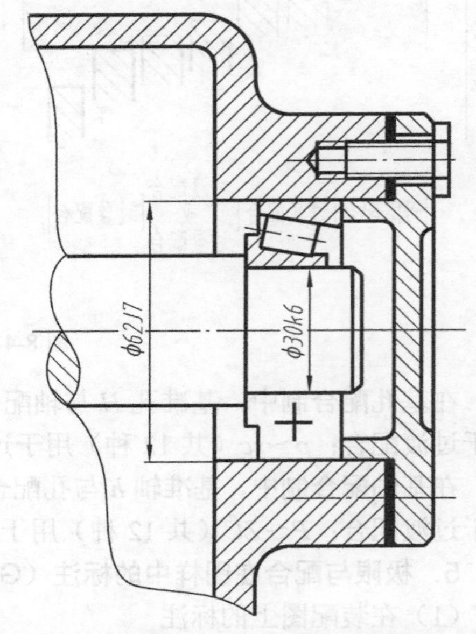

图 8-43　装配图上与标准件配合的标注形式

（3）标注偏差数值时应注意的事项

① 上、下极限偏差数值不相同时，上极限偏差标注在公称尺寸的右上方，下极限偏差标注在右下方并与公称尺寸标注在同一底线上。极限偏差数字应比公称尺寸数字小一号，且上、下极限偏差的小数点必须对齐，小数点后右端的“0”一般不予注出；如果为了使上、下极限偏差值的小数点后的位数相同，则可用“0”补齐，如图 8-44（b）所示。

② 当上极限偏差或下极限偏差为 0 时，用数字“0”标出，并与下极限偏差或上极限偏差的小数点前的个位数对齐，如图 8-44（b）所示。

③ 当公差带相对于公称尺寸对称配置（即上、下极限偏差的绝对值相同）时，极限偏差数字可以只注写一次，并应在极限偏差数字与公称尺寸之间标注出符号“±”，且两者数字高度要相同，如ϕ80±0.017。

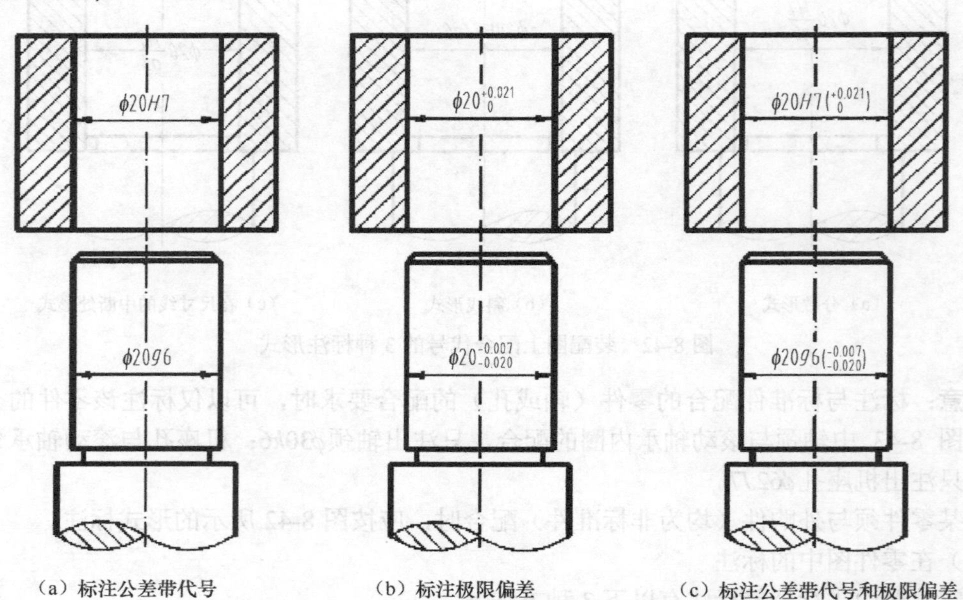

（a）标注公差带代号　　（b）标注极限偏差　　（c）标注公差带代号和极限偏差

图 8-44　零件图上公差带、极限偏差数值的标注

8.4.3 几何公差简介（GB/T 1182—2018）

1．几何公差的概念

零件的几何公差是指形状公差、方向公差、位置公差和跳动公差。对于精度要求较高的零件，要规定其表面几何公差。合理地确定几何公差是保证产品质量的重要措施。

2．几何公差的项目及符号

按照GB/T 1182—2018的规定，根据几何公差特征将其划分为4类：形状公差、方向公差、位置公差和跳动公差。表8-4中几何公差的几何特征共19项（符号19个），其中形状公差6项、方向公差5项、位置公差6项、跳动公差2项。

表8-4　几何特征及符号

公差类型	几何特征	符号	有无基准	公差类型	几何特征	符号	有无基准
形状公差	直线度	⏤	无	位置公差	位置度	⌖	有或无
	平面度	⏥	无		同心度（用于中心点）	◎	有
	圆度	○	无				
	圆柱度	⌭	无		同轴度（用于轴线）		
	线轮廓度	⌒	无				
	面轮廓度	⌓	无		对称度	⌯	有
方向公差	平行度	//	有		线轮廓度	⌒	有
	垂直度	⊥	有		面轮廓度	⌓	有
	倾斜度	∠	有	跳动公差	圆跳动	↗	有
	线轮廓度	⌒	有		全跳动	⌰	有
	面轮廓度	⌓	有				

3．几何公差的标注

在图样中，几何公差的内容（几何特征符号、公差值、基准要素字母及其他要求）在公差矩形框格中给出，该框格由两格或多格组成。框格中的内容从左到右按几何特征符号、公差数值、基准字母的次序填写，其标注的基本形式及其框格、几何特征符号、数字规格、基准三角形的画法等如图8-45所示。

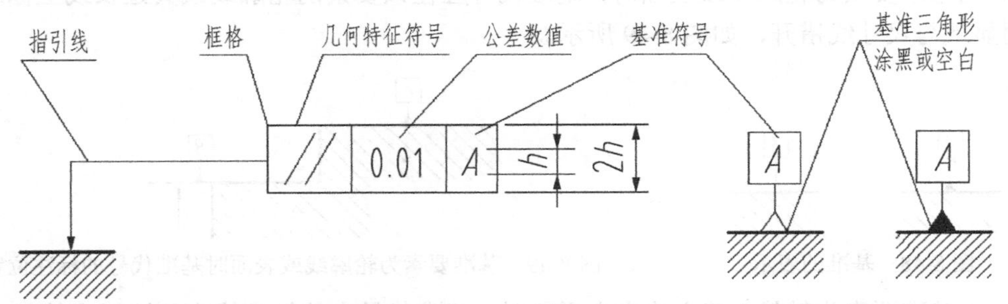

图8-45　零件图上几何公差框格的标注形式

（1）被测要素

用带箭头的指引线将被测要素与公差框格一端相连，指引线箭头指向公差带的宽度方向或直径方向。

标注时应注意以下几点。

① 当公差涉及轮廓线或表面时，指引线的箭头应指在该要素的轮廓线或其延长线上，其必须明显地与尺寸线错开，如图 8-46 所示。

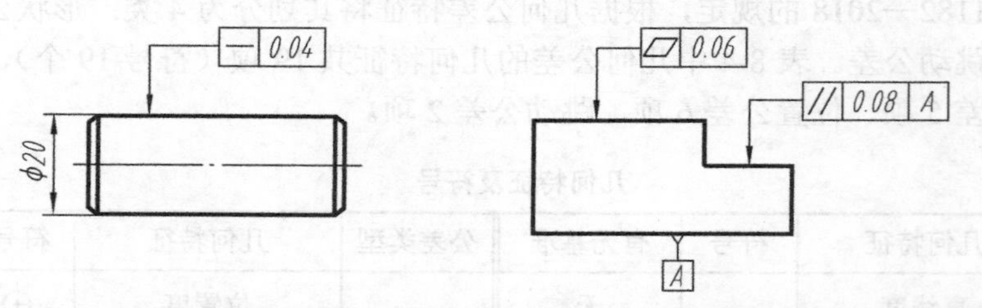

（a）ϕ20 圆柱面素线的直线度　（b）上表面的平面度及中间表面相对于下表面的平行度

图 8-46　公差涉及轮廓线或表面时箭头的标注位置

② 当公差涉及轴线、球心或中心平面时，指引线的箭头应与该要素的尺寸线对齐，如图 8-47 所示。

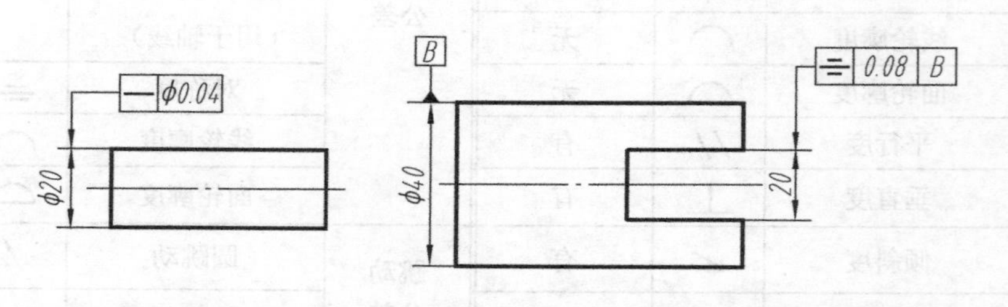

（a）ϕ20 圆柱面轴线的直线度　（b）以 ϕ40 的轴线为基准确定宽 20 槽的上、下对称度

图 8-47　公差涉及轴线、球心或中心平面时箭头的标注位置

（2）基准要素

有基准要求时，相对于被测要素的基准用基准代号表示。基准代号由基准符号、正方形、连线和大写字母组成。基准符号用等边三角形表示，也可以将其内部涂黑，正方形和连线用细实线绘制，连线必须与基准要素垂直，表示基准的字母也应标注在公差框格内，如图 8-48 所示。

标注时应注意以下几点。

① 当基准要素为轮廓线或表面时，基准代号应在该要素的轮廓线或其延长线上标注，且必须明显地与尺寸线错开，如图 8-49 所示。

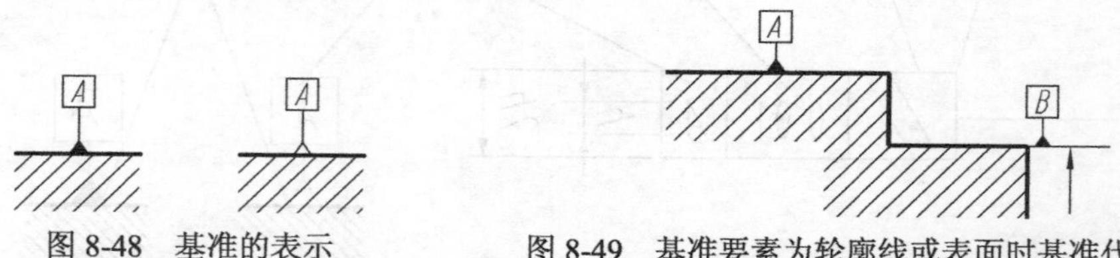

图 8-48　基准的表示　　图 8-49　基准要素为轮廓线或表面时基准代号的标注位置

② 当基准要素为轴线、球心或中心平面时，基准代号中的细实线应与该要素的尺寸线对齐，如图 8-50（a）～图 8-50（c）所示。

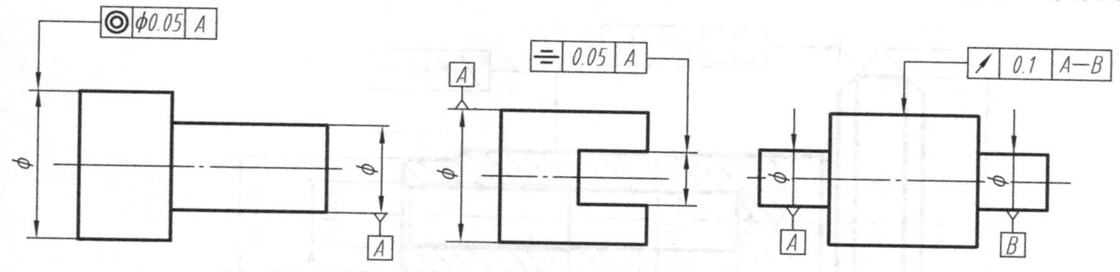

(a）基准为轴线，被测要素也为轴线（b）基准为对称中心平面，被测要素为轴线 （c）基准为两轴线，被测要素为素线

图 8-50 基准要素为轴线、球心或中心平面时基准代号的标注位置

（3）几何公差的简化标注

当同一要素有多项几何公差的要求时，可采用框格并列的标注方法，如图 8-51 所示。当多个要素有相同的几何公差要求时，可以在框格指引线上分别用箭头指向被测要素，如图 8-52 所示。

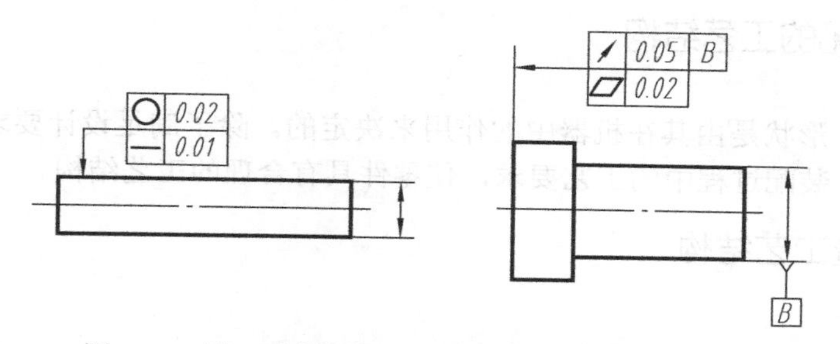

图 8-51 同一要素有多项几何公差要求时的标注方法

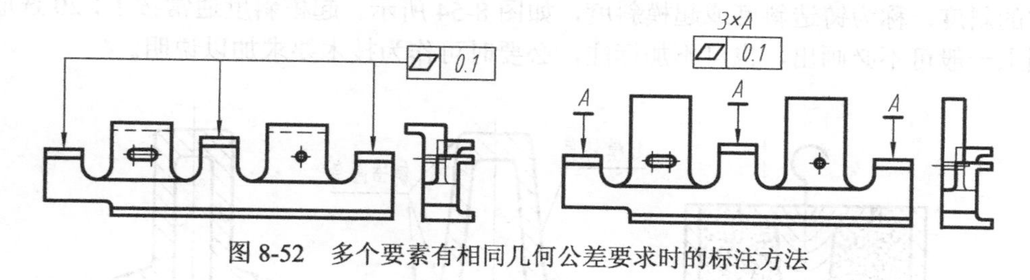

图 8-52 多个要素有相同几何公差要求时的标注方法

8.4.4 几何公差综合标注举例

如图 8-53 所示，读气门阀杆图样中的各项几何公差，并解释其含义。

（1）ϕ36 圆柱的右端面对ϕ16f7 轴线的垂直度公差为 0.025mm。

（2）阀杆杆身的圆柱度公差为 0.05mm。

（3）M8×1 螺纹孔的轴线对ϕ16f7 轴线的同轴度公差为ϕ0.1mm。

（4）阀杆右端面对ϕ16f7 轴线的圆跳动公差为 0.1mm。

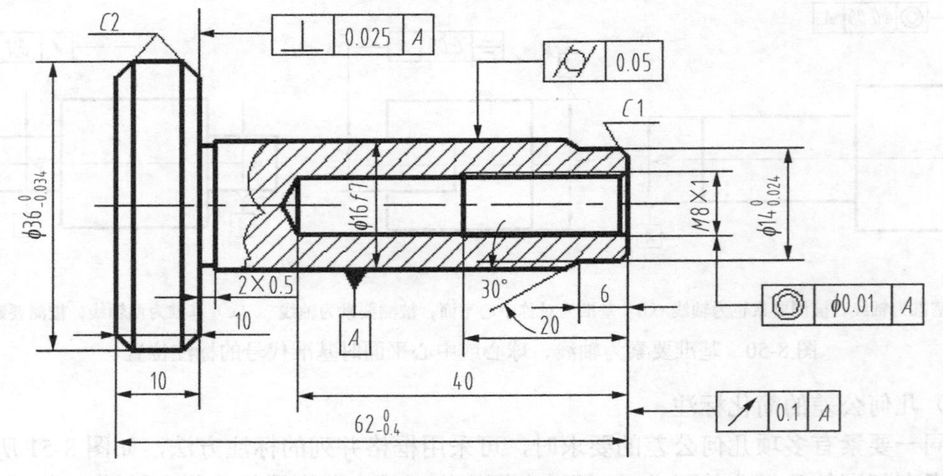

图 8-53 几何公差综合标注示例

8.5 零件上常见的工艺结构

零件的结构、形状是由其在机器中的作用来决定的。除了满足设计要求外，还要考虑零件在加工、测量、装配过程中的工艺要求，使零件具有合理的工艺结构。

8.5.1 铸造工艺结构

1．起模斜度

零件在铸造成型时，为了便于将木模从砂型中取出，常使铸件的内、外壁沿起模方向作出一定的斜度，称为铸造斜度或起模斜度，如图 8-54 所示。起模斜度通常按 1∶20 选取，在零件图上一般可不必画出，也可不加标注，必要时可作为技术要求加以说明。

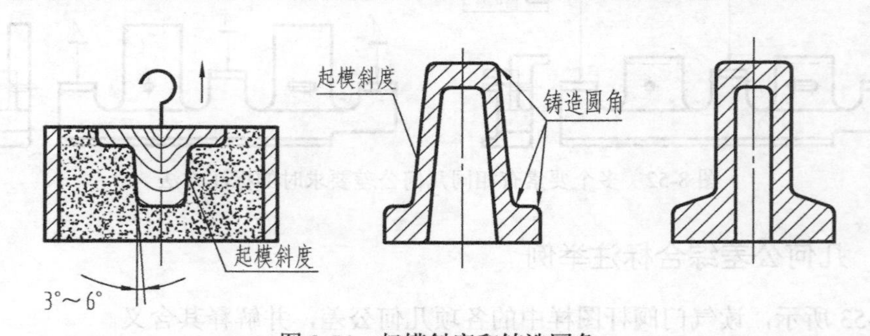

图 8-54 起模斜度和铸造圆角

2．铸造圆角

为了避免浇铸时砂型转角处落砂及防止铸件冷却时产生裂纹和缩孔，铸件各表面相交的转角处都应作成圆角，称为铸造圆角，如图 8-54 所示。铸造圆角的大小一般取 R 为 2～5mm，在零件图上可省略不画，在技术要求中统一注明。

3．铸件壁厚应尽量均匀

如果铸件各处的壁厚相差很大，则由于零件浇铸后冷却速度不一样，壁厚处冷却慢，易产生缩孔，厚薄突变处易产生裂纹，因此，设计时应尽量使铸件壁厚保持均匀或逐渐过渡，如图 8-55 所示。

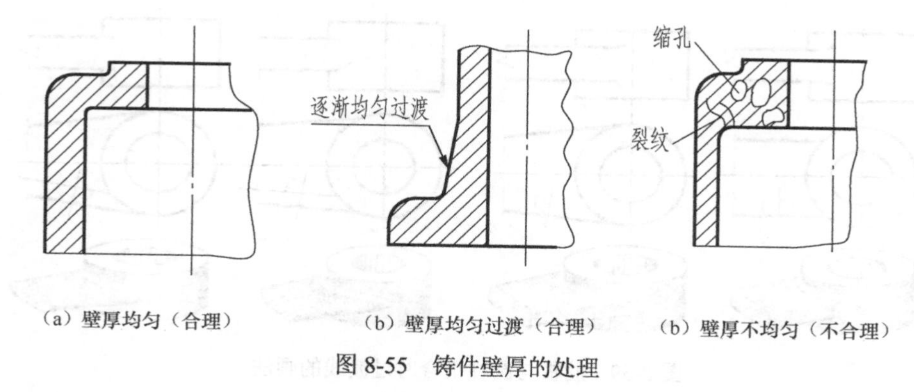

图 8-55　铸件壁厚的处理

4．过渡线

在铸造零件上，由于铸造圆角的存在，零件表面上的交线变得不是十分明显。但是，为了便于读图及区分不同表面，在图样上仍须按没有圆角时交线的位置画出这些不太明显的线，这样的线称为过渡线。

过渡线用细实线绘制，过渡线的画法与没有圆角时的相贯线的画法完全相同，只是过渡线的两端与圆角轮廓线之间应留有空隙。下面分几种情况加以说明。

（1）当两曲面相交时，过渡线应不与圆角轮廓接触，如图 8-56 所示。

（2）当两曲面相切时，过渡线应在切点附近断开，如图 8-57 所示。

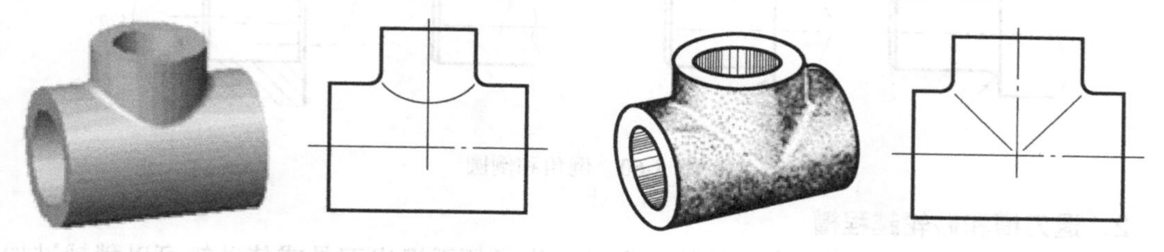

图 8-56　两曲面相交时过渡线的画法　　图 8-57　两曲面相切时过渡线的画法

（3）平面与平面、平面与曲面相交时，过渡线应在转角处断开，并加画过渡圆弧，其弯向与铸造圆角的弯向一致，如图 8-58 所示。

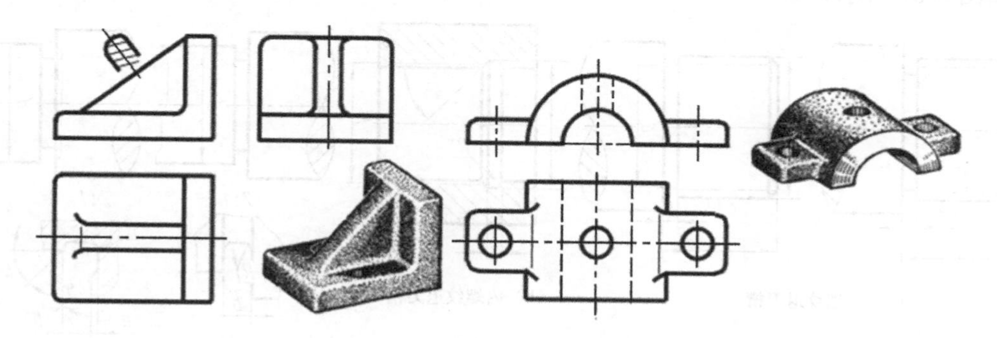

图 8-58　平面与平面、平面与曲面相交时过渡线的画法

（4）当肋板与圆柱组合时，其过渡线的形状与肋板的断面形状及肋板与圆柱的组合形式

有关，如图 8-59 所示。

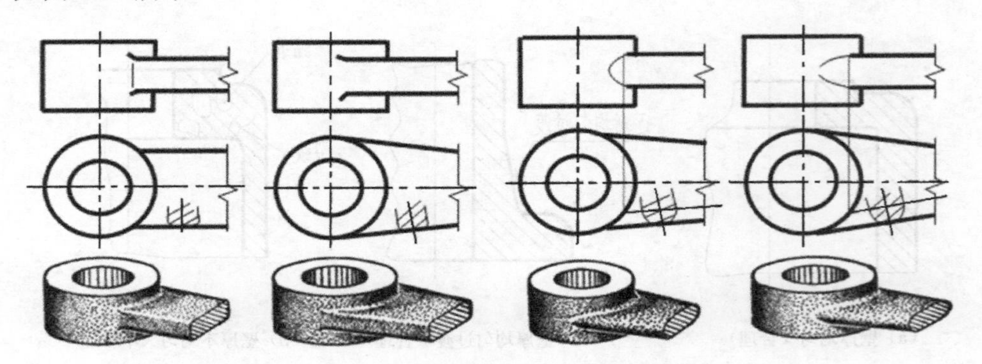

图 8-59　肋板与圆柱组合时过渡线的画法

8.5.2　机械加工工艺结构

1. 倒角和倒圆

为了便于装配零件、消除毛刺或锐边，一般会在孔和轴的端部加工出倒角。为了避免因应力集中而产生裂纹，常常把轴肩处加工成圆角的过渡形式，称为倒圆。其画法和标注方法如图 8-60 所示。

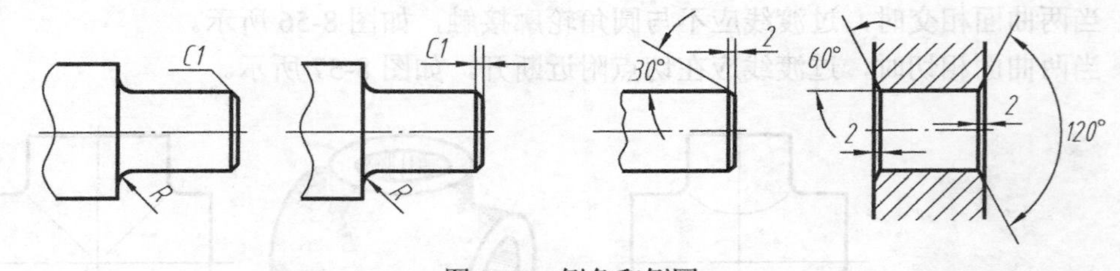

图 8-60　倒角和倒圆

2. 退刀槽和砂轮越程槽

在车削内孔、车削螺纹和磨削零件表面时，为了便于退出刀具或使砂轮可以稍越过加工面，常在待加工面的末端预先制出退刀槽或砂轮越程槽。退刀槽或砂轮越程槽的尺寸可按“槽宽×槽深”或“槽宽×直径”的形式标注。当槽的结构比较复杂时，可画出局部放大图标柱尺寸，如图 8-61 所示。

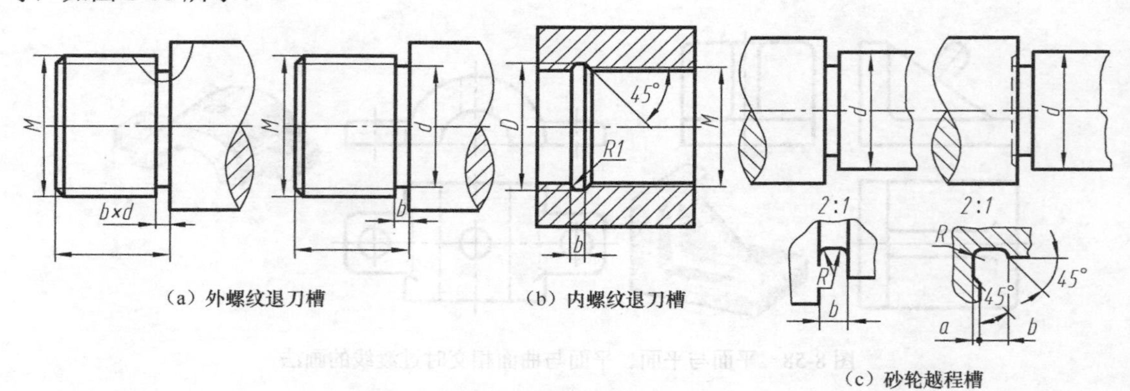

（a）外螺纹退刀槽　（b）内螺纹退刀槽　（c）砂轮越程槽

图 8-61　退刀槽和砂轮越程槽

3. 凸台和凹坑

为了使零件的某些装配表面与相邻零件接触良好，也为了减少加工面积，常在零件加工面处作出凸台、锪平成凹坑和凹槽，如图 8-62 所示。

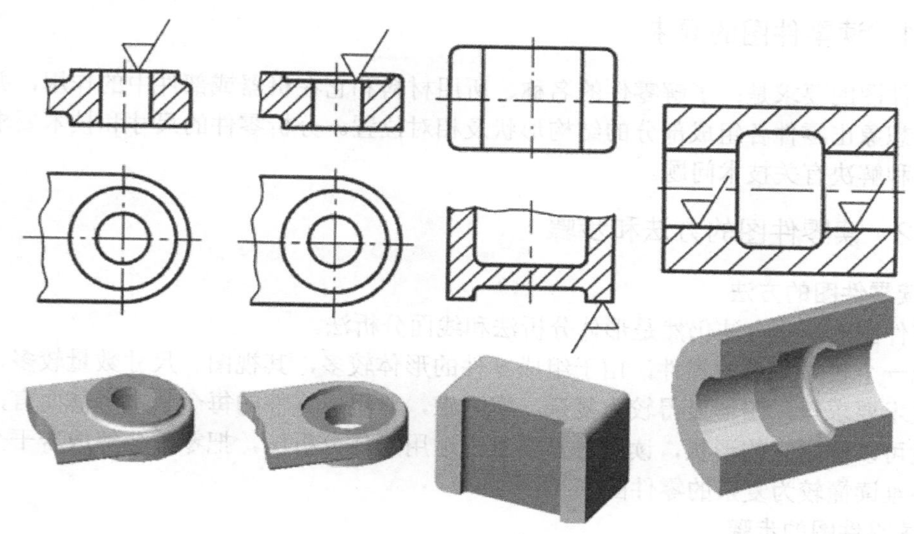

图 8-62 凸台和凹坑

4. 钻孔结构

钻孔时，要求钻头的轴线尽量垂直于被钻孔的表面，以保证钻孔准确，避免钻头折断，当零件表面倾斜时，可设置凸台或凹坑。钻头单边受力也容易折断，因此，钻头钻透处的结构，也要设置凸台以使孔完整，如图 8-63 所示。

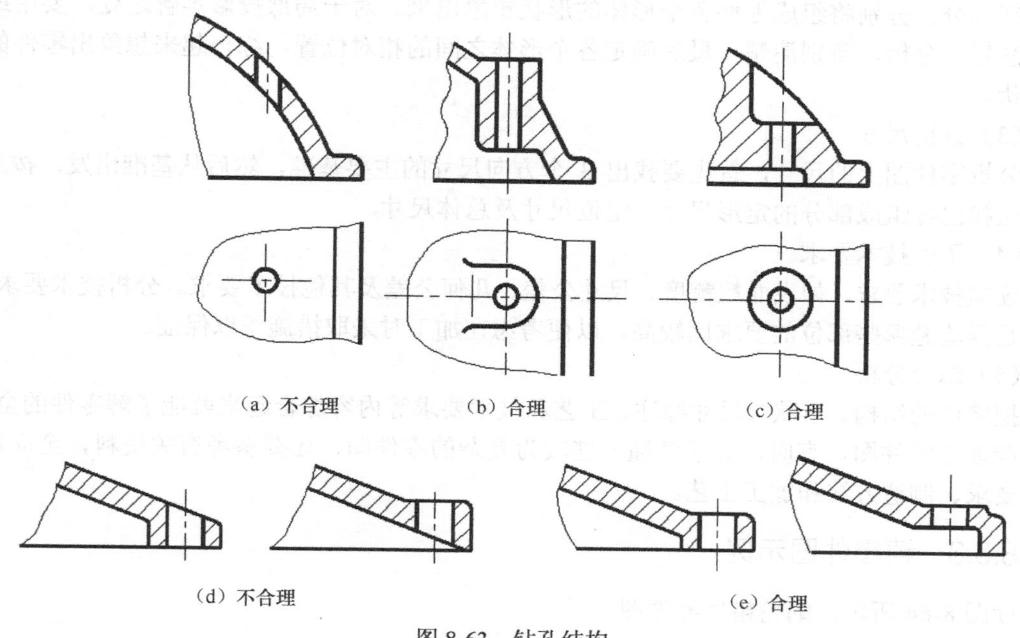

图 8-63 钻孔结构

8.6 读零件图

8.6.1 读零件图的要求

读零件图的要求是：了解零件的名称、所用材料和它在机器或部件中的作用，并通过分析视图，想象出零件各组成部分的结构形状及相对位置。分析零件的尺寸和技术要求，以便指导生产和解决有关技术问题。

8.6.2 读零件图的方法和步骤

1．读零件图的方法

读零件图的基本方法仍然是形体分析法和线面分析法。

对于一个较为复杂的零件，由于组成零件的形体较多，其视图、尺寸数量较多，并且具有标注技术要求等，图形显得较为复杂。实际上，对组成零件的每个基本形体而言，用两三个视图就可以确定它的形状，读图时只要善于运用形体分析法，把零件分解成若干个基本形体，就不难读懂较为复杂的零件图。

2．读零件图的步骤

（1）了解概况

通过标题栏，了解零件名称、材料、绘图比例等，并根据零件的名称想象零件的大致功能。浏览全图，对零件的大致形状及在机器中的作用等有大概认识。

（2）分析视图，想象零件的结构和形状

在纵览全图的基础上，详细分析视图，想象出零件的结构和形状。应用形体分析的方法，抓特征部分，分别将组成零件各个形体的形状想象出来。对于局部投影难解之处，要用线面分析法仔细分析，辨别清楚。最后确定各个形体之间的相对位置，综合起来想象出零件的整体形状。

（3）分析尺寸

分析零件图上的尺寸，首先要找出 3 个方向尺寸的主要基准，然后从基准出发，按形体分析法找出各组成部分的定形尺寸、定位尺寸及总体尺寸。

（4）了解技术要求

读懂技术要求，如表面粗糙度、尺寸公差、几何公差及其他技术要求。分析技术要求时，关键是弄清楚哪些部位的要求比较高，以便考虑在加工时采取措施予以保证。

（5）综合分析

把零件的结构、形状、尺寸标注、工艺和技术要求等内容综合起来就能了解零件的全貌，也就能读懂零件图。有时，为了读懂一些较为复杂的零件图，还要参考有关资料，全面掌握技术要求、制造方法和加工工艺。

8.6.3 读零件图示例

读图 8-64 所示的蜗轮箱体零件图。

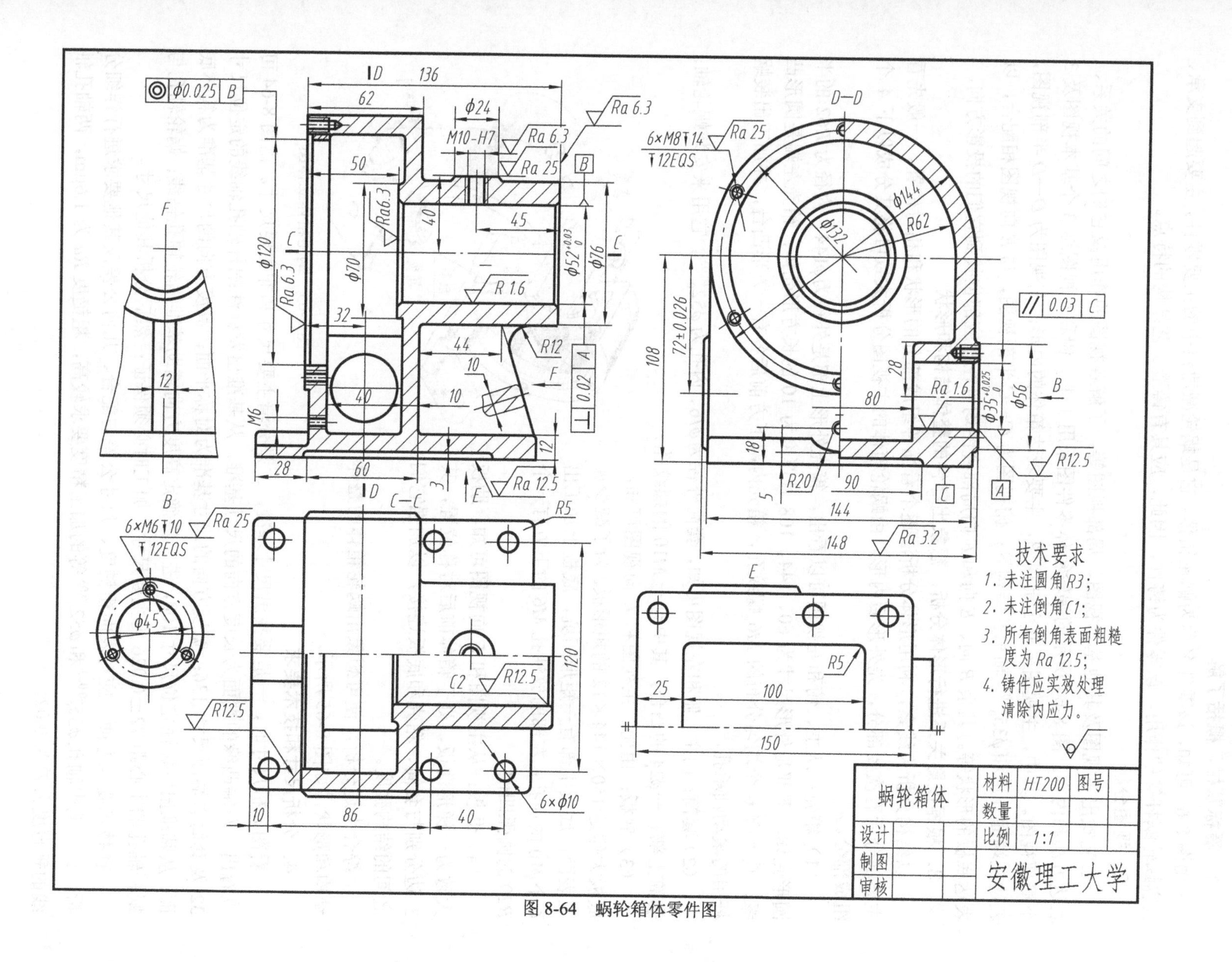

图 8-64 蜗轮箱体零件图

1．看标题栏，概括了解

由图 8-64 可知，该零件名称为蜗轮箱体。它是蜗轮减速器中的主要零件，主要起到支承、包容蜗轮蜗杆等的作用。该零件为铸件，因此，应具有铸造工艺结构的特点。

2．视图分析

首先找出主视图及其他基本视图、局部视图等，了解各视图的作用及它们之间的关系、表达方法和内容。图 8-64 所示的蜗轮箱体零件图采用了主、俯和左视图这 3 个基本视图及 3 个局部视图。其中，主视图采取全剖视图，主要表达箱体的内形；左视图为 *D—D* 半剖视图，表达左端面外形和 $\phi35_{0}^{+0.025}$ 轴承孔结构等；俯视图为 *C—C* 半剖视图，与 *E* 向视图相配合，以表达底板的形状等。其余 *B* 向、*E* 向和 *F* 向局部视图均可在相应部位找到它们的投影方向。

3．根据投影关系进行形体分析，想象出零件的整体结构和形状

以结构分析为线索，利用形体分析法逐个看懂各组成部分的形状和相对位置。一般先看主要部分后看次要部分，先外形后内形。由蜗轮箱体的主视图分析大致可将其分成以下 4 个组成部分。

（1）箱壳：从主、俯和左视图可以看出，箱壳外形上部是外径为$\phi144$、内径为 *R*62 的半圆形壳体，下部是外形尺寸为 60、144、108 且厚度为 10 的长方形壳体；箱壳左端是圆形凸缘，其上有 6 个均匀分布的 *M*6 螺纹孔，箱壳内部下方前后各有一方形凸台，并加工出装蜗杆用的滚动轴承孔。

（2）套筒：由主、俯和左视图可知，套筒外径为$\phi76$、内孔为 $\phi52_{0}^{+0.03}$ ，它用来安装蜗轮轴；套筒上部有一$\phi24$ 的凸台，其中有一 *M*10 的螺纹孔。

（3）底板：由俯、主视图和 *E* 向视图可知，底板大体是 150×144×12 的矩形板。为了减少加工表面，底板中部有一矩形凹坑，底板上加工出 6 个$\phi10$ 的通孔；左部的放油孔 *M*6 的下方有一个 *R*20 的圆弧凹槽。

（4）肋板：从主视图和 *F* 向视图可知，肋板大致为一梯形薄板，处于箱体前后对称位置，其 3 边分别与套筒、箱壳和底板连接，以加强它们之间的结构强度。

综合上述分析，便可想象出蜗轮箱体的整体结构和形状，如图 8-65 所示。

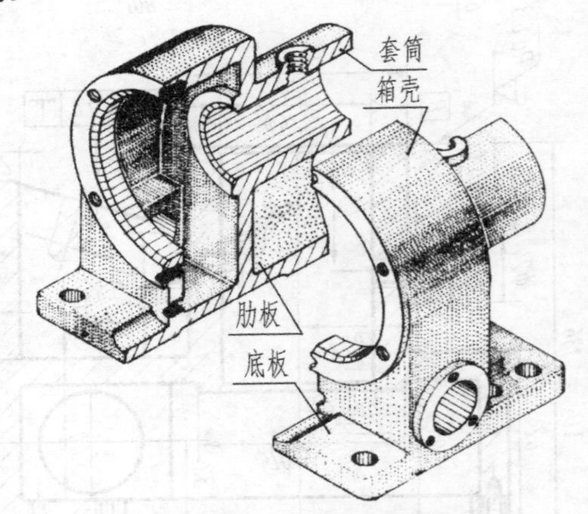

图 8-65　蜗轮箱体立体图

4．分析尺寸和技术要求

看图分析尺寸时，一是要找出尺寸基准，二是分清主要尺寸和非主要尺寸。由图 8-64 可以看出，左端凸缘的端面为长度方向的尺寸基准，从基准出发标注蜗杆轴孔轴线的定位尺寸 32 及套筒右端面尺寸 136；宽度方向的尺寸基准为对称平面；高度方向的尺寸基准为箱体底面，从基准出发标注定位尺寸 108，进一步确定高度方向辅助基准蜗轮轴孔轴线；蜗轮轴孔与蜗杆轴孔的中心距 72±0.026 为主要尺寸，加工时必须保证；然后分析其他尺寸。

在技术要求方面，应对表面粗糙度、尺寸公差与配合、几何公差及其他要求进行详细分析。如本例中轴孔 $\phi35_{0}^{+0.025}$ 和 $\phi52_{0}^{+0.03}$ 等的加工精度要求较高，粗糙度 *Ra* 为 1.6μm，两轴孔轴线的垂直度公差为 0.02。

8.7 零件测绘

零件的测绘就是根据已有的实际零件，通过分析、目测估计图形与实物的比例，徒手画出它的草图，测量所有尺寸，将技术要求等一一标注清楚，绘制出零件草图。然后进行整理，绘制成正式的零件图。测绘的重点在于画好零件草图，这样绘图者就必须掌握徒手画图技巧、正确的画图步骤及尺寸测量方法等。

8.7.1 常用的测量工具和测量方法

测量零件的各部分尺寸是测绘过程中一个非常重要的环节。由于零件的复杂程度和精度要求不同，测量零件尺寸时需要使用多种不同的测量工具和仪器，这样才能比较准确地确定零件上各部分的尺寸。这里介绍几种常见测量工具的使用及零件上常见几何尺寸的测量方法。

1. 直径尺寸的测量

直径尺寸可用内卡钳、外卡钳间接测量或用游标卡尺直接测量，如图 8-66 所示。

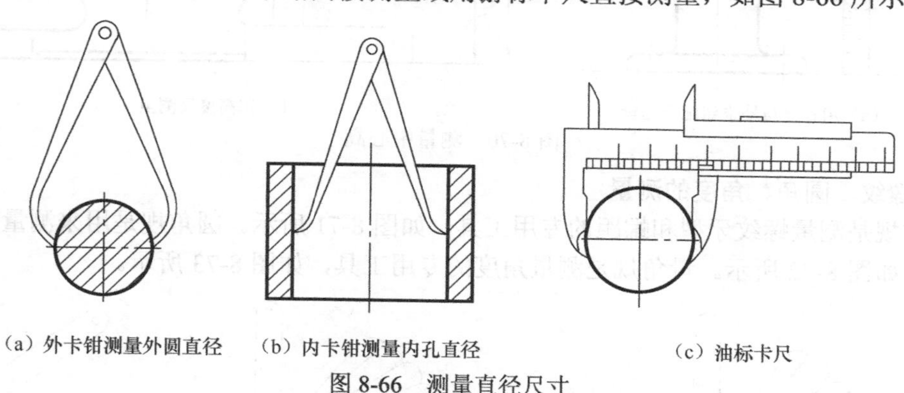

（a）外卡钳测量外圆直径　（b）内卡钳测量内孔直径　（c）油标卡尺

图 8-66　测量直径尺寸

2. 线性尺寸的测量

线性尺寸可用钢板尺、游标卡尺直接测量，如图 8-67 所示。

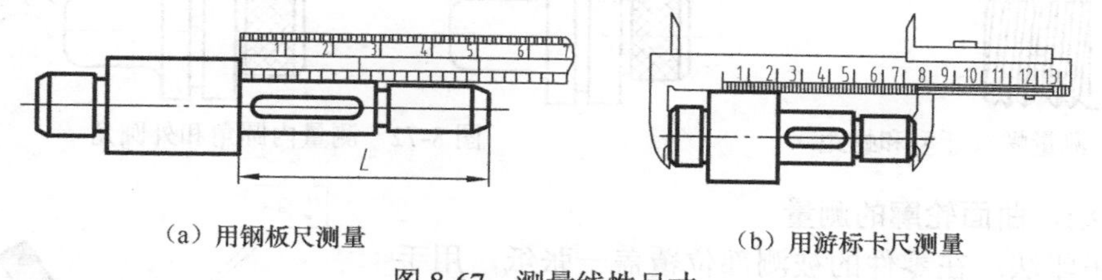

（a）用钢板尺测量　（b）用游标卡尺测量

图 8-67　测量线性尺寸

3. 壁厚尺寸的测量

壁厚尺寸可用外卡钳与钢板尺配合测量或用钢板尺测量，如图 8-68 所示。

4. 孔间距的测量

孔间距可用内卡钳/外卡钳与钢板尺配合测量，如图 8-69 所示。

5. 中心高的测量

中心高可用直尺与外卡钳配合测量或用高度尺测量，如图 8-70 所示。

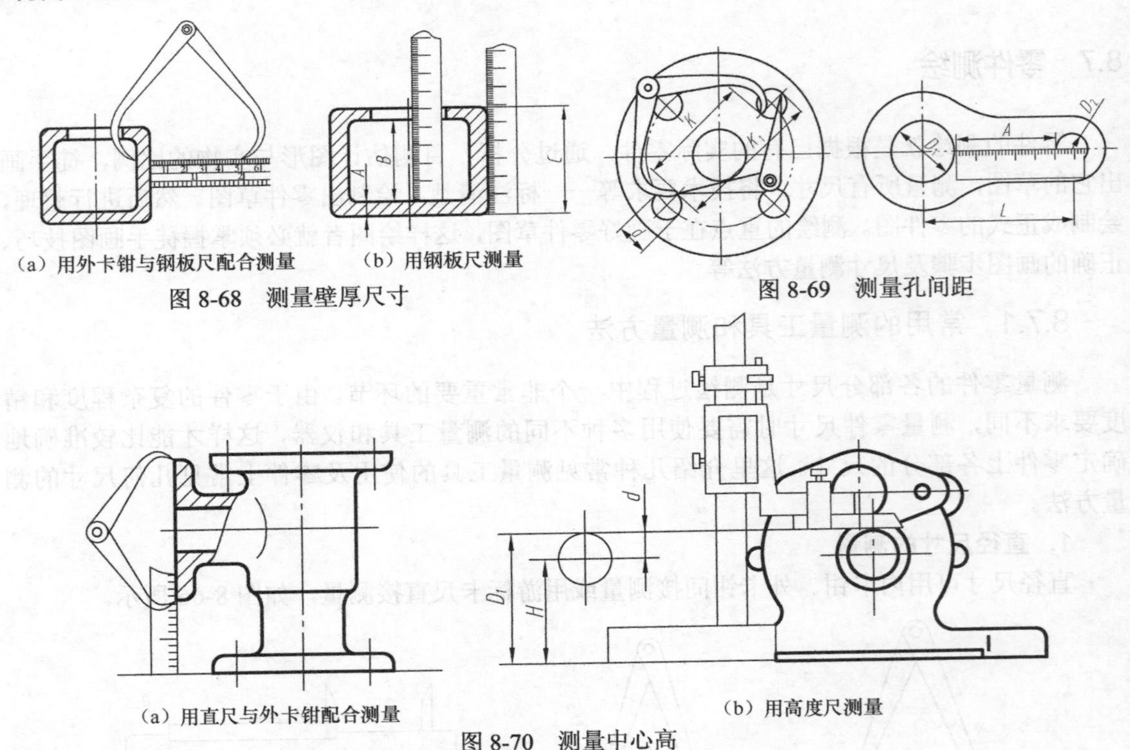

（a）用外卡钳与钢板尺配合测量　（b）用钢板尺测量

图 8-68　测量壁厚尺寸

图 8-69　测量孔间距

（a）用直尺与外卡钳配合测量　（b）用高度尺测量

图 8-70　测量中心高

6．螺纹、圆角、角度的测量

螺纹规是测量螺纹牙型和螺距的专用工具，如图 8-71 所示。圆角规是用来测量圆角的专用工具，如图 8-72 所示。量角规是测量角度的专用工具，如图 8-73 所示。

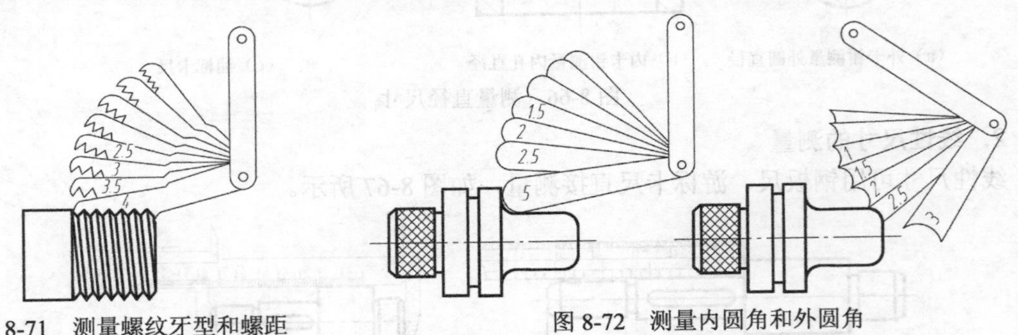

图 8-71　测量螺纹牙型和螺距　　图 8-72　测量内圆角和外圆角

7．曲线、曲面轮廓的测量

（1）拓印法：在零件的被测部位覆盖一张纸，用手轻压纸面或用铅芯/复写纸在纸面上轻磨，即可印出曲面轮廓，得到真实的平面曲线后，再求出各段圆弧半径，如图 8-74（a）所示。

（2）铅丝法：将铅丝弯成与被测曲线或曲面部分实形相吻合的形状，再将铅丝放在纸上画出曲线，最后适当分段，用中垂线法求得各段圆弧的中心，量得半径，如图 8-74（b）所示。

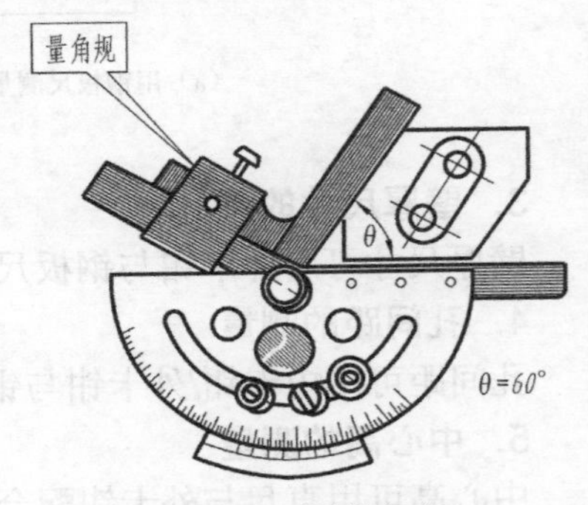

图 8-73　测量角度

（3）坐标法：用直尺和三角尺确定曲线或曲面上各点的坐标并作出曲线，再测量其形状尺寸，如图 8-74（c）所示。

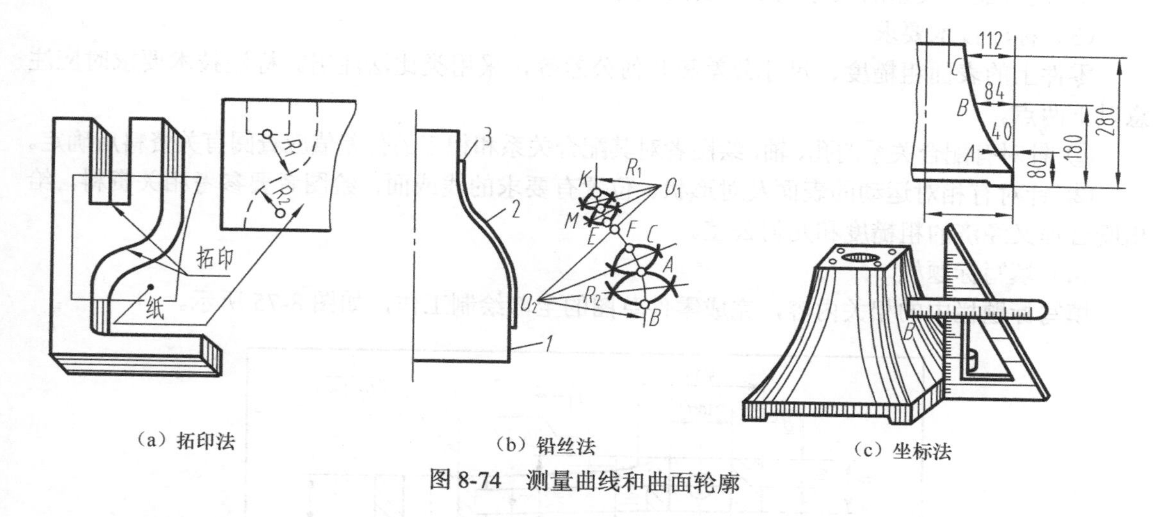

（a）拓印法　（b）铅丝法　（c）坐标法

图 8-74　测量曲线和曲面轮廓

8.7.2　零件测绘的方法和步骤

1．了解和分析测绘对象

首先应了解零件的名称、用途、材料及其在机器（或部件）中的位置和作用，其与其他相邻零件的关系，然后对零件的内、外结构和形状进行分析，酝酿零件的表达方案。

2．确定零件的表达方案

分析零件的形状特征，判断其属于哪一类典型零件（如轴套类、盘盖类、叉架类、箱体类等），按零件的加工位置、工作位置及尽量多地反映形状特征原则，确定主视图的投射方向，选用合适的表达方法，正确、清晰、简练地将零件的结构和形状表示出来。

3．绘制零件草图

虽然零件草图是徒手完成的，但是零件草图的内容与零件图相同，要求视图正确、尺寸完整、图线清晰、字体工整，并注写必要的技术要求。绘制零件草图的步骤如下。

（1）绘图

首先布置草图，画主要轴线、中心线等作图基准线，安排各视图的位置时要考虑各视图间应有标注尺寸的地方，右下角应留有标题栏的位置，然后以目测比例徒手画出零件的各视图、剖视图、断面图等。绘图时应注意以下两点。

① 被测绘零件制造中所存在的缺陷，如沙眼、气孔、刀痕、创伤及长期使用所造成的磨损、破损等都不应画出。

② 不应忽略零件上制造和装配所必要的工艺结构，如铸造圆角、倒角、退刀槽、凸台、凹坑、工艺孔等都必须画出。

（2）标注尺寸

首先选择尺寸基准，画出全部尺寸的尺寸线、尺寸界线及箭头，然后逐个测量尺寸，填写尺寸数值。标注尺寸时应注意以下几点。

① 对螺纹、键槽、轮齿等标准结构的尺寸应将测量的结果与标准值对照。一般均采用标准的结构尺寸，以便加工制造。

② 与相邻零件的相关尺寸必须一致，如孔的定位尺寸和配合尺寸等。

③ 没有配合关系的尺寸或不重要的尺寸，允许适当调整测量所得尺寸。

（3）标注技术要求

零件上的表面粗糙度、尺寸公差和几何公差等，采用类比法注出。标注技术要求时应注意以下两点。

① 针对有配合关系的孔、轴，绘图者对其配合关系和相应的公差值应查阅有关资料后确定。

② 针对有相对运动的表面及对形状、位置有要求的线或面，绘图者要参考相关资料，给出既合理又经济的粗糙度和几何公差。

（4）填写标题栏

填写标题栏中的相关内容，完成零件草图的全部绘制工作，如图 8-75 所示。

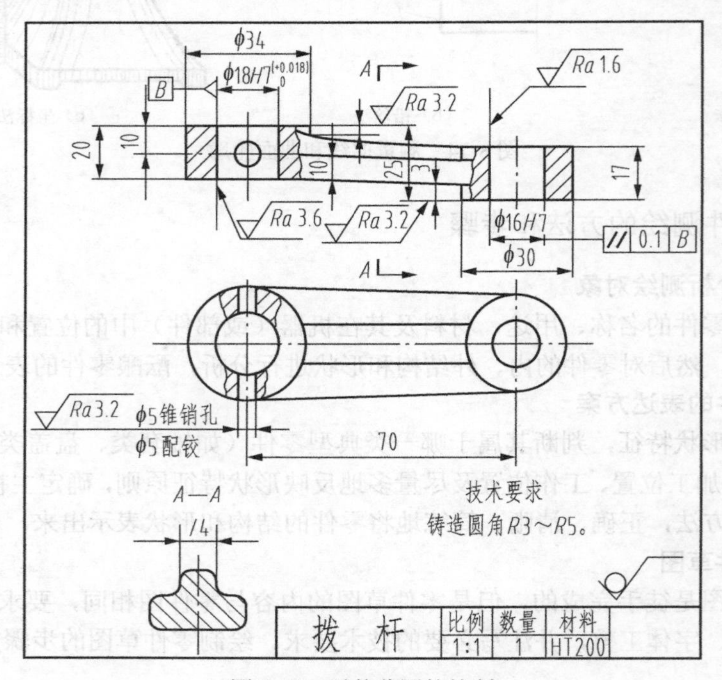

图 8-75　零件草图的绘制

4．根据零件草图画零件图

零件草图是绘图者现场测绘的，绘图者当时所考虑的问题不一定是完善的。因此，画零件图时需要对草图进行审核，有些内容要重新设计、计算和选用，如表面粗糙度、尺寸公差、几何公差、材料及表面处理等；有些问题也需要重新加以考虑，如表达方案、尺寸的标注等，经过复查、补充、修改后，方可画零件图。零件图的绘图方法和步骤同前，此处不再赘述。

第9章 装配图

9.1 概述

9.1.1 装配图的作用

什么是装配图？一台机器或一个部件都是由若干个零（部）件按一定的装配关系装配而成的，如图 9-1 所示的平口钳是由活动钳身、固定钳身、活动螺母、丝杠等组成的。图 9-2 所示为平口钳装配图。表示一台机器或一个部件的工作原理、零件的主要结构形状及它们之间装配关系的图样，称为装配图。装配图为装配、检验、安装和调试提供所需的尺寸和技术要求，它是设计、制造和使用机器或部件时的重要技术文件之一。

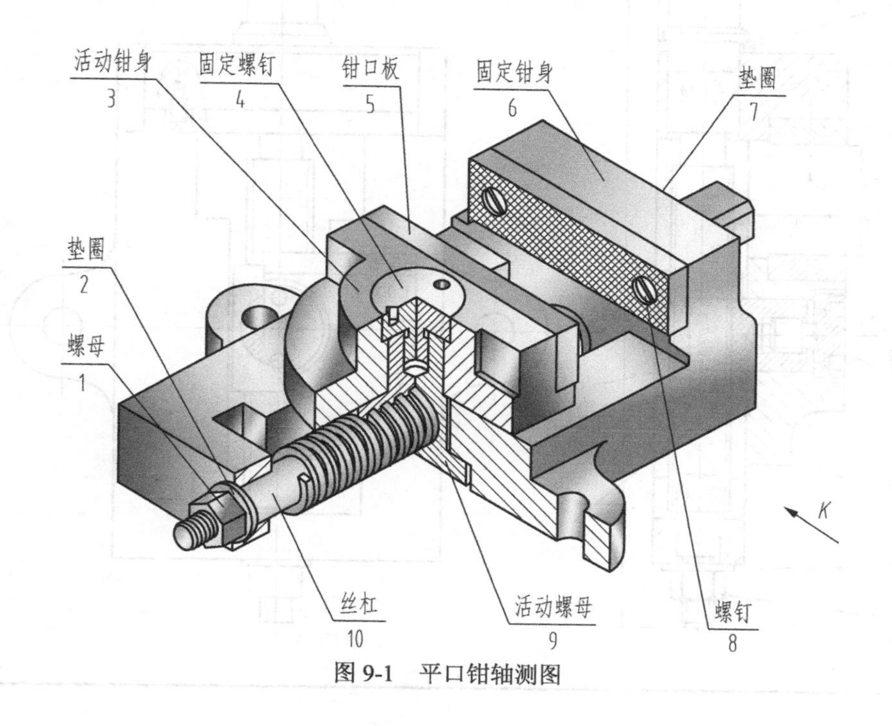

图 9-1 平口钳轴测图

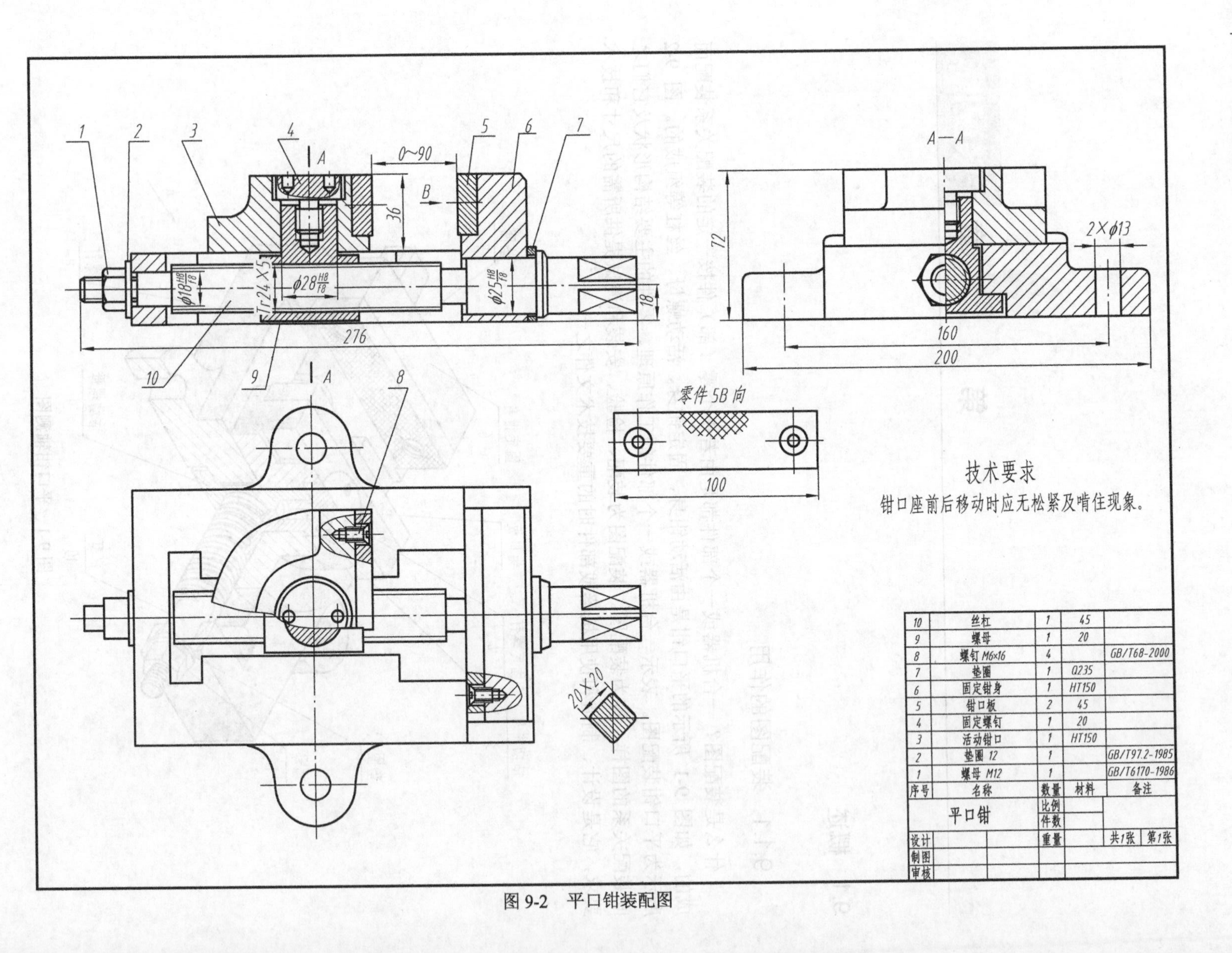
1
2
3
4
A
0~90
5
6
7
B
36
φ18H8/f8
Tr24×5
φ28H8/f8
φ25H8/f8
18
276
10
9
A
8
A—A
72
2×φ13
160
200
零件5B向
100
20×20
技术要求
钳口座前后移动时应无松紧及啃住现象。
10 丝杠 1 45
9 螺母 1 20
8 螺钉 M6×16 4 GB/T68-2000
7 垫圈 1 Q235
6 固定钳身 1 HT150
5 钳口板 2 45
4 固定螺钉 1 20
3 活动钳口 1 HT150
2 垫圈 12 1 GB/T97.2-1985
1 螺母 M12 1 GB/T6170-1986
序号 名称 数量 材料 备注
平口钳 比例 件数 重量 共1张 第1张
设计 制图 审核

图 9-2　平口钳装配图

9.1.2 装配图的内容

装配图一般包括以下内容。

（1）一组视图：即用一组视图完整、清晰地表达机器或部件的工作原理、各零件间的装配关系（包括配合关系、连接方式、传动关系及相对位置）和主要零件的基本结构。

（2）必要的尺寸：主要是指与机器或部件有关的规格、装配、安装、外形等方面的尺寸。

（3）技术要求：提出与机器或部件有关的性能、装配、检验、试验、使用等方面的要求。

（4）零件编号、明细栏：说明机器或部件的组成情况，如零件的代号、名称、数量和材料等。

（5）标题栏：用于填写图名、图号、设计单位、制图、审核、日期和比例等。

9.2 装配图的表达方法

装配图的表达方法和零件图的表达方法基本相同，前面所介绍的各种零件图表达方法（如视图、剖视图、断面图、简化画法等）都适用于装配图，但装配图的表达对象是机器或部件整体，要求表达清楚其工作原理及各组成零件间的装配关系，以便指导装配、调试、维修、保养等。因此针对装配图表达内容的需要，还有以下几种规定画法和特殊表达方法。

9.2.1 装配图的规定画法

装配图的规定画法如图 9-3 所示。

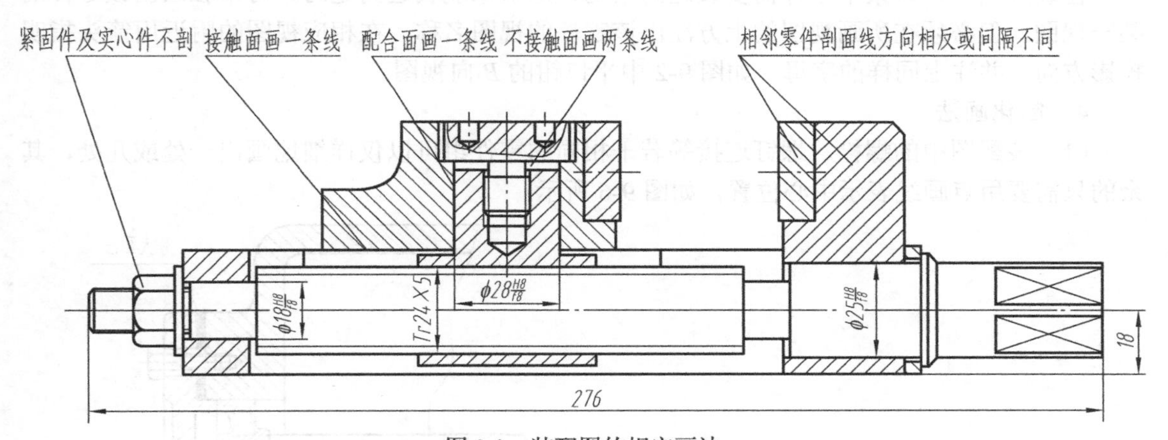

图 9-3 装配图的规定画法

1．零件接触面和配合面的画法

在装配图中，两个零件的接触面和配合面只画一条线，而不接触面或非配合面应画两条线。

2．剖面线的画法

在装配图中，为了区分不同的零件，两个相邻零件的剖面线应画成倾斜方向相反或间隔不同，但同一零件的剖面线在各剖视图和断面图中的方向和间隔均应一致，窄剖面区域的剖面线可用涂黑代替。

3．紧固件和实心件的画法

在装配图中，对于紧固件、键、销及轴、连杆、球等实心零件，若按纵向剖切且剖切面通过其轴线或对称平面时，这些零件均按不剖绘制。

9.2.2 特殊表达方法

1．沿零件结合面的剖切画法和拆卸画法

为了表示部件内部零件间的装配情况，在装配图中可假想沿某些零件结合面剖切或将某些零件拆卸掉并绘出其图形。如图 9-4 所示的滑动轴承装配图，在俯视图上为了表示轴瓦与轴承座的装配关系，其右半部图形就是假想沿它们的结合面切开，将上面部分拆去后绘制的。注意在结合面上不要画剖面符号，但是因为螺栓是垂直其轴线剖切的，所以应画出剖面符号。

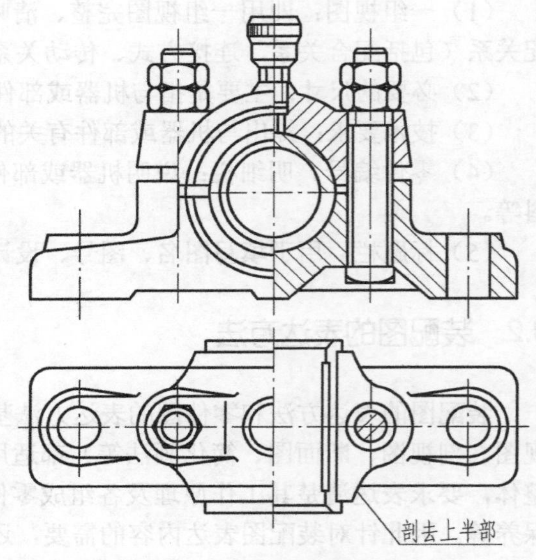

图 9-4　滑动轴承装配图

2．假想画法

在装配图中，当需要表示某些零件运动范围的极限位置或中间位置时，或者需要表示该零件与相邻零件的相互位置时，均可用双点画线画出其轮廓的外形图，如图 9-5 所示。

3．单个零件表示法

在装配图中，若某个零件需要表达的结构、形状未能表达清楚时，可单独画出该零件的某一视图，但必须在所画视图的上方注出该零件的视图名称，在相应视图的附近用箭头指明投影方向，并注上同样的字母，如图 9-2 中平口钳的 *B* 向视图。

4．简化画法

（1）装配图中的螺栓、螺钉连接等若干相同的零件组可以仅详细地画出一处或几处，其余的只需要用点画线表示中心位置，如图 9-6 所示。

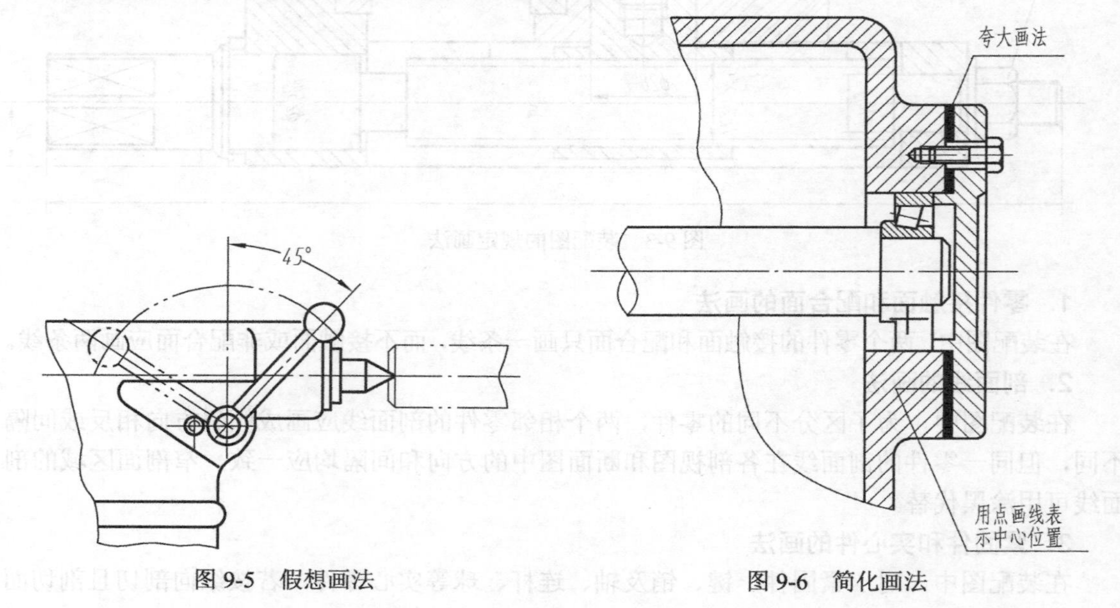

图 9-5　假想画法　　　　图 9-6　简化画法

（2）装配图中的滚动轴承可以采用图 9-6 所示的简化画法。

（3）在装配图中，当剖切面通过某些标准产品的组合件时，可以只画出其外形图，如图 9-4 中的油杯。

（4）在装配图中，零件的工艺结构如圆角、倒角、退刀槽等允许不画。

5. 夸大画法

装配图中的薄垫片、小间隙等按实际尺寸画出表示不明显时，允许把它们的厚度、间隙适当放大画出，如图 9-6 中的垫片就采用了夸大画法。

9.3 装配图的尺寸标注、零件编号及技术要求

9.3.1 装配图的尺寸标注

由于装配图不直接用于制造零件，因此绘图者不必标出装配图中零件的所有尺寸，只标出与部件装配、检验、安装、运输及使用等有关的尺寸即可。

（1）特性尺寸：表示部件的规格或性能的尺寸为特性尺寸，它是设计和使用部件的依据。图 9-2 中的尺寸 0～90 表明虎钳所能装夹工件的最大尺寸，该尺寸便是重要的特性尺寸。

（2）装配尺寸：表示部件中与装配有关的尺寸是装配工作的主要依据，是保证部件性能的重要尺寸。

① 配合尺寸：表示零件间配合性质的尺寸，如图 9-3 中的$\phi 18H8/f8$、$\phi 25H8/f8$ 等。

② 连接尺寸：连接尺寸一般指两零件连接部分的尺寸，如图 9-3 中丝杠与活动螺母间螺纹连接部分的尺寸 Tr24×5。对于标准件，其连接尺寸须在明细栏中注明。

（3）外形尺寸：表示部件的总长、总宽和总高的尺寸，该尺寸是包装、运输、安装及厂房设计所需要的数据，如图 9-2 中的 276、200 和 72。

（4）安装尺寸：表示部件与其他零件、部件、基座间安装所需要的尺寸，如图 9-2 中的 160。

（5）其他必要尺寸：除上述尺寸外，设计中通过计算确定的重要尺寸及运动件运动范围的极限尺寸等也须标注。

对于不同的装配图，有的不只限于这几种尺寸，也不一定都具备这几种尺寸。在标注尺寸时，绘图者应根据实际情况具体分析，合理标注。

9.3.2 装配图的零件编号

为了便于读图和进行图样管理，在装配图中对所有零件（或部件）都必须进行编号，并画出明细栏，且须填写零件的序号、代号、名称、数量和材料等内容。

1. 零件序号

为了便于看图及图样管理，在装配图中须对每个零件进行编号。零件序号应遵守下列几项规定。

（1）序号形式如图 9-7 所示。在所要标注的零件投影上打一黑点，然后引出指引线（细实线），在指引线顶端画短横线或小圆圈（均用细实线），序号数字写在短横线上或圆圈内。序号数字比该装配图上的尺寸数字大两号。

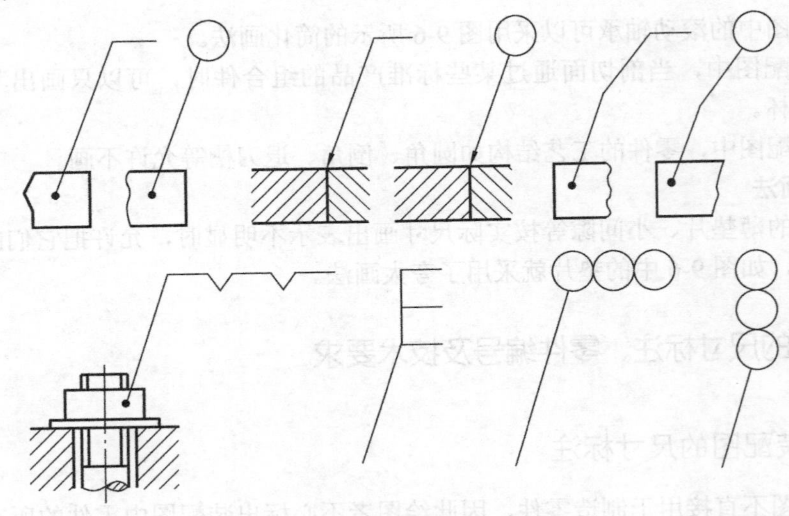
图 9-7　序号形式

（2）装配图中相同的零件只编一个号，不能重复。

（3）标准件（如滚动轴承、油杯等）可看作一个整体，只编一个号。

（4）一组连接件及装配关系清楚的零件组可以采用公共指引线编号。

（5）指引线不能相交，当通过有剖面线的区域时，指引线应尽量不与剖面线平行。

（6）编号应按水平或垂直方向排列整齐，并按顺时针或逆时针方向顺序编号。

2．明细栏

明细栏是部件的全部零件目录，其中须填写零件的编号、名称、材料、数量等。明细栏格式及内容可由各单位具体规定，图 9-8 所示格式可供学习时使用。明细栏应紧靠在标题栏的上方，由下向上顺序填写零件编号。当标题栏上方位置不够时，可将其移至标题栏左边继续填写。

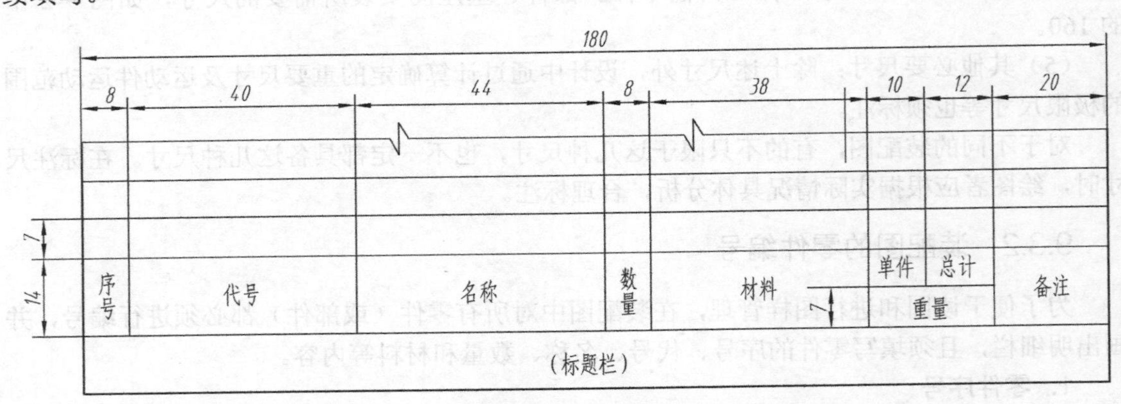

图 9-8　明细栏

3．装配图中的技术要求

当装配图中有些技术要求（一般有以下内容）需要用文字说明时，可写在标题栏的上方或左边，如图 9-2 所示。

（1）装配要求。装配要求是指机器或部件需要在装配时加工的说明，或者指安装时应满足的具体要求等，如定位销通常是在装配时加工的。

（2）检验要求。检验要求包括对机器或部件基本性能的检验方法和测试条件，以及调试结果应达到的指标等，如齿轮装配时要检验齿面接触情况等。

（3）使用要求。使用要求是指对机器或部件的维护和保养要求，以及操作时的注意事项等，如机器每次使用前或定时须加润滑油的说明等。

（4）其他要求。有些机器或部件的性能、规格参数不便用符号或尺寸标注时，也常用文字写在技术要求中，如齿轮泵的油压、转速、功率等。

装配图中的技术要求应根据实际需要注写。

9.3.3 装配合理结构简介

装配结构影响产品质量和成本，甚至决定产品能否制造，因此装配结构必须合理。其基本要求如下。

（1）零件接触处应精确可取，能保证装配质量。

（2）便于装配和拆卸。

（3）零件的结构简单，加工工艺性好。

1．接触处的结构

（1）接触面的数量

两个零件在同一方向上，一般只能有一个接触面，如图 9-9 所示。若要求在同一方向上有两个接触面，则会使加工困难、成本提高。

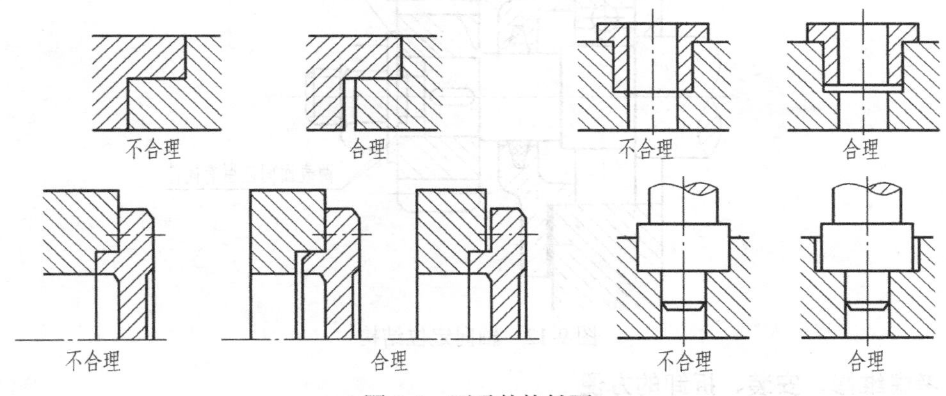

图 9-9 两零件接触面

（2）接触面转角处的结构

当要求两个零件同时在两个方向接触时，两接触面在转角处应制成倒角或沟槽，以保证其接触的可靠性，如图 9-10 所示。

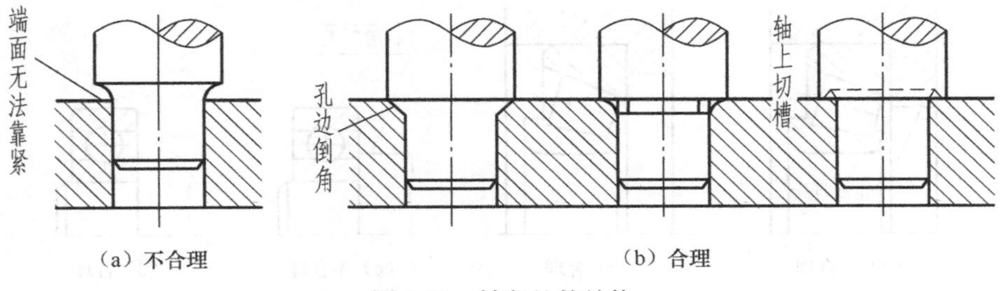

图 9-10 转角处的结构

2. 密封装置的结构

在一些部件或机器中，通常需要有密封装置，以防止液体外流或灰尘进入。图 9-11 所示的密封装置是用在泵和阀上的常见结构。通常用浸油的石棉绳或橡胶作填料，并拧紧压盖螺母，通过这样填料、压盖即可将填料压紧，起到密封作用。但填料压盖与阀体端面之间必须留有一定的间隙，这样才能保证将填料压紧；而轴与填料压盖之间也应有一定的间隙，以免转动时产生摩擦。

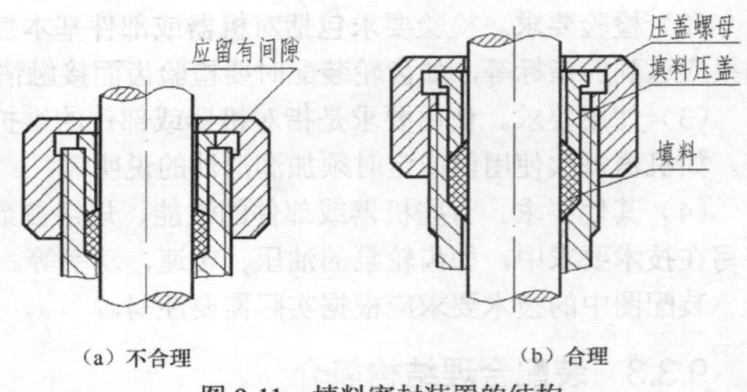

图 9-11 填料密封装置的结构

3. 零件在轴向的定位结构

装在轴上的滚动轴承及齿轮等一般都要有轴向定位结构，以保证在轴向不产生移动。如图 9-12 所示，轴上的滚动轴承及齿轮是靠轴的台肩来定位的，齿轮的一端用螺母、垫圈来压紧，垫圈与轴肩的台阶面间应留有间隙以便压紧。

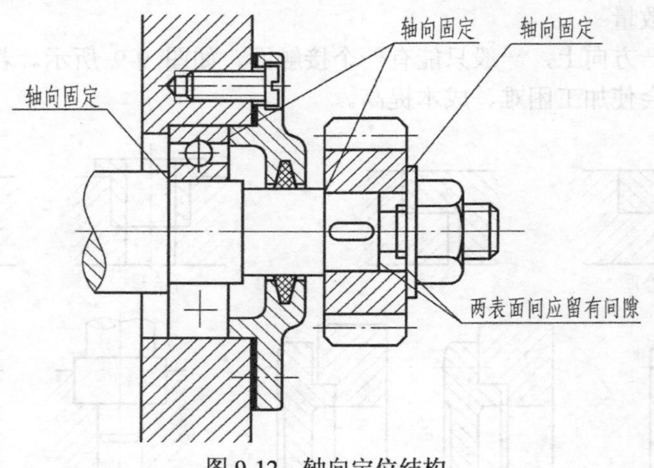

图 9-12 轴向定位结构

4. 考虑维修、安装、拆卸的方便

如图 9-13（b）和图 9-13（d）所示，滚动轴承装在箱体轴承孔及轴上的情形是合理的；若设计成图 9-13（a）和图 9-13（c）那样，将无法拆卸。图 9-14 所示为安排螺钉位置时应考虑扳手的空间活动范围。图 9-14（a）中所留空间太小，扳手无法使用；图 9-14（b）为合理的结构。图 9-15（a）中所留空间太小，螺钉无法放入；图 9-15（b）为合理的结构。

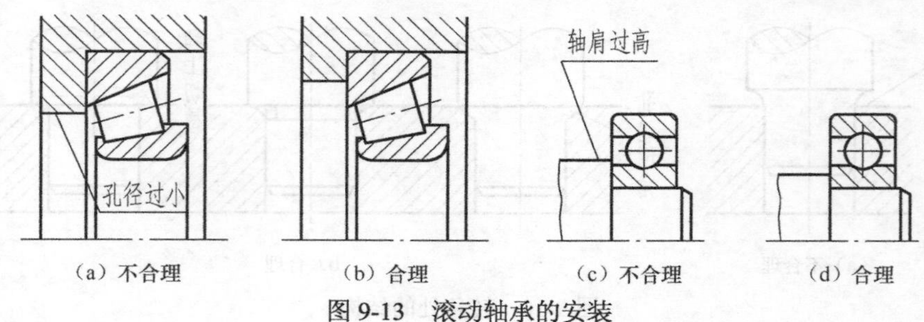

图 9-13 滚动轴承的安装

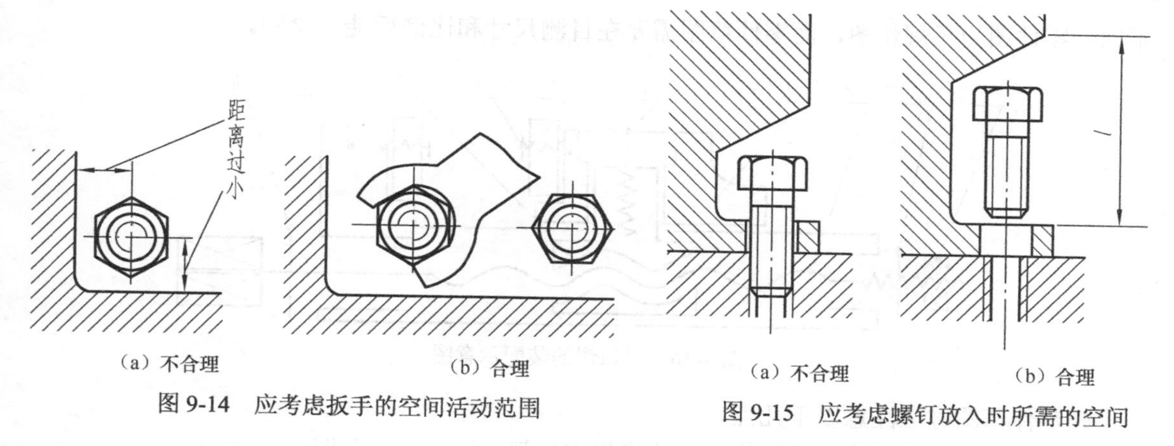

图 9-14 应考虑扳手的空间活动范围

图 9-15 应考虑螺钉放入时所需的空间

9.4 装配体的测绘

9.4.1 部件测绘

根据现有机器或部件进行测量并画出零件草图，经过整理，然后绘制装配图和零件图的过程称为部件测绘。部件测绘在改造现有设备、仿制及维修中都有重要的作用，下面以图 9-1 所示平口钳来介绍部件测绘的一般步骤。

1. 了解测绘对象

在测绘之前，首先要对部件进行分析、研究，通过阅读有关技术文件、资料和同类产品图样及向有关人员了解使用情况来了解该部件的用途、性能、工作原理、结构特点、零件间的装配关系，如图 9-1 所示的平口钳是机床工作台上用来夹持工件进行加工时用的部件，通过丝杠的转动带动活动螺母做直线移动，钳口闭合或开放，以便夹紧和松开工件。

2. 拆卸零件

拆卸前应先测量一些重要的装配尺寸，如零件间的相对尺寸、极限尺寸、装配间隙等，以便校核图纸和复原装配部件时使用。拆卸时应制定拆卸顺序，对不可拆卸的连接和过盈配合的零件尽量不拆，以免损坏零件。对所拆卸下的零件必须用打钢印、扎标签或写件号等方法为编上件号，分区、分组地放置在规定的地方，并且要避免损坏、丢失和生锈，以便测绘后重新装配时能达到原来的性能和要求。拆卸时必须用相应的工具，以免损坏零件。如平口钳的拆卸顺序为：先拧下螺母 1，取下垫圈 2，然后旋出丝杠 10，取下垫圈 7，接着拆下固定螺钉 4、活动螺母 9、活动钳身 3，最后旋出螺钉 8，取下钳口板 5。

3. 画装配示意图

在全面了解装配体后，绘图者可以绘制部分示意图，但有些装配关系只有拆卸后才能真正显示出来，因此，必须一边拆卸，一边补充、更正示意图。装配示意图是在部件拆卸过程中所画的记录图样，用以作为绘制装配图和重新装配的依据。

装配示意图的画法一般以简单线条画出零件的大致轮廓。国家标准《机械制图》规定了一些运动简图符号，应遵照使用。画装配示意图时，通常对各零件的表达不受前后层次的限制，应尽可能把所有的零件集中在一个视图上，如图 9-16 所示平口钳的装配示意图。

4. 画零件草图

零件草图的内容和要求与零件图的内容和要求是一致的。它们的主要差别在于作图方法不同：零件图为尺规作图，而零件草图需要在目测尺寸和比例后徒手绘制。

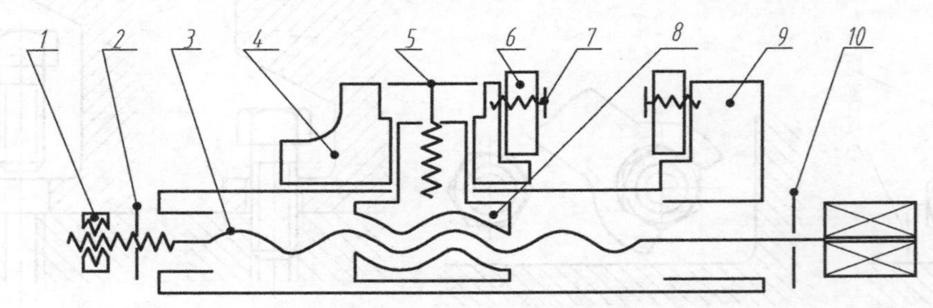

图 9-16　平口钳的装配示意图

画零件草图时应注意以下几点。

（1）标准件只需要确定其规格，并注出规定标记，而不必画草图。

（2）零件草图所采用的表达方法应与零件图所采用的表达方法一致。

（3）视图画好后，应根据零件图尺寸标注的基本要求标注尺寸。在草图上先引出全部尺寸线，然后统一测量并逐个填写尺寸数字。

（4）对于零件的表面粗糙度、公差与配合、热处理等技术要求，可以根据零件的作用，参照类似的图样或资料用类比法加以确定。对公差配合可以标注代号，而不必注出具体公差数值。

（5）零件的材料应根据该零件的作用及设计要求参照类似的图样或资料加以选定。必要时可用火花鉴定或取样分析的方法来确定材料的类别。对有些零件还要用硬度计测定零件的表面硬度。

5．尺寸测量与尺寸数字处理

测量尺寸时应根据尺寸精度选用相应的测量工具，常用的有游标卡尺（百分尺）、高度尺、千分尺、内外卡、角度规、螺纹规、圆角规等。

零件的尺寸有的可以直接量得，有的需要经过一定运算后才能得到，如孔的中心距等。测量时应尽量从基准面出发，以减少测量误差。

测量所得的尺寸还必须进行以下处理。

（1）对一般尺寸，大多数情况下要圆整到整数。重要的直径要取标准值。

（2）对标准结构，如螺纹、键槽等，尺寸要取相应的标准值。

（3）对有些尺寸要进行复核，如齿轮转动的轴孔中心距要与齿轮的中心距核对。

（4）零件的配合尺寸要与相配零件的相关尺寸协调，即测量后尽可能将配合尺寸同时标注在有关零件上。

（5）由于磨损、碰伤等原因而使尺寸变动的零件要进行分析，并标注复原后的尺寸。

9.4.2　装配图的绘制

1．画装配图的方法

在设计机器或部件时，要绘制装配图来体现设计构思及相应的设计要求；在仿制或改造一部机器时，先将其拆散成单个零件，对每个零件进行尺寸测量，画出除标准件外零件的草图，再由零件草图画出装配图。无论是前者还是后者，绘制装配图时都应尽量将机器或部件的工作原理和装配关系表达清楚。为了达到这个目的，绘图者必须掌握画装配图的方法。

（1）分析、了解所画对象

在画装配图前，必须对该机器或部件的功用、工作原理、结构特点及组成机器或部件的各零件装配关系、连接方式等有一个全面的了解。

（2）确定表达方案

① 确定主视图。选择最能反映机器或部件的工作原理、传动路线及零件间的装配关系和连接方式的视图作为主视图。一般的机器或部件将会按工作位置放正。

② 选择其他视图。根据确定的主视图，选择恰当的视图进一步表达装配关系、工作原理及主要零件的结构和形状。

（3）选定图幅

根据机器或部件的大小及复杂程度选择合适的绘图比例，再根据视图数量及各视图所占面积及标题栏、明细栏、技术要求所占位置的大小选定图幅。

2．画装配图的步骤

现以固定钳身为例来说明画装配图的步骤。

（1）画图框、标题栏、明细栏、长宽高基准线。

（2）布置视图。画出视图的对称线、主要轴线、较大零件的基线。在确定视图位置时，要注意为标注尺寸及编写序号留出足够的位置，如图9-17（a）所示。

（3）画底稿。画底稿时一般可从主视图画起，从较大主要零件的投影入手，几个视图配合一起画。不必画的图线，如被剖去部分的轮廓线一律不画。有时也可先画俯视图（剖视图），在剖视图上一般由里往外画。画每个视图时，应该先从主要装配干线画起，逐次向外扩展，如图9-17（b）所示。

（4）画完主要装配干线后，再将其他装配结构逐步画出，如钳口板、螺母、垫圈等，如图9-17（c）所示。

（5）检查校核后加深图线，画剖面代号，标注尺寸，最后编写序号，填写明细栏、标题栏和技术要求，完成全图绘制，如图9-17（d）所示。

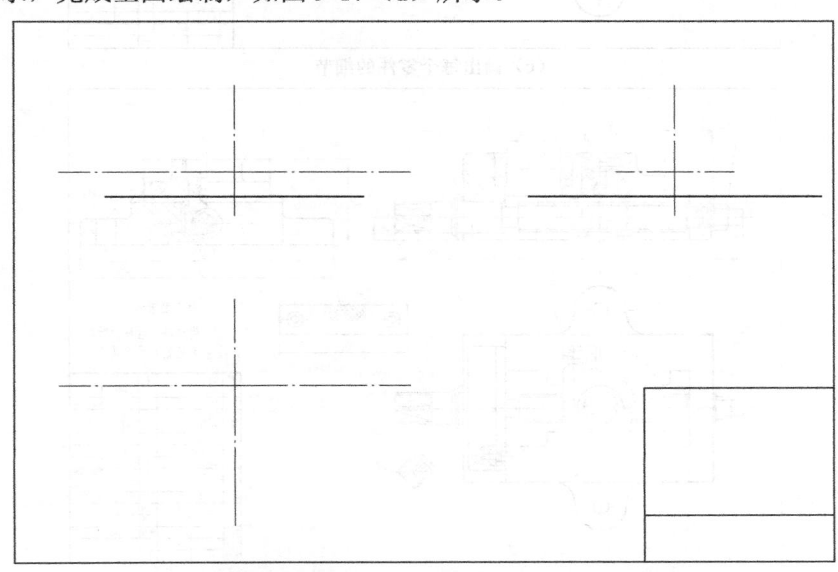

（a）画图框、标题栏、明细栏、长宽高基准线，布置视图

图9-17 画装配图的步骤

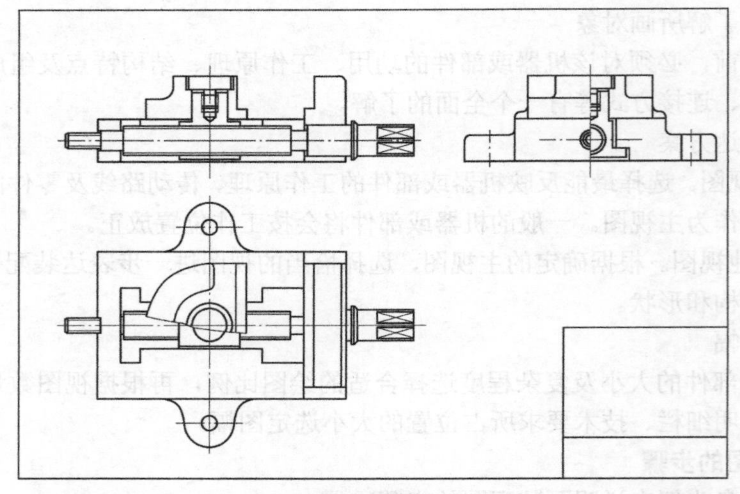

（b）画底稿

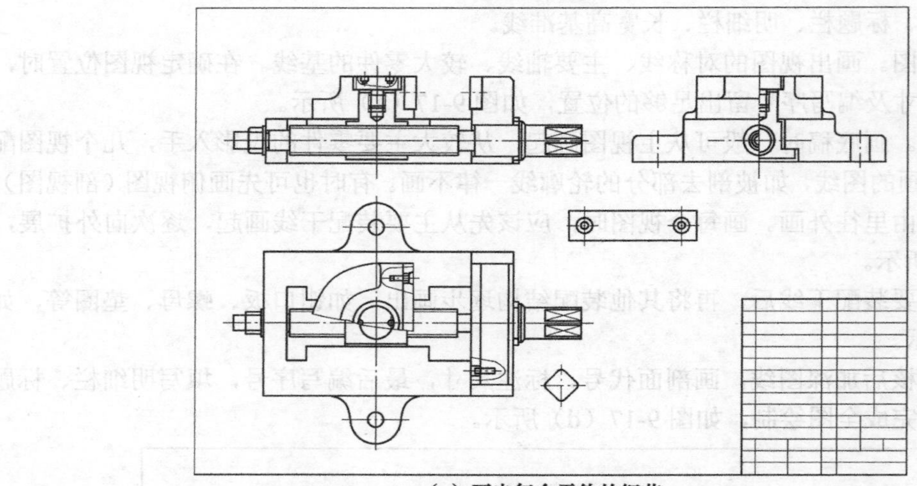

（c）画出每个零件的细节

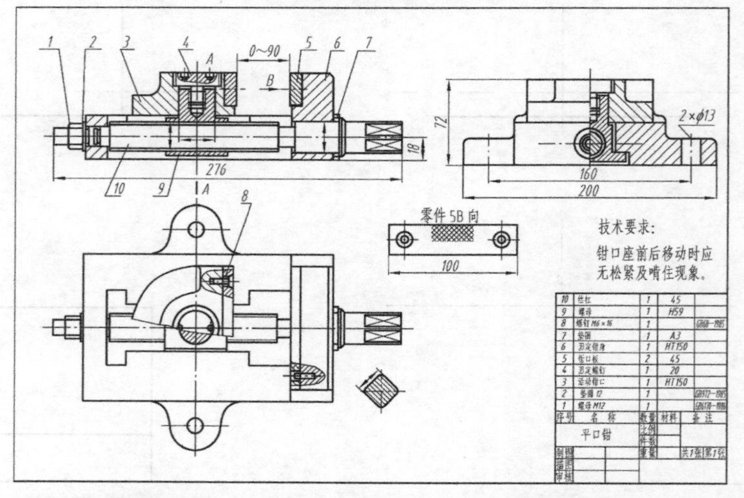

（d）加深图线，画剖面符号，标注尺寸，编写序号，填写明细栏、标题栏和技术要求

图 9-17　画装配图的步骤（续）

9.5 由装配图拆画零件图

在机器或部件的设计、制造、使用、维修和技术交流中都会遇到读装配图的问题，因此绘图者需要学会读装配图和由装配图拆画零件图的方法。

读装配图的基本要求如下。

（1）了解部件的用途、性能、工作原理和组成该部件的全部零件名称、数量、相对位置及其相互间的装配关系等。

（2）弄清每个零件的作用及其基本结构。

（3）确定装配和拆卸该部件的方法与步骤。

下面以图 9-18 所示的千斤顶为例，说明读装配图和由装配图拆画零件图的方法和步骤。

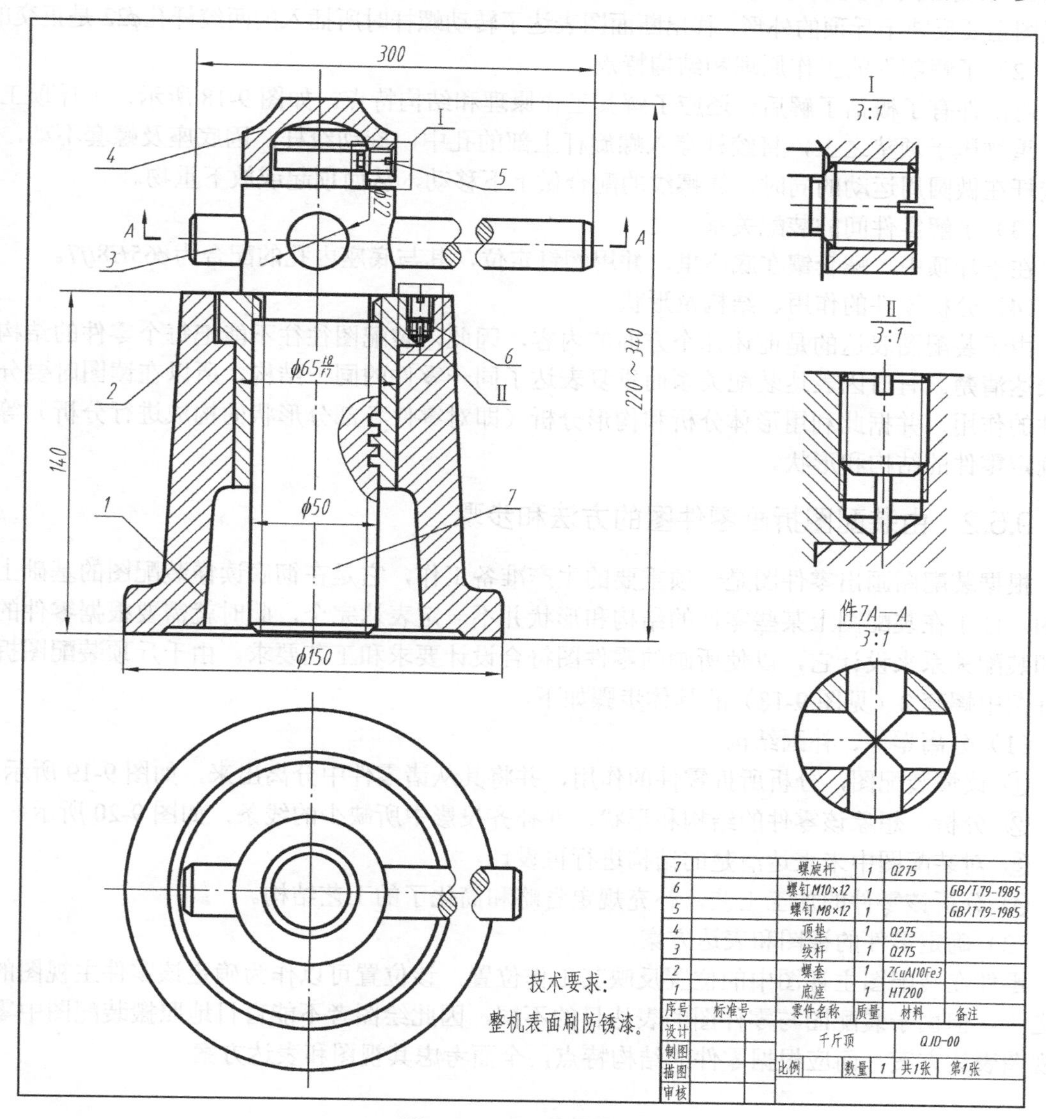

图 9-18 千斤顶装配图

9.5.1 读装配图的方法和步骤

（1）了解概况

① 了解部件的用途、性能和规格。从标题栏中可知该部件名称，结合图样中所注尺寸和生产实际知识及产品说明书等有关资料，可了解该部件的用途、适用条件和规格。图 9-18 所示为千斤顶装配图。千斤顶是利用螺旋转动来顶举重物的一种起重或顶压工具，它常用于汽车修理及机械安装中。图 9-18 中尺寸 220～340 为其特性尺寸，它决定了千斤顶的起重高度范围。

② 了解部件的组成。由序号和明细栏可了解组成部件的零件名称、数量、规格及位置。由图 9-18 可知千斤顶由 7 种零件组成，其中有两种标准件。

③ 分析视图。通过对各视图的表达内容、方法及其标注的分析，了解各视图间的关系。图 9-18 中用了两个基本视图及一个移出断面。全剖的主视图清楚地反映了各零件的装配关系，俯视图主要反映千斤顶的外形，移出断面图表达了转动螺杆时所插入的两绞杆孔$\phi 22$是正交的。

（2）了解部件的工作原理和结构特点

对部件有了概括了解后，还应了解其工作原理和结构特点。如图 9-18 所示，千斤顶工作时，重物压于顶垫之上，将绞杆穿入螺旋杆上部的孔中，旋动绞杆，因底座及螺套不动，则螺旋杆在做圆周运动的同时，靠螺纹的配合做上下移动，从而顶起或放下重物。

（3）了解零件间的装配关系

在千斤顶中，螺套镶在底座里，并用螺钉定位，其与底座内孔的配合为$\phi 65H8/j7$。

（4）分析零件的作用、结构及形状

由于装配图表达的是前述几个方面的内容，因此，装配图往往不能把每个零件的结构完全表达清楚。有时因表达装配关系而重复表达了同一零件的同一结构，所以在读图时要分析零件的作用，并据此利用形体分析和构形分析（即对零件各部分形状的构成进行分析）等方法确定零件的结构和形状。

9.5.2 由装配图拆画零件图的方法和步骤

根据装配图画出零件图是一项重要的生产准备工作，它是在彻底读懂装配图的基础上进行的。由于在装配图上某些零件的结构和形状并不一定表达完全，此时就需要根据零件的作用和装配关系来设计它，以使所画的零件图符合设计要求和工艺要求。由千斤顶装配图拆画零件图中螺套 2（见图 9-18）的具体步骤如下。

（1）分离零件、补画结构

① 读懂装配图，分析所拆零件的作用，并将其从诸零件中分离出来，如图 9-19 所示。

② 分析、想象该零件的结构和形状，并补齐投影中所缺少的线条，如图 9-20 所示。

③ 对装配图中未表达清楚的结构进行再设计。

④ 分析该零件的加工工艺，补充规定省略和简化了的工艺结构。

（2）确定零件的视图和表达方案

零件在装配图主视图中的位置反映其工作位置，该位置可以作为确定该零件主视图的依据之一。但由于装配图与零件图的表达目的不同，因此绘图者不能盲目地照搬装配图中零件的视图表达方案，而应根据零件的结构特点，全面考虑其视图和表达方案。

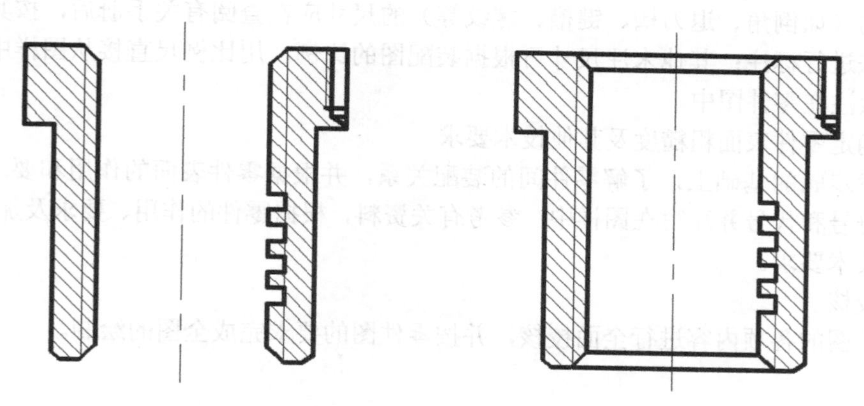

图 9-19 从诸零件中分离出来　　图 9-20 补齐投影中所缺少的线条

图 9-21 所示为螺套零件图。考虑其加工位置和形状特征，这里在主视图中将轴线水平放置，并采用与装配图不同的摆放位置。

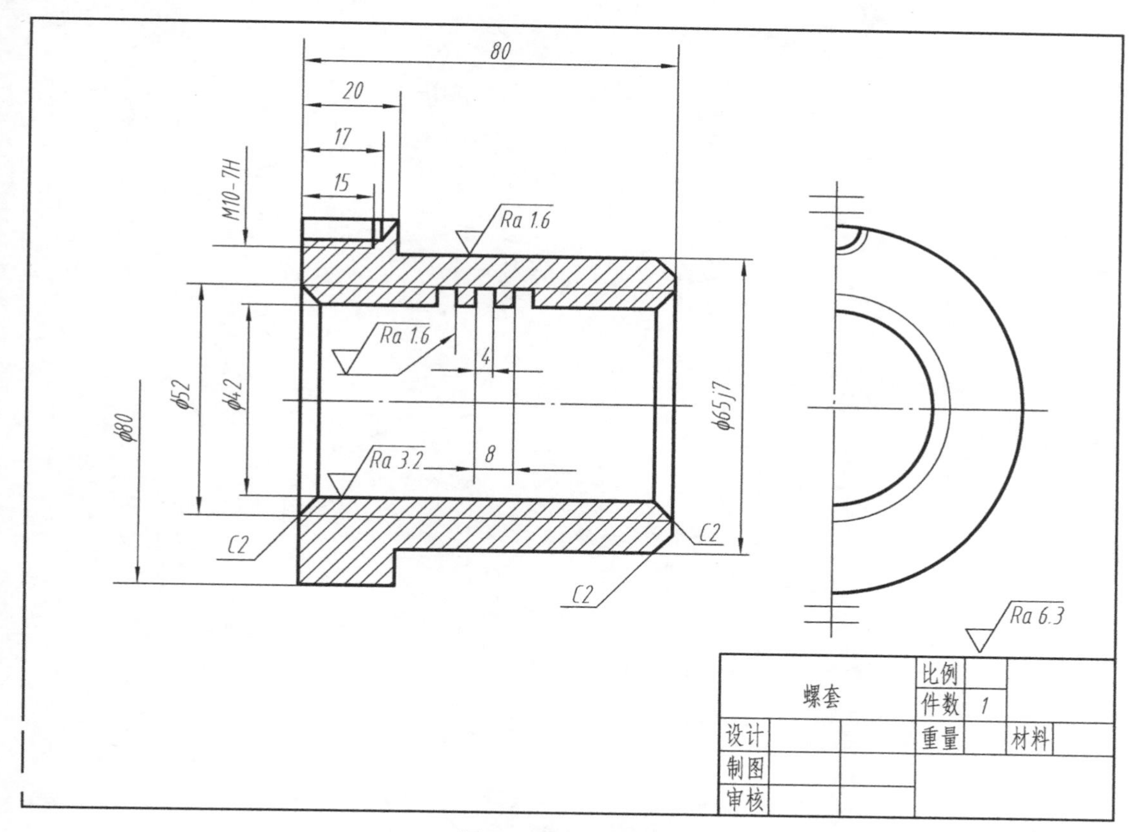

图 9-21 螺套零件图

（3）确定零件的尺寸

在标注零件的尺寸时，应根据其在部件中的作用、装配和加工工艺的要求，在结构和形体分析的基础上，选择合理的尺寸基准。

装配图中已注出的尺寸，一般均为重要尺寸，应按尺寸数值标注到有关零件图中；零件上标准结构（如倒角、退刀槽、键槽、螺纹等）的尺寸应在查阅有关手册后，按其标准数值和规定注法进行标注；其他未注尺寸可根据装配图的比例，用比例尺直接从图样中量取，圆整后以整数注在零件图中。

（4）确定零件表面粗糙度及其他技术要求

在前述步骤的基础上，了解零件间的装配关系，并根据零件表面的作用和要求，确定表面粗糙度符号和代号并注写在图样中；参考有关资料，根据零件的作用、要求及加工工艺等，拟订其他技术要求。

（5）校核

对零件图的各项内容进行全面校核，并按零件图的要求完成全图的绘制。

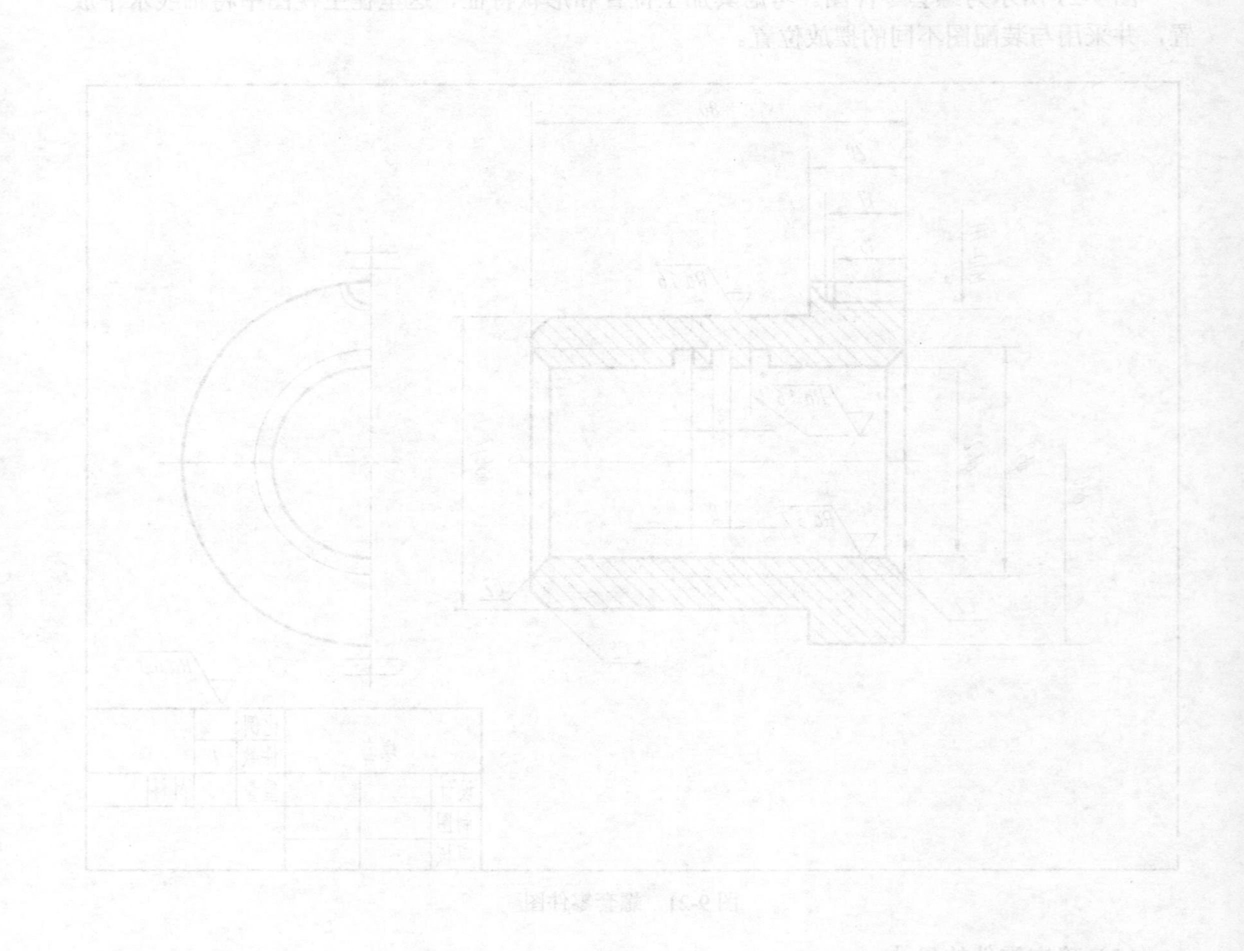

附录 A

A.1 螺纹

A.1.1 普通螺纹

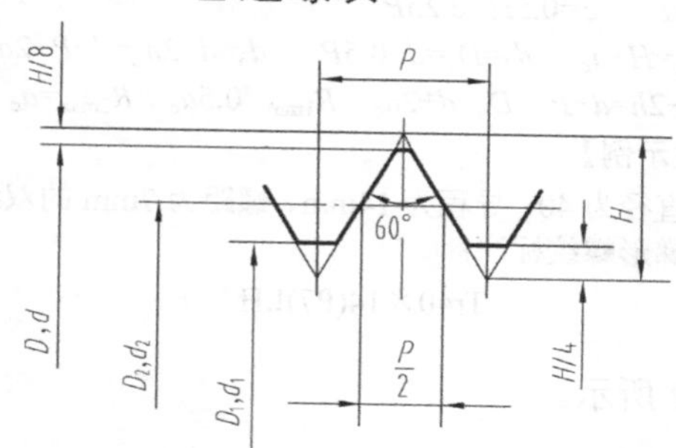

D—内螺纹大径；d—外螺纹大径；

D_2—内螺纹中径；d_2—外螺纹中径；

D_1—内螺纹小径；d_1—外螺纹小径；

P—螺距；$H=\frac{\sqrt{3}}{2}P$。

【标注示例】

公称直径为 24、螺距为 1.5mm、右旋的细牙螺纹标注：

M24×1.5

普通螺纹直径与螺距系列、基本尺寸如附表 A-1 所示。

附表 A-1　普通螺纹直径与螺距系列、基本尺寸（摘自 GB/T 193—2003、GB/T 196—2003、GB/T 197—2018）

（单位为 mm）

公称直径 D、d 第一系列	公称直径 D、d 第二系列	螺距 P 粗牙	螺距 P 细牙	粗牙小径 D_1、d_1
3		0.5	0.35	2.459
	3.5	(0.6)		2.850
4		0.7	0.5	3.242
	4.5	(0.75)		3.688
5		0.8		4.134
6		1	0.75，(0.5)	4.917
8		1.25	1，0.75，(0.5)	6.647
10		1.5	1.25，1，0.75，(0.5)	8.376
12		1.75	1.5，1.25，1，(0.75)，(0.5)	10.106
	14	2	1.5，(1.25)，1，(0.75)，(0.5)	11.835
16			1.5，1，(0.75)，(0.5)	13.835
	18	2.5	2，1.5，(0.75)，(0.5)	15.294
20				17.194
	22			19.294
24		3	2，1.5，1，(0.75)	20.752
	27			23.752
30		3.5	(3)，2，1.5，1，(0.75)	26.211
	33		(3)，2，1.5，(1)，(0.75)	29.211
36		4	3，2，1.5，(1)	31.670
	39			34.670
42		4.5	(4)，3，2，1.5，(1)	37.129
	45			40.129
48		5		42.587
	52			46.587
56		5.5	4，3，2，1.5，(1)	50.046
	60			54.046
64		6		57.505
	68			61.505
72				65.505
	76			69.505
80				73.505
	85		4,3,2	78.505
90				83.505
	95			88.505
100				93.505
	115			108.505

注：① 优先选用第一系列，括号内的尺寸尽可能不用。

② 中径 D_2、d_2 未列入，第三系列未列入。

③ 第三系列公称直径 D、d 为 5.5、9、11、15、17、25、26、28、32、35、38、40、50、55、58、62、65、70、75 等。

④ M14×1.25 仅用于火花塞。

A.1.2 梯形螺纹

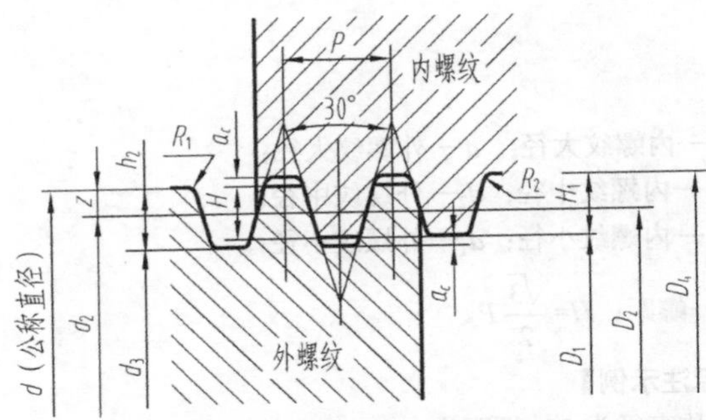

P—螺距；a_c—牙顶间隙。

$H=0.5P$　　$z=0.5H=0.25P$

$H_1=h_2=H+a_c$　　$d_2=D_2=d-0.5P$　　$d_3=d-2h_2=d-P-2a_c$

$D_1=d-2h=d-P$　　$D_4=d+2a_c$　　$R_{1max}=0.5a_c$　　$R_{2max}=a_c$

【标注示例】

公称直径为 40、导程为 14mm、螺距为 7mm 的双线左旋梯形螺纹标注：

Tr40×14(P7)LH

梯形螺纹直径与螺距系列、基本尺寸如附表 A-2 所示。

附表 A-2　梯形螺纹直径与螺距系列、基本尺寸（摘自 GB/T 5796.2—2005、GB/T 5796.3—2005）

（单位为 mm）

公称直径 d 第一系列	公称直径 d 第二系列	螺距 P	中径 $d_2=D_2$	大径 D_4	小径 d_3	小径 D_1
8		1.5*	7.25	8.30	6.20	6.50
	9	1.5	8.25	9.30	7.20	7.5
		2*	8.00	9.50	6.50	7.00
10		1.5	9.25	10.30	8.20	8.50
		2*	9.00	10.50	7.50	8.00
	11	2*	10.00	11.50	8.50	9.00
		3	9.50	11.50	7.50	8.00
12		2	11.00	12.50	9.50	10.00
		3*	10.50	12.50	8.50	9.00
	14	2	13.00	14.50	11.50	12.00
		3*	12.50	14.50	10.50	11.00
16		2	15.00	16.50	13.50	14.00
		4*	14.00	16.50	11.50	12.00
	18	2	17.00	18.50	15.50	16.00
		4*	16.00	18.50	13.50	14.00
20		2	19.00	20.50	17.50	18.00
		4*	18.00	20.50	15.50	16.00
	22	3	20.50	22.50	18.50	19.00
		5*	19.50	22.50	16.50	17.00
		8	18.00	23.00	13.00	14.00
24		3	22.50	24.50	20.50	21.00
		5*	21.50	24.50	18.50	19.00
		8	20.00	25.00	15.00	16.00

公称直径 d 第一系列	公称直径 d 第二系列	螺距 P	中径 $d_2=D_2$	大径 D_4	小径 d_3	小径 D_1
	26	3	24.50	26.50	22.50	23.00
		5*	23.50	26.50	20.50	21.00
		8	22.00	27.00	17.00	18.00
28		3	26.50	28.50	24.50	25.00
		5*	25.50	28.50	22.50	23.00
		8	24.00	29.00	19.00	20.00
	30	3	28.50	30.50	26.50	29.00
		6*	27.00	31.00	23.00	24.00
		10	25.00	31.00	19.00	20.00
32		3	30.50	32.50	28.50	29.00
		6*	29.00	33.00	25.00	26.00
		10	27.00	33.00	21.00	22.00
	34	3	32.50	34.50	30.50	31.00
		6*	31.00	35.00	27.00	28.00
		10	29.00	35.00	23.00	24.00
36		3	34.50	36.50	32.00	33.00
		6*	33.00	37.00	29.00	30.00
		10	31.00	37.00	25.00	26.00
	38	3	36.50	38.50	34.50	35.00
		7*	34.50	39.00	30.00	31.00
		10	33.00	39.00	27.00	28.00
40		3	38.50	40.50	36.50	37.00
		7*	36.50	41.00	32.00	33.00
		10	35.00	41.00	29.00	30.00

注：① 关于牙顶间隙 a_c，当 P=0.5 时，a_c=0.15；当 P=2～5 时，a_c=0.25；当 P=6～12 时，a_c=0.5；当 P=14～40 时，a_c=1。

② 优先选用第一系列，括号内的尺寸尽可能不用。

③ 带“*”为优先选用的螺距。

A.1.3 55° 非密封管螺纹

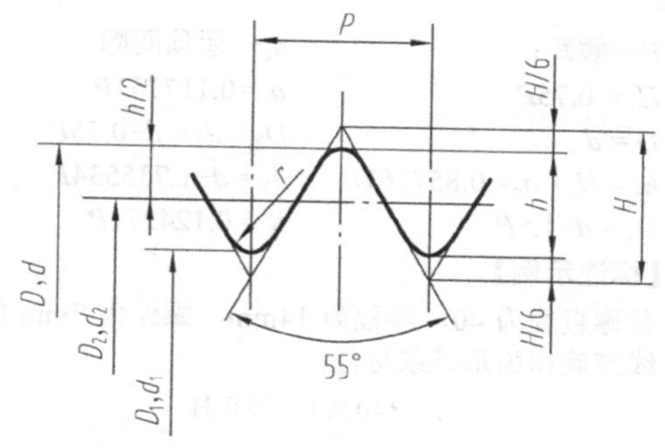

【标注示例】

尺寸代号为 1/2 的左旋内螺纹标注：

G1/2LH

55° 非密封管螺纹基本尺寸如附表 A-3 所示。

附表 A-3　55° 非密封管螺纹基本尺寸（摘自 GB/T 7307—2001）（单位为 mm）

尺寸标注	每 25.4mm 内的牙数 n	螺距 P	牙高 h	圆弧半径 r	基本直径		
					大径 $d=D$	中径 $d_2=D_2$	小径 $d_1=D_1$
1/16	28	0.907	0.581	0.125	7.723	7.142	6.561
1/8	28	0.907	0.581	0.125	9.728	9.142	8.566
1/4	19	1.337	0.856	0.184	13.157	12.301	11.445
3/8	19	1.337	0.856	0.184	16.662	15.806	14.950
1/2	14	1.814	1.162	0.249	20.955	19.793	18.631
5/8	14	1.814	1.162	0.249	22.911	21.749	20.587
3/4	14	1.814	1.162	0.249	26.441	25.279	24.117
7/8	14	1.814	1.162	0.249	30.201	29.039	27.877
1	11	2.309	1.479	0.317	33.249	31.770	30.291
1 1/3	11	2.309	1.479	0.317	37.897	36.418	34.939
1 1/2	11	2.309	1.479	0.317	41.910	40.431	38.952
1 2/3	11	2.309	1.479	0.317	47.803	46.324	44.845
1 3/4	11	2.309	1.479	0.317	53.746	52.267	50.788
2	11	2.309	1.479	0.317	59.614	58.135	56.656
2 1/4	11	2.309	1.479	0.317	65.710	64.231	62.752
2 1/2	11	2.309	1.479	0.317	75.184	73.705	72.226
2 3/4	11	2.309	1.479	0.317	81.534	80.055	78.576
3	11	2.309	1.479	0.317	87.844	86.405	84.926
3 1/2	11	2.309	1.479	0.317	100.330	98.851	97.372
4	11	2.309	1.479	0.317	113.030	111.551	110.072
4 1/2	11	2.309	1.479	0.317	125.730	124.251	122.772
5	11	2.309	1.479	0.317	138.430	136.951	135.472
5 1/2	11	2.309	1.479	0.317	151.130	149.651	148.172
6	11	2.309	1.479	0.317	163.830	162.351	160.872

注：① 本标准适用于管接头、旋塞、阀门及其附件。

② 尺寸标注单位为英寸，它对应的是管子的内径。

A.1.4 锯齿形螺纹

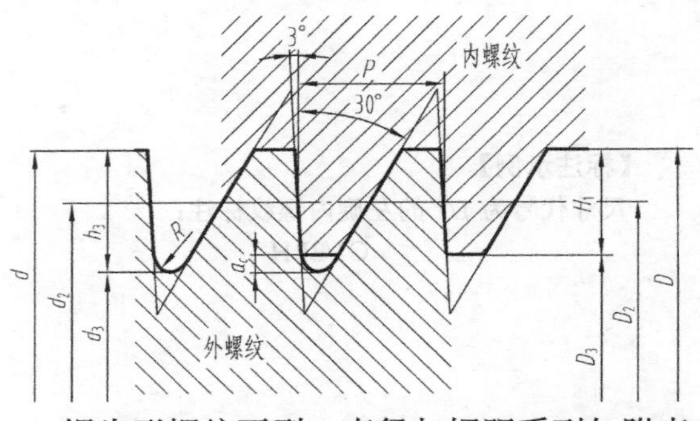

P—螺距；　　a_c—牙顶间隙。

$H_1 = 0.75P$　　$a_c = 0.117767P$

$D = d$　　$D_2 = d_2 = d - 0.75P$

$h_3 = H_1 + a_c = 0.857767P$　　$d_3 = d - 1.735534P$

$D_3 = d - 1.5P$　　$R = 0.124271P$

【标注示例】

公称直径为 40、导程为 14mm、螺距为 7mm 的双线左旋锯齿形螺纹标注：

B40×14(P7)LH

锯齿形螺纹牙型、直径与螺距系列如附表 A-4 所示。

附表 A-4　锯齿形螺纹牙型、直径与螺距系列（摘自 GB/T 13576.1—2008、GB/T 13576.2—2008）

（单位为 mm）

公称直径 d		螺距 P	中径 $d_2=D_2$	小径		公称直径 d		螺距 P	中径 $d_2=D_2$	小径	
第一系列	第二系列			d_3	D_3	第一系列	第二系列			d_3	D_3
10		2*	8.5	6.529	7		30	3	27.75	24.793	25.5
12		2	10.5	8.529	9			6*	25.5	19.587	21
		3*	9.75	6.793	7.5			10	22.5	13.645	15
	14	2	12.5	10.529	11	32		3	29.75	26.793	27.5
		3*	11.75	8.793	9.5			6*	27.5	21.587	23
16		2	14.5	12.529	13			10	24.5	15.645	17
		4*	13	9.063	10		34	3	31.75	28.793	29.5
	18	2	16.5	14.529	15			6*	29.5	23.587	25
		4*	15	11.063	12			10	26.5	17.645	19
20		2	18.5	16.529	17	36		3	33.75	30.793	31.5
		4*	17	13.063	14			6*	31.5	25.587	27
	22	3	19.75	16.793	17.5			10	28.5	19.645	21
		5*	18.25	13.322	14.5		38	3	35.75	32.793	33.5
		8	16	8.116	10			7*	32.75	25.852	27.5
24		3	21.75	18.793	19.5			10	30.5	21.645	23
		5*	20.25	15.322	16.5	40		3	37.75	34.793	35.5
		8	18	10.116	12			7*	34.75	27.852	29.5
	26	3	23.75	20.793	21.5			10	32.5	23.645	25
		5*	22.25	17.322	18.5		42	3	39.75	36.793	37.5
		8	20	12.116	14			7*	36.75	29.852	31.5
28		3	25.75	22.793	23.5			10	34.5	25.645	27
		5*	24.25	19.322	20.5	44		3	41.75	38.793	39.5
		8	22	14.116	16			7*	38.75	31.852	33.5

注：带"*"为优先选用的螺距。

A.2 常用的标准件

A.2.1 六角头螺栓

1．六角头螺栓——C 级（摘自 GB/T 5780—2016）

2．六角头螺栓——A 和 B 级（摘自 GB/T 5782—2016）

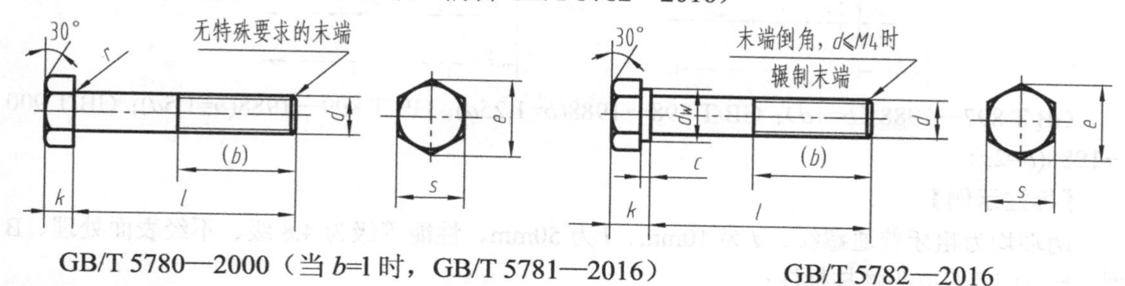

GB/T 5780—2000（当 b=l 时，GB/T 5781—2016）　　GB/T 5782—2016

【标注示例】

螺纹规格为 M12、公称长度 l 为 80mm、性能等级为 8.8 级、表面不经处理、产品等级为 A 级的六角头螺栓标注：

螺栓 GB/T 5782 M12×80

六角头螺栓基本尺寸如附表 A-5 所示。

附表 A-5　六角头螺栓基本尺寸　　（单位为 mm）

螺纹规格 d			M3	M4	M5	M6	M8	M10	M12	M16	M20	M24	M30
b（参考）	l≤125		12	14	16	18	22	26	30	38	46	54	66
	125＜l≤200		18	20	22	24	28	32	36	44	52	60	72
	l＞200		31	33	35	37	41	45	49	57	65	73	85
c	c_{min}		0.15							0.2			
	c_{max}		0.4		0.5		0.6			0.8			
d_w	产品等级	A	4.57	5.88	6.88	8.88	11.63	14.63	16.63	22.49	28.19	33.61	—
		B、C	4.45	5.74	6.74	8.74	11.47	14.47	16.47	22	27.7	33.25	42.75
e	产品等级	A	6.01	7.66	8.79	11.05	14.38	17.77	20.03	26.75	33.53	39.98	—
		B、C	5.88	7.50	6.63	10.89	14.20	17.59	19.85	26.17	32.95	39.55	50.85
k（公称）			2	2.8	3.5	4	5.3	6.4	7.5	10	12.5	15	18.7
r			0.1	0.2	0.2	0.25	0.4	0.4	0.6	0.6	0.8	0.8	1
s（公称）			5.5	7	8	10	13	16	18	24	30	36	46
l（商品规格范围）			20～30	25～40	25～50	30～60	40～80	45～100	50～120	65～160	80～200	90～240	110～300
l（系列）			10，12，16，20，25，30，35，40，45，50，55，60，65，70，80，90，100，110,120，130，140，150，160，180，200，220，240，260，280，300，320，340，360，380，400，420，440，480，500										

注：① A 级用于 d≤24，l≤10d 或 l≤150mm 的螺栓，B 级用于 d＞24，l＞10d 或 l＞150mm 的螺栓。

② 关于螺纹规格范围，GB/T 5780 为 M5～M64，GB/T 5782 为 M1.6～M64。

③ 关于公称长度范围，GB/T 5780 为 25～500，GB/T 5782 为 12～500。

A.2.2 双头螺柱

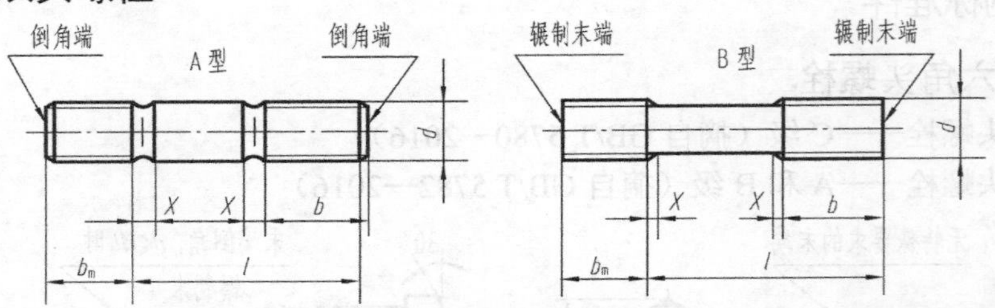

GB/T 897—1988（b=1d）；GB/T 898—1988(b=1.25d)；GB/T 899—1988(b=1.5d)；GB/T 900—1988(b=2d)。

【标注示例】

两端均为粗牙普通螺纹、d 为 10mm、l 为 50mm、性能等级为 4.8 级、不经表面处理、B 型、b_m 为 1d 的双头螺柱标注：

螺柱 GB 897 M10×50

双头螺柱基本尺寸如附表 A-6 所示。

附表 A-6 双头螺柱基本尺寸（摘自 GB/T 897—1988、GB/T 898—1988、GB/T 899—1988、GB/T 900—1988）

（单位为 mm）

螺纹规格 d	b_m				l/b
	GB 897—1988	GB 898—1988	GB 899—1988	GB 900—1988	
M2			3	4	（12～16）/6，（18～25）/10
M2.5			3.5	5	（14～18）/8，（20～30）/11
M3			4.5	6	（16～20）/6，（22～40）/12
M4			6	8	（16～22）/8，（25～40）/14
M5	5	6	8	10	（16～22）/10，（25～50）/16
M6	6	8	10	12	（18～22）/10，（25～30）/14，（32～75）/18
M8	8	10	12	16	（18～22）/12，（25～30）/16，（32～90）/22
M10	10	12	15	20	（25～28）/14，（30～38）/16，（40～120）/26，130/32
M12	12	15	18	24	（25～30）/16，（32～40）/20，（45～120）/30，（130～180）/36
（M14）	14	18	21	28	（30～35）/18，（38～45）/25，（50～120）/34，（130～180）/40
M16	16	20	24	32	（30～38）/20，（40～55）/30，（60～120）/38，（130～200）/44
（M18）	18	22	27	36	（35～40）/22，（45～60）/35，（65～120）/42，（130～200）/48
M20	20	25	30	40	（35～40）/25，（45～65）/35，（70～120）/46，（130～200）/52
（M22）	22	28	33	44	（40～45）/30，（50～70）/40，（75～120）/50，（130～200）/56
M24	24	30	36	48	（45～50）/30，（55～75）/45，（80～120）/54，（130～200）/60
（M27）	27	35	40	54	（50～60）/35，（65～85）/50，（90～120）/60，（130～200）/66
M30	30	38	45	60	（60～65）/45，（70～90）/50，（95～120）/60，（130～200）/72，（210～250）/85
M36	36	45	54	72	（65～75）/45，（80～110）/60，120/78，（130～200）/84，（210～300）/97
M42	42	52	63	84	（70～80）/50，（85～110）/70，120/90，（130～200）/96，（210～300）/109
M48	48	60	72	96	（80～90）/60，（95～110）/80，120/102，（130～200）/108，（210～300）/121
l（系列）	12，（14），16，（18），20，（22），25，（28），30，（32），35，（38），40，45，50，55，60，65，70，75，80，85，90，95，100，110，120，130，140，150，160，170，180，190，200，210，220，230，240，250，260，280，300				

A.2.3 螺钉

1. 开槽螺钉

（1）开槽圆柱头螺钉（GB/T 65—2016）、开槽盘头螺钉（GB/T 67—2016）

（2）开槽沉头螺钉（GB/T 68—2016）

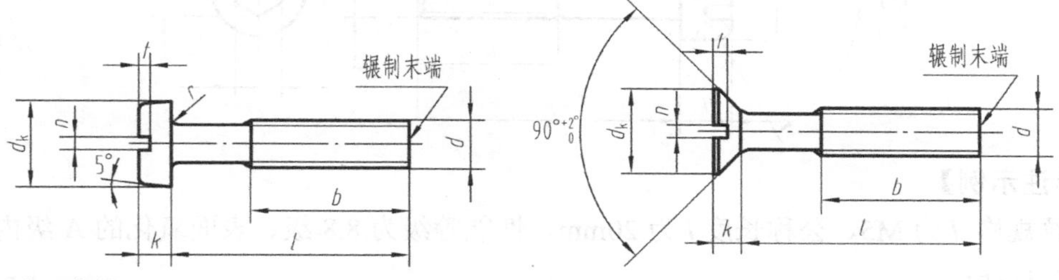

【标注示例】

螺纹规格为 M5、公称长度 l 为 20mm、性能等级为 4.8 级、表面不经处理的 A 级开槽圆柱头螺钉标注：

螺钉 GB/T 65 M5×20

开槽螺钉基本尺寸如附表 A-7 所示。

附表 A-7 开槽螺钉基本尺寸（摘自 GB/T 65—2016、GB/T 67—2016、GB/T 68—2016）（单位为 mm）

螺纹规格 d		M1.6	M2	M2.5	M3	M4	M5	M6	M8	M10
GB/T 65	d_{kmax}	3	3.8	4.5	5.5	7	8.5	10	13	16
	k_{max}	1.1	1.4	1.8	2.0	2.6	3.3	3.9	5	6
	T_{min}	0.45	0.6	0.7	0.85	1.1	1.3	1.6	2	2.4
	r_{min}	0.1				0.2		0.25	0.4	
	l	2~16	3~20	3~25	4~30	5~40	6~50	8~60	10~80	12~80
GB/T 67	d_{kmax}	3.2	4	5	5.6	8	9.5	12	16	20
	k_{max}	1	1.3	1.5	1.8	2.4	3	3.6	4.8	6
	t_{min}	0.35	1.5	0.6	0.7	1	1.2	1.4	1.9	2.4
	r_{min}	0.1				0.2		0.25	0.4	
	l	2~16	2.5~20	3~25	4~30	5~40	6~50	8~60	10~80	12~80
GB/T 68	d_{kmax}	3	3.8	4.7	5.5	8.4	9.3	11.3	15.8	18.3
	k_{max}	1	1.2	1.5	1.65	2.7	2.7	3.3	4.65	5
	t_{min}	0.32	0.4	0.5	0.6	1	1.1	1.2	1.8	2
	r_{min}	0.4	0.5	0.6	0.8	1	1.3	1.5	2	2.5
	l	2.5~16	3~20	4~25	5~30	6~40	8~50	8~60	10~80	12~80
螺距 P		0.35	0.4	0.45	0.5	0.7	0.8	1	1.25	1.5
n		0.4	0.5	0.6	0.8	1.2	1.2	1.6	2	2.5
b		25				38				
l（系列）			2，2.5，3，4，5，6，8，10，12，（14），16，20，25，30，35，40，45，50，（55），60，（65），70，（75），80（GB/T 65 无 l=2.5；GB/T 68 无 l=2）							

注：① 括号内的规格尽可能不采用。

② M1.6～M3 的螺钉，当 l<30 时，制出全螺纹；对于开槽圆柱头螺钉、开槽盘头螺钉和螺纹规格为 M4～M10 的螺钉，当 l<40 时，制出全螺纹；对于开槽沉头螺钉和螺纹规格为 M4～M10 的螺钉，当 l<45 时，制出全螺纹。

2．内六角圆柱头螺钉（GB/T 70.1—2008）

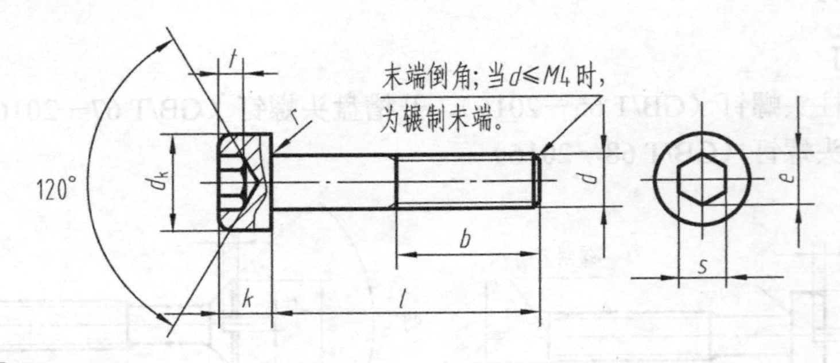

【标注示例】

螺纹规格 d 为 M5、公称长度 l 为 20mm、性能等级为 8.8 级、表面氧化的 A 级内六角圆柱头螺钉标注：

螺钉 GB/T 70.1 M5×20

内六角圆柱头螺钉基本尺寸如附表 A-8 所示。

附表 A-8　　内六角圆柱头螺钉基本尺寸（GB/T 70.1—2008）　　（单位为 mm）

螺纹规格 d	M2.5	M3	M4	M5	M6	M8	M10	M12	M16	M20	M24	M30
螺距 P	0.45	0.5	0.7	0.8	1	1.25	1.5	1.75	2	2.5	3	3.5
d_{kmax}（光滑头部）	4.5	5.5	7	8.5	10	13	16	18	24	30	36	45
d_{kmax}（滚花头部）	4.68	5.68	7.22	8.72	10.22	13.27	16.33	18.27	24.33	30.33	36.39	45.39
d_{kmin}	4.32	5.32	6.78	8.28	9.78	12.73	15.73	17.73	23.67	29.67	35.61	44.61
k_{max}	2.5	3	4	5	6	8	10	16	16	20	24	30
k_{min}	2.36	2.86	3.82	4.82	5.7	7.64	9.64	15.57	15.57	19.48	23.48	29.48
t_{min}	1.1	1.3	2	2.5	3	4	5	6	8	10	12	15.5
r_{min}	0.1	0.1	0.2	0.2	0.25	0.4	0.4	0.6	0.6	0.8	0.8	1
s（公称）	2	2.5	3	4	5	6	8	10	14	17	19	22
e_{min}	2.3	2.9	3.4	4.6	5.7	6.9	9.2	11.4	16	19	21.7	25.2
b（参考）	17	18	20	22	24	28	32	36	44	52	60	72
公称长度 l	4～25	5～30	6～40	8～50	10～60	12～80	16～100	20～120	25～160	30～200	40～200	45～200
l（系列）	2.5，3，4，5，6，8，10，12，16，20，25，30，35，40，45，50，55，60，65，70，80，90，100，110，120，130，140，150，160，180，200											

注：① 括号内的规格尽可能不采用。

② M2.5～M3 的螺钉，当 l<20 时，制出全螺纹；M4～M5 的螺钉，当 l<25 时，制出全螺纹；M6 的螺钉，当 l<30 时，制出全螺纹；M8 的螺钉，当 l<35 时，制出全螺纹；M10 的螺钉，当 l<40 时，制出全螺纹；M12 的螺钉，当 l<50 时，制出全螺纹；M16 的螺钉，当 l<60 时，制出全螺纹。

3. 开槽紧定螺钉

（1）开槽锥端紧定螺钉（摘自GB/T 71—2018）（2）开槽平端紧定螺钉（摘自GB/T 73—2017）

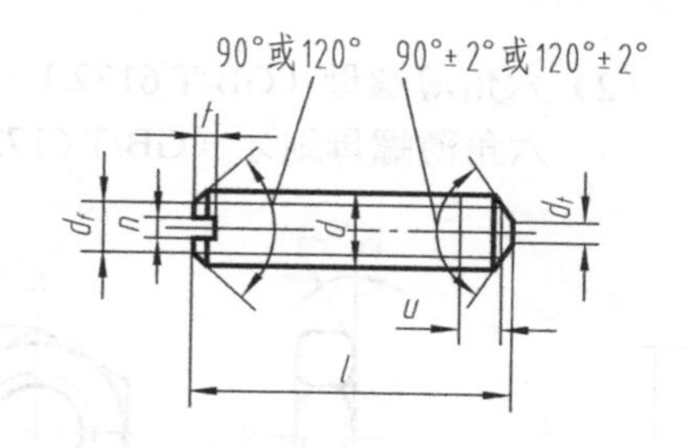

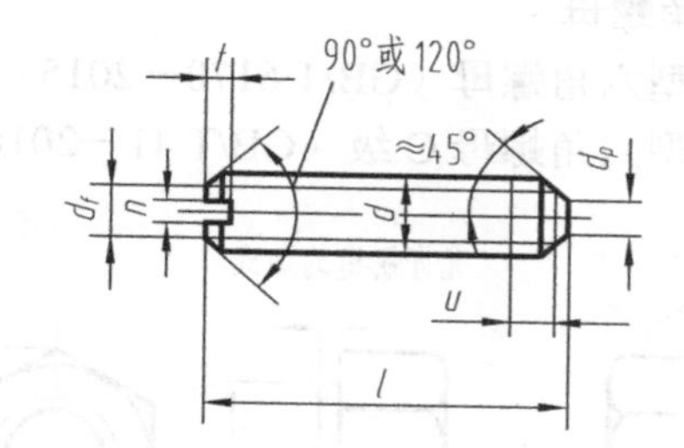

（3）开槽凹端紧定螺钉（摘自GB/T 74—2018）（4）开槽长圆柱端紧定螺钉（摘自GB/T 75—2018）

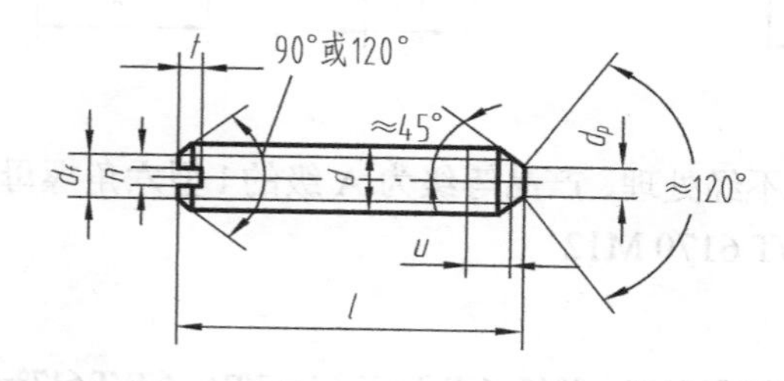

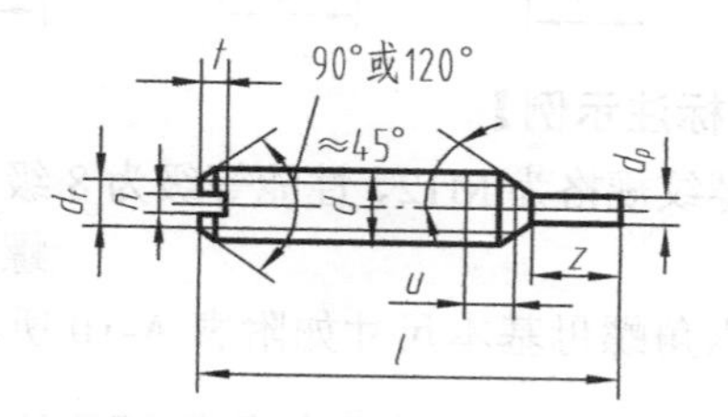

【标注示例】

螺纹规格为M5、公称长度l为12mm、钢制、硬度等级为14H级、表面不经处理、产品等级A级的开槽锥端紧定螺钉标注：

螺钉 GB/T 71 M5×12

开槽紧定螺钉基本尺寸如附表A-9所示。

附表A-9 开槽紧定螺钉基本尺寸（GB/T 71—2018、GB/T 73—2017、GB/T 74—2018、GB/T 75—2018）

（单位为mm）

螺纹规格 d		M1.2	M1.6	M2	M2.5	M3	M4	M5	M6	M8	M10	M12
螺距 P		0.25	0.35	0.4	0.45	0.5	0.7	0.8	1	1.25	1.5	1.75
n		0.2	0.25		0.4		0.6	0.8	1	1.2	1.6	2
d_{fmax}		≈螺纹小径										
t	t_{max}	0.52	0.74	0.84	0.95	1.05	1.42	1.63	2	2.5	3	3.6
	t_{min}	0.4	0.56	0.64	0.72	0.8	1.12	1.28	1.6	2	2.4	2.8
d_{zmax}		+	0.8	1	1.2	1.4	2	2.5	3	5	6	8
d_{tmax}		+	0.2	0.2	0.3	0.3	0.4	0.5	1.5	2	2.5	3
d_{pmax}		0.6	0.8	1	1.5	2	2.5	3.5	4	5.5	7	8.5
z_{max}		+	1.05	1.25	1.50	1.75	2.25	2.75	3.25	4.30	5.30	6.30
公称长度范围 l	GB/T 71—2008	2~6	2~8	3~10	3~12	4~16	6~20	8~25	8~30	10~40	12~50	14~60
	GB/T 73—1985	2~6	2~8	2~10	2.5~12	3~16	4~20	5~25	6~30	8~40	10~50	12~60
	GB/T 74—1985	+	2~8	2.5~10	3~12	3~16	4~20	5~25	6~30	8~40	10~50	12~60
	GB/T 75—1985	+	2.5~8	3~10	4~12	5~16	6~20	8~25	8~30	10~40	12~50	14~60
l（系列）		2，2.5，3，4，5，6，8，10，12，（14），16，20，25，30，35，40，45，50，（55），60										

A.2.4 螺母

1. 六角螺母

（1）1 型六角螺母（GB/T 6170—2015）、1 型六角螺母 C 级（GB/T 41—2016）

（2）六角薄螺母（GB/T 6172.1—2016）、六角薄螺母细牙（GB/T 6173—2015）

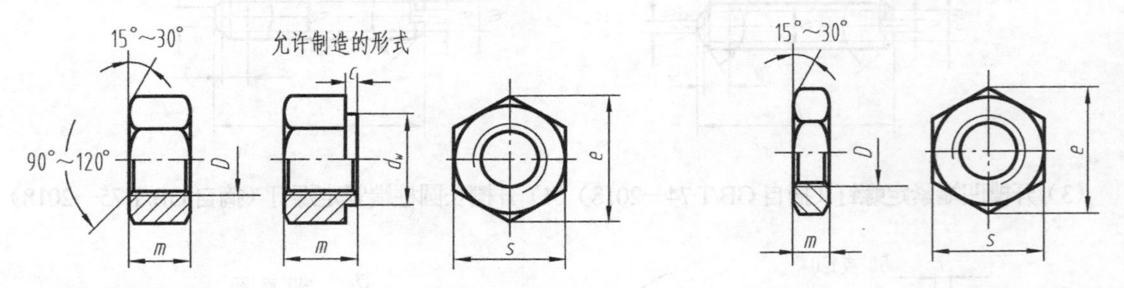

【标注示例】

螺纹规格为 M12、性能等级为 8 级、表面不经处理、产品等级为 A 级的 1 型六角螺母标注：

螺母 GB/T 6170 M12

六角螺母基本尺寸如附表 A-10 所示。

附表 A-10 六角螺母基本尺寸（摘自 GB/T 41—2016、GB/T 6170—2015、GB/T 6172.1—2016、GB/T 6173—2015）

（单位为 mm）

螺纹规格 D			M3	M4	M5	M6	M8	M10	M12	M16	M20	M24	M30
螺距 P	粗牙		0.5	0.7	0.8	1	1.25	1.5	1.75	2	2.5	3	3.5
	细牙		+	+	+	+	1	1	1.5	1.5	2	2	2
								（1.25）		（2）			
c	c_{max}		0.4		0.5		0.6			0.8			
d_w	d_{wmin}		4.6	5.9	6.9	8.9	11.6	14.6	16.6	22.5	27.7	33.2	42.7
e_{min}	GB/T 41		—	—	8.63	10.89	14.20	17.59	19.85	26.17	32.95	39.55	50.85
	GB/T 6170 GB/T 6172.1 GB/T 6173—2000		6.01	7.66	8.79	11.05	14.38	17.77	20.03	26.75			
s		s_{max}	5.5	7	8	10	13	16	18	24	30	36	46
		s_{min}	5.35	6.78	7.78	9.78	12.73	15.73	17.73	23.67	29.16	35	45
m	GB/T 41	m_{max}	—	—	5.6	6.4	7.9	9.5	12.2	15.9	19	22.3	26.4
		m_{min}	—	—	4.4	4.9	6.4	8	10.1	14.1	16.9	20.2	24.3
	GB/T 6170	m_{max}	2.4	3.2	4.7	5.2	6.8	8.4	10.8	14.8	18	21.5	25.6
		m_{min}	2.15	2.9	4.4	4.99	6.44	8.04	10.37	14.1	16.9	20.2	24.3
	GB/T 6172.1 GB/T 6173	m_{max}	1.8	2.2	2.7	3.2	4	5	6	8	10	12	15
		m_{min}	1.55	1.95	2.45	2.9	3.7	4.7	5.7	7.42	9.1	10.9	13.9

注：① A 级用于 $D \leqslant 16$；B 级用于 $D > 16$。

② GB/T 41 允许内倒角。

2. 六角开槽螺母

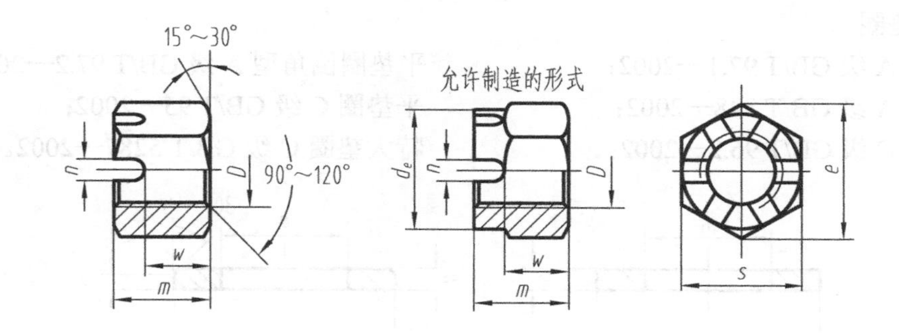

【标注示例】

螺纹规格 d 为 M5、性能等级为 8 级、不经表面处理、A 级的 1 型六角开槽螺母标注：

螺母 GB/T 6178—86—M5

六角开槽螺母基本尺寸如附表 A-11 所示。

附表 A-11　六角开槽螺母基本尺寸（摘自 GB/T 6178—1986、GB/T 6179—1986、GB/T 6181—1986）

（单位为 mm）

螺纹规格 d		M4	M5	M6	M8	M10	M12	M16	M20	M24	M30	M36
	n_{min}	1.2	1.4	2	2.5	2.8	3.5	4.5	4.5	5.5	7	7
	e_{min}	7.66	8.79	11.05	14.38	17.77	20.03	26.75	32.95	39.55	50.85	60.79
d_e	d_{emax}	—	—	—	—	—	—	—	28	34	42	50
	d_{emin}	—	—	—	—	—	—	—	27.16	33	41	49
s	s_{max}	7	8	10	13	16	18	24	30	36	46	55
	s_{min}	6.78	7.78	9.78	12.73	15.73	17.73	23.67	29.16	35	45	53.8
m_{max}	GB/T 6178	5	6.7	7.7	9.8	12.4	15.8	20.8	24	29.5	34.6	40
	GB/T 6179	—	7.6	8.9	10.9	13.5	17.2	21.9	25	30.3	35.4	40.9
	GB/T 6181	—	5.1	5.7	7.5	9.3	12	16.4	20.3	23.9	28.6	34.7
w_{max}	GB/T 6178	3.2	4.7	5.2	6.8	8.4	10.8	14.8	18	21.5	25.6	31
	GB/T 6179	—	5.6	6.4	7.9	9.5	12.17	15.9	19	22.3	26.4	31.9
	GB/T 6181	—	3.1	3.5	4.5	5.3	7.0	10.4	14.3	15.9	19.6	25.7
开口销		1×10	1.2×12	1.6×14	2×16	2.5×20	3.2×22	4×28	4×36	4×40	6.3×50	6.3×65

注：① A 级用于 $D \leqslant 16$ 的螺母。

② B 级用于 $D > 16$ 的螺母。

A.2.5 垫圈

1. 平垫圈

平垫圈 A 级 GB/T 97.1—2002；
小垫圈 A 级 GB/T 848—2002；
大垫圈 C 级 GB/T 96.2—2002；
平垫圈倒角型 A 级 GB/T 97.2—2002；
平垫圈 C 级 GB/T 95—2002；
特大垫圈 C 级 GB/T 5287—2002。

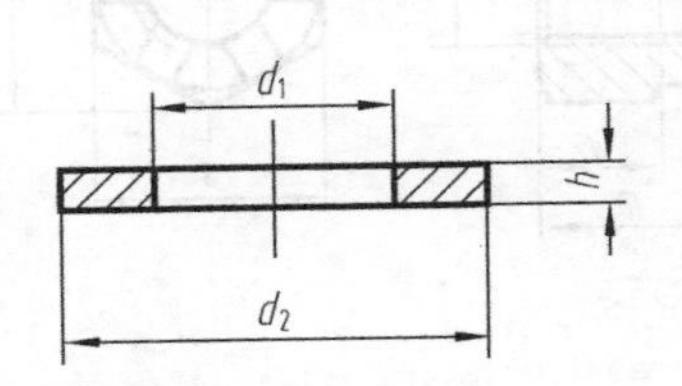

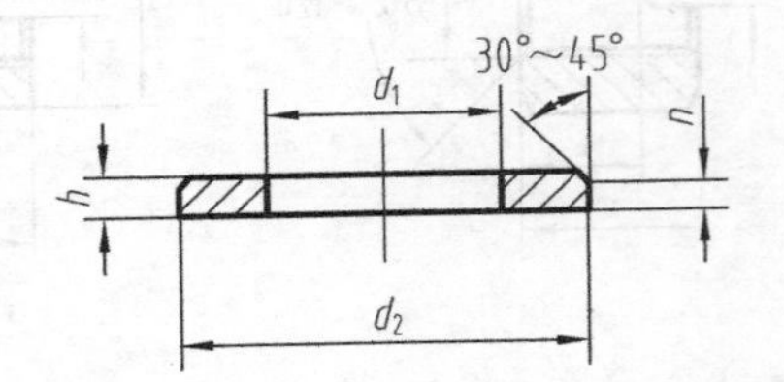

【标注示例】

标准系列、公称规格为 8mm、由钢制造的硬度等级为 200HV 级、不经表面处理、产品等级为 A 级的倒角型平垫圈标注：

垫圈 GB/T 97.2 8

平垫圈基本尺寸如附表 A-12 所示。

附表 A-12　平垫圈基本尺寸（摘自 GB/T 97.1—2002、GB/T 97.2—2002、GB/T 848—2002、GB/T 95—2002、GB/T 96.2—2002、GB/T 5287—2002）　（单位为 mm）

螺纹大径 d		1.6	2	2.5	3	4	5	6	8	10	12	16	20	24	30	36
GB/T 97.1	d_1	1.7	2.2	2.7	3.2	4.3	5.3	6.4	8.4	10.5	13	17	21	25	31	37
	d_2	4	5	6	7	9	10	12	16	20	24	30	37	44	56	66
	h	0.3		0.5		0.8	1	1.6		2	2.5	3		4		5
GB/T 97.2	d_1	—					5.3	6.4	8.4	10.5	13	17	21	25	31	37
	d_2	—					10	12	16	20	24	30	37	44	56	66
	h	—					1	1.6		2	2.5	3		4		5
GB/T 848	d_1	1.7	2.2	2.7	3.2	4.3	5.3	6.4	8.4	10.5	13	17	21	25	31	37
	d_2	3.5	4.5	5	6	8	9	11	15	18	20	28	34	39	50	60
	h	0.3		0.5		0.8	1	1.6		2	2.5	3		4		5
GB/T 95	d_1	—			3.2	4.5	5.5	6.5	9	11	13.5	17.5	22	26	33	39
	d_2	—			7	9	10	12	16	20	24	30	37	44	56	66
	h	—			0.5	0.8	1	1.6		2	2.5	3		4		5
GB/T 96.2	d_1	—			3.2	4.5	5.5	6.6	9	11	13.5	17.5	22	26	33	39
	d_2	—			9	12	15	18	24	30	37	50	60	72	92	110
	h	—			0.8	1		1.6	2	2.5	3		4	5	6	8
GB/T 5287	d_1	—					5.5	6.6	9	11	13.5	17.5	22	26	33	39
	d_2	—					18	22	28	34	44	50	72	85	105	125
	h	—					2		3		4	5	6			8

注：① 垫圈上下面有表面粗糙度要求，其余表面无粗糙度要求。当 $h \leqslant 3$ 时，上下表面的 $Ra=1.6$；当 $3 \leqslant h \leqslant 6$，$Ra=3.2$；当 $h>6$ 时，$Ra=6.3$。

② GB/T 848 垫圈主要用于带圆柱头的螺钉，其他垫圈用于标准的六角螺栓、螺钉和螺母。

③ GB/T 97.2 和 GB/T 5287 垫圈，d 的范围为 5～36mm。

2．标准型弹簧垫圈

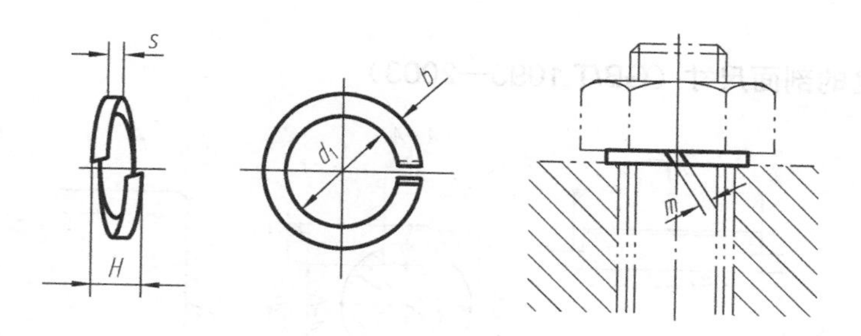

【标注示例】

螺纹规格为 16mm、材料为 65Mn、表面氧化的标准型弹簧垫圈标注：

垫圈 GB/T 93 16

弹簧垫圈基本尺寸如附表 A-13 所示。

附表 A-13　　弹簧垫圈基本尺寸（摘自 GB/T 93—1987、GB/T 859—1987）　　（单位为 mm）

螺纹规格 d	d_1	s		H_{max}		b		$m\leqslant$	
		GB/T 93	GB/T 859	GB/T 93	GB/T 859	GB/T 93	GB/T 859	GB/T 93	GB/T 859
3	3.1	0.8	0.6	2	1.5	0.8	1	0.4	0.3
4	4.1	1.1	0.8	2.75	2	1.1	1.2	0.55	0.4
5	5.1	1.3	1.1	3.25	2.75	1.3	1.5	0.65	0.55
6	6.1	1.6	1.3	4	3.25	1.6	2	0.8	0.65
8	8.1	2.1	1.6	5.25	4	2.1	2.5	1.05	0.8
10	10.2	2.6	2	6.5	5	2.6	3	1.3	1
12	12.2	3.1	2.5	7.25	6.25	3.1	3.5	1.55	1.25
(14)	14.2	3.6	3	9	7.5	3.6	4	1.8	1.5
16	16.2	4.1	3.2	10.25	8	4.1	4.5	2.05	1.6
(18)	18.2	4.5	3.6	11.25	9	4.5	5	2.25	1.8
20	20.2	5	4	12.25	10	5	5.5	2.5	2
(22)	22.5	5.5	4.5	13.75	11.25	5.5	6	2.75	2.25
24	24.5	6	5	15	12.25	6	7	3	2.5
(27)	27.5	6.8	5.5	17	13.75	6.8	8	3.4	2.75
30	30.5	7.5	6	18.75	15	7.5	9	3.75	3
(33)	33.5	8．5	—	21.75	—	8.5	—	4.25	—
36	36.5	9	—	22.5	—	9	—	4.5	—
(39)	39.5	10	—	25	—	10	—	5	—
42	42.5	10.5	—	26.25	—	10.5	—	5.25	—
(45)	45.5	11	—	27.5	—	11	—	5.5	—
48	48.5	12	—	30	—	12	—	6	—

注：① 括号内的规格尽可能不采用。

② m 应大于 0。

A.2.6 键

1. 平键键槽的剖面尺寸（GB/T 1095—2003）

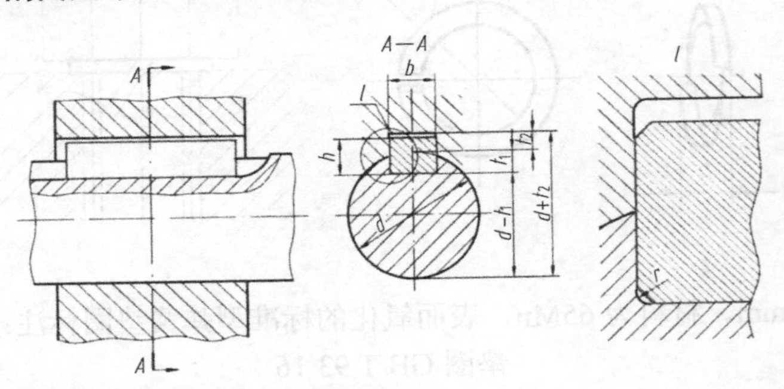

普通平键键槽的尺寸与公差如附表 A-14 所示。

附表 A-14　　普通平键键槽的尺寸与公差（摘自 GB/T 1095—2003）　　（单位为 mm）

键尺寸 $b\times h$	键槽											
	宽度 b						深度				半径 r	
	基本尺寸	极限偏差					轴 t_1		毂 t_2			
		正常联结		紧密联结	松联结		基本尺寸	极限偏差	基本尺寸	极限偏差		
		轴 N9	毂 JS9	轴和毂 P9	轴 H9	毂 D10					r_{min}	r_{max}
2×2	2	−0.004 −0.029	±0.0125	−0.006 −0.031	+0.025 0	+0.060 +0.020	1.2	+0.1 0	1.0	+0.1 0	0.08	0.16
3×3	3						1.8		1.4			
4×4	4	0 −0.030	±0.015	−0.012 −0.042	+0.030 0	+0.078 +0.030	2.5		1.8			
5×5	5						3.0		2.3		0.16	0.25
6×6	6						3.5		2.8			
8×7	8	0 −0.036	±0.018	−0.015 −0.051	+0.036 0	+0.098 +0.040	4.0	+0.2 0	3.3	+0.2 0		
10×8	10						5.0		3.3		0.25	0.40
12×8	12	0 −0.043	±0.0215	−0.018 −0.061	+0.043 0	+0.120 +0.050	5.0		3.3			
14×9	14						5.5		3.8			
16×10	16						6.0		4.3			
18×11	18						7.0		4.4			
20×12	20	0 −0.052	±0.026	−0.022 −0.074	+0.052 0	+0.149 +0.065	7.5		4.9		0.40	0.60
22×14	22						9.0		5.4			
25×14	25						9.0		5.4			
28×16	28						10.0		6.4			
32×18	32	0 −0.062	±0.031	−0.026 −0.088	+0.062 0	+0.180 +0.080	11.0		7.4		0.70	1.00
36×20	36						12.0		8.4			
40×22	40						13.0		9.4			
45×25	45						15.0		10.4			
50×28	50						17.0		11.4			
56×32	56	0 −0.074	±0.037	−0.032 −0.106	+0.074 0	+0.220 +0.100	20.0	+0.3 0	12.4	+0.3 0	1.20	1.60
63×32	63						20.0		12.4			
70×36	70						22.0		14.4			
80×40	80						25.0		15.4		2.00	2.50
90×45	90	0 −0.087	±0.0435	−0.037 −0.124	+0.087 0	+0.260 +0.120	28.0		17.4			
100×50	100						31.0		19.5			

2. 普通型平键（GB/T 1096—2003）

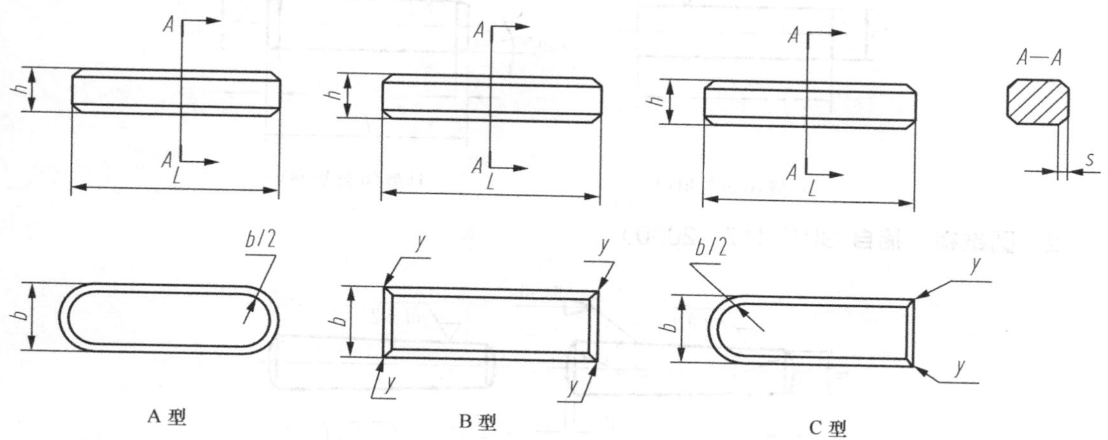

【标注示例】

宽度 b=16mm、高度 h=10mm、长度 L=100mm 的普通 A 型平键的标注：

GB/T1096 键 16×10×100

宽度 b=16mm、高度 h=10mm、长度 L=100mm 的普通 B 型平键的标注：

GB/T1096 键 B16×10×100

宽度 b=16mm、高度 h=10mm、长度 L=100mm 的普通 C 型平键的标注：

GB/T1096 键 C16×10×100

普通型平键的尺寸如附表 A-15 所示。

附表 A-15 普通型平键的尺寸（摘自 GB/T 1096—2003） （单位为 mm）

b	2	3	4	5	6	8	10	12	14	16	18	20	22	25
h	2	3	4	5	6	7	8	8	9	10	11	12	14	14
s	0.16～0.25			0.25～0.40			0.40～0.60					0.60～0.80		
L	6～20	6～36	8～45	10～56	14～70	18～90	22～110	28～140	36～160	45～180	50～200	56～220	63～250	70～280
l（系列）	6，8，10，12，14，16，18，20，22，25，28，32，36，40，45，50，56，63，70，80，90，100，110，125，140，160，180，200，220，250、280、320，330，400，450													

A.2.7 销

1. 圆柱销不淬硬钢和奥氏体不锈钢（摘自 GB/T 119.1—2000）

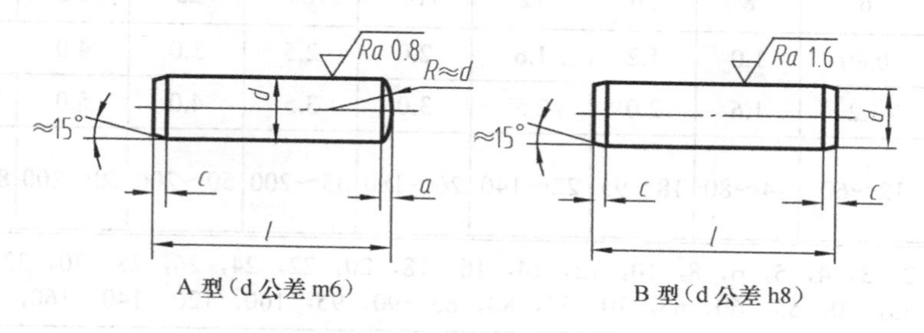

A 型（d 公差 m6） B 型（d 公差 h8）

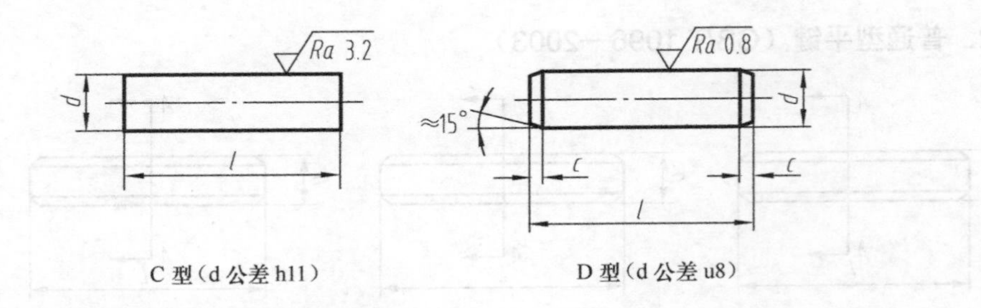

C 型（d 公差 h11）　　D 型（d 公差 u8）

2．圆锥销（摘自 GB/T 117—2000）

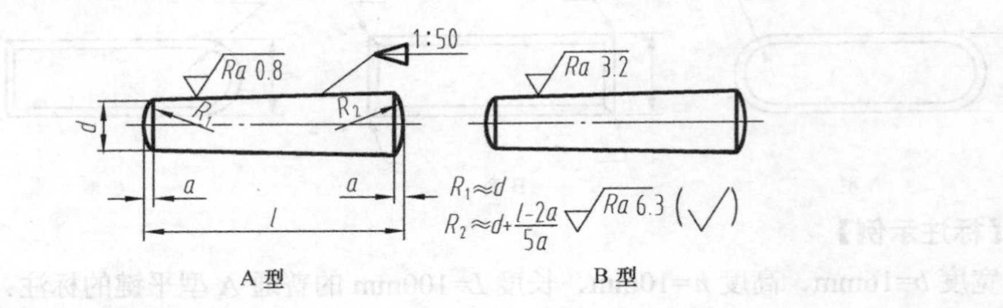

A 型　　B 型

【标注示例】

公称直径 d 为 6mm、公差为 m6、公称长度 l 为 30mm、材料为钢、不经淬火、不经表面处理的圆柱销标注：

销 GB/T 119.1 6m6×30

公称直径 d 为 6mm、公称长度 l 为 30mm、材料为 35 钢、热处理硬度为 28～38HRC、表面氧化处理的 A 型圆锥销标注：

销 GB/T 117 6×30

圆柱销和圆锥销的基本尺寸如附表 A-16 所示。

附表 A-16　圆柱销基本尺寸（摘自 GB/T 119.1—2000）和圆锥销基本尺寸（摘自 GB/T 117—2000）

（单位为 mm）

d（公称直径）	0.6	0.8	1	1.2	1.5	2	2.5	3	4	5
a	0.08	0.10	0.12	0.16	0.20	0.25	0.30	0.40	0.50	0.63
c	0.12	0.16	0.20	0.25	0.30	0.35	0.40	0.50	0.63	0.80
l（商品规格范围公称长度）	2～6	2～8	4～10	4～12	4～16	6～20	6～24	8～30	8～40	10～50
d（公称直径）	6	8	10	12	16	20	25	30	40	50
a	0.80	1.0	1.2	1.6	2.0	2.5	3.0	4.0	5.0	6.3
c	1.2	1.6	2.0	2.5	3.0	3.5	4.0	5.0	6.3	8.0
l（商品规格范围公称长度）	12～60	14～80	18～95	22～140	26～180	35～200	50～200	60～200	80～200	95～200
l（系列）	2，3，4，5，6，8，10，12，14，16，18，20，22，24，26，28，30，32，34，35，40，45，50，55，60，65，70，75，80，85，90，95，100，120，140，160，180，200									

3. 开口销（摘自 GB/T 91—2000）

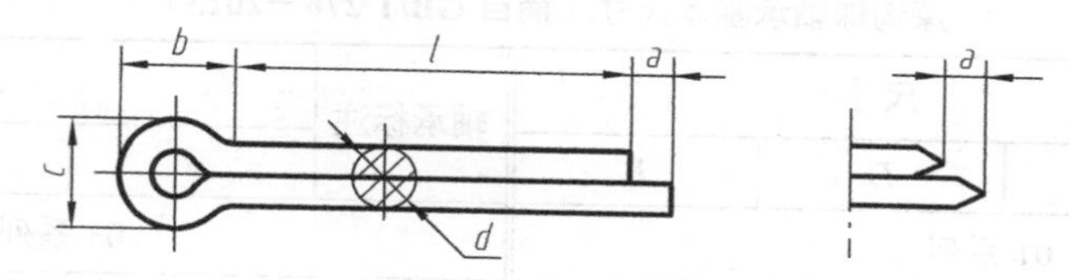

【标注示例】

公称规格为 5mm、公称长度 l 为 50mm、材料为 Q215 或 Q235、不经表面处理的开口销标注：

销 GB/T 91 5×50

开口销基本尺寸如附表 A-17 所示。

附表 A-17　　开口销基本尺寸（摘自 GB/T 91—2000）　　（单位为 mm）

d（公称规格）		0.6	0.8	1	1.2	1.6	2	2.5	3.2	4	5	6.3	8	10	13
c	c_{max}	1.0	1.4	1.8	2	2.8	3.6	4.6	5.8	7.4	9.2	11.8	15	19	24.8
	c_{min}	0.9	1.2	1.6	1.7	2.4	3.2	4	5.1	6.5	8	10.3	13.1	16.6	21.7
b		2	2.4	3	3	3.2	4	5	6.4	8	10	12.6	16	20	26
a_{max}		1.6	1.6	1.6	2.5	2.5	2.5	2.5	3.2	4	4	4	4	6.3	6.3
l（商品规格范围公称长度）		4～12	5～16	6～20	8～26	8～32	10～40	12～50	14～65	18～80	22～100	30～120	40～160	45～200	70～200
l（系列）		4，5，6，8，10，12，14，16，18，20，22，24，26，28，30，32，36，40，45，50，55，60，65，70，75，80，85，90，95，100，120，140，160，180，200													

A.2.8 滚动轴承

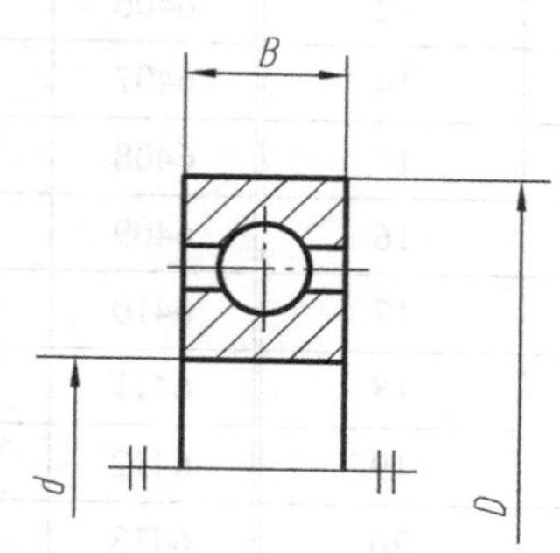

1. 深沟球轴承（摘自 GB/T 276—2013）

【标注示例】

内径 d 为 50mm、直径系列代号为 3 的深沟球轴承标注：

滚动轴承 6310 GB/T 276—2013

深沟球轴承基本尺寸如附表 A-18 所示。

附表 A-18　　深沟球轴承基本尺寸（摘自 GB/T 276—2013）　　（单位为 mm）

轴承标注	尺寸			轴承标注	尺寸		
	d	D	B		d	D	B
01 系列				03 系列			
6000	10	26	8	6300	10	35	11
6001	12	28	8	6301	12	37	12
6002	15	32	9	6302	15	42	13
6003	17	35	10	6303	17	47	14
6004	20	42	12	6304	20	52	15
6005	25	47	12	6305	25	62	17
6006	30	55	13	6306	30	72	19
6007	35	62	14	6307	35	80	21
6008	40	68	15	6308	40	90	23
6009	45	75	16	6309	45	100	25
6010	50	80	16	6310	50	110	27
6011	55	90	18	6311	55	120	29
6012	60	95	18	6312	60	130	31
02 系列				04 系列			
6200	10	30	9	6403	17	62	17
6201	12	32	10	6404	20	72	19
6202	15	35	11	6405	25	80	21
6203	17	40	12	6406	30	90	23
6204	20	47	14	6407	35	100	25
6205	25	52	15	6408	40	110	27
6206	30	62	16	6409	45	120	29
6207	35	72	17	6410	50	130	31
6208	40	80	18	6411	55	140	33
6209	45	85	19	6412	60	150	35
6210	50	90	20	6413	65	160	37
6211	55	100	21	6414	70	180	42
6212	60	110	22	6415	75	190	45

2．圆锥滚子轴承（摘自 GB/T 297—2015）

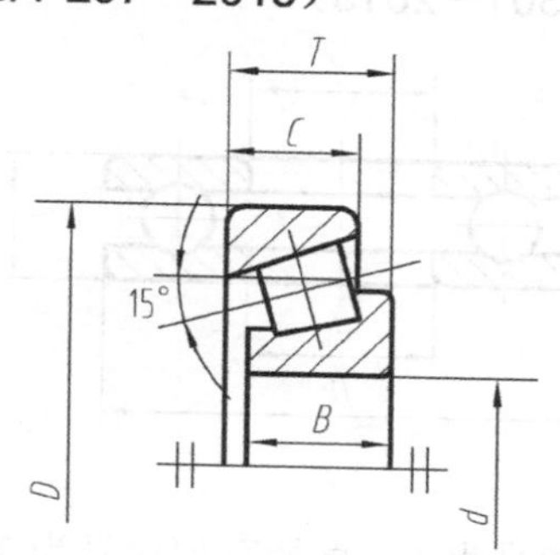

【标注示例】

内径 d 为 60mm、宽度系列代号为 0、直径系列代号为 2 的圆锥滚子轴承的标注：

滚动轴承 30212 GB/T 297—2015

圆锥滚子轴承基本尺寸如附表 A-19 所示。

附表 A-19　圆锥滚子轴承基本尺寸（摘自 GB/T 297—2015）（单位为 mm）

轴承标注	尺寸					轴承标注	尺寸				
	d	D	T	B	C		d	D	T	B	C
02 系列						13 系列					
30202	15	35	11.75	11	10	31305	25	62	18.25	17	13
30203	17	40	13.25	12	11	31306	30	72	20.75	19	14
30204	20	47	15.25	14	12	31307	35	80	22.75	21	15
30205	25	52	16.25	15	13	31308	40	90	25.25	23	17
30206	30	62	17.25	16	14	31309	45	100	27.25	25	18
30207	35	72	18.25	17	15	31310	50	110	29.25	27	19
30208	40	80	19.75	18	16	31311	55	120	31.5	29	21
30209	45	85	20.75	19	16	31312	60	130	33.5	31	22
30210	50	90	21.75	20	17	31313	65	140	36	33	23
30211	55	100	22.75	21	18	31314	70	150	38	35	25
30212	60	110	23.75	22	19	31315	75	160	40	37	26
30213	65	120	24.75	23	20	31316	80	170	42.5	39	27
03 系列						20 系列					
30302	15	42	14.25	13	11	32006	30	55	17	17	13
30303	17	47	15.25	14	12	32007	35	62	17	18	15
30304	20	52	16.25	15	13	32008	40	68	18	19	16
30305	25	62	18.25	17	15	32009	45	75	19	20	16
30306	30	72	20.75	19	16	32010	50	80	19	20	16
30307	35	80	22.75	21	18	32011	55	90	22	23	19
30308	40	90	25.25	23	20	22012	60	95	22	23	19
30309	45	100	27.25	25	22	22013	65	100	22	23	19
30310	50	110	29.25	27	23	22014	70	110	24	25	20
30311	55	120	31.5	29	25	22015	75	115	24	25	20
30312	60	130	33.5	31	26	22016	80	125	27	29	23
30313	65	140	36	33	28	22018	90	140	30	32	26

3．推力球轴承（摘自 GB/T 301—2015）

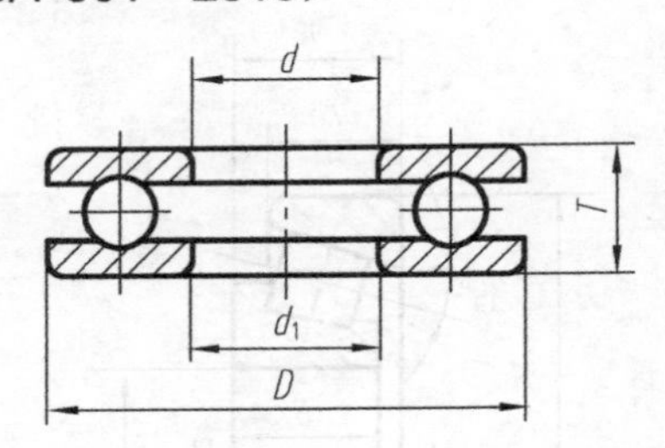

【标注示例】

内径 d 为 25mm、高度系列代号为 1、直径系列代号为 3 的推力球轴承标注：

滚动轴承 51305 GB/T 301—2015

推力球轴承基本尺寸如附表 A-20 所示。

附表 A-20　　推力球轴承基本尺寸（摘自 GB/T 301—2015）　　（单位为 mm）

轴承标注	尺寸				轴承标注	尺寸			
	d	D	T	D_1		d	D	T	D_1
11 系列					13 系列				
51104	20	35	10	21	51304	20	47	18	22
51105	25	42	11	26	51305	25	52	18	27
51106	30	47	11	32	51306	30	60	21	32
51107	35	52	12	37	51307	35	68	24	37
51108	40	60	13	42	51308	40	78	26	42
51109	45	65	14	47	51309	45	85	28	47
51110	50	70	14	52	51310	50	95	31	52
51111	55	78	16	57	51311	55	105	35	57
51112	60	85	17	62	51312	60	110	35	62
51113	65	90	18	67	51313	65	115	36	67
51114	70	95	18	72	51314	70	125	40	72
51115	75	100	19	77	51315	75	135	44	77
12 系列					14 系列				
51204	20	40	14	22	51405	25	60	24	27
51205	25	47	15	27	51406	30	70	28	32
51206	30	52	16	32	51407	35	80	32	37
51207	35	62	18	37	51408	40	90	36	42
51208	40	68	19	42	51409	45	100	39	47
51209	45	73	20	47	51410	50	110	43	52
51210	50	78	22	52	51411	55	120	48	57
51211	55	90	25	57	51412	60	130	51	62
51212	60	95	26	62	51413	65	140	56	68
51213	65	100	27	67	51414	70	150	60	73
51214	70	105	27	72	51415	75	160	65	78
51215	75	110	27	77	51416	80	170	68	83

A.3 极限与配合

A.3.1 标准公差

标准公差数值如附表 A-21 所示。

附表 A-21　　标准公差数值（摘自 GB/T 1800.1—2020）

公称尺寸（mm）		标准公差等级									
		IT01	IT0	IT1	IT2	IT3	IT4	IT5	IT6	IT7	IT8
大于	至	标准公差数值 μm									
—	3	0.3	0.5	0.8	1.2	2	3	4	6	10	14
3	6	0.4	0.6	1	1.5	2.5	4	5	8	12	18
6	10	0.4	0.6	1	1.5	2.5	4	6	9	15	22
10	18	0.5	0.8	1.2	2	3	5	8	11	18	27
18	30	0.6	1	1.5	2.5	4	6	9	13	21	33
30	50	0.6	1	1.5	2.5	4	7	11	16	25	39
50	80	0.8	1.2	2	3	5	8	13	19	30	46
80	120	1	1.5	2.5	4	6	10	15	22	35	54
120	180	1.2	2	3.5	5	8	12	18	25	40	63
180	250	2	3	4.5	7	10	14	20	29	46	72
250	315	2.5	4	6	8	12	16	23	32	52	81
315	400	3	5	7	9	13	18	25	36	57	89
400	500	4	6	8	10	15	20	27	40	63	97

公称尺寸（mm）		标准公差等级									
		IT9	IT10	IT11	IT12	IT13	IT14	IT15	IT16	IT17	IT18
大于	至	标准公差数值									
		μm			mm						
—	3	25	40	60	0.1	0.14	0.25	0.4	0.6	1	1.4
3	6	30	48	75	0.12	0.18	0.30	0.48	0.75	1.2	1.8
6	10	36	58	90	0.15	0.22	0.36	0.58	0.9	1.5	2.2
10	18	43	70	110	0.18	0.27	0.43	0.7	1.1	1.8	2.7
18	30	52	84	130	0.21	0.33	0.52	0.84	1.3	2.1	3.3
30	50	62	100	160	0.25	0.39	0.62	1	1.6	2.5	3.9
50	80	74	120	190	0.3	0.46	0.74	1.2	1.9	3	4.6
80	120	87	140	220	0.35	0.54	0.87	1.4	2.2	3.5	5.4
120	180	100	160	250	0.4	0.63	1	1.6	2.5	4	6.3
180	250	115	185	290	0.46	0.72	1.15	1.85	2.9	4.6	7.2
250	315	130	210	320	0.52	0.81	1.3	2.1	3.2	5.2	8.1
315	400	140	230	360	0.57	0.89	1.4	2.3	3.6	5.7	8.9
400	500	155	250	400	0.63	0.97	1.55	2.5	4	6.3	9.7

A.3.2 优先选用的孔公差带

优先选用的孔公差带如附表 A-22 所示。

附表 A-22　　优先选用的孔公差带（摘自 GB/T 1800.2—2020）　　（偏差单位为μm）

公称尺寸（mm）		公差带																
		A	B	C	D	E	F	G	H				JS	K	N	P	R	S
大于	至	11	11	11	10	9	8	7	7	8	9	11	7	7	7	7	7	7
—	3	+330 +270	+200 +140	+120 +60	+60 +20	+39 +14	+20 +6	+12 +2	+10 0	+14 0	+25 0	+60 0	±5	0 −10	−4 −14	−6 −16	−10 −20	−14 −24
3	6	+345 +270	+215 +140	+145 +70	+78 +30	+50 +20	+28 +10	+16 +4	+12 0	+18 0	+30 0	+75 0	±6	+3 −9	−4 −16	−8 −20	−11 −23	−15 −27
6	10	+370 +280	+240 +150	+170 +80	+98 +40	+61 +25	+35 +13	+20 +5	+15 0	+22 0	+36 0	+90 0	±7.5	+5 −10	−4 −19	−9 −24	−13 −28	−17 −32
10	18	+400 +290	+260 +150	+205 +95	+120 +50	+75 +32	+43 +16	+24 +6	+18 0	+27 0	+43 0	+110 0	±9	+6 −12	−5 −23	−11 −29	−16 −34	−21 −39
18	30	+430 +300	+290 +160	+240 +110	+149 +65	+92 +40	+53 +20	+28 +7	+21 0	+33 0	+52 0	+130 0	±10.5	+6 −15	−7 −28	−14 −35	−20 −41	−27 −48
30	40	+470 +310	+330 +170	+280 +120	+180 +80	+112 +50	+64 +25	+34 +9	+25 0	+39 0	+62 0	+160 0	±12.5	+7 −18	−8 −33	−17 −42	−25 −50	−34 −59
40	50	+480 +320	+340 +180	+290 +130														
50	65	+530 +340	+380 +190	+330 +140	+220 +100	+134 +60	+76 +30	+40 +10	+30 0	+46 0	+74 0	+190 0	±15	+9 −21	−9 −39	−21 −51	−30 −60	−42 −72
65	80	+550 +360	+390 +200	+340 +150													−32 −62	−48 −78
80	100	+600 +380	+440 +220	+390 +170	+260 +120	+159 +72	+90 +36	+47 +12	+35 0	+54 0	+87 0	+220 0	±17.5	+10 −25	−10 −45	−24 −59	−38 −73	−58 −93
100	120	+630 +410	+460 +240	+400 +180													−41 −76	−66 −101
120	140	+710 +460	+510 +260	+450 +200	+305 +145	+185 +85	+106 +43	+54 +14	+40 0	+63 0	+100 0	+250 0	±20	+12 −28	−12 −52	−28 −68	−48 −88	−77 −117
140	160	+770 +520	+530 +280	+460 +210													−50 −90	−85 −125
160	180	+830 +580	+560 +310	+480 +230													−53 −93	−93 −133
180	200	+950 +660	+630 +340	+530 +240	+355 +170	+215 +100	+122 +50	+61 +15	+46 0	+72 0	+115 0	+290 0	±23	+13 −33	−14 −60	−33 −79	−60 −106	−105 −151
200	225	+1030 +740	+670 +380	+550 +260													−63 −109	−113 −159
225	250	+1110 +820	+710 +420	+570 +280													−67 −113	−123 −169
250	280	+1240 +920	+800 +480	+620 +300	+400 +190	+240 +110	+137 +56	+69 +17	+52 0	+81 0	+130 0	+320 0	±26	+16 −36	−14 −66	−36 −88	−74 −126	−138 −190
280	315	+1370 +1050	+860 +540	+650 +330													−78 −130	−150 −202
315	355	+1560 +1200	+960 +600	+720 +360	+440 +210	+265 +125	+151 +62	+75 +18	+57 0	+89 0	+140 0	+360 0	±28.5	+17 −40	−16 −73	−41 −98	−87 −144	−169 −226
355	400	+1710 +1350	+1040 +680	+760 +400													−93 −150	−187 −244
400	450	+1900 +1500	+1160 +760	+840 +440	+480 +230	+290 +135	+165 +68	+83 +20	+63 0	+97 0	+155 0	+400 0	±31.5	+18 −45	−17 −80	−45 −108	−103 −166	−209 −272
450	500	+2050 +1650	+1240 +840	+880 +480													−109 −172	−229 −292

A.3.3 优先选用的轴公差带

优先选用的轴公差带如附表 A-23 所示。

附表 A-23　　优先选用的轴公差带（摘自 GB/T 1800.2—2020）　　（偏差单位为μm）

公称尺寸（mm）		公差带																
		a	b	c	d	e	f	g	h				js	k	n	p	r	s
大于	至	11	11	11	9	8	7	6	6	7	9	11	6	6	6	6	6	6
—	3	−270 −330	−140 −200	−60 −120	−20 −45	−14 −28	−6 −16	−2 −8	0 −6	0 −10	0 −25	0 −60	±3	+6 0	+10 +4	+12 +6	+16 +10	+20 +14
3	6	−270 −345	−140 −215	−70 −145	−30 −60	−20 −38	−10 −22	−4 −12	0 −8	0 −12	0 −30	0 −75	±4	+9 +1	+16 +8	+20 +12	+23 +15	+27 +19
6	10	−280 −370	−150 −240	−80 −170	−40 −76	−25 −47	−13 −28	−5 −14	0 −9	0 −15	0 −36	0 −90	±4.5	+10 +1	+19 +10	+24 +15	+28 +19	+32 +23
10	18	−290 −400	−150 −260	−95 −205	−50 −93	−32 −59	−16 −34	−6 −17	0 −11	0 −18	0 −43	0 −110	±5.5	+12 +1	+23 +12	+29 +18	+34 +23	+39 +28
18	30	−300 −430	−160 −290	−110 −240	−65 −117	−40 −73	−20 −41	−7 −20	0 −13	0 −21	0 −52	0 −130	±6.5	+15 +2	+28 +15	+35 +22	+41 +28	+48 +35
30	40	−310 −470	−170 −330	−120 −280	−80 −142	−50 −89	−25 −50	−9 −25	0 −16	0 −25	0 −62	0 −160	±8	+18 +2	+33 +17	+42 +26	+50 +34	+59 +43
40	50	−320 −480	−180 −340	−130 −290														
50	65	−340 −530	−190 −380	−140 −330	−100 −174	−60 −106	−30 −60	−10 −29	0 −19	0 −30	0 −74	0 −190	±9.5	+21 +2	+39 +20	+51 +32	+60 +41	+72 +53
65	80	−360 −550	−200 −390	−150 −340													+62 +43	+78 +59
80	100	−380 −600	−220 −440	−170 −390	−120 −207	−72 −126	−36 −71	−12 −34	0 −22	0 −35	0 −87	0 −220	±11	+25 +3	+45 +23	+59 +37	+73 +51	+93 +71
100	120	−410 −630	−240 −460	−180 −400													+76 +54	+101 +79
120	140	−460 −710	−260 −510	−200 −450	−145 −245	−85 −148	−43 −83	−14 −39	0 −25	0 −40	0 −100	0 −250	±12.5	+28 +3	+52 +27	+68 +43	+88 +63	+117 +92
140	160	−520 −770	−280 −530	−210 −460													+90 +65	+125 +100
160	180	−580 −830	−310 −560	−230 −480													+93 +68	+133 +108
180	200	−660 −950	−340 −630	−240 −530	−170 −285	−100 −172	−50 −96	−15 −44	0 −29	0 −46	0 −115	0 −290	±14.5	+33 +4	+60 +31	+79 +50	+106 +77	+151 +122
200	225	−740 −1030	−380 −670	−260 −550													+109 +80	+159 +130
225	250	−820 −1110	−420 −710	−280 −570													+113 +84	+169 +140
250	280	−920 −1240	−480 −800	−300 −620	−190 −320	−110 −191	−56 −108	−17 −49	0 −32	0 −52	0 −130	0 −320	±16	+36 +4	+66 +34	+88 +56	+126 +94	+190 +158
280	315	−1050 −1370	−540 −860	−330 −650													+130 +98	+202 +170
315	355	−1200 −1560	−600 −960	−360 −720	−210 −350	−125 −214	−62 −119	−18 −54	0 −36	0 −57	0 −140	0 −360	±18	+40 +4	+73 +37	+98 +62	+144 +108	+226 +190
355	400	−1350 −1710	−680 −1040	−400 −760													+150 +114	+244 +208
400	450	−1500 −1900	−760 −1160	−440 −840	−230 −385	−135 −232	−68 −131	−20 −60	0 −40	0 −63	0 −155	0 −400	±20	+45 +5	+80 +40	+108 +68	+166 +126	+272 +232
450	500	−1650 −2050	−840 −1240	−480 −880													+172 +132	+292 +252

A.3.4 孔的基本偏差

孔的基本偏差数值如附表 A-24 所示。

附表 A-24　　孔的基本偏差数值（摘自 GB/T 1800.1—2020）　　（偏差单位为μm）

基本偏差		下极限偏差（EI）												上极限偏差（ES）				
		A	B	C	CD	D	E	EF	F	FG	G	H	JS	J			K	M
公称尺寸（mm）		标准公差等级																
大于	至	所有等级												6	7	8	8	≤8
—	3	+270	+140	+60	+34	+20	+14	+10	+6	+4	+2	0	偏差=±(IT/2)	+2	+4	+6	0	+2
3	6			+70	+46	+30	+20	+14	+10	+6	+4			+5	+6	+10	−1+Δ	−4+Δ
6	10	+280	+150	+80	+56	+40	+25	+18	+13	+8	+5				+8	+12		−6+Δ
10	14	+290		+95	+70	+50	+32	+23	+16+	+10	+6			+6	+10	+15		−7+Δ
14	18																	
18	24	+300	+160	+110	+85	+65	+40	+28	+20	+12	+7			+8	+12	+20		−8+Δ
24	30																	
30	40	+310	+170	+120	+100	+80	+50	+35	+25	+15	+9			+10	+14	+24	−2+Δ	−9+Δ
40	50	+320	+180	+130														
50	65	+340	+190	+140		+100	+60		+30		+10			+13	+18	+28		−11+Δ
65	80	+360	+200	+150														
80	100	+380	+220	+170		+120	+72		+36		+12			+16	+22	+34		−13+Δ
100	120	+410	+240	+180														
120	140	+460	+260	+200		+145	+85		+43		+14			+18	+26	+41	−3+Δ	−15+Δ
140	160	+520	+280	+210														
160	180	+580	+310	+230														
180	200	+660	+340	+240		+170	+100		+50		+15			+22	+30	+47		−17+Δ
200	225	+740	+380	+260														
225	250	+820	+420	+280														
250	280	+920	+480	+300		+190	+110		+56		+17			+25	+36	+55	−4+Δ	−20+Δ
280	315	+1050	+540	+330														
315	355	+1200	+600	+360		+210	+125		+62		+18			+29	+39	+60		−21+Δ
355	400	+1350	+680	+400														
400	450	+1500	+760	+440		+230	+135		+68		+20			+33	+43	+66	−5+Δ	−23+Δ
450	500	+1650	+840	+480														

续表

基本偏差		上极限偏差（ES）													修正值 Δ					
		N	P	R	S	T	U	V	X	Y	Z	ZA	ZB	ZC						
公称尺寸（mm）		标准公差等级																		
大于	至	≤8	>7												3	4	5	6	7	8
—	3	−4	−6	−10	−14		−18		−20		−26	−32	−40	−60	0					
3	6	$-8+\Delta$	−12	−15	−19		−23		−28		−35	−42	−50	−80	1	1.5	2	3	4	6
6	10	$-10+\Delta$	−15	−19	−23		−28		−34		−42	−52	−67	−97	1	1.5	2	3	6	7
10	14	$-12+\Delta$	−18	−23	−28		−33		−40		−50	−64	−90	−130	1	2	3	3	7	9
14	18							−39	−45		−60	−77	−108	−150						
18	24	$-15+\Delta$	−22	−28	−35		−41	−47	−54	−63	−73	−98	−136	−188	1.5	2	3	4	8	12
24	30					−41	−48	−55	−64	−75	−88	−118	−160	−218						
30	40		−26	−34	−43	−48	−60	−68	−80	−94	−112	−148	−200	−274	1.5	3	4	5	9	14
40	50					−54	−70	−81	−97	−114	−136	−180	−242	−325						
50	65	$-20+\Delta$	−32	−41	−52	−66	−87	−102	−122	−144	−172	−226	−300	−405	2	3	5	6	11	16
65	80			−43	−59	−75	−102	−120	−146	−174	−210	−274	−360	−480						
80	100	$-23+\Delta$	−37	−51	−71	−91	−124	−146	−178	−214	−258	−335	−445	−585	2	4	5	7	13	19
100	120			−54	−79	−104	−144	−172	−210	−154	−310	−400	−525	−690						
120	140	$-27+\Delta$	−43	−63	−92	−122	−177	−202	−248	−300	−365	−470	−620	−800	3	4	6	7	15	23
140	160			−65	−100	−134	−190	−228	−280	−340	−415	−535	−700	−900						
160	180			−68	−108	−146	−210	−252	−310	−380	−465	−600	−780	−1000						
180	200	$-31+\Delta$	−50	−77	−122	−166	−236	−284	−350	−425	−520	−670	−880	−1150	3	4	6	9	17	26
200	225			−80	−130	−180	−258	−310	−385	−470	−575	−740	−960	−1250						
225	250			−84	−140	−196	−284	−340	−425	−520	−640	−820	−1050	−1350						
250	280	$-34+\Delta$	−56	−94	−158	−218	−315	−385	−475	−580	−710	−920	−1200	−1550	4	4	7	9	20	29
280	315			−98	−170	−240	−350	−425	−525	−650	−790	−1000	−1300	−1700						
315	355	$-37+\Delta$	−62	−108	−190	−268	−390	−475	−590	−730	−900	−1150	−1500	−1900	4	5	7	11	21	32
355	400			−114	−208	−294	−435	−530	−660	−820	−1000	−1300	−1650	−2100						
400	450	$-40+\Delta$	−68	−126	−232	−330	−490	−595	−740	−920	−1100	−1450	−1850	−2400	5	5	7	13	23	34
450	500			−132	−252	−360	−540	−660	−820	−1000	−1250	−1600	−2100	−2600						

A.3.5 轴的基本偏差

轴的基本偏差数值如附表 A-25 所示。

附表 A-25　　轴的基本偏差数值（摘自 GB/T 1800.1—2020）　　（偏差单位为μm）

基本偏差		上极限偏差（es）												下极限偏差（ei）			
		a	b	c	cd	d	e	ef	f	fg	g	h	js	j			k
公称尺寸（mm）		标准公差等级															
大于	至	所有等级												5、6	7	8	4至7
—	3	−270	−140	−60	−34	−20	−14	−10	−6	−4	−2				−4	−6	0
3	6			−70	−46	−30	−20	−14	−10	−6	−4			−2			
6	10	−280		−80	−56	−40	−25	−18	−13	−8	−5				−5		+1
10	14	−290	−150	−95	−70	−50	−32	−23	−16	−10	−6			−3	−6		
14	18																
18	24	−300	−160	−110	−85	−65	−40	−25	−20	−12	−7			−4	−8		
24	30																
30	40	−310	−170	−120	−100	−80	−50	−35	−25	−15	−9			−5	−10		+2
40	50	−320	−180	−130													
50	65	−340	−190	−140		−100	−60		−30		−10			−7	−12		
65	80	−360	−200	−150													
80	100	−380	−220	−170		−120	−72		−36		−12			−9	−15		
100	120	−410	−240	−180								0	偏差=±(IT/2)			—	
120	140	−460	−260	−200													+3
140	160	−520	−280	−210		−145	−85		−43		−14			−11	−18		
160	180	−580	−310	−230													
180	200	−660	−340	−240													
200	225	−740	−380	−260		−170	−100		−50		−15			−13	−21		
225	250	−820	−420	−280													
250	280	−920	−480	−300		−190	−110		−56		−17			−16	−26		+4
280	315	−1050	−540	−330													
315	355	−1200	−600	−360		−210	−125		−62		−18			−18	−28		
355	400	−1350	−680	−400													
400	450	−1500	−760	−440		−230	−135		−68		−20			−20	−32		+5
450	500	−1650	−840	−480													

续表

基本偏差		下极限偏差（ei）													
		m	n	p	r	s	t	u	v	x	y	z	za	zb	zc
公称尺寸（mm）		标准公差等级													
大于	至	所有标准公差等级													
—	3	+2	+4	+6	+10	+14		+18		+20		+26	+32	+40	+60
3	6	+4	+8	+12	+15	+19		+23		+28		+35	+42	+50	+80
6	10	+6	+10	+15	+19	+23		+28		+34		+42	+52	+67	+97
10	14	+7	+12	+18	+23	+28		+33		+40		+50	+64	+90	+130
14	18								+39	+45		+60	+77	+108	+150
18	24	+8	+15	+22	+28	+35		+41	+47	+54	+63	+73	+98	+136	+188
24	30						+41	+48	+55	+64	+75	+88	+118	+160	+218
30	40	+9	+17	+26	+34	+43	+48	+60	+68	+80	+94	+112	+148	+200	+274
40	50						+54	+70	+81	+97	+114	+136	+180	+242	+325
50	65	+11	+20	+32	+41	+53	+66	+87	+102	+122	+144	+172	+226	+300	+405
65	80				+43	+59	+75	+102	+120	+146	+174	+210	+274	+360	+480
80	100	+13	+23	+37	+51	+71	+91	+124	+146	+178	+214	+258	+335	+445	+585
100	120				+54	+79	+104	+144	+172	+210	+254	+310	+400	+525	+690
120	140	+15	+27	+43	+63	+92	+122	+170	+202	+248	+300	+365	+470	+620	+800
140	160				+65	+100	+134	+190	+228	+280	+340	+415	+535	+700	+900
160	180				+68	+108	+146	+210	+252	+310	+380	+465	+600	+780	+1000
180	200	+17	+31	+50	+77	+122	+166	+236	+284	+350	+425	+520	+670	+880	+1150
200	225				+80	+130	+180	+258	+310	+385	+470	+575	+740	+960	+1250
225	250				+84	+140	+196	+284	+340	+425	+520	+640	+820	+1050	+1350
250	280	+20	+34	+56	+94	+158	+218	+315	+385	+475	+580	+710	+920	+1200	+1550
280	315				+98	+170	+240	+350	+425	+525	+650	+790	+1000	+1300	+1700
315	355	+21	+37	+62	+108	+190	+268	+390	+475	+590	+730	+900	+1150	+1500	+1900
355	400				+114	+208	+294	+435	+530	+660	+820	+1000	+1300	+1650	+2100
400	450	+23	+40	+68	+126	+232	+330	+490	+595	+740	+920	+1100	+1450	+1850	+2400
450	500				+132	+252	+360	+540	+660	+820	+1000	+1250	+1600	+2100	+2600

A.4 常用的金属材料

A.4.1 常用铸铁的牌号、性能及用途

常用铸铁的牌号、性能及用途如附表 A-26 所示。

附表 A-26　常用铸铁的牌号、性能及用途（摘自 GB/T 9439—2010、GB/T 1348—2019、GB/T 9440—2010、GB/T 26655—2011）

名称	牌号	用途	说明
灰铸铁件 GB/T 9439—2010	HT100	用于低强度铸件，如盖、外罩、手轮、支架等	"HT"表示灰铸铁，后面的数字表示抗拉强度值（MPa）
	HT150	用于中等强度铸件，如底座、刀架、床身、带轮等	
	HT200	用于承受大载荷的铸件，如汽车或拖拉机的气缸体、气缸盖、刹车轮、液压缸、泵体等	
	HT250		
	HT300	用于承受高载荷、要求耐磨和高气密性的铸件，如受力较大的齿轮、凸轮、衬套及大型发动机的气缸、缸套、泵体、阀体等	
	HT350		
球墨铸铁件 GB/T 1348—2019	QT400-17	具有较高的塑性和适当的强度，用于承受冲击负荷的零件，如汽车或拖拉机的牵引框、轮毂、离合器及减速器的壳体等	"QT"表示球墨铸铁，后面第一组数字表示抗拉强度值（MPa），第二组数字表示延伸率（%）
	QT420-10		
	QT500-5		
	QT600-2	具有较高的强度，但塑性较低，用于连杆、曲轴、凸轮轴、气缸体、进排气门座、部分机床主轴、小型水轮机主轴、缸套等	
	QT700-2		
	QT800-2		
可锻铸铁件 GB/T 9440—2010	TH300-06	黑心可锻铸铁，具有一定的强度和较高的塑性、韧性，主要用于承受冲击和振动的载荷，如拖拉机或汽车后轮壳、转向节壳、制动器壳等	"KT"表示可锻铸铁，"H"表示黑心，"Z"表示白心，后面第一组数字表示抗拉强度值（MPa），第二组数字表示延伸率（%）
	KTH330-08		
	KTH350-10		
	KTH370-10		
	KTZ450-06	珠光体可锻铸铁，具有较高的强度、硬度和耐磨性，主要用于要求强度、硬度和耐磨性高的铸件，如曲轴、连杆、凸轮轴、万向接头、传动链条等	
	KTZ550-04		
	KTZ650-02		
	KTZ700-02		
蠕墨铸铁件 GB/T 26655—2011	RuT420	珠光体基体蠕墨铸铁，用于要求强度、硬度和耐磨性较高的铸件，如活塞环、气缸套、制动盘、泵体等	"RuT"表示蠕墨铸铁，后面的一组数字表示最低抗拉强度（MPa）
	RuT380		
	RuT340	珠光体加铁素体基体蠕墨铸铁，性能介于珠光体基体蠕墨铸铁和铁素体基体蠕墨铸铁之间，应用于液压阀体、气缸盖、液压件等	
	RuT300		
	RuT260	铁素体基体蠕墨铸铁，用于要求塑性、韧性、导热率和耐热疲劳性较高的铸件，如增压器废气进气壳体、汽车或拖拉机的某些底盘零件等	

A.4.2　常用钢（碳素结构钢、合金钢、工程用铸造碳钢、工具钢）的牌号、性能及用途

常用碳素结构钢的牌号、性能及用途如附表 A-27 所示。

附表 A-27　常用碳素结构钢的牌号、性能及用途（摘自 GB/T 700—2006、GB/T 699—2015）

名称	牌号	性能及用途	说明
碳素结构钢 GB/T 700—2006	Q195	塑性好，焊接性好，强度低，一般轧制成板带材和各种型钢，主要用于工程结构（如桥梁、高压线塔、建筑构架）和制造受力不大的机器零件（如铆钉、螺钉、螺母、轴套）	“Q”表示普通碳素结构钢的屈服强度，后面的数字表示屈服点数值，如 Q235 表示碳素结构钢的屈服点 235MPa
	Q215		
	Q235		
	Q225	强度较高，可用于制造受力中等的普通零件，如链轮、拉杆、小轴、活塞销等，尤其 Q275 焊接性能较好	
	Q275		
优质碳素结构钢 GB/T 699—2015	08F	塑性好，焊接性好，宜制作冷冲压件、焊接件及一般螺钉、铆钉、垫片、螺母、容器渗碳件（齿轮轴、小轴、凸轮、摩擦片）等	牌号的两位数字表示平均含碳量质量的万分比，如 08F 钢表示平均含碳量 0.08%，45 钢表示平均含碳量 0.45%。牌号后面有“F”表示是沸腾钢；牌号后面没有标注“Mn”，表示普通含锰量（0.35%～0.8%）；牌号后面标注“Mn”，表示较高含锰量（0.7%～1.2%），此钢因含 Mn 量较多，故淬透性稍好些，强度稍高些
	10F		
	15F		
	08		
	10		
	15		
	20		
	25		
	30	综合力学性能优良，宜制作受力较大的零件，如连杆、曲轴、主轴、活塞杆、齿轮等	
	35		
	40		
	45		
	50		
	55		
	60	屈服点高，硬度高，宜制作弹性元件，如各种螺旋弹簧、板簧等，以及耐磨零件、弹簧垫片、轧辊等	
	65		
	70		
	75		
	80		
	85		
	15Mn	可用于制作渗碳零件，受磨损零件及较大尺寸的各种弹性元件等或要求强度稍高的零件	
	20Mn		
	25Mn		
	30Mn		
	40Mn		
	50Mn		
	65Mn		
	70Mn		

常用合金钢的牌号、性能及用途如附表 A-28 所示。

附表 A-28　常用合金钢的牌号、性能及用途（摘自 GB/T 1591—2018、GB/T 3077—2015、GB/T 1222—2016、GB/T 18254—2016）

名称	牌号	性能及用途	说明
低合金高强度结构钢 GB/T 1591—2018	Q295	良好的塑性、韧性和可焊性，用于受力不大的机器零件，如机座、变速箱壳等	“Q345”表示工程用铸造碳钢，屈服点为 345 MPa
	Q345	具有一定的强度与好的塑性和韧性，焊接性良好，用于受力不大、韧性良好的机器零件，如砧座、轴承盖、阀体等	
	Q390	较高的强度与较好的塑性和韧性，铸造性良好，焊接性尚好，切削性好，用于轧钢机机架、轴承座、连杆、箱体、曲轴、缸体等	
	Q420	强度和切削性良好，塑性、韧性较低，用于载荷较大的大齿轮、缸体、制动轮、辊子等	
	Q460	有高的强度和耐磨性，切削性好，焊接性较差，流动性好，裂纹敏感性较大，用于制造齿轮、棘轮等	
合金结构钢 GB/T 3077—2015	20Cr	低淬透性渗碳钢，用于制造受力不太大、不需要强度很高的耐磨件，如机床及小汽车齿轮等	合金结构钢的编号，采用“数字+化学元素+数字”的方法，前面两位数字表示平均含碳量的万分之几，合金元素以化学元素符号表示，化学元素后面的数字一般表示合金含量的百分数。当平均含量在＜1.5%～0.8%时，钢号只标出化学元素符号，而不表明含量。例如，20CrMnTi 表示平均含碳量 0.20%，还含有 Cr、Mn、Ti 这 3 种合金元素
	20CrMnTi	中淬透性渗碳钢，用于制造承受中等载荷的耐磨件，如汽车或拖拉机承受冲击、摩擦的重要渗碳件及齿轮、齿轮轴等	
	12Cr2Ni4A	高淬透性渗碳钢，用于制造承受重载及强烈磨损的重要大型零件，如重型载重车、坦克的齿轮等	
	28Cr2Ni4WA		
	40Cr	低淬透性调质钢，广泛应用于汽车后半轴、机床齿轮、轴、花键轴等	
	40MnB		
	35CrMo	中淬透性调质钢，调质后强度更高，可制造截面大、承受较重载的机器，如主轴、大电机轴、曲轴等	
	40CrNiMoA	高淬透性调质钢，调质后强度最高，韧性也很好，可制造截面大、承受更大载荷的重要调质零件，如重型机器中高载荷轴类等	
弹簧钢 GB/T 1222—2016	55Si2Mn	有高的弹性极限和屈强比，具有足够的强度与韧性，能承受交变载荷和冲击载荷，可用于制造弹簧等弹性元件	
	60Si2CrA		
	50CrVA		
	30W4Cr2VA		
高碳铬轴承钢 GB/T 18254—2016	GCr4	具有高接触疲劳强度和抗压强度、高硬度和耐磨性、高弹性极限和一定的冲击韧度及抗蚀性，用于制造各种规格的轴承	“G”表示滚动轴承钢，如“GCr15”，表示滚动轴承钢，平均含 Cr 量 1.5%。注意：①滚动轴承钢是一种高级优质钢，但后面不加“A”；②该类钢含 Cr 量低于 1.65%
	GCr15SiMn		
	GCr15		
	GCr15SiMo		

常用工具钢的牌号、性能及用途如附表 A-29 所示。

附表 A-29　常用工具钢的牌号、性能及用途（摘自 GB/T 3278—2001、GB/T 1299—2014）

名称	牌号	性能及用途	说明
碳素工具钢 GB/T 3278—2001	T7、T7A	塑性较好，但耐磨性较差，用作承受冲击和要求韧性较高的工具，如木工用刃具、手锤、剪刀等	用“碳”或“T”附以平均含碳量的千分数，如 T8A，表示碳素工具钢，平均含碳量 0.8%，A 表示高级优质
	T8、T8A		
	T10、T10A	硬度及耐磨性高，但韧性差，用于制造不承受冲击的刃具，如锉刀、精车刀、钻头等	
	T12、T12A	塑性较差，耐磨性较好，用于制造承受冲击振动较小而受较大切削力的工具，如丝锥、板牙、手锯条等	
工模具钢 GB/T 1299—2014	5CrMnMo	具有高的热硬性和高温耐磨性，高的热稳定性，高的抗热疲劳性，足够的强度与韧性，用于制作热锻模	含碳量≥1%时不标出；含碳量＜1%时，在钢的牌号前部用数字表示出平均含碳量的千分之几。合金元素的表示法与合金结构钢相同
	5CrNiMo		

A.4.3　有色金属及其合金的牌号、性能及用途

有色金属及其合金的牌号、性能及用途如附表 A-30 所示。

附表 A-30　有色金属及其合金的牌号、性能及用途（摘自 GB/T 1173－2013、GB/T 1176－2013）

名称		牌号	性能及用途	说明
变形铝合金	防锈铝	LF5、LF11、LF21	塑性及焊接性良好，常用拉延法制造各种高耐腐蚀性的薄板容器（如油箱等）、防锈铝皮及受力小、质轻、耐蚀的制品	变形铝合金的标记采用汉语拼音字首加序列号表示。防锈铝用 LF 字母开头，后跟序列号；硬铝、超硬铝、锻铝分别用 LY、LC、LD 字母开头，后跟序列号，如 LY12、LC4、LD6 等
	硬铝	LY11、LY12	有相当高的强度、硬度，LY11 常用于制造形状复杂、载荷较低的结构件，LY12 用于制造飞机翼肋、翼梁等受力构件	
	超硬铝	LC3	强度比硬铝还高，强度已相当于超高强度钢，用于飞机的机翼大梁、起落架等	
		LC4		
	锻铝	LD2	具有良好的热塑性及耐蚀性，适宜锻造生产，主要作航空及仪表工业中形状复杂、强度要求较高的锻件	
		LD6		
铸造铝合金	铝硅合金	ZL101（ZA1Si7Mg）	流动性好，适宜铸造形状复杂、受力很小的零件，如仪表壳及其他薄壁零件	“ZL”表示铸造铝合金，第一位数字表示合金系别：1 为硅铝系合金；2 为铝铜系合金；3 为铝镁系合金；4 为铝锌系合金；铸造牌号用 ZA1+合金元素和其含量表示
		ZL102（ZA1Si12）		
	铝铜合金	ZL201（ZA1Cu5Mn）	在 300℃下保持较高的强度，适宜铸造耐热铝合金。它的缺点是铸造性能和耐蚀性均差，可用于 300℃下工作的形状简单的铸件，如内燃机气缸盖、活塞等	
		ZL201（ZA1Cu10）		
	铝镁合金	ZL301（ZA1Mg10）	强度和塑性高，耐蚀性优良，用于承受高载荷和要求耐腐蚀的外形简单的铸件	
	铝锌合金	ZL401（ZA1Zn11Si7）	铸造性能很好，强度较高，适宜压力铸造，主要用于温度不超过 200℃，结构和形状复杂的汽车、飞机零件、医疗机器零件等	

续表

名称	牌号	性能及用途	说明
普通黄铜	H90（90 黄铜）	具有优良的耐蚀性、导热性和冷变形能力，常用于艺术装饰品、奖章等	“H90”中，H 表示普通黄铜，90 表示含铜 90%；其余为锌，铜锌二元合金简称普通黄铜
	H68（68 黄铜）	具有优良的冷、热塑性变形能力，适合制造形状复杂而又耐蚀的管、套类零件，如弹壳、波纹管等	
	H62（62 黄铜）	强度较高并有一定的耐蚀性，广泛用于制作电器上要求导电、耐蚀及强度适中的结构件，如螺栓、垫片、弹簧等	
特殊黄铜	HSn62−1（62−1 锡黄铜）	加入其他合金元素，强度和耐蚀性高，适用于与海水和汽油接触的船舶零件、海轮制造业和弱电零件	格式为：H+主加元素符号（Zn 除外）+铜含量（%）−主加元素的含量（%）
	HSi80−3（80−3 硅黄铜）		
	HMn58−2（58−2 锰黄铜）		
普通青铜 压力加工锡青铜	QSn4−3（4−3 锡青铜）	优良的弹性、耐磨性及较好的塑性和抗蚀性，主要应用于制造弹性高、耐磨、抗蚀抗磁的零件，如弹簧片、电极、齿轮等	青铜分为普通青铜和特殊青铜两类。青铜的标记是“青”的汉语拼音字首 Q+第一主加元素及含量（%）−其他元素含量（%），标记中“Z”，表示铸造
	QSn6.5−0.1（6.5−0.1 锡青铜）		
普通青铜 铸造锡青铜	ZQSn6.5−0.1（6.5−0.1 锡青铜）	具有更高的强度和耐磨性，适宜铸造耐磨、减摩、耐蚀的铸件，如轴承、涡轮、摩擦轮等	
特殊青铜	QAl9−4（9−4 铝青铜）	强度、硬度、耐磨性、耐蚀性比黄铜、锡青铜更高，适宜制造强度及耐磨性较高的摩擦零件，如齿轮、涡轮等	
	QBe2（2 铍青铜）	导热、导电、耐磨性极好，主要用于精密仪表、仪器中的重要弹性元件和耐磨零件及在高速、高温、高压下工作的轴承	
	QSi3+1（3−1 硅青铜）	主要用于弹簧，在腐蚀性介质中工作的零件及涡轮、蜗杆、齿轮、制动销等	

A.5 常用的热处理工艺

常用的热处理工艺说明及应用如附表 A-31 所示。

附表 A-31 常用的热处理工艺说明及应用

名词	说明	应用
退火	将钢材或钢件加热至适当温度，保温一段时间后，缓慢冷却，以获得接近平衡状态组织的热处理工艺	退火作为预备热处理，安排在铸造或锻造之后，粗加工之前，用以消除前一道工序所带来的缺陷，为随后的工序做准备
正火	将钢材或钢件加热到临界点 A_{c3} 或 A_{cm} 以上的适当温度并保持一定时间后在空气中冷却，得到珠光体类组织的热处理工艺	改善低碳钢和低碳合金钢的切削加工性；作为普通结构零件或大型及形状复杂零件的最终热处理；作为中碳和低合金结构钢重要零件的预备热处理

续表

<table>
<tr><th>名词</th><th>说明</th><th>应用</th></tr>
<tr><td>淬火</td><td>将钢奥氏体化后以适当的冷却速度冷却，使工件在横截面内全部或在一定范围内发生马氏体等不稳定组织结构转变的热处理工艺</td><td>钢的淬火多半是为了获得马氏体，提高它的硬度和强度，例如各种模具、滚动轴承的淬火是为了获得马氏体以提高它们的硬度和耐磨性</td></tr>
<tr><td>回火</td><td>将经过淬火的工件加热到临界点 A_{c1} 以下的适当温度并保持一定时间，随后用符合要求的方法冷却，以获得所需要的组织和性能的热处理工艺</td><td rowspan="2">低温回火（150℃～250℃）的目的是在保持淬火钢的高硬度和高耐磨性的前提下，降低其淬火内应力和脆性，以免使用时崩裂或过早损坏。它主要用于各种高碳的切削刃具、量具、冷冲模具、滚动轴承等；中温回火（350℃～500℃）能获得弹性极限和较高的韧性；高温回火（500℃～650℃）能获得强度、硬度、塑性、韧性都较好的综合机械性能</td></tr>
<tr><td>调质</td><td>淬火加高温回火相结合的热处理称为调质处理</td></tr>
<tr><td>表面淬火</td><td>用火焰或高频电流将零件表面迅速加热到临界温度以上，然后快速冷却</td><td>表层获得硬而耐磨的马氏体组织，而心部仍保持一定的韧性，使零件既耐磨又能承受冲击；表面淬火常用来处理齿轮等</td></tr>
<tr><td>渗碳</td><td>向钢件表面渗入碳原子的过程</td><td>使零件表面具有高硬度和耐磨性，而心部仍保持一定的强度及较高的塑性、韧性，可用在汽车和拖拉机的齿轮、套筒等</td></tr>
<tr><td>渗氮</td><td>向钢件表面渗入氮原子的过程</td><td>增加钢件的耐磨性、硬度、疲劳强度和耐蚀性，可用在模具、螺杆、齿轮、套筒等</td></tr>
<tr><td>氰化</td><td>氰化是向钢的表层同时渗入碳和氮的过程</td><td>目前以中温气体碳氮共渗和低温气体碳氮共渗（即气体软氮化）应用较为广泛。中温气体碳氮共渗的主要目的是提高钢的硬度、耐磨性和疲劳强度；低温气体碳氮共渗则以渗氮为主，其主要目的是提高钢的耐磨性和抗咬合性</td></tr>
<tr><td>时效</td><td>低温回火之后，精加工之前，加热到100℃～160℃，保持10～40小时。对铸件也可天然时效（放在露天中一年以上）</td><td>使工件消除内应力和稳定尺寸，用于量具、精密丝杠、床身导轨等</td></tr>
<tr><td>发蓝发黑</td><td>将金属零件放在很浓的碱和氧化剂溶液中加热氧化，使金属表面形成一层由氧化铁所组成的保护性薄膜</td><td>能防腐蚀，增强美观性，用于一般连接的标准件和其他电子类零件</td></tr>
<tr><td>HB（布氏硬度）</td><td rowspan="3">硬度是指金属材料抵抗外物压入其表面的能力，它也是衡量金属材料软硬程度的一种力学性能指标</td><td>用于退火、正火、调质的零件及铸件的硬度检验。优点：测量结果准确。缺点：压痕大，不适合成品检验</td></tr>
<tr><td>HRC（洛氏硬度）</td><td>用于经淬火、回火及表面渗碳、渗氮等处理的零件硬度检验。优点：测量迅速简便，压痕小，可用于成品检验</td></tr>
<tr><td>HV（维氏硬度）</td><td>维氏硬度试验所用载荷小，压痕深度浅，适用于测量零件薄的表面硬化层的硬度。试验载荷可任意选择，故可测硬度范围宽，工作效率低</td></tr>
</table>

参考文献

[1] 李学京. 机械制图和技术制图国家标准学用指南[M]. 北京:中国质检出版社，中国标准出版社，2013.
[2] 大连理工大学工程图学教研室. 画法几何学[M]. 7版. 北京:高等教育出版社，2011.
[3] 大连理工大学工程图学教研室. 机械制图[M]. 7版. 北京:高等教育出版社，2013.
[4] 刘朝儒，吴志军，高政一，等. 机械制图[M]. 5版. 北京:高等教育出版社，2006.
[5] 何铭新，钱可强，徐祖茂. 机械制图[M]. 7版. 北京:高等教育出版社，2016.
[6] 胡建生. 机械制图[M]. 2版. 北京:机械工业出版社，2021.
[7] 曹云露. 现代工程制图[M]. 2版. 合肥:安徽科学技术出版社，2005.
[8] 汪正俊. 工程制图[M]. 2版. 北京:人民邮电出版社，2012.
[9] 杨裕根. 画法几何及机械制图[M]. 2版. 北京:北京邮电大学出版社，2021.
[10] 王愧德. 机械制图新旧标准代换教程[M]. 3版. 北京:中国标准出版社，2017.